人人都能學會寫程式

——李家同教你用邏輯思考學程式設計

李家同◎著

寫程式一點也不難

我唸博士班的時候，系上規定學生都要會寫程式，我當時不會，也不可能在一週內學會，只好央求那位助教網開一面；助教是個好人，就讓我混過去了。但是我寫博士論文，必須寫程式，我已是博士生，當然不能去選任何寫程式的課，好在我要用的程式語言是LISP，教科書裡有好多例子，我就無師自通了。

以後，我通過資格考了，系上要我授課，而我教的是組合語言的程式（Assembly Language Programming），我教以前，聽都沒有聽過「組合語言」。修課的全是大學三年級的學生，他們是「天下程式一大抄」，常常是好多份作業一模一樣，我問他們是怎麼一回事，他們說“We work together”。理由也一大堆，最常用的理由是要打工。

我一直以爲寫程式沒有什麼了不起，人人都可以學會的。有一次，我看到一位學生在寫程式，他對天花板發呆一陣子，然後寫一段，又再陷入沉思，我當時還以爲他在寫小說。我問他程式的流程圖畫出來沒有，他根本不知流程圖爲何物，當然也從不畫流程圖。這有點像造橋的工程師沒有設計圖的觀念，一切都在腦子裡。

我慢慢地發現了一件怪事：好多學生不會寫程式，而且我國有大批的同學沒有流程圖的觀念，老師也不太強調流程圖，他們花很多時間在教程式語言，如：C 語言。這些語言極爲複雜，學生學得昏頭轉向，覺得寫程式好難，就是學不會。

其實，寫程式一點也不難，我們總需要告訴親友如何到你家來的，以我家爲例，我住新竹，台北如有人要來找我，我會給他以下的指令：

(1)到台北轉運站，搭乘任何一家走高速公路的客運到新竹。

(2)在交通大學站下車。

(3)向前走，碰到第A個紅綠燈，就向左轉，上B街。

(4)看到左邊第C個加油站，向右轉，上D街。

(5)我家在D街E號F樓G號。

以上的全部指令，就是一個流程圖。

我們都有看食譜的習慣，每一個食譜都是一個流程圖。最簡單的食譜是做水果茶的食譜：

(1)將你想吃的水果，如：柚子和柳丁，壓成汁。

(2)加入蜂蜜和檸檬汁。

(3)加熱至沸騰。

(4)加入紅茶包，攪動後即是水果茶。

如果你感冒了，醫生會開一些藥給你，然後叫你每天吃一服，一旦退燒兩天之久，即可停止服藥，如果五天以後，仍然發燒，就應回診。這些話，可以用以下的流程圖來表示：

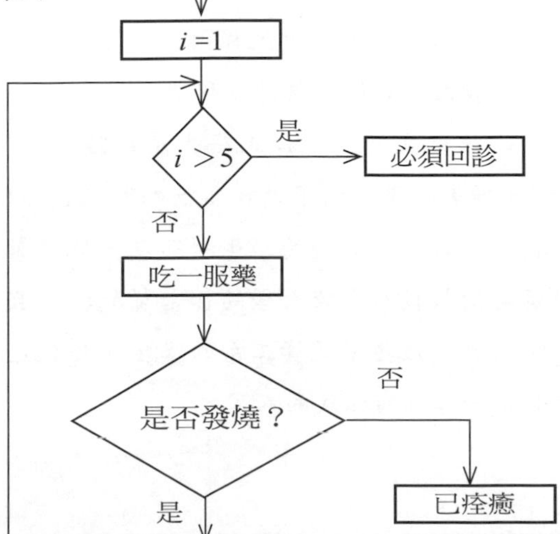

寫程式，最重要的是要先有流程圖，一旦流程圖畫出來了，程式馬上也會跟著出來，理由非常簡單，我們只要學會一些程式語言的規則，就會將一個流程圖轉換成一個程式。可是反過來說，如果一個人在寫程式以前，根本畫不出來流程圖，那就休想寫程式了。

我認爲我們老師教寫程式，應該集中心力教會學生如何設計流程圖，而不該浪費太多的時間在教程式語言，因爲流程圖的設計才是寫程式最重要的一個工作。我們之所以有很多學生不太會寫程式，絕不是因爲他的程式語言沒有學會，而是他的邏輯思考根本不行，使得他設計不出流程圖。我們寫程式的人如果不會邏輯思考，那就一切免談。

我的這一本書就強調邏輯思考的重要性，也用大量的例子來教學生如何設計流程圖，我在很多大學利用這本書教非資訊系的學生，我可以非常驕傲地說，很多文學院和管理學院的學生都輕鬆地學會了寫程式。就以本書的第十三章爲例，那一個簡易的選修課程系統就是文學院學生寫的。

希望大家知道，寫程式並不難，關鍵全在如何設計流程圖，對於沒有寫過程式的人來說，設計流程圖並不簡單，所以我在這一本書裡面用很多的例子來教大家如何先設計流程圖，再寫程式。這本書一共有十五章。

在此強調我們用的程式語言是**C**語言，所使用的編譯器是**Dev-C++ 4.9.9.2**。讀者如果用錯了編譯器版本可能會出問題。

我在此謝謝很多我的學生和朋友，他們幫了很大的忙，尤其是靜宜大學的蔡英德教授和中興大學的林金賢教授。我曾用這本書教了一位名叫周照庭的同學，他並不是資工系的學生，但他已會做書中的全部習題，現在應該算是一位會寫程式的人了。

李家同

目次

目次

Chapter 01

最簡單的程式

寫程式，不妨從最簡單的學起。我們在這一章將介紹幾個非常簡單的程式，也會利用這些程式來介紹一些 C 語言的語法。

1.1 整數的加減乘除

例題1. 1-1 整數的加法

假設我們有兩個整數x和y，我們要求$x+y$，我們的程式的流程圖如圖1. 1-1：

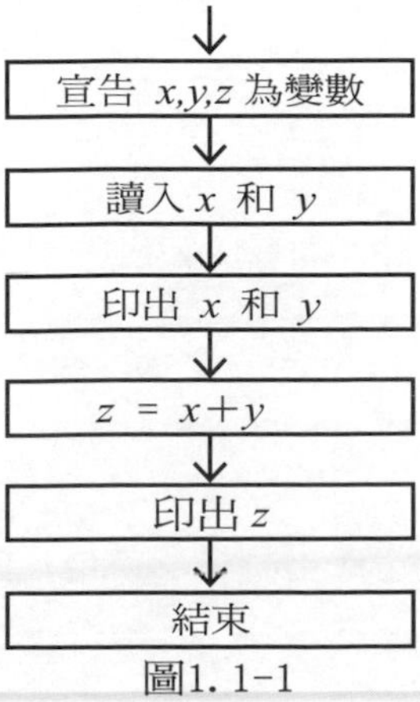

圖1. 1-1

圖1.1-1的流程圖很容易懂，我們就不解釋了。對於這個流程圖，我們有以下的 C 語言程式：

程式 1.1-1 整數的加法

```
#include <stdio.h>

int main(void)
{
  int x, y, z;                              /*宣告x, y, z為變數*/
  printf( "Enter x: ");                     /*在螢幕上顯示字串提示輸入*/
  scanf(" %d", &x);                         /*由鍵盤輸入數值*/
  printf( "Enter y: ");                     /*在螢幕上顯示字串提示輸入*/
  scanf(" %d", &y);                         /*由鍵盤輸入數值*/
  printf("x = " "%d" "\n", x);              /*在螢幕顯示讀到的x值*/
  printf("y = " "%d" "\n", y);              /*在螢幕顯示讀到的y值*/
  z = x + y;                                /*將x與y相加後存入z變數*/
  printf("z = x + y = %d. \n", z);          /*將運算結果顯示至螢幕上*/
}
```

執行範例

```
Enter x: 5
Enter y: 3
x = 5
y = 3
z = x + y = 8.
```

解釋

(1) #include

這是一個載入指令，表示我們要載入某一個函式庫，並使用該函式庫中某些函式的功能。

(2) stdio.h

標準輸出入函式庫，stdio就是Standard Input/Output 的意思；標準輸出入函式庫含有許多關於標準輸出入功能的函式，使我們可以從鍵盤或磁碟輸入資料，並輸出資料到螢幕。

(3) int main(void)

任何程式皆有一個主程式，這個主程式一定叫做main。為什麼要在前面加int，括號中也有void？暫時不要去理它，後面的章節會說明。

(4) int x, y, z

宣告*x, y, z* 這二個變數為整數（integer）。

(5) printf("Enter x: ");

printf是一個列印指令，printf所做的事情就是將兩個"中間的字串送到螢幕上，像這個指令，其結果是在電腦螢幕上列印Enter x:這一串字。

請注意，printf("　")的功能是將"　"中間的字都印出來，假如指令是printf("AXCY")，我們就會印出AXCY。

printf最後的字母是"f"，所謂"f"，是指"format"的意思，也就是我們的列印是根據一種規格的，如果我們需要輸出變數的值到螢幕上，我們將會用一個特殊符號來表示其規格，這個特殊符號是有意義的，後面會有指令使用printf來輸出變數的值到螢幕上，我們到時再解釋printf是如何依據設定的格式來輸出變數的值到螢幕上。

(6) scanf("%d", &x);

scanf是一個讀取指令，我們可以想像使用者會從鍵盤鍵入一個數字，每次鍵入以後，我們的程式就會將這個數字讀進去。讀到哪裡去呢？讀到*x*這個變數裡去。如果你鍵入6，*x*就變成了6，如果鍵入的數字是5，*x*就是5。

至於"%d"是指什麼呢？d前面的%，也不必去管它，記住就是了。而"%d"中的d是decimal（十進位整數數字）。

為什麼會在*x*前面加上&呢？這點很難解釋，我們不妨記下這個規則，反正scanf("%d", x)是不對的，一定要scanf("%d", &x)才對。

以後我們會將&講明白的，每一個變數在記憶體內都有一個位置，&x就是指*x*這個變數的記憶體位置。

在我們從鍵盤鍵入一個數字以後，一定會按下"enter"鍵，這個動作會使電腦執行換行的動作，因此"Enter y:"會出現在下一行。

(7) printf("Enter y: ");

參考(5)

(8) scanf("%d", &y);

參考(6)

(9) printf("x = " "%d" "\n", x);

這個指令是將*x*值以整數的方式輸出到螢幕上，我們首先看這個指令它有三對" "及一個變數*x*，我們一一解釋如下。

第一個"*x* = "，代表將" "裡的字串輸出至螢幕上，也就是*x*會被列印至螢幕上。

第二個"%d"，意思是我們要列印一個十進位的整數變數，所以它後面一定會搭配一個變數，這個變數就是*x*。也就是說，我們要將*x*以十進位整數形式列印出來。

第三個"\n"，\n是一個控制符號，它代表的意義為換行，當我們輸出至螢幕上需要換行時，我們就放上一個\n。

(10) printf("y = " "%d" "\n", y);

這個指令與(9)的用法相同，差別只在於這次是輸出*y*變數的值到螢幕上。

假設我們在*x*與*y*中存的值分別為5跟10，執行(9)與(10)後，結果如下：

x = 5

y = 10

請注意，如果我們在最後沒有放上換行的控制符號，輸出的結果會變成以下的樣子：

x = 5y= 10

(11) z = x + y;

這個指令將x與y的值相加之後存到z。

(12) printf("z = x + y = %d. \n", z);

在這個printf指令裡面，我們僅使用了一對" "符號，它與以下的指令是一模一樣的。

printf("z = x + y = " "%d." "\n", z);

%d. 對應的變數為z，亦即將z的值以十進位整數的形式列印至螢幕上。

假如 z=5，執行這個指令後，螢幕上會出現：

z = x + y = 5

\n會使螢幕做換行的動作。

從這個指令我們得知，在使用printf時，我們不必使用三對" "，只要用一對" "也可以。

在之後的例子中，我們大部分都是將要輸出的資料（字串、變數的值與控制碼）放在一對" "符號中用printf來做輸出。

以上的例子是將兩個整數加起來，我們當然可以用同樣的方法寫程式來計算減法、乘法和除法。只要改$z = x + y$ 就可以了。$z = x-y$ 就可以得到減法，$z = x*y$ 可以算出乘法，$z = x/y$ 可以得到除法。

1.2 實數的加減乘除

如果我們讀入的x和y是實數，唯一要做的事，是要宣告x和y是實數。流程圖和整數加減乘除的流程圖是一樣的，程式1. 2-1如下：

程式 1.2-1 實數的加法

```
#include <stdio.h>

int main(void)
{
  float x, y, z;                          /*宣告x, y, z為變數*/
  printf( "Enter x: ");                   /*在螢幕上顯示字串提示輸入*/
  scanf(" %f", &x);                       /*由鍵盤輸入數值*/
  printf( "Enter y: ");                   /*在螢幕上顯示字串提示輸入*/
  scanf(" %f", &y);                       /*由鍵盤輸入數值*/
  printf("x = %f \ny=%f \n", x, y);       /*在螢幕顯示讀到的x與y值*/
  z = x + y;                              /*將x與y的值輸出至螢幕上*/
  printf("z = x + y = %f. \n", z);        /*將z的值輸出至螢幕上*/
}
```

執行範例

```
Enter x: 3
Enter y: 5
x=3.000000
y=5.000000
z = x + y = 8.000000.
```

解釋

這個程式與上一個程式主要的差別就在於它的變數的型態為實數，所以有關使用變數的部分，都需要做對應的修改。

實數與整數兩者最大的差別在實數有小數點，而整數是沒有小數點的。所以在執行指令的時候，就會有著有無小數點的差異。

我們唯一要注意的指令就是有關變數存取的部分，主要有三部分：

第一部分是變數的型態，在之前的例子裡，我們將變數宣告為整數型態，而在這裡，我們就將把變數宣告為實數型態。

第二部分是在使用scanf時，在前面整數的例子中，我們將讀取到的數值以整數的格式來存入變數，在這裡我們將會把讀到的值以實數的格式存入變數當中。

第三部分是在使用printf時，在前面整數的例子中，我們將變數的值讀取出來，並以整數的格式列印至螢幕上去，在這裡我們將變數中讀取出來的值以實數的格式列印至螢幕上去。

(1)float x, y, z;

宣告我們要使用的變數為實數。

(2)printf("Enter x: ");

列印Enter x:至螢幕上。

(3)scanf(" %f", &x);

將輸入的值以實數的型態存入*x*。%f 表示是實數。

(4)printf("Enter y: ");

列印Enter y:至螢幕上。

(5)scanf(" %f", &y);

將輸入的值以實數的型態存入*y*。

(6)printf("x = %f \ny=%f \n", x, y);

將*x*與*y*變數中的數，以實數的方法列印至螢幕上。請注意，第一個%f對應*x*，而第二個%f 對應 *y*，如下圖所示：

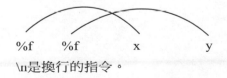

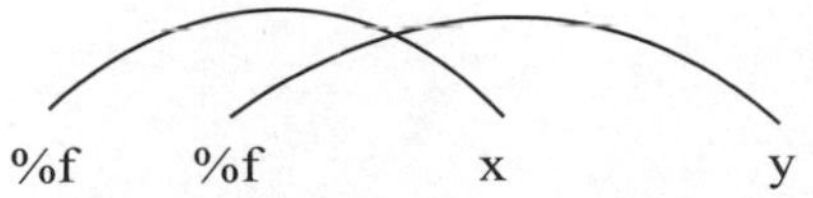

\n是換行的指令。

(7)z = x + y;

將x與y的值相加之後存到z。

(8)printf("z = x + y= %f. \n", z);

將z的值（也就是計算的結果），以實數的型態列印至螢幕上。假如z的值是11.2，印出來的結果是：

z = x + y = 11.2

1.3 四則運算

如果我們所要做的計算不止兩個，而且運算的式子中又有括號，我們就必須小心，該先做的就要先做。

例題1.3-1： $u=(z+(x*y))/3$

假設我們要計算$u=(z+(x*y))/3$，我們就必須先算$x*y$，再將結果加上z，最後再將結果除以3，答案就出來了。

我們顯然需要一個新的變數t，我們先算$t \leftarrow x*y$，然後再做$z+t$，我們可以將此結果仍命名為t。所以現在$t \leftarrow z+t$，最後算出$u \leftarrow t/3$。流程圖如圖1.3-1：

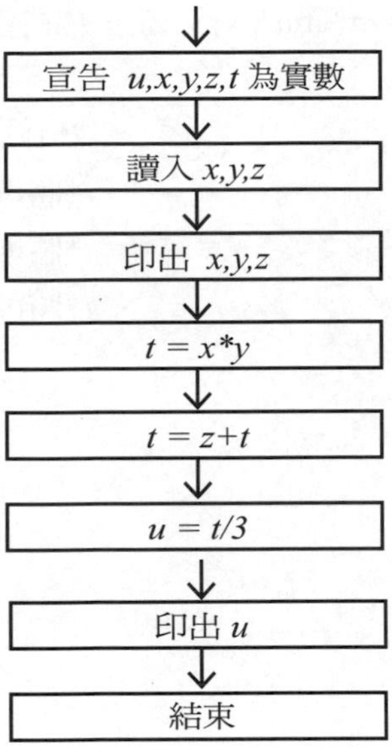

圖1. 3-1

以下是對應這個流程圖的程式。

程式 1.3-1

```
#include <stdio.h>

int main(void)
{
  float u, x, y, z, t;                    /*宣告u, x, y, z, t為變數*/

  printf( "Enter x: ");                   /*在螢幕上顯示字串提示輸入*/
  scanf(" %f", &x);                       /*由鍵盤輸入數值*/
  printf( "Enter y: ");                   /*在螢幕上顯示字串提示輸入*/
  scanf(" %f", &y);                       /*由鍵盤輸入數值*/

  printf( "Enter z: ");                   /*在螢幕上顯示字串提示輸入*/
  scanf(" %f", &z);                       /*由鍵盤輸入數值*/
```

```
    printf("x = %f; y=%f; z=%f\n", x, y, z);    /*在螢幕顯示讀到的x, y與z值*/

    t = x*y;                                     /*將x與y相乘後存入t*/
    t = z+t;                                     /*將t與z相加後存入t*/
    u = t/3;                                     /*將t除以3後存入u*/
    printf("u= %f. \n", u);                      /*將u的值輸出至螢幕上*/
}
```

執行範例

```
Enter x: 2
Enter y: 4
Enter z: 6
x = 2.000000; y=4.000000; z=6.000000
u= 4.666667.
```

解釋

(1)float u, x, y, z, t;

宣告*u, x, y, z, t*為實數型態的變數。

(2)printf("Enter x: ");

列印Enter x: 至螢幕上。

(3)scanf(" %f", &x);

將輸入的值以實數的型態存入*x*中。

(4)printf("Enter y: ");

列印Enter y: 至螢幕上。

(5)scanf(" %f", &y);

將輸入的值以實數的型態存入*y*中。

(6)printf("Enter z: ");

列印Enter z: 至螢幕上。

(7)scanf(" %f", &z);

將輸入的值以實數的型態存入*z*中。

(8)printf("x = %f; y=%f; z=%f\n", x, y, z);

將 *x, y, z*變數的值以實數的型態列印至螢幕上。以下是可能印出來的一行：

$x = 12.3;\ \ y = 3.7;\ \ z = 6.54$

(9)t = x*y;

將*x*與*y*的值相乘之後存到*t*。

(10)t = z+t;

這行指令的使用在於重複利用我們的暫時變數*t*。首先，我們將*z*與*t*的值先取出來做加法的運算，之後，我們的暫時變數*t*又可以拿來使用，所以我們將結果再存入*t*中。

(11)u=t/3;

將*t*值取出來除以3之後，再將結果存入*u*中。

(12)printf("u= %f. \n", u);

將*u*（也就是計算的結果）的值以實數的型態列印至螢幕上。

在此，我們有一個建議，在運算的過程中，盡量將運算的結果列印出來。舉例來說，我們可以在$t=x*y$ 的後面列印*t*。如此做，可以幫我們偵錯。

在以上的例子中，我們引進了一個觀念：我們有時必須要用新的變數，在上面的例子中，我們所使用的變數是*t*，*t*是一個暫時的變數，在計算中，我們使用它，在最後的結果中，並不會提到這個變數，可以被稱為臨時變數。

在以下的例子中，我們要用兩個臨時變數。

例題1. 3-2 計算 $z=(u*v)+(x*y)$

要計算這個式子，我們可以這樣想，我們先計算$u*v$，將它存在$t1$中，所以$t1 \leftarrow u*v$，然後再計算$t2 \leftarrow x*y$。最後，再計算$z \leftarrow t1+t2$。

這個問題的流程圖如圖1.3-2：

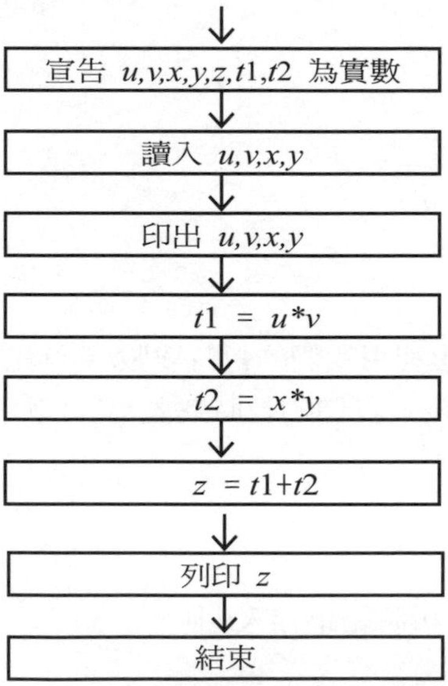
宣告 u,v,x,y,z,t1,t2 為實數
讀入 u,v,x,y
印出 u,v,x,y
t1 = u*v
t2 = x*y
z = t1+t2
列印 z
結束

圖1. 3-2

程式 1. 3-2 計算 $z=(u*v)+(x*y)$

```
#include <stdio.h>

int main(void)
```

```
{
  float u, v, x, y, z, t1, t2;                  /*宣告u, v, x, y, z, t1, t2為變數*/

  printf( "Enter u: ");                         /*在螢幕上顯示字串提示輸入*/
  scanf(" %f", &u);                             /*由鍵盤輸入數值*/
  printf( "Enter v: ");                         /*在螢幕上顯示字串提示輸入*/
  scanf(" %f", &v);                             /*由鍵盤輸入數值*/
  printf( "Enter x: ");                         /*在螢幕上顯示字串提示輸入*/
  scanf(" %f", &x);                             /*由鍵盤輸入數值*/
  printf( "Enter y: ");                         /*在螢幕上顯示字串提示輸入*/
  scanf(" %f", &y);                             /*由鍵盤輸入數值*/
  printf("u=%f; v=%f; x = %f; y=%f\n", u, v, x, y);
                                                /*在螢幕顯示讀到的u, v, x, y值*/
  t1 = u*v;                                     /*將u與v相乘後存入t1*/
  t2 = x*y;                                     /*將x與y相乘後存入t2*/
  z = t1 + t2;                                  /*將t1與t2相加後存入z*/
  printf("z= %f. \n", z);                       /*將z的值列印至螢幕上*/
}
```

執行範例

```
Enter u: 3
Enter v: 4
Enter x: 5
Enter y: 6
u=3.000000; v=4.000000; x = 5.000000; y=6.000000
z= 42.000000.
```

解釋

(1) float u, v, x, y, z, t1, t2;

宣告*u, v, x, y, z, t*1, *t*2為實數型態

(2) printf("Enter u: ");

列印Enter u: 至螢幕上。

(3) scanf(" %f", &u);

將輸入的值以實數的型態存入*u*中。

(4) printf("Enter v: ");

列印Enter v: 至螢幕上。

(5) scanf(" %f", &v);

將輸入的值以實數的型態存入*v*中。

(6) printf("Enter x: ");

列印Enter x: 至螢幕上。

(7) scanf(" %f", &x);

將輸入的值以實數的型態存入*x*中。

(8) printf("Enter y: ");

列印Enter y: 至螢幕上。

(9) scanf(" %f", &y);

將輸入的值以實數的型態存入*y*中。

(10) printf("u=%f; v=%f; x = %f; y=%f\n", u, v, x, y) ;

將*u,v,x,y* 變數的值以實數的型態列印至螢幕上。

(11) t1 = u*v;

將*u*與*v*的值相乘之後存到*t*1。

(12) t2 = x*y;

將x與y的值相乘之後存到$t2$。

(13) z = t1 + t2;

將$t1$與$t2$的值相加之後存到z。

(14) printf("z= %f. \n", z);

將z（也就是計算的結果）的值以實數的型態列印至螢幕上。

我們要在此解釋一下一個重要的觀念，我們也可以直截了當地計算的。在例題1.3-1中，$u=(z+(x*y))/3$ 可以用一個指令算出，也就是說，我們可以用以下的程式：

程式 1.3-3　*u*=(*z*+(*x***y*))/3 的另一計算方法

```
#include <stdio.h>
int main(void)
{
  float u, x, y, z;                         /*宣告所需要用的u, x, y, z變數*/
  printf( "Enter x: ");                     /*在螢幕上顯示字串提示輸入*/
  scanf(" %f", &x);                         /*由鍵盤輸入數值*/
  printf( "Enter y: ");                     /*在螢幕上顯示字串提示輸入*/
  scanf(" %f", &y);                         /*由鍵盤輸入數值*/
  printf( "Enter z: ");                     /*在螢幕上顯示字串提示輸入*/
  scanf(" %f", &z);                         /*由鍵盤輸入數值*/
  printf("x=%f; y=%f; z = %f\n", x, y, z);
                                            /*在螢幕顯示讀到的x, y, z值*/

  u = (z + (x*y) ) / 3;                     /*將x與y相乘，與z相加後再除以3*/
  printf("u= %f. \n", u);                   /*將u的值列印至螢幕上*/
}
```

執行範例

```
Enter x: 3
Enter y: 4
Enter z: 5
x=3.000000; y=4.000000; z = 5.000000
u= 5.666667.
```

解釋

(1)float u, x, y, z;

宣告*u, x, y, z*為實數型態的變數。

(2)printf("Enter x: ");

列印Enter x: 至螢幕上。

(3)scanf(" %f", &x);

將輸入的值以實數的型態存入*x*中。

(4)printf("Enter y: ");

列印Enter y: 至螢幕上。

(5)scanf(" %f", &y);

將輸入的值以實數的型態存入 *y* 中。

(6)printf("Enter z: ");

列印Enter z: 至螢幕上。

(7)scanf(" %f", &z);

將輸入的值以實數的型態存入 *z* 中。

(8)printf("x=%f; y=%f; z = %f\n", x, y, z);

將 x, y, z 變數的值以實數的型態列印至螢幕上。

(9)u = (z + (x*y)) / 3;

當一行指令包含了二個以上的四則運算，C 語言會以本身定義的運算優先性來決定運算的順序並產生其結果，其最基本的運算優先性為先加減後乘除。為了算出我們需要式子的結果，我們在這裡使用了括號( )來決定所需要運算的優先性。

這行指令可分為三部分來解釋：

第一部分，先計算 x 與 y 相乘的結果。

第二部分，再計算 z 與第一部分相加的結果。

第三部分，再將第二部分的結果除以 3 之後存到 u 。

在之後的程式之中，為了避免被C語言運算優先性的混淆，當一行指令同時處理了二個以上的四則運算時，我們皆用括號來決定我們的運算優先性。

(10)printf("u= %f. \n", u);

將u （也就是計算的結果）的值以實數的型態列印至螢幕上。

程式1.3-3有一些缺點，第一個缺點是：如果式子太長，我們的指令也會非常長，長到令人看不懂。還有一個缺點，萬一我們的程式有錯，我們就要偵錯，偵錯的時候，仍要將計算過程中的變數印出來的，也就是說，我們仍要看看$x*y$有沒有算對，然後再看看 $z+(x*y)$ 有沒有做對。所以事實上我們仍要看 $t \leftarrow x*y$，然後再看 $t \leftarrow z+t$ 等等。分段計算，雖然看起來程式長了一點，但偵錯的時候會快得多。

例題1.3-4： 二次方程式的根

如果我們有一個一元二次方程式 $ax^2 + bx + c = 0$，它的兩個根是

$$x_1 = \frac{-b + \sqrt{b^2 - 4ac}}{2a} \quad 和 \quad x_2 = \frac{-b - \sqrt{b^2 - 4ac}}{2a}$$

我們在此假設 $b^2-4ac>0$ ，免得我們會產生有虛數的解。

要求出 x_1 和 x_2 的值，我們可以用以下的流程圖：

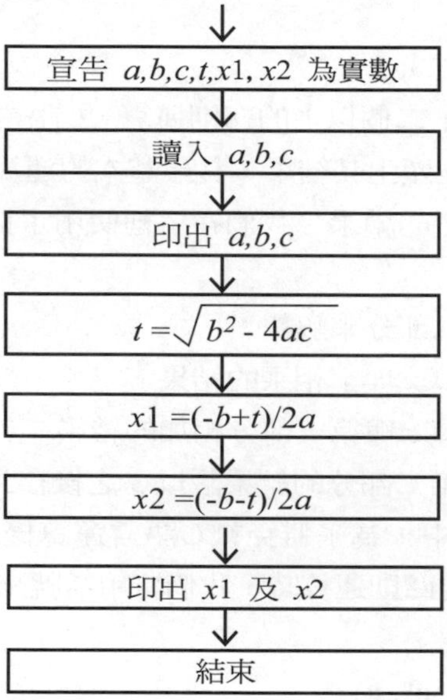

圖1. 3-3

程式 1.3-4

```
#include <stdio.h>
#include <math.h>

int main(void)
{
  float a, b, c, t, x1, x2;                    /*宣告變數*/

  printf( "Enter a: ");                        /*在螢幕上顯示字串*/
  scanf(" %f", &a);                            /*由鍵盤輸入數值*/
  printf( "Enter b: ");                        /*在螢幕上顯示字串*/
  scanf(" %f", &b);                            /*由鍵盤輸入數值*/
  printf( "Enter c: ");                        /*在螢幕上顯示字串*/
  scanf(" %f", &c);                            /*由鍵盤輸入數值*/
```

```
    printf("a=%f; b=%f; c = %f\n", a, b, c);     /*在螢幕顯示讀到的值*/
    t = (b*b) - (4*a*c);
    t = sqrt(t);
    x1 = (-b + t) / (2*a);
    x2 = (-b - t) / (2*a);
    printf("x1 = %f; x2 = %f.\n", x1, x2);
}
```

執行範例

```
Enter a: 1
Enter b: 0
Enter c: -16
a=1.000000; b=0.000000; c = -16.000000
x1 = 4.000000; x2 = -4.000000.
```

解釋

(1) #include <math.h>

引入math.h的檔案，這是有關數學函數的檔案，我們要計算平方根，必須有此檔案。

(2) float a, b, c, t, x1, x2;

宣告 *a, b, c, t,* x1, x2 為實數型態的變數。

(3) printf("Enter a: ");

列印Enter a: 至螢幕上。

(4) scanf(" %f", &a);

將輸入的值以實數的型態存入*a*中。

(5) printf("Enter b: ");

列印Enter b: 至螢幕上。

(6) scanf(" %f", &b);

將輸入的值以實數的型態存入*b*中。

(7) printf("Enter c: ");

列印Enter c:至螢幕上。

(8)scanf(" %f", &c);

將輸入的值以實數的型態存入*c*中。

(9)printf("a=%f; b=%f; c = %f\n", a, b, c);

將 *a, b, c,* 變數的值以實數的型態列印至螢幕上。

(10)t = (b*b) - (4*a*c);

這行指令可分為三部分來解釋：

第一部分，先計算 *b* 與 *b* 相乘的結果。

第二部分，再計算 4 乘 *a* 乘 *c* 的結果。

第三部分，再將第一部分的結果減掉第二部分的結果之後存到 *t*。

(11)t = sqrt(t);

這裡使用 math.h 中的函數來求 *t* 的平方根，並將結果回存至 *t* 中。

(12)x1 = (-b + t) / (2*a);

這行指令可分為三部分來解釋：

第一部分，先計算-*b*與*t*相加的結果。

第二部分，再計算 2 乘 *a* 的結果。

第三部分，再將第一部分的結果除掉第二部分的結果之後存到 *x*1。

(13)x2 = (-b - t) / (2*a);

這行指令可分為三部分來解釋：

第一部分，先計算 - b 與 t 相減的結果。

第二部分，再計算 2 乘 a 的結果。

第三部分，再將第一部分的結果除掉第二部分的結果之後存到 $x2$。

(14)printf("x1 = %f; x2 = %f.\n", x1, x2);

將 $x1$, $x2$（也就是計算的結果） 的值以實數的型態列印至螢幕上。

練習一

1. 寫一程式，計算 $\frac{(x+y)}{(u+v)}$ 。先畫出流程圖。

2. 寫一程式，計算 $\frac{(a+b)}{(c-d)} \times d$ 。先畫出流程圖。

3.寫一程式，計算 $a^2+2ab+b^2$ 。先畫出流程圖。

4.寫一程式，計算 a^2-b^2 。

5.假設有一組二元一次方程式如下:

$a_1\mathrm{x}+b_1\mathrm{y}=c_1$

$a_2\mathrm{x}+b_2\mathrm{y}=c_2$

此組方程式的解如下:

$$x = \frac{(c_1b_2 - c_2b_1)}{(a_1b_2 - a_2b_1)} \qquad y = \frac{(c_1a_2 - c_2a_1)}{(b_1a_2 - a_1b_2)}$$

寫一方程式，輸入此方程式變數之係數，計算此組方程式的解。先畫出流程圖。

6. 依照以下的流程圖，寫一程式。

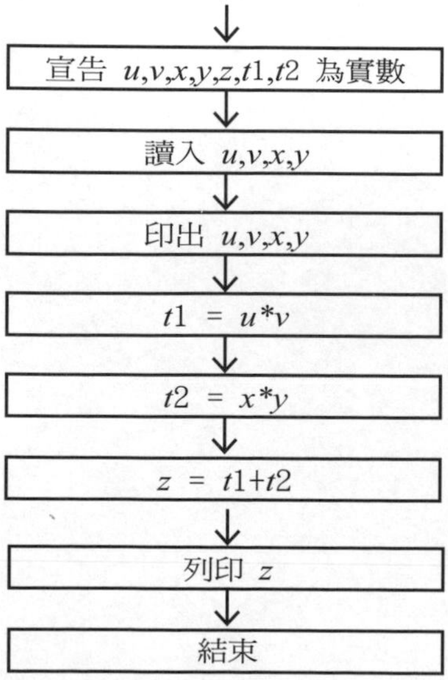
宣告 u,v,x,y,z,t1,t2 為實數
讀入 u,v,x,y
印出 u,v,x,y
t1 = u*v
t2 = x*y
z = t1+t2
列印 z
結束

Chapter 02

有if指令的程式

我們日常生活中，常會收到「如果怎樣怎樣，你就該如何如何。」的指令。比方說，你問路，回答的話極可能是：「如果你碰到紅綠燈的交通號誌，就向右轉。」你小時候上學，媽媽會叮嚀你：「如果天下雨，就打傘。」

這種情形，在我們寫程式的時候也會發生，含有「如果」的指令，就是含有if的指令，這種指令可由圖2-1表示：

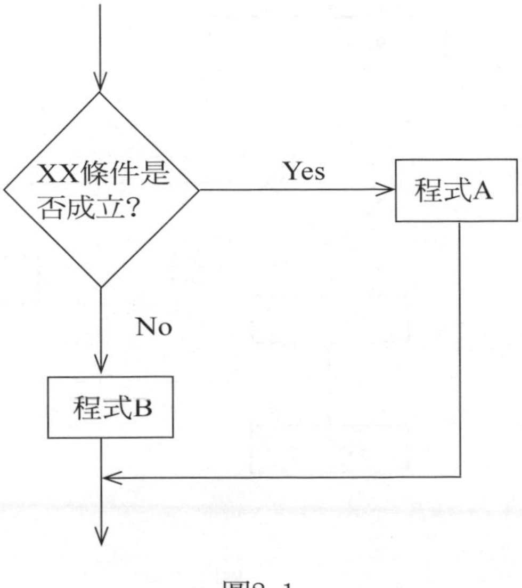

圖2-1

圖2-1的程式的意義：
如果某某條件成立，執行程式A。
否則，執行程式B。

我們在以下的幾節中會陸續地解釋一些if指令的例子。

2.1 簡單的if指令用法

例題2. 1-1 兩個數字中選大的那一個

我們讀入兩個數x和y，我們要從x和y中選一個大的數字。流程圖如圖2. 1-1

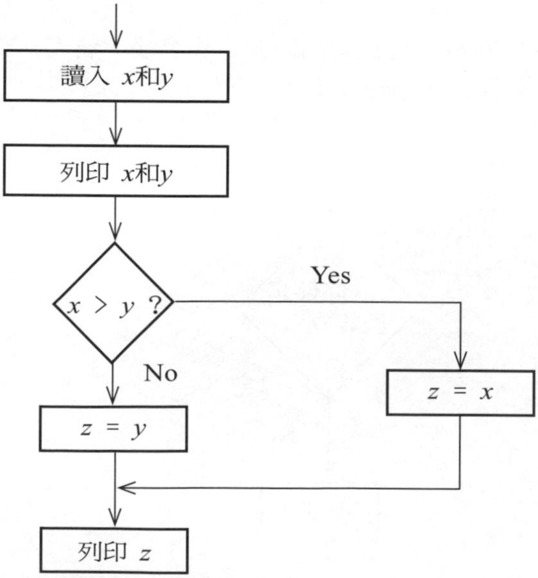

圖2. 1-1

程式 2.1-1

```
#include <stdio.h>

int main(void)
{
    int x, y, z;                            /*宣告x, y, z為變數*/

    printf( "Enter x: ");                   /*在螢幕上顯示字串提示輸入*/
    scanf(" %d", &x);                       /*讀取鍵盤輸入數值*/
    printf( "Enter y: ");                   /*在螢幕上顯示字串提示輸入*/
    scanf(" %d", &y);                       /*讀取鍵盤輸入數值*/
    printf("x = " "%d" "\n", x);            /*在螢幕顯示讀到的x值*/
    printf("y = " "%d" "\n", y);            /*在螢幕顯示讀到的y值*/

    if( x > y)                              /* x值較大 */
    {
        z = x;                              /* 將x的值存入z中 */
    }
    else                                    /* y值較大 */
    {
        z = y;                              /* 將y的值存入z中 */
    }
    printf("z = %d. \n", z);                /*在螢幕顯示z的值*/
}
```

執行範例

```
Enter x: 3
Enter y: 5
x = 3
```

y = 5
z = 5.

解釋

(1)
```
if ( x > y)
{
    z = x;
}
```
這是一個if指令，用法為檢查之後( )內的條件式是否成立，若成立，則執行接著{}中的指令。在這個例子，代表如果 $x > y$ 這個條件式成立的話，則將x變數的值存到z變數去。

(2)
```
else
{
    z = y;
}
```
else 需要與if指令合用，代表的意義為當if後面所表示的條件式不成立時，則執行下面所接{}中的指令。在這個例子，當$x > y$這個條件式不成立(也就是 $x \leq y$)，就是執行 $z = y$ 的指令。

例題2. 1-2 求 x-y 或 y-x

我們讀入x和y，如果 $x > y$，則回傳 $x - y$ ，否則回傳 $y - x$。也就是說，我們總在回傳大數減小數。

這個程式的流程圖如圖2. 1-2：

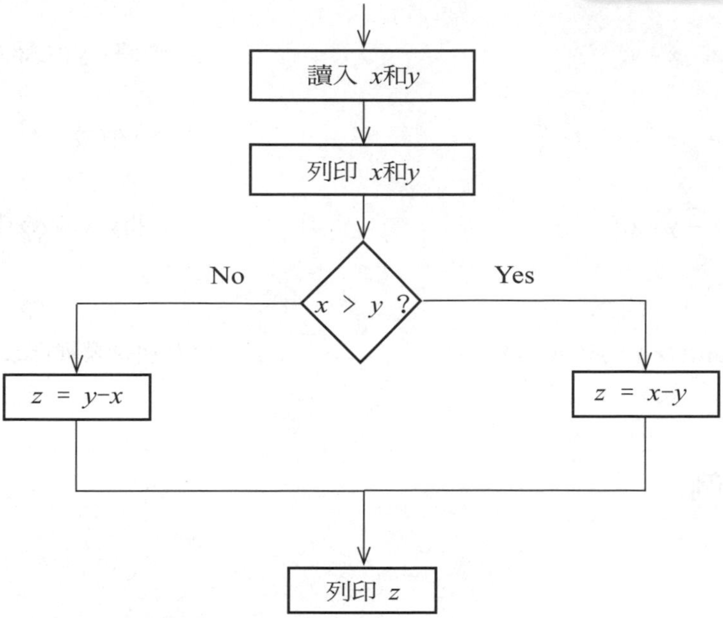

圖2. 1-2

程式 2. 1-2

```
#include <stdio.h>

int main(void)
{
   int x, y, z;                          /*宣告x, y, z為變數*/

   printf( "Enter x: ");                 /*在螢幕上顯示字串提示輸入*/
   scanf(" %d", &x);                     /*讀取鍵盤輸入數值*/
   printf( "Enter y: ");                 /*在螢幕上顯示字串提示輸入*/
   scanf(" %d", &y);                     /*讀取鍵盤輸入數值*/
   printf("x = " "%d" "\n", x);          /*在螢幕顯示讀到的x值*/
   printf("y = " "%d" "\n", y);          /*在螢幕顯示讀到的y值*/
   if( x > y)                            /* x值較大 */
   {
```

```
        z = x - y;                          /* 將x-y存入z中 */
    }
    else                                    /* y值較大*/
    {
        z = y - x;                          /* 將y-x存入z中 */
    }

    printf("z = %d. \n", z);                /*在螢幕顯示z的值*/
}
```

執行範例

```
Enter x: 1
Enter y: 2
x = 1
y = 2
z = 1.
```

解釋

(1)
```
if( x > y)
{
    z = x - y;
}
```
代表當 $x > y$ 的條件式成立時，將 x-y 的結果存入z變數中。

(2)
```
else
{
    z = y - x;
}
```
與上面的if指令合用，代表當 $x > y$ 的條件式不成立時（也就是 $x \leq y$），將 y-x 的結果存入 z 變數中。

例題2. 1-3 將負數轉成正數

我們讀入一個數字，如果是負數，就將它轉成正數。這個程式的流程圖如圖2. 1-3所示。

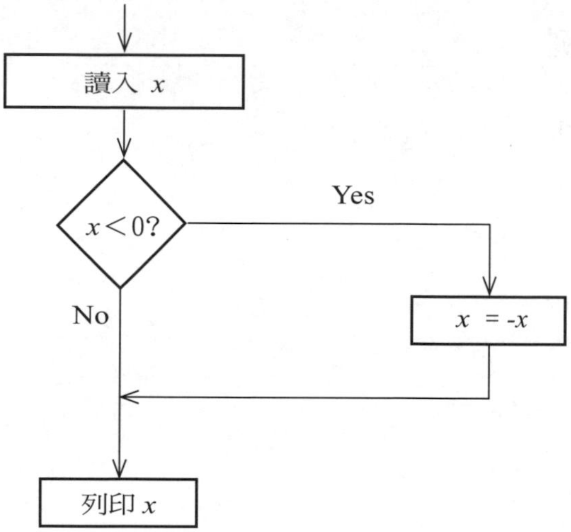

圖2. 1-3

程式 2.1-3

```
#include <stdio.h>

int main(void)
{
   int x;                                     /*宣告x為變數*/

   printf( "Enter x: ");                      /*在螢幕上顯示字串*/
   scanf(" %d", &x);                          /*由鍵盤輸入數值*/
   printf("x = " "%d" "\n", x);               /*在螢幕顯示讀到的x值*/
   if ( x < 0 )                               /* x小於0 */
   {
      x = -x;                                 /* 將x轉為正數 */
```

```
    }
    printf("x = %d. \n", x);                    /*在螢幕顯示x的值*/
}
```

執行範例

Enter x: -10

x = -10

x = 10.

解釋

(1)
```
if ( x < 0 )
{
    x = -x;
}
```
表示當 $x < 0$這個條件式成立時，執行 x=-x 也就是將 x 的值加上負號再存回 x。

2.2 有連續if指令的程式

有時我們可能需要連續的if指令。以下兩個例子就在描寫這種情形。

例題2. 2-1　分級費用

假設我們有一個制度，根據用水的多少收費。規定如下：

(1) 用水量少於30度者，收費50元

(2) 用水量在30度與60度之間者，收費70元

(3) 用水量在60度以上者，收費100元

流程圖如圖2. 2-1：

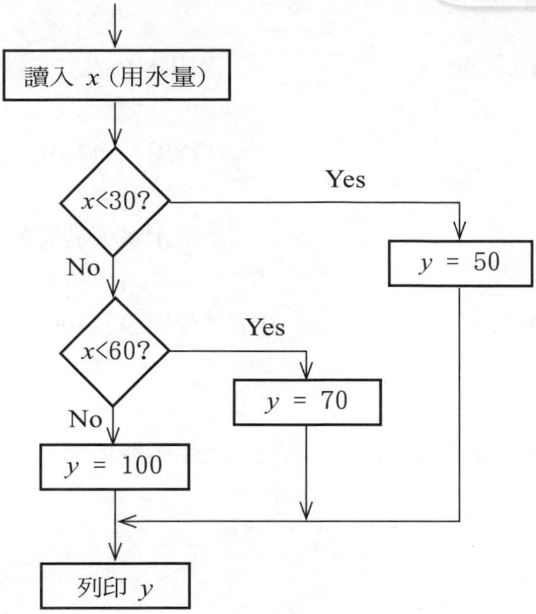

圖2. 2-1

程式 2.2-1

```
#include <stdio.h>

int main(void)
{
    int x;                              /*用水量*/
    int y;                              /*費用*/

    printf( "Enter x: ");               /*在螢幕上顯示字串提示輸入*/
    scanf(" %d", &x);                   /*讀取鍵盤輸入數值*/

    if( x < 30)                         /*用水量小於30度*/
    {
        y = 50;                         /*費用設為50*/
    }
```

```
    else if ( x < 60 )                    /*用水量大於等於30度但小於60度*/
    {
        y = 70;                           /*費用設為70*/
    }
    else                                  /*用水量大於等於60度*/
    {
        y = 100;                          /*費用設為100*/
    }

    printf("y = %d. \n", y);              /*顯示費用*/
}
```

執行範例

```
Enter x: 50
y = 70.
```

解釋

(1)
```
if( x < 30)
{
    y = 50;
}
```
代表當 $x < 30$的條件成立時，則將50存入y 變數中。

(2)
```
else if ( x < 60 )
{
    y = 70;
}
```
else if需要與if指令搭配使用，用處在於當前面的條件不成立時，這個指令檢驗其他的條件是否成立。

在這個例子當中代表著前面if($x < 30$)中$x < 30$的條件不成立，else if ($x <$

60)這個指令可以再檢查 $x < 60$ 這個條件是否成立，若成立時，則將70存入y 變數中。

請注意，若在此檢查條件成立時，則代表x變數的值介於30與59之間。

(3)
```
else
{
    y = 100;
}
```
代表當以上的條件($x < 30$, $x < 60$)都不成立，也就是 x 的值大於等於60時，則將100存入 y 變數中。

例題2. 2-2　學生分組

我們有一位學生的英文和數學的成績，如兩門的成績都及格（沒有低於60分），就是A級，如果兩個課的成績都不及格，就是C級，其餘是B級。

我們的流程圖如圖2.2-2：

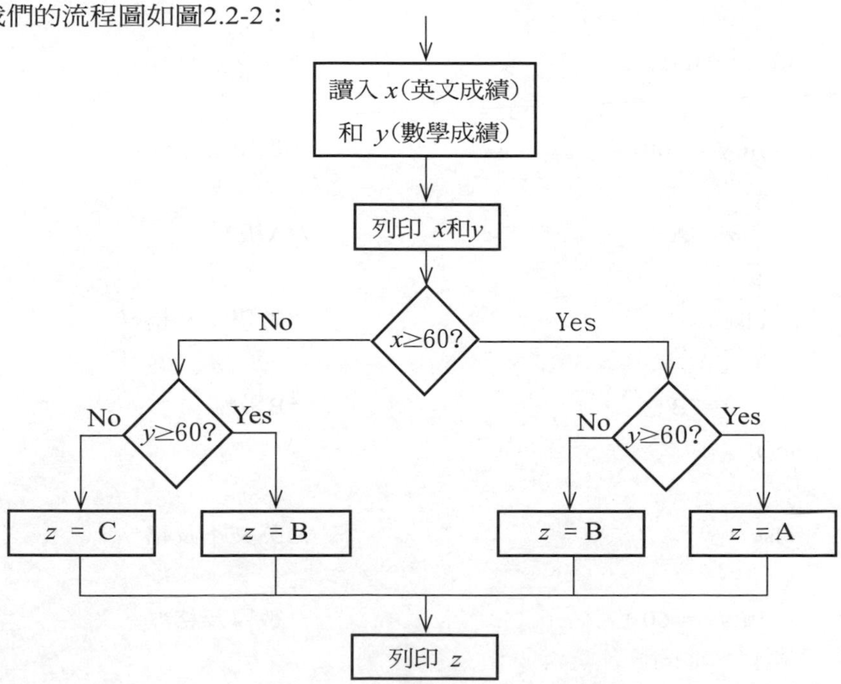

圖2. 2-2

程式 2.2-2

```
#include <stdio.h>

int main(void)
{
   int x;                                  /*宣告x變數代表英文成績*/
   int y;                                  /*宣告y變數代表數學成績*/
   char z;                                 /*宣告z變數代表等級*/

   printf( "Enter x: ");                   /*在螢幕上顯示字串提示輸入*/
   scanf(" %d", &x);                       /*讀取鍵盤輸入數值*/
   printf( "Enter y: ");                   /*在螢幕上顯示字串提示輸入*/
   scanf(" %d", &y);                       /*讀取鍵盤輸入數值*/
   printf("x = %d \ny=%d \n", x, y);       /*在螢幕顯示讀到的x與y值*/

   if( x >= 60)                            /*英文及格*/
   {
      if( y >= 60)                         /*數學及格*/
      {
         z = 'A';                          /*A級*/
      }
      else                                 /*數學不及格*/
      {
         z = 'B';                          /*B級*/
      }
   }
   else                                    /*英文不及格*/
   {
      if( y >= 60 )                        /*數學及格*/
      {
         z = 'B';                          /*B級*/
```

```
        }
        else                                        /*數學不及格*/
        {
            z = 'C';                                /*C級*/
        }
    }

    printf("z=%c. \n", z);                          /*輸出成績等級*/
}
```

執行範例

```
Enter x: 50
Enter y: 78
x=50
y=78
z=B.
```

解釋

(1) char z;

我們將z宣告為字元型態的變數，字元型態的變數僅可儲存單一字元的資料。

(2) z = 'A';

字元變數最簡單的用法為將欲存入的字元資料放在' '之間，然後存入其中即可。

在我們的例子中，我們將字元A存入z變數中。

(3)
```
if( x >= 60)
{
    if( y >= 60)
```

```
    {
      z = 'A';
    }
    else
    {
      z = 'B';
    }
}
```

我們在if指令所檢查的條件成立後，再去檢查另一條件是否成立。在這個例子中，我們先檢查 $x \geq 60$ 的條件成立後，再去檢查 $y \geq 60$ 這個條件是否成立。要注意的是，在 C 語言中，代表大於等於的方式為使用">="兩個符號，若是小於等於則是"<="。若兩個條件都成立，則將A字元存入變數z中。若 $y \geq 60$ 不成立（代表 $x \geq 60$ 成立，但是 $y \geq 60$ 不成立），則將B字元存入 z變數中。

(4)
```
else
{
    if( y >= 60 )
    {
      z = 'B';
    }
    else
    {
      z = 'C';
    }
}
```

代表著以上的條件($x \geq 60$)不成立時，也就是 $x < 60$的條件成立時，則再檢查 $y \geq 60$ 的條件是否成立。若成立 (代表 $x < 60$ 且 $y \geq 60$)，則將字元 B 存入z 變數中，若不成立 (代表 $x < 60$ 且 $y < 60$) 則將字元 C 存入z 變數中。

例題2. 2-3 （例題2. 2-2的另一種解法）

上面的例子，我們也可以用以下的流程圖：

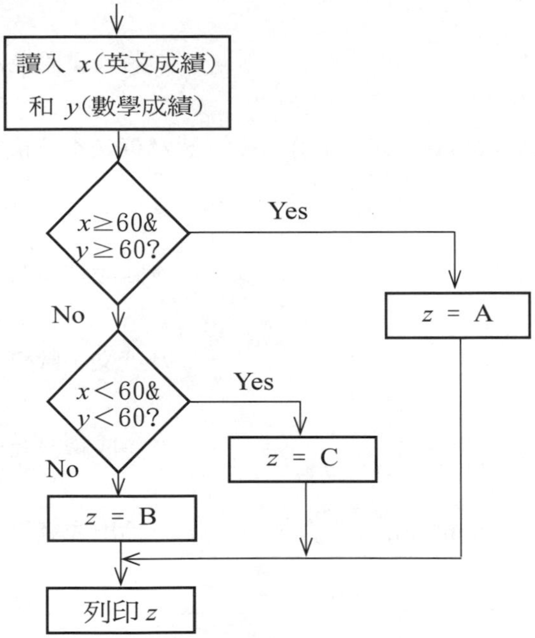

圖2. 2-3

程式　2. 2-3

```
#include <stdio.h>

int main(void)
{
   int x;                          /*宣告x變數代表英文成績*/
   int y;                          /*宣告y變數代表英文成績*/
   char z;                         /*宣告z變數代表等級*/

   printf( "Enter x: ");           /*在螢幕上顯示字串提示輸入*/
   scanf(" %d", &x);               /*讀取鍵盤輸入數值*/
   printf( "Enter y: ");           /*在螢幕上顯示字串提示輸入*/
```

```
    scanf(" %d", &y);                      /*讀取鍵盤輸入數值*/
    printf("x=%d \ny=%d \n", x, y);        /*在螢幕顯示讀到的x與y值*/
    if( (x >= 60) && (y >= 60))            /*英文及格還有數學及格*/
    {
      z = 'A';                             /*將成績設為A級*/
    }
    else if( (x < 60) && (y < 60))         /*英文不及格還有數學不及格*/

    {
      z = 'C';                             /*將成績設為C級*/
    }
    else                                   /*英文、數學兩科只有一科及格*/
    {
      z = 'B';                             /*將成績設為B級*/
    }
    printf("z=%c. \n", z);                 /*輸出成績等級*/
}
```

執行範例

```
Enter x: 50
Enter y: 78
x=50
y=78
z=B.
```

解釋

在這個例子中，我們利用邏輯運算 && 來簡化上一個例子的程式。

(1)
```
if( (x >= 60) && (y >= 60))
{
```

```
    z = 'A';
}
```

&&代表要做AND的運算，也就是說當 && 前後的條件都成立時，才會執行{}中的指令。

在我們的例子就代表當 x >= 60 和 y >= 60 這兩個條件都成立時，則將字元 A 存入 z 變數中。

(2)
```
else if( (x < 60) && (y < 60))
{
    z = 'C';
}
```

當前面if指令中的條件不成立（$x < 60$ 或者 $y < 60$），再檢查 x < 60 與 $y < 60$ 兩個條件是否同時成立，若成立，則將字元 C 存入 z 變數中。

(3)
```
else
{
    z = 'B';
}
```

當前面的條件（1.($x \geq 60$)而且($y \geq 60$); 2. ($x < 60$)而且($y < 60$)）皆不成立時，所代表的意義就是兩科成績沒有同時是60分以上，且兩科成績也沒有同時是60分以下。也就是兩科的成績中，一科成績超過60分，一科低於60分，則將字元 B 存入 z 變數中。

例題2.2-4　檢查兩科成績是否及格

我們有一位學生的英文和數學成績，我們將分別輸入兩門的成績，並分別檢查是否及格（沒有低於60分）。

我們的流程圖如圖2.2-4:

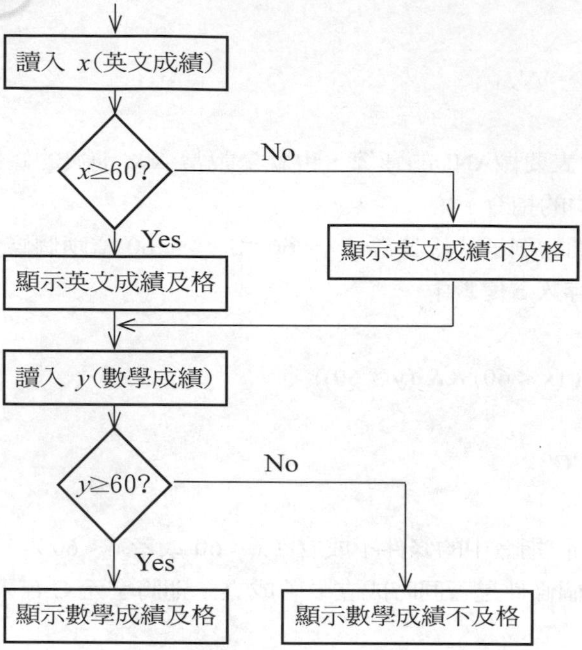

圖2. 2-4

程式 2.2-4

```
#include <stdio.h>

int main(void)
{
   int x;                                  /*宣告x變數代表英文成績*/
   int y;                                  /*宣告y變數代表數學成績*/

   printf( "Enter x: ");                   /*在螢幕上顯示字串提示輸入*/
   scanf(" %d", &x);                       /*讀取鍵盤輸入數值*/
   if( x >= 60)                            /*英文及格*/
   {
      printf("English passed.\n");         /*輸出英文及格*/
   }
   else                                    /*英文不及格*/
```

```
    {
      printf("English failed.\n");              /*輸出英文不及格*/
    }

    printf( "Enter y: ");                       /*在螢幕上顯示字串提示輸入*/
    scanf(" %d", &y);                           /*讀取鍵盤輸入數值*/
    if( y >= 60 )                               /*數學及格*/
    {
      printf("Mathematics passed.\n");          /*輸出數學及格*/
    }
    else                                        /*數學不及格*/
    {
      printf("Mathematics failed.\n");          /*輸出數學不及格*/
    }
}
```

執行範例

Enter x: 50
English failed.
Enter y: 80
Mathematics passed.

解釋

這個例子與之前的雷同，差別只在於我們是分別做檢查。因此在程式上我們在一個if做完第一個檢查後，接著再用一個類似的if再來做第二個檢查。

有時候我們需要使用不止一個的if指令，例如:要判斷「大於6且小於9的x值」，此時我們可以使用多層的if指令來完成判斷，程式如下：

```
if( x > 6)
```

```
{
   if( x < 9)
   {
      printf("x=%d.\n",x);
   }
}
```

又如果在程式中要判斷「小於5或大於10的x值」時，我們可以使用如下的程式來完成判斷：

```
if( x < 5)
{
   printf("x=%d.\n",x);
}
else
{
   if( x > 10)
   {
         printf("x=%d.\n",x);
   }
}
```

但是這樣的作法，在需要使用更多個if指令時，程式將會變得難以閱讀與維護。在C語言中，我們可以利用&&與||的運算子分別代表AND與OR來連結多個if指令。例如：當我們要判斷「大於6且小於9的x值」時，可以改成如下的if指令：

```
if( ( x > 6 ) && ( x < 9) )
{
    printf("x=%d.\n",x);
}
```

同時，如果我們要判斷「小於5或大於10的*x*值」時，可以用以下的If指令來完成：

```
if( ( x < 5 ) || ( x > 10) )
{
    printf("x=%d.\n",x);
}
```

這樣就能讓程式變得簡潔許多，不管是閱讀或維護也將變得容易。再舉一個例子，如果我們想判斷「*x*值大於5且*x*值小於10，或*x*大於20」時，可以用如下的If指令來完成：

```
if( (( x > 5 ) && ( x < 10 )) || (x > 20) )
{
    printf("x=%d.\n",x);
}
```

2.3 使用switch case指令的程式

當我們需要用到連續的if指令，我們可以用switch case來代替原本要用的if else指令，如此做也可以讓程式讀起來變得比較清楚。

例題2.3-1　根據會員等級決定折扣

假設我們有一個結帳制度，根據會員的等級，給予不同的折扣。規定如下：

(1) A級會員，打8折

(2) B級會員，打9折

(3) 非會員，無折扣

流程圖如圖2.3-1:

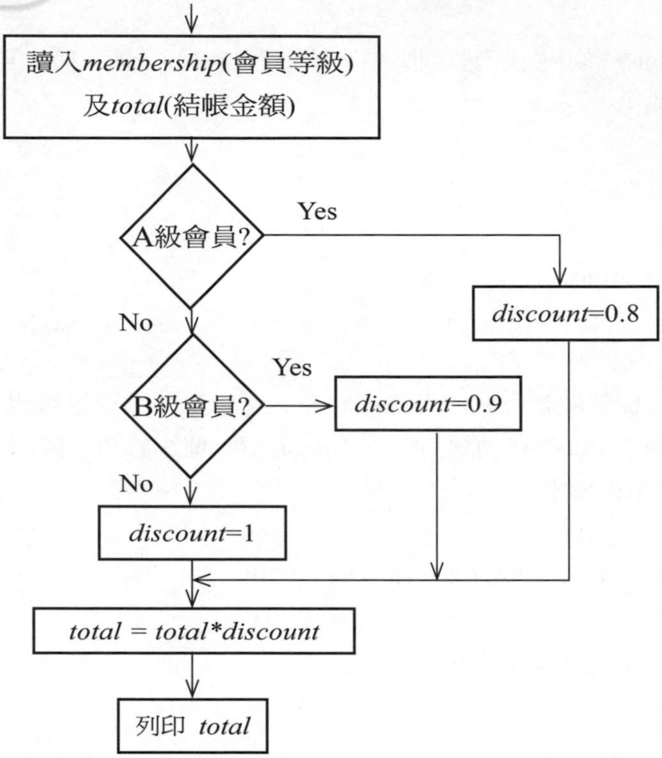

圖2. 3-1

程式 2.3-1

```
#include <stdio.h>

int main(void)
{
   char membership;                          /*會員等級*/
   float total;                              /*結果金額*/
   float discount;

   printf( "Enter membership: ");            /*在螢幕上顯示字串提示輸入*/
   scanf(" %c", &membership);                /*讀取鍵盤輸入字元*/
   printf( "Enter total: ");                 /*在螢幕上顯示字串提示輸入*/
   scanf(" %f", &total);                     /*讀取鍵盤輸入數值*/
```

```
    switch(membership)                    /*根據會員等級，設定折扣*/
    {
    case 'a':                             /*A級會員*/
    case 'A':
      discount = 0.8;                     /*8折折扣*/
      break;

    case 'b':                             /*B級會員*/
    case 'B':
      discount = 0.9;                     /*9折折扣*/
      break;

    default:                              /*一般會員*/
      discount = 1;                       /*沒有折扣*/
      break;
    }

    total = total * discount;             /*根據折扣，結算金額*/
    printf("total = %.0f \n", total);     /*輸出折扣後結算金額*/
}
```

執行範例

```
Enter membership: b
Enter total: 50
total = 45.
```

解釋

（1） switch(membership)

代表我們要用switch指令來檢查*membership*裡的值。

(2) case 'a':

case 'A':

discount = 0.8;

break;

代表當*membership*裡的字元值為A或a時，我們將*discount*的值設為0.8。之後用break指令跳離檢查。break指令的作用是完全跳出所在指令的範圍。現在break在switch指令的範圍，因此break執行以後，就會離開switch。請注意break的指令一定要加在每個檢查之後，如此檢查完後才會離開switch的檢查，不然就會再往下做無效檢查而使得程式變得沒有效率。

(3) case 'b':

case 'B':

discount = 0.9;

break;

與(2)雷同，當*membership*的字元為b或B時，我們將*discount*的值設為0.8。我們一樣要放入break指令中止switch往下檢查。

(4) default:

discount = 1;

break;

我們使用default來表示當前面的檢查都不符合時，我們所要做的事情，在這個例子，我們將*discount*的值設為1。

2.4 if指令的流程圖

這一節我們將介紹如何從有If指令的程式碼中來畫出對應的流程圖。

程式 2.4-1

```
#include <stdio.h>
```

```
int main(void)
{
   int a, b, c;

   printf("The values of a, b and c shall be different.\n");
   printf("Please enter a: ");
   scanf("%d", &a);
   printf("Please enter b: ");
   scanf("%d", &b);
   printf("Please enter c: ");
   scanf("%d", &c);

   if(b > c)
   {
      if(a > b)
      {
         printf("a is the largest.\n");
      }
      else
      {
         printf("b is the largest.\n");
      }
   }
   else
   {
      if(a > c)
      {
         printf("a is the largest.\n");
      }
      else
      {
         printf("c is the largest.\n");
```

```
        }
      }
    }
```

執行範例

The values of a, b and c shall be different.
Please enter a: 1
Please enter b: 2
Please enter c: 3
c is the largest.

解釋

(1)一開始的時候，我們先畫出最外面的if指令的流程圖，if指令成立或不成立後要執行的程式，我們先暫時不畫。等之後再一一加上。在我們的例子中，最外面if指令的流程圖如下所示：

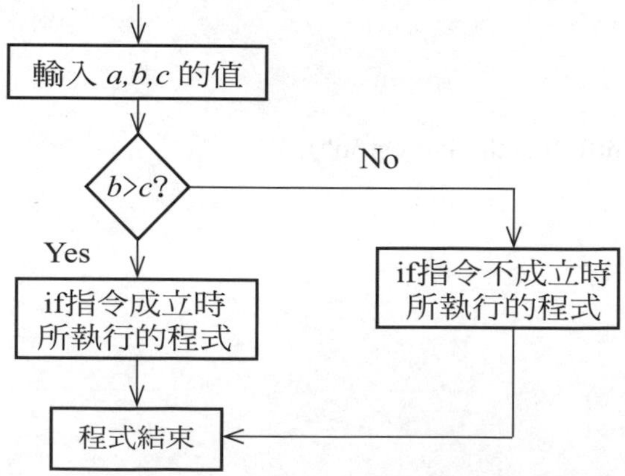

圖2. 4-1

(2)接下來我們加入if指令成立時所執行的程式：

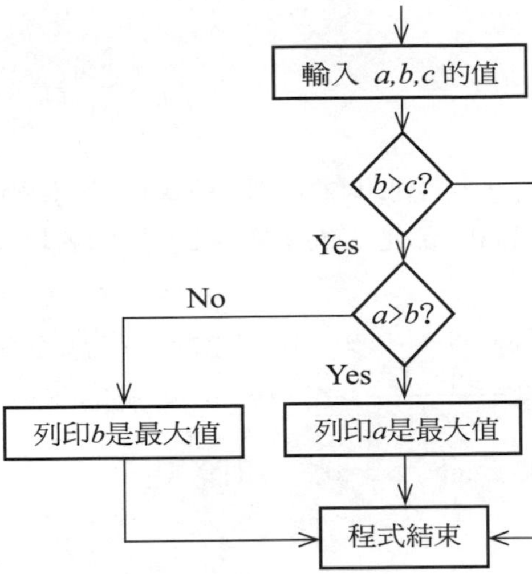

圖2. 4-2

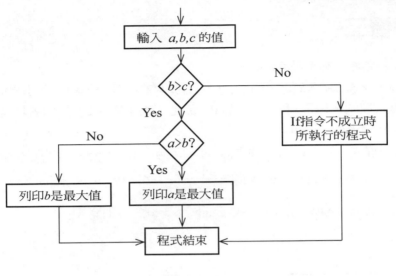

(3)最後我們加上在if指令不成立時，裡面所執行的程式:

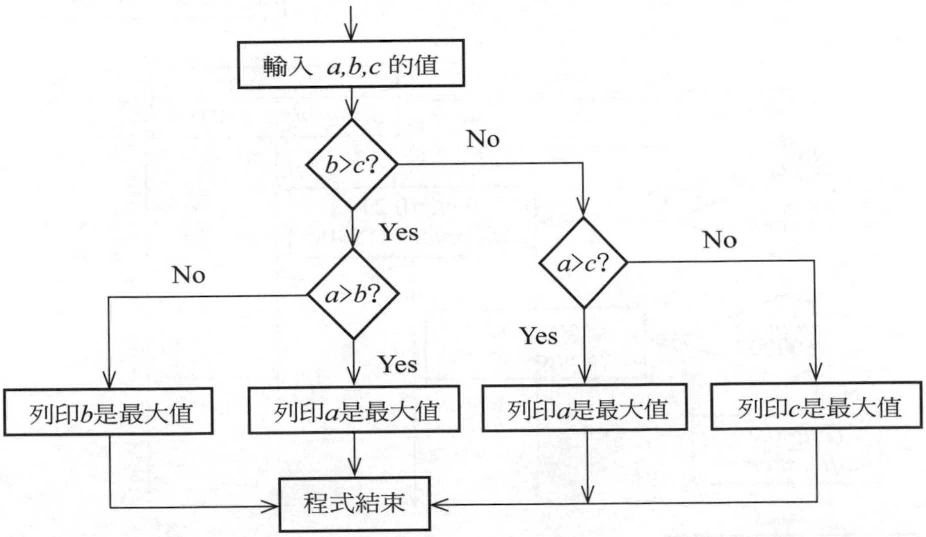

圖2. 4-3

練習二

以下練習題，都需畫流程圖。

1. 寫一程式，輸入x和y，如果$x \geq y$，則列印x，否則，列印y。先畫出流程圖。
2. 寫一程式，輸入x和y，如果x和y都是正數，令$z=1$，如兩者均為負數，令$z=0$，否則，令$z=0$ 。
3. 寫一程式，輸入x,y,u,v。如果$(x+y)>(u+v)$，則令$z=x+y$，否則令$z=u+v$。
4. 寫一程式，輸入x,y,u,v。如果 $\frac{x+y}{u-v} \geq 2$ ，令$z=x-y$，否則令$z=u-v$。
5. 寫一程式，輸入x 和 y。如果 $x \geq y$，令 $z=x^2$，否則令 $z=y^2$。

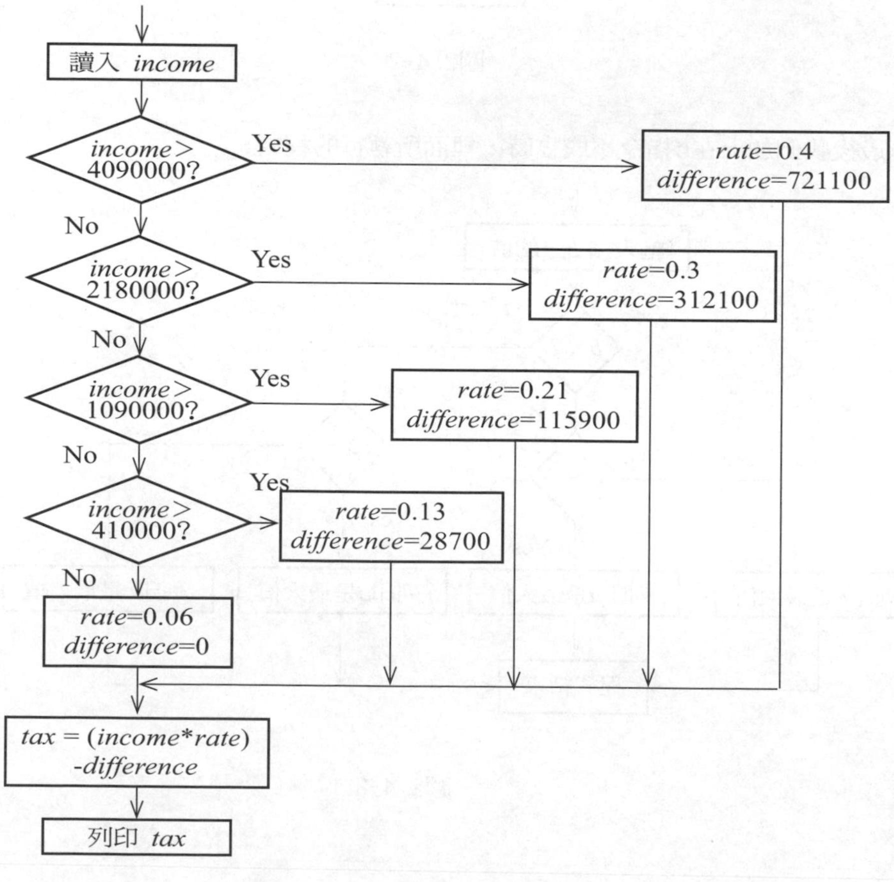

6. 依照以下的流程圖，寫一程式。

7. 將以下程式的流程圖畫出來。

```
#include <stdio.h>
#include <math.h>

int main(void)
{
   float x, y;                              /*宣告變數*/

   printf( "Enter x: ");                    /*在螢幕上顯示字串*/
   scanf(" %f", &x);                        /*由鍵盤輸入數值*/
   printf( "Enter y: ");                    /*在螢幕上顯示字串*/
   scanf(" %f", &y);                        /*由鍵盤輸入數值*/

   if(x > 0)
   {
      if (y > 0)
      {
         printf("1st quadrant\n");
      }
      else if (y == 0)
      {
         printf("X-axis\n");
      }
      else if (y < 0)
      {
         printf("4th quadrant\n");
      }
   }
   else if (x == 0)
   {
```

```
        if (y == 0)
        {
            printf("Origin\n");
        }
        else
        {
            printf("Y-axis\n");
        }
    }
    else if (x < 0)
    {
        if (y > 0)
        {
            printf("2nd quadrant\n");
        }
        else if (y == 0)
        {
            printf("X-axis\n");
        }
        else if (y < 0)
        {
            printf("3rd quadrant\n");
        }
    }
}
```

Chapter 03

有for迴圈指令的程式

在寫程式的時候，我們常常遇到一個要重複做幾乎同樣指令的情形。這種程式必定含有迴圈指令。迴圈指令有兩種，第一種是for迴圈指令，第二種是do while迴圈指令，第三章只介紹for指令。

3.1 簡單的for迴圈指令

例題3. 1-1 五個整數的總和

假設我們要讀入五個整數，然後求這五個整數的和。我們的做法原理是一個加一個，一直加到五個數全部加完為止。這個程式的流程圖如圖3. 1-1：

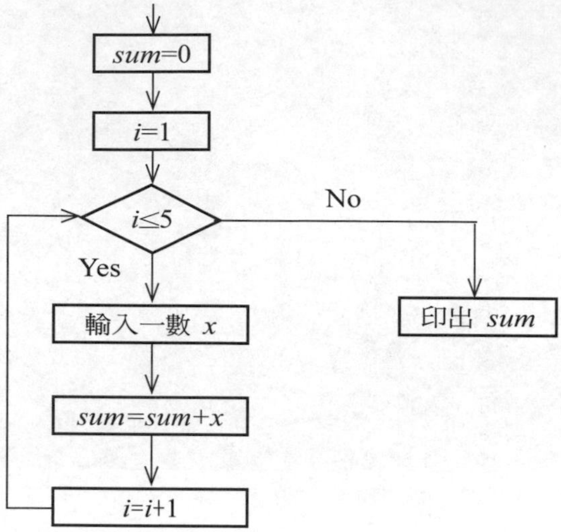

圖3. 1-1

讓我們仔細地看一下這個流程圖，一開始的時候，$sum=0$，在 $i=1$ 時，$sum=sum+x_1=x_1$，在 $i=2$ 時，sum 變成了$sum=sum+x_2=x_1+x_2$。這個動作一再重複，當 $i=5$ 時，$sum=x_1+x_2+x_3+x_4+x_5$。當 $i=6$ 時，$i\leq 5$ 不再成立，我們不再輸入任何數字，而只印出 sum。

讀者應該可以了解迴圈的意義了。我們總有一個終止迴圈的指令。以這個例子而言，終止迴圈的指令是檢查$i\leq 5$能否成立，一旦不再成立，就停止迴圈的指令。因為迴圈內有 $i=i+1$ 的指令，i 的值一定會超過5而使迴圈終止的。

讀者一定要知道，任何一個含有迴圈的程式，都有可能進入一個永不停止的狀況，所以寫程式的人一定要保證這種程式的指令終止。

以下是這個例子的程式。

程式 3. 1-1

```
#include <stdio.h>

int main(void)
{
   int x, sum, i;                              /*宣告x, sum, i為整數*/
```

```
    for(sum = 0, i = 1; i <= 5; i = i + 1)
    {
       printf( "Enter x: ");                  /*在螢幕上顯示字串*/
       scanf(" %d", &x);                      /*由鍵盤輸入數值*/
       sum = sum + x;
    }
    printf("sum = %d \n", sum);               /*印出sum*/
}
```

執行範例

```
Enter x: 1
Enter x: 2
Enter x: 3
Enter x: 4
Enter x: 5
sum = 15.
```

解釋

(1)

```
for(sum = 0, i = 1; i <= 5; i = i + 1)
{
   printf( "Enter x: ");                  /*在螢幕上顯示字串*/
   scanf(" %d", &x);                      /*由鍵盤輸入數值*/
   sum = sum + x;
}
```

for迴圈指令可分為四部分如下所示:

```
for( [1] ; [2] ; [4] )
{
[3]
}
```

[1]為設定初始條件所用，當所要設定的初始條件有多個時，可以用 , 分開。在我們的例子當中即是 *sum*=0, *i*=1。

[2]為檢查迴圈是否繼續執行的條件。在這個例子為 *i*<=5。

[3]為當[2]的條件成立時，所要執行的程式碼。

[4]為處理迴圈內的程式碼後，將記錄迴圈執行次數的變數做加1的動作。在例子中為 *i*=*i*+1。請注意在C的語法當中，*i*=*i*+1 可以簡化寫為 *i*++。

在之前所提到迴圈一定要有終止的條件，例子中我們可看到[2]中會檢查變數 *i* 是否小於等於5，若不成立，則迴圈即終止。而在[4]中我們可看到當迴圈內的程式碼每被執行一次，則 *i* 變數中的值即會被加1，因此我們可確定這個迴圈是會被終止。

在寫迴圈的程式時，我們都要注意[1][2][3]的部分以確認迴圈在執行時是會被終止的。

例題3.1-2 *N*個數的和

在例題3.1-1中，我們求五個數的和。如果每次求的數字個數是一個變數 *N*，就只要將流程圖改成如圖3.1-2就可以了。

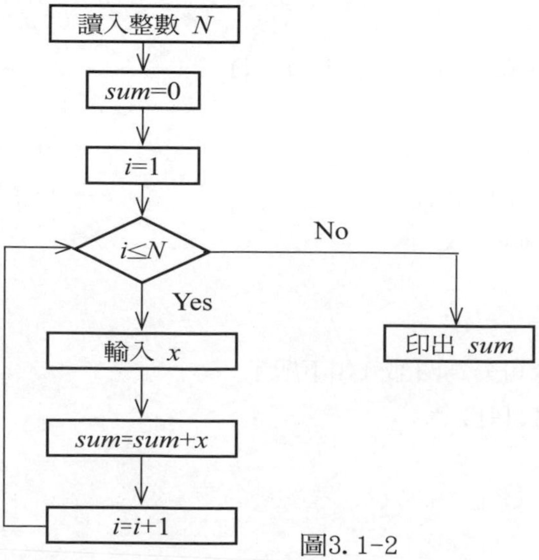

圖3.1-2

程式 3.1-2

```
#include <stdio.h>

int main(void)
{
   int N, x, sum, i;                                   /*宣告N, x, sum, i為整數*/

   printf( "Enter N: ");                               /*在螢幕上顯示字串*/
   scanf(" %d", &N);                                   /*由鍵盤輸入數值*/

   for(sum = 0, i = 1; i <= N; i = i + 1)
   {
      printf( "Enter x: ");                            /*在螢幕上顯示字串*/
      scanf(" %d", &x);                                /*由鍵盤輸入數值*/
      sum = sum + x;
   }
   printf("sum = %d \n", sum);                         /*印出sum*/
}
```

執行範例

```
Enter N: 3
Enter x: 1
Enter x: 2
Enter x: 3
sum = 6.
```

解釋

(1)這個例子與上一個只有一點點差別，在於兩者的迴圈在做檢查時，第一個迴圈是一個常數(5)，而在第二個例子中，我們的條件中使用了變數N來檢查迴圈是否繼續執行。

例題3. 1-3 求等差級數的和

所謂等差級數，就是 $a,a+b,a+2b+,\ldots,a+(N-1)b$。所以我們要求的是$a+(a+b)+(a+2b)+\ldots+(a+(N-1)b)$。這個程式當然可以用迴圈指令來完成。圖3.1-3是程式的流程圖。

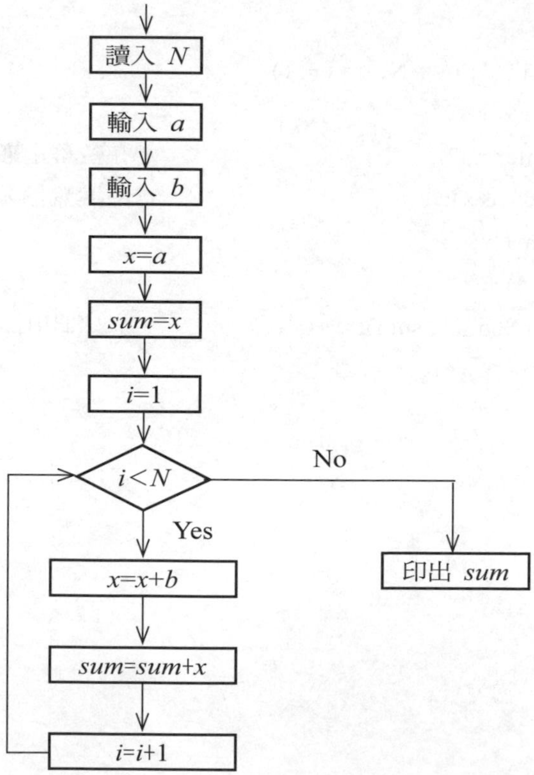

圖3. 1-3

我們可以分析這個程式是如何運作的。

變數	x	sum
起始值	a	sum = x = a
i=1	x = x + b = a + b	sum = sum + x = a + (a+ b)
i=2	x = x + b = a + b+ b = a + 2b	sum = sum + x = a + (a+ b)+(a + 2b)
	……	……
i = N - 1	x = a + (N－1) b	sum = a +(a+b)+…+(a+ (N－1) b)

請注意這一次我們檢查是否終止的條件是 $i<N$ ，一旦 $i=N$，就會停止。

程式 3.1-3

```
#include <stdio.h>

int main(void)
{
   int N, x, sum, i, a, b;                    /*宣告N, x, sum, i, a, b為整數*/

   printf( "Enter N: ");                      /*在螢幕上顯示字串*/
   scanf(" %d", &N);                          /*由鍵盤輸入數值*/
   printf( "Enter a: ");                      /*在螢幕上顯示字串*/
   scanf(" %d", &a);                          /*由鍵盤輸入數值*/
   printf( "Enter b: ");                      /*在螢幕上顯示字串*/
   scanf(" %d", &b);                          /*由鍵盤輸入數值*/

   for(x = a, sum = x, i = 1; i < N; i = i + 1)
   {
      x = x + b;                              /*第i項等差級數的值*/
      sum = sum + x;                          /*等差級數前i項的和*/
   }
   printf("sum = %d \n", sum);                /*印出sum*/
}
```

執行範例

Enter N: 3

Enter a: 1

Enter b: 2

sum = 9.

解釋

在迴圈內 $x = x + b$ 可算出第 i 項等差級數的值。而 $sum = sum + x$，sum 則會記錄等差級數第1項到第 i 項的和。

例題3. 1-4 求最大值

假設我們有 N 個正整數，而我們要求其中的最大的值，這個問題也可以用迴圈指令來解決。

要求最大值，我們可以一開始假設最大值(*MAX*)等於零，然後我們逐一地檢查讀入的每一個數字，如讀入的數字比*MAX*還要大，我們就令*MAX*等於這個數字，如果讀入的數字沒有比*MAX*大，我們就不做任何改變。如此，*MAX*最後一定會等於這一連串數字中的最大值。

我們的流程圖如圖3. 1-4所示：

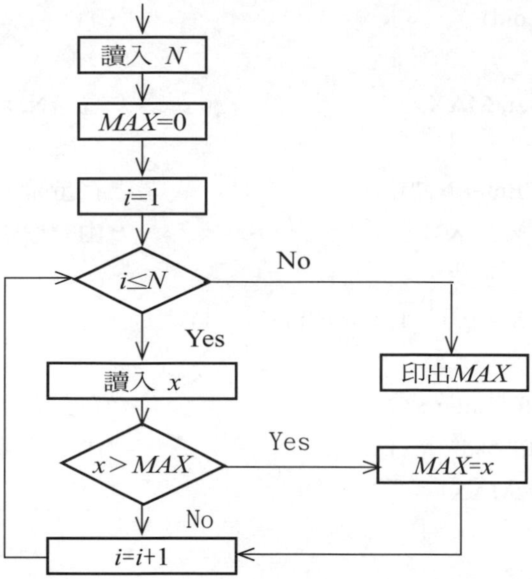

圖3. 1-4

我們不妨看以下的例子，假設讀入的數字是5, 1, 7, 3, 9, 2。這個程式的動作如下：

	x	MAX
$i=1$	5	5
$i=2$	1	5
$i=3$	7	7
$i=4$	3	7
$i=5$	9	9
$i=6$	2	9

讀者可以看出MAX越來越大。

程式 3.1-4

```
#include <stdio.h>
```

```
int main(void)
{
    int N, x, i, MAX;                          /*宣告N, x, i, MAX為整數*/

    printf( "Enter N: ");                      /*在螢幕上顯示字串*/
    scanf(" %d", &N);                          /*由鍵盤輸入數值*/

    for(MAX = 0, i = 1; i <= N; i = i + 1)
    {
        printf( "Enter x: ");                  /*在螢幕上顯示字串*/
        scanf(" %d", &x);                      /*由鍵盤輸入數值*/
        if(x > MAX)
        {
            MAX = x;
        }
    }
    printf("MAX = %d \n", MAX);                /*印出MAX*/
}
```

執行範例

```
Enter N: 5
Enter x: 1
Enter x: 2
Enter x: 3
Enter x: 4
Enter x: 5
MAX = 5.
```

解釋

在迴圈中我們使用了變數*MAX*來記錄目前所輸入的最大值，在新輸入一個數時，運用上一章所學到的If指令來做比較，若變數*MAX*比目前輸入的值小時，則將輸入的值存入*MAX*變數中。當所有的數值輸入完畢後，自然就會得到最大的數值。

例題3.1-5 讀入一連串的數字，但事先不知道數字的數目

這個例子中，我們利用for迴圈不停的讀入數字，若數字的值小於0，我們則離開這個for迴圈。

這個程式的流程圖很簡單，我們就省略了。

程式 3.1-5

```
#include <stdio.h>
int main(void)
{
  int x;                                          /*宣告變數x*/

  printf( "Enter x: ");                           /*在螢幕上顯示字串*/
  scanf(" %d", &x);                               /*由鍵盤輸入數值*/

  for( ;x >= 0; )
  {
    printf("x is larger than 0, x = %d \n", x);   /*印出x*/
    printf( "Enter x: ");                         /*在螢幕上顯示字串*/
    scanf(" %d", &x);                             /*由鍵盤輸入數值*/
  }
}
```

執行範例

```
Enter x: 2
```

```
x is larger than 0, x = 2
Enter x: 6
x is larger than 0, x = 6
Enter x: 4
x is larger than 0, x = 4
Enter x: 7
x is larger than 0, x = 7
Enter x: 43
x is larger than 0, x = 43
Enter x: 67
x is larger than 0, x = 67
Enter x: -1
```

解釋

(1) 一開始我們讀入一整數至*x*變數中。

(2) for(;x >= 0;)

這個程式最大的不同在於for迴圈的使用。一般而言，for迴圈都有初始變數與將變數做加1的動作。這個例子則無，原因則是因為我們並不知道for迴圈要做多少次。這個for迴圈指令中，我們只檢查*x*的值是否大於0。若大於0，則執行迴圈裡的指令；若否，則離開for迴圈。

(3) 在for迴圈中，我們再一次的讀入一整數至*x*變數中，並將讀入的值列印至螢幕上。

例題3. 1-6 求最大公約數

這個例子中，我們利用For迴圈來實作輾轉相除法來求兩個數的最大公約數。這個程式的流程圖一樣很簡單，我們同樣略過不畫。

程式 3. 1-6

```
#include <stdio.h>
```

```
int main(void)
{
   int M, N, x, y;                           /*宣告變數M, N, x, y*/

   printf( "Enter M: ");                     /*在螢幕上顯示字串*/
   scanf(" %d", &M);                         /*由鍵盤輸入數值*/
   printf( "Enter N: ");                     /*在螢幕上顯示字串*/
   scanf(" %d", &N);                         /*由鍵盤輸入數值*/

   x=M;
   y=N;

   for(;x != y;)
   {
      if(x > y)
      {
         x=x-y;
      }
      else if (y > x)
      {
         y=y-x;
      }
   }
   printf("x = %d \n", x);                   /*印出x(largest common divisor)* /
}
```

執行範例

```
Enter M: 12
Enter N: 20
x = 4.
```

解釋

(1) 一開始我們要求最大公約數的兩個數讀到*M*與*N*中。再將所讀到的值存到*x*與*y*中。

(2) for(;x != y;)

這個for迴圈指令中，我們只檢查*x*與*y*的值是否不相等。若不相等，我們執行迴圈裡的指令；若相等，則離開for迴圈。

(3) 在for迴圈中，我們算出數值較大的變數減去數值較小的變數差值，再將此差值存入原本數值較大的變數中。

例題3.1-7 算*N*個數的和

這個例子中，我們利用for迴圈讀入*N*個數字並做相加。與之前加總例子不同的是，我們所要加總的數目是由使用者輸入的。

這個程式的流程圖一樣很簡單，我們同樣略過不畫。

程式 3.1-7

```
#include <stdio.h>
int main(void)
{
   int N, x, i, S;                              /*宣告N, x, i, S為變數*/

   printf( "Enter N: ");                        /*在螢幕上顯示字串*/
   scanf(" %d", &N);                            /*由鍵盤輸入數值*/
   i=1;
   S=0;

   for(;i <= N;)
   {
```

```
        printf( "Enter x: ");                          /*在螢幕上顯示字串*/
        scanf(" %d", &x);                              /*由鍵盤輸入數值*/

        S = S+x;
        i = i+1;
    }
    printf("S = %d \n", S);                            /*印出S*/
}
```

執行範例

```
Enter N: 3
Enter x: 4
Enter x: 5
Enter x: 6
S = 15.
```

解釋

(1) 一開始我們讀入一整數至N變數中。並將要使用的變數在迴圈外設定好要輸入的值，

(2) for(;i <= N;)

這個for迴圈指令中，我們只檢查 i 是否小於等於N。若是，則執行迴圈裡的指令；若否，則離開for迴圈。

(3) 在for迴圈中，我們讀入一整數並將其值加入我們計算加總的值中。

3.2 有雙層迴圈的程式

例題3.2-1 求N個學生三門課的平均分數

在某些情形之下，我們的程式有雙層迴圈的需要。舉例來說，我們有N個學生，每個學生有三門課的成績，現在我們要對每一位學生算出他的平均成績，就所有學生而言，程式的流程圖大意應該如圖3.2-1所示：

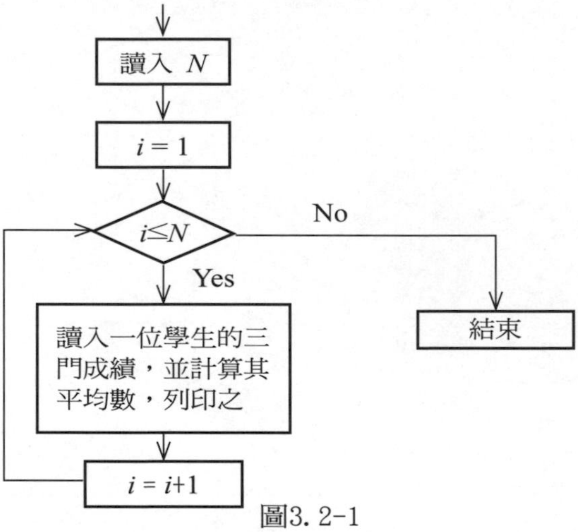

圖3. 2-1

但是對於計算平均，又有一個迴圈，如圖3. 2-2所示：

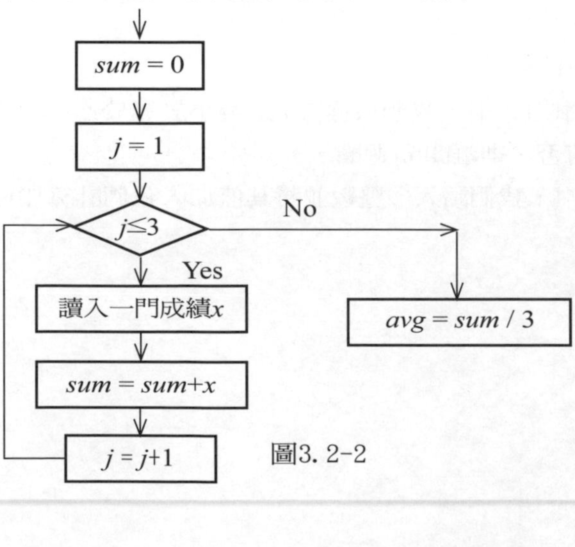

圖3. 2-2

因此，整個流程圖就如圖3. 2-3所示：

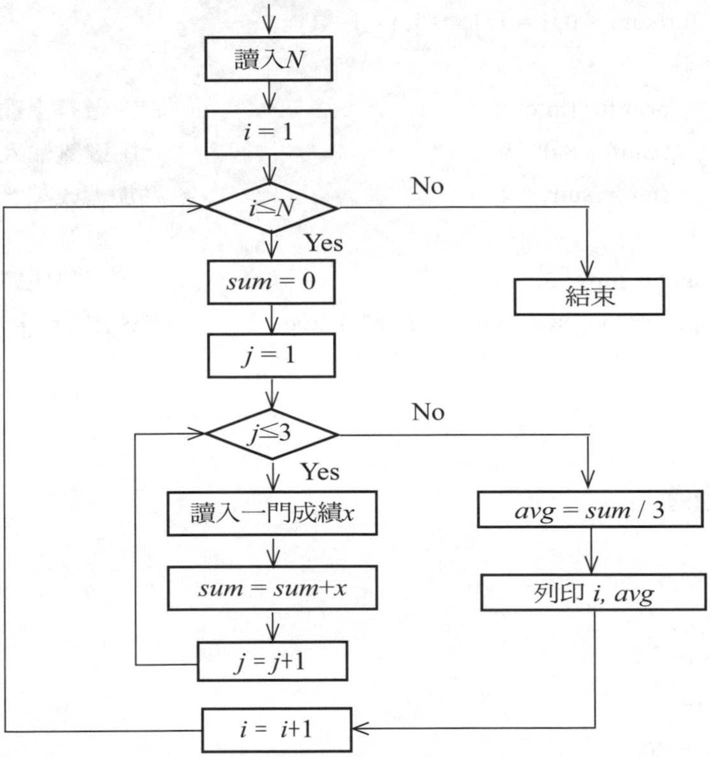

圖3. 2-3

程式 3.2-1

```
#include <stdio.h>

int main(void)
{
   int N, x, i, j, sum, avg;                          /*宣告需要使用的變數*/

   printf( "Enter N: ");                              /*在螢幕上顯示字串*/
   scanf(" %d", &N);                                  /*由鍵盤輸入數值*/

   for(i = 1; i <= N; i = i + 1)
```

```
    {
        for(sum = 0, j = 1; j <= 3; j = j + 1)
        {
            printf( "Enter x: ");                    /*在螢幕上顯示字串*/
            scanf(" %d", &x);                        /*由鍵盤輸入數值*/
            sum = sum + x;                           /*加總成績*/
        }
        avg = sum / 3;                               /*求三科成績的平均*/
        printf(" i = %d, avg = %d. \n", i, avg);     /*印出i, avg*/
    }
}
```

執行範例

```
Enter N: 5
Enter x: 10
Enter x: 20
Enter x: 30
 i = 1, avg = 20.
Enter x: 45
Enter x: 50
Enter x: 55
 i = 2, avg = 50.
Enter x: 30
Enter x: 20
Enter x: 50
 i = 3, avg = 33.
Enter x: 50
Enter x: 80
Enter x: 90
 i = 4, avg = 73.
```

```
Enter x: 60
Enter x: 70
Enter x: 50
 i = 5, avg = 60.
```

解釋

(1)首先內部的迴圈取得三個成績的值並做加總。

(2)外部的迴圈則將每一個學生（共*N*位學生）在內部迴圈中三個成績的加總來做平均，之後並將結果列印至螢幕上。

例題3.2-2 求每班同學的最高身高

假設我們有*N*個班級，每班人數不等。讀入的同學的身高，現在我們要求的是每班同學中哪一位同學身高最高，也要記錄他的身高。

整個程式一定又要牽涉到兩個迴圈，其中外迴圈對班級，內迴圈在找每一個班級哪一位同學的身高最高。圖3.2-4中是這個程式的流程圖。

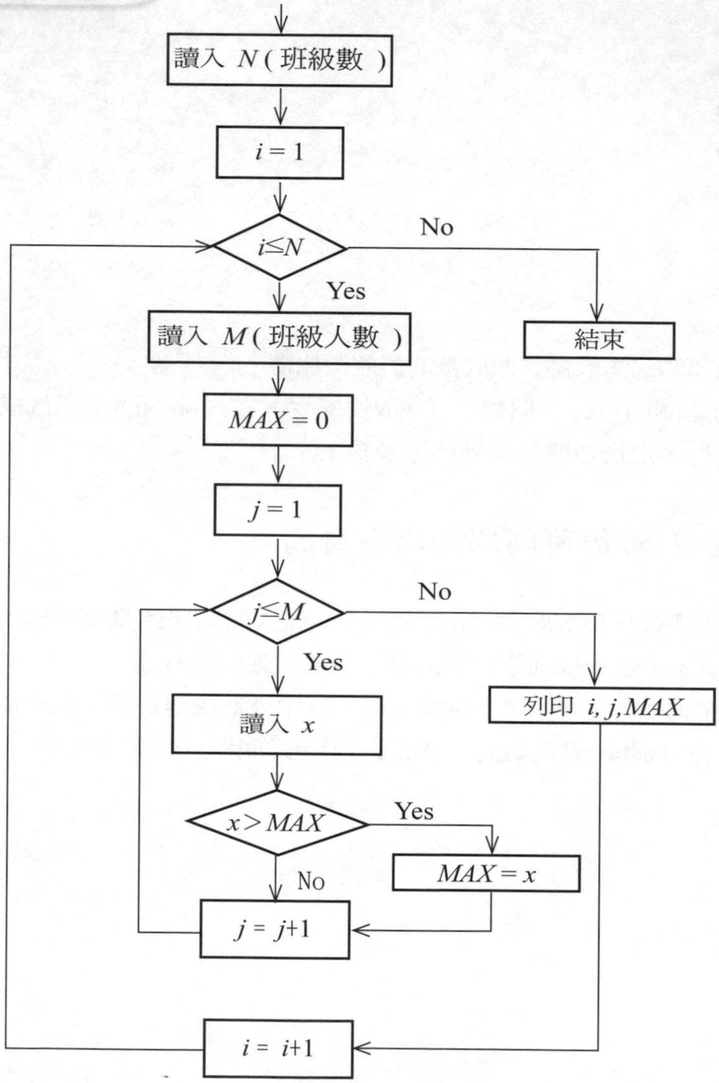

圖3. 2-4

程式 3. 2-2

```
#include <stdio.h>

int main(void)
{
```

```
    int N, M, x, i, j, MAX;                         /*宣告需要使用的變數*/

    printf( "Enter N: ");                           /*在螢幕上顯示字串*/
    scanf(" %d", &N);                               /*由鍵盤輸入數值*/

    for(i = 1; i <= N; i = i + 1)
    {
      printf( "Enter M: ");                         /*在螢幕上顯示字串*/
      scanf(" %d", &M);                             /*由鍵盤輸入數值*/

      for(MAX = 0, j = 1; j <= M; j = j + 1)
      {
        printf( "Enter x: ");                       /*在螢幕上顯示字串*/
        scanf(" %d", &x);                           /*由鍵盤輸入數值*/
        if(x > MAX)
        {
          MAX = x;
        }
      }
      printf(" i = %d, j = %d, MAX = %d. \n", i, j, MAX); /*印出i, j, MAX*/
    }
}
```

執行範例

```
Enter N: 2
Enter M: 3
Enter x: 165
Enter x: 153
Enter x: 175
i = 1, j = 4, MAX = 175.
Enter M: 3
```

Enter x: 145
Enter x: 156
Enter x: 181
i = 2, j = 4, MAX = 181.

解釋

(1)與上一個例子類似，程式主要分為外迴圈與內迴圈。
(2)內迴圈為取得一個班上所有人的身高，同時運用之前「取得最大數」中例子的方式記錄這個班上最高的身高。
(3)外迴圈則是將所有的班級掃描一次，將內迴圈所求出來每個班上最高的身高輸出至螢幕上。

3.3 for迴圈的流程圖

這一節我們將介紹如何從一個有兩層for迴圈的程式碼來畫出對應的流程圖。

程式 3.3-1

```
#include <stdio.h>

void main(void)
{
   int x, y z;

   for(x=0; x<10; x++)
   {
      y = x + 20;
```

```
        if(y < 30)
        {
            for(z=0; z<3; z++)
            {
                printf("x+y+z=%d.\n", (x+y+z));
            }
        }
    }
}
```

執行範例

```
x+y+z=20.
x+y+z=21.
x+y+z=22.
x+y+z=22.
x+y+z=23.
x+y+z=24.
x+y+z=24.
x+y+z=25.
x+y+z=26.
x+y+z=26.
x+y+z=27.
x+y+z=28.
x+y+z=28.
x+y+z=29.
x+y+z=30.
x+y+z=30.
x+y+z=31.
x+y+z=32.
x+y+z=32.
x+y+z=33.
```

x+y+z=34.

x+y+z=34.

x+y+z=35.

x+y+z=36.

x+y+z=36.

x+y+z=37.

x+y+z=38.

x+y+z=38.

x+y+z=39.

x+y+z=40.

解釋

(1)一個for loop最基本的流程圖如下所示：

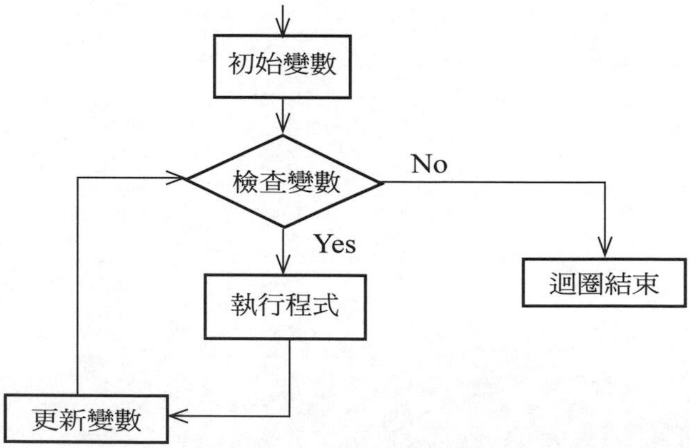

圖3. 3-1

在畫流程圖時，最基本就是先畫出最外層for loop，其中執行程式的部分會包括其他更複雜的程式，我們一開始將先略過這一部分，之後再一一的補上去。以下就是根據我們的例子來畫出的第一層迴圈的流程圖。

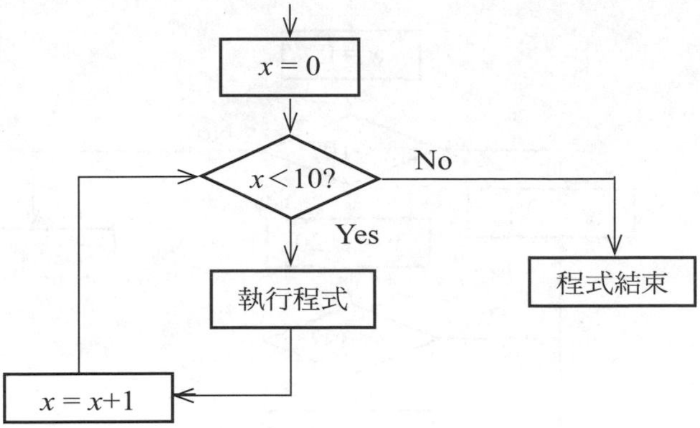

圖3. 3-2

這裡要注意的是，因為在這個例子中，第一層迴圈執行結束時整個程式就結束了，因此我們將迴圈結束的部分改為程式結束。

(2)接下來我們加入迴圈執行程式的部分，迴圈裡一開始執行即為一個if指令，我們根據上一章將其流程圖加入。在這裡我們一樣將if指令成立時要執行的程式先不畫，等到下一步再加上去。

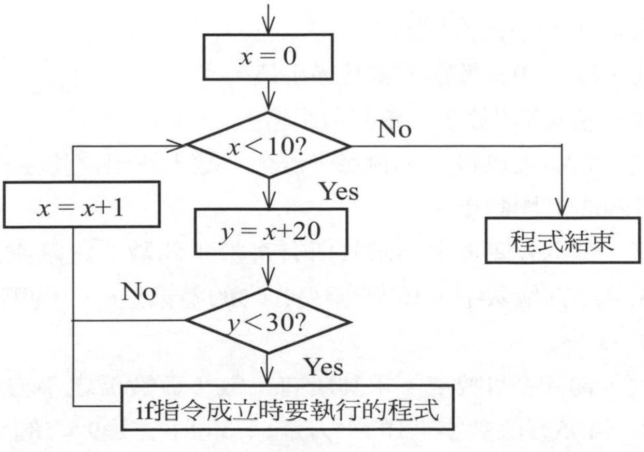

圖3. 3-3

(3)最後我們加上在if指令成立時，裡面所執行的程式（第二層for loop）。

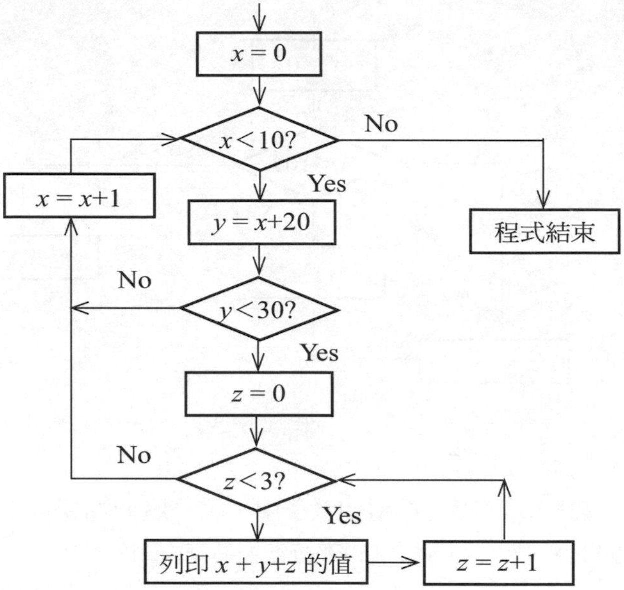

圖3. 3-4

練習三

以下的練習題，均需畫流程圖：

1.寫一程式，輸入10個數字，求其最小值。

2.寫一程式，輸入*N*個數字，求其最小值。

3.寫一程式，先輸入班級數，對每一班級，輸入該班之學生數及學生之體重，求每一班級的平均體重。

4.寫一程式，輸入*N*個數字，求其所有奇數（偶數）之階乘的加總。例如:輸入1, 2, 3, 4, 5五個數字，1的階乘是1，3的階乘是6，5的階乘是120，加總為1+6+120=127。

5.寫一程式，輸入*N*個數字，求其所有正數（負數）之平方的加總。例如:輸入1, -2, 3, -4, 5五個數字，1的平方是1，3的平方是9，5的平方是25，加總為1+9+25=35。

6.寫一程式，輸入*N*個數字，求其大於13的加總。例如:輸入10, 20, 30, 40, 50五個數字，加總為20+30+40+50=140。

Chapter 04

有while迴圈指令的程式

有很多的程式，雖然可以用for指令來寫，但是比較不方便，在這一章，我們要介紹while指令，有些程式，用while指令來寫，會比較容易。

while指令和for指令一樣，都是用來寫有迴圈的程式的。任何一個迴圈，都要有終止的條件，這個條件就在while之中。在for指令中，大多數情形，我們都用迴圈執行的次數來做終止條件，有了while指令，我們可以有比較奇怪的終止條件，比方說，我們可以用是否 $x=y$ 來做為終止條件，當然也可以用是否 $x>a$ 來做為終止條件。

while指令的終止條件，可以事先檢查也可以事後檢查，我們先介紹一個叫做do while的指令，這是屬於先斬後奏的指令，我們去執行指令，然後再檢查是否要繼續下去。

4.1 do while 指令

如前節所述，do while 是先斬後奏型，因此檢查是否要終止，乃是在一個迴圈結束以後再做的。

例題4. 1-1 求最大公約數

以9和12為例，它們最大公約數是3。如何求兩個數的最大公約數呢？最簡單的方法就是用以下的演算法：

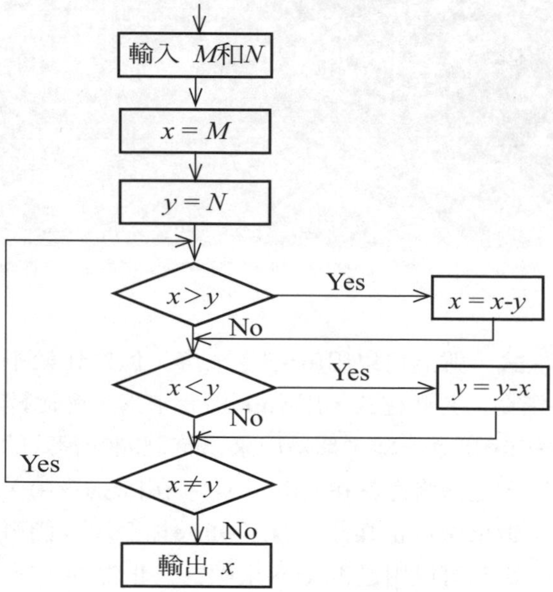

圖4. 1-1

以9和12為例，M=9 ,N=12

x=9 , y=12

x=9 , y=12-9=3

x=9-3=6 , y=3

x=6-3=3 , y=3

x=y　　　　輸出3，終止

再舉一個例: M=39 ,N=26

x=39 , y=26

x=39-26=13 , y=26

x=13 , *y*=26-13=13

x=*y*　　　　輸出13，終止

以上的迴圈的終止條件是*x*=*y*，放在迴圈的最後，可以用do while來實現。

程式 4.1-1

```
#include <stdio.h>

int main(void)
{
   int M, N, x, y;                          /*宣告M, N, x, y為整數*/

   printf( "Enter M: ");                    /*在螢幕上顯示字串*/
   scanf(" %d", &M);                        /*由鍵盤輸入數值*/
   printf( "Enter N: ");                    /*在螢幕上顯示字串*/
   scanf(" %d", &N);                        /*由鍵盤輸入數值*/

   x=M;
   y=N;

   do
   {
      if(x > y)
      {
         x=x-y;
      }
      else
      {
         if (y > x)
```

```
            {
                y=y-x;
            }
        }
    }
    while(x != y);

    printf("x = %d \n", x);                    /*印出x(largest common divisor)*/
}
```

執行範例

```
Enter M: 18
Enter N: 15
x = 3.
```

解釋

do while 指令的基本用法如下：

```
do
{
  [1]
}
while ( [2] )
```

[1] 要在迴圈內執行的指令。

[2] 為檢查的條件。

執行的順序為 [1]→[2] (檢查的條件成立) 再回到[1]，如不成立的話，迴圈即終止。其中[1]的部分，由於一開始的時候不論[2]所檢查的條件成不成立就執行一次，由此我們可看出先斬後奏的動作。

在這個例子中，程式的流程如下：

(1) 一開始，輸入要求出最大公約數的兩個數字。
(2) 然後使用x和y來當臨時變數來運算。
(3) 迴圈內部的指令為求出x和y兩者最大公約數的運算，而終止迴圈檢查的條件為$x \neq y$。也就是說，當x和y經過運算後如仍不相等，迴圈內的運算就會再做一次，如此一直重複直到x和y相等時，迴圈就終止。在C語言中，不等於的符號是「!=」，如「x!=y」是「x≠y」的意思。
(4) 此時，x和y的最大公約數就求出來了。

例題4.1-2 尋找大於N的數字

假設我們要從一些數字中，找到一個大於N的數字，我們可以一直不斷要求將數字一一輸入，直到有一個數字大於N為止，為了簡化問題起見，我們假設我們所輸入的數字中的確有大於N的數字。

我們的流程圖如下：

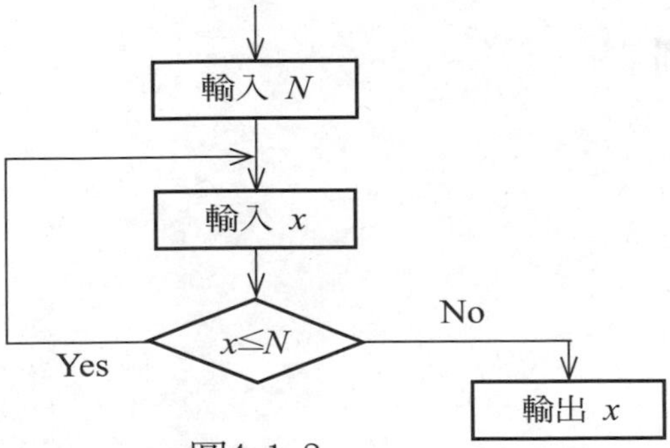

圖4.1-2

因為我們假設總有一個數字大於N，這個程式一定會終止的。

程式 4.1-2

```
#include <stdio.h>

int main(void)
```

```
{
    int x, N;                                   /*宣告x, N為整數*/

    printf( "Enter N: ");                       /*在螢幕上顯示字串*/
    scanf(" %d", &N);                           /*由鍵盤輸入數值*/

    do
    {
        printf( "Enter x: ");                   /*在螢幕上顯示字串*/
        scanf(" %d", &x);                       /*由鍵盤輸入數值*/
    }
    while(x <= N);

    printf("x = %d \n", x);                     /*印出x*/
}
```

執行範例

```
Enter N: 5
Enter x: 1
Enter x: 2
Enter x: 3
Enter x: 4
Enter x: 5
Enter x: 6
x = 6.
```

解釋

在這個例子當中，我們可以清楚地看出為何要使用先斬後奏形式的 do while 指令。由於 do while 中檢查的條件需要使用*x*變數，而我們一開始並沒有讀入*x*的變數，所以我們讓*x*在 do while指令迴圈內一開始就被讀入。

這個程式所做的步驟如下：

(1) 讀入要比較的N值。

(2) 迴圈一開始就先讀入 x 的值，迴圈是否終止則是檢查x是否大於 N 。若是則迴圈終止，若否再讀一次x的值。

例題4. 1-3 尋求最小的 i，使 x 的 i 次方 > N

我們輸入一個 x和 N，然後我們要求最小的 i，使 $x^i > N$。

假設 $x=3$，$N=20$，$x^1=3<20$，$x^2=9<20$，$x^3=27>20$， 因此 $i=3$。

流程圖如下：

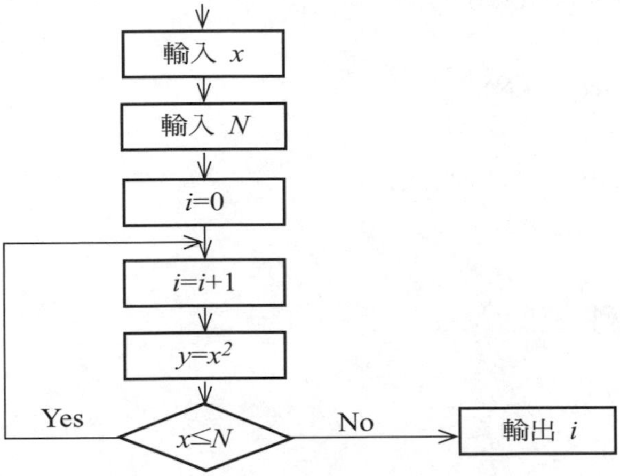

圖4. 1-3

程式 4. 1-3

```
#include <stdio.h>
#include <math.h>

int main(void)
{
   int i, x, N;                                    /*宣告i, x, N為整數*/
   double y;

   printf( "Enter x: ");                          /*在螢幕上顯示字串*/
```

```
    scanf(" %d", &x);                          /*由鍵盤輸入數值*/
    printf( "Enter N: ");                      /*在螢幕上顯示字串*/
    scanf(" %d", &N);                          /*由鍵盤輸入數值*/

    i=0;

    do
    {
      i = i+1;
      y = pow(x, i);
    }
    while(y <= N);

    printf("i = %d \n", i);                /*印出i*/
}
```

執行範例

```
Enter x: 2
Enter N: 9
i = 4.
```

解釋

(1) 首先我們輸入要使用的變數x與 N。

(2) 接下來 do while 的動作則是一一算出 x 的 i 次方，迴圈檢查的終止條件即為x^i是否大於 N。其中 i 一開始為 1，然後當 x^i 仍比 N 小時，則 i 的值會再加1。

(3) double y 是指 y 宣告為 double digit 的意思，y 可能很大，我們需要更多的記憶體來表示 y。

(4) pow(x,i) 是用來求 x^i 的值。

例題4.1-4 使用Do While指令計算N個數字的總和

計算 N 個數字的總和，在上一章已經談過，上次我們用的是For指令，現在我們可以用Do While指令。我們的流程圖如圖4.1-4所示。

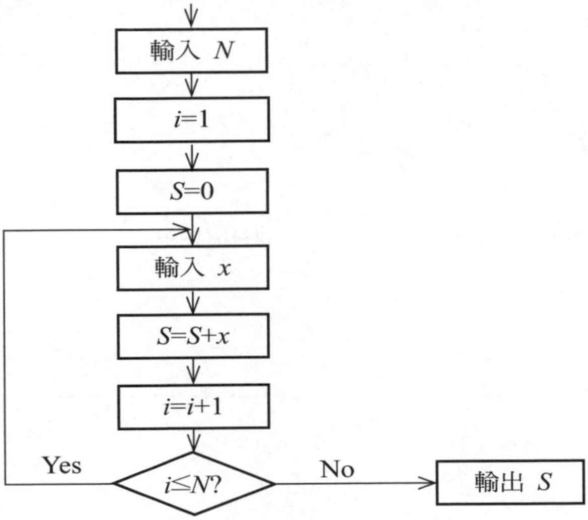

圖4. 1-4

程式 4.1-4

```
int main(void)
{

    int N, i, S, x;                          /*宣告N, i, S, x為整數*/

    printf( "Enter N: ");                    /*在螢幕上顯示字串*/
    scanf(" %d", &N);                        /*由鍵盤輸入數值*/


    i–1;
    S=0;

    do
```

```
    {
        printf( "Enter x: ");                              /*在螢幕上顯示字串*/
        scanf(" %d", &x);                                  /*由鍵盤輸入數值*/
        S = S + x;
        i=i+1;
    }
    while(i <=N);

    printf("S = %d \n", S);                /*印出S*/
}
```

執行範例

```
Enter N: 5
Enter x: 1
Enter x: 2
Enter x: 3
Enter x: 4
Enter x: 5
S = 15.
```

解釋

(1) 首先一開始輸入N。

(2) 在do while的指令中，一開始則要求輸入一個值，並加總至結果中。當加入數字的數目大於一開始所輸入的 N，迴圈即終止。

4.2 while指令

單純的while指令，是在一開始去檢查終止條件的，這種做法，當然比較正確。我們可以從以下一些例子看出。

例題4.2-1 讀入一連串的數字，但事先不知道數字的數目

我們要讀入一連串的數字，每次讀入，就立刻列印。如果我們事先知道數字的數目是N，終止條件就是輸入數字的數目大於 N，我們可以用For指令來寫程式，但我們現在不知道 N，我們可以規定輸入的最後數字以後，一定要再輸入一個特殊的數字。如此，一旦程式讀到了這個特殊的數字，就終止了。假如我們讀入的數字全是正數，我們可以將此特殊數字定成一個負數，讀到負數，就可終止。

流程圖如圖4.2-1所示：

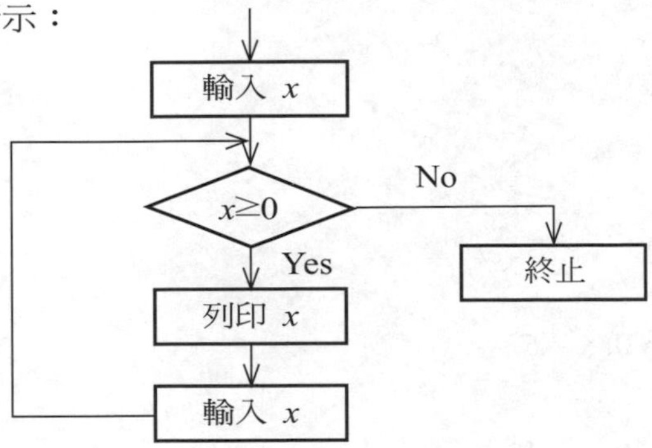

圖4. 2-1

讀者可以看到while的優點，如果用do loop我們就會印出最後那個負數。

程式 4.2-1

```
#include <stdio.h>
```

```
int main(void)
{

    int x;                                          /*宣告x為整數*/

    printf( "Enter x: ");                           /*在螢幕上顯示字串*/
    scanf(" %d", &x);                               /*由鍵盤輸入數值*/

    while(x >= 0)
    {
        printf("x is larger than 0, x = %d \n", x); /*列印x*/

        printf( "Enter x: ");                       /*在螢幕上顯示字串*/
        scanf(" %d", &x);                           /*由鍵盤輸入數值*/
    }
}
```

執行範例

```
Enter x: 5
x is larger than 0, x = 5
Enter x: 10
x is larger than 0, x = 10
Enter x: 15
x is larger than 0, x = 15
Enter x: 20
x is larger than 0, x = 20
Enter x: 30
x is larger than 0, x = 30
Enter x: 45
x is larger than 0, x = 45
Enter x: -1
```

解釋

while指令的基本形式如下：

```
while([1])
{
    [2]
}
```

[1] 為迴圈檢查終止的條件。

[2] 為迴圈內部所執行的指令。

執行的順序為[1]檢查迴圈執行的條件是否成立，若是，則執行迴圈內的指令[2]，然後再回到[1]，如此一直反覆下去。若否，則迴圈終止。
由此可看出一開始時檢查執行迴圈的條件若為不成立，則迴圈內的指令則一次也不會執行，這是與 do while 指令最大的不同。在 do while 指令中，迴圈內的指令一開始至少就會被執行一次。

(1) 一開始我們輸入一個x的值。

(2) 使用 while 指令來檢查x的值是否大於等於 0，若是，則輸出x的值並再要求輸入一次 x 的值，然後重複迴圈。若否，則迴圈終止。

例題4.2-2 求最大公約數

如果求最大公約數，也可以利用 while 指令，流程圖將如圖4.2-2所示：

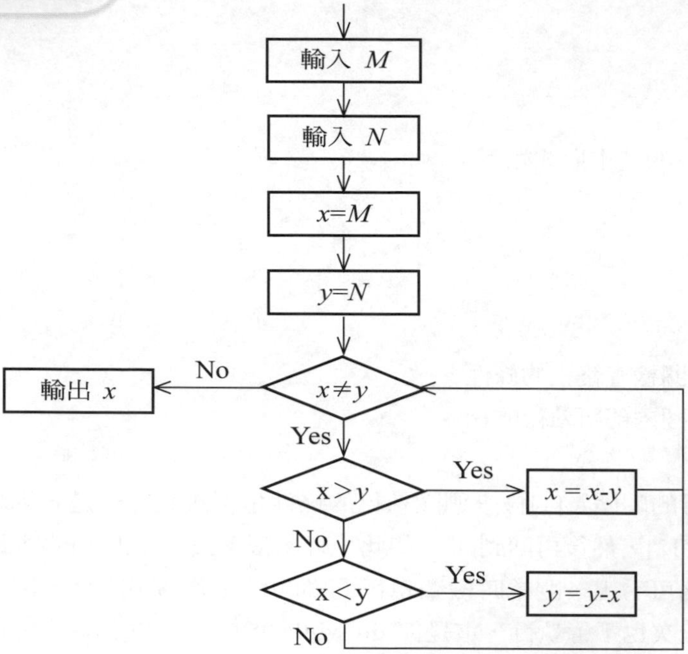

圖4. 2-2

程式 4.2-2

```
#include <stdio.h>

int main(void)
{

  int M, N, x, y;                    /*宣告M, N, x, y為整數*/

   printf( "Enter M: ");             /*在螢幕上顯示字串*/
   scanf(" %d", &M);                 /*由鍵盤輸入數值*/
   printf( "Enter N: ");             /*在螢幕上顯示字串*/
   scanf(" %d", &N);                 /*由鍵盤輸入數值*/

   x=M;
   y=N;
```

```
    while(x != y)
    {
      if(x > y)
      {
        x=x-y;
      }
      else if (y > x)
      {
        y=y-x;
      }
    }

    printf("x = %d \n", x);                    /*印出x(largest common divisor)*/

}
```

執行範例

Enter M: 18
Enter N: 15
x = 3.

解釋

這個例子與do while的不同，只在於do while一開始就做運算，而while則是先檢查了*x*和*y*是否相等，若相等，則迴圈內部的指令就不用執行。

例題4.2-3 算N個數的和

在上一節，我們曾用do while寫了一個程式來計算 *N* 個數字的和。現在我們要用while來計算了。流程圖如圖4.2-3所示。這次我們去檢查 *i* 有沒有超過 *N*，超過就不做了。

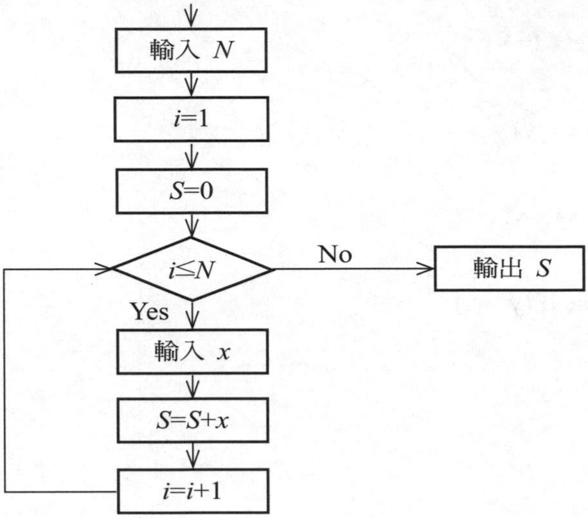

圖4. 2-3

程式 4.2-3

```
#include <stdio.h>

int main(void)
{

    int N, x, i, S;                          /*宣告N, x, i, S為變數*/

    printf( "Enter N: ");                    /*在螢幕上顯示字串*/
    scanf(" %d", &N);                        /*由鍵盤輸入數值*/

    i=1;
    S=0;

    while(i <= N)
    {
        printf( "Enter x: ");                /*在螢幕上顯示字串*/
        scanf(" %d", &x);                    /*由鍵盤輸入數值*/
```

```
        S = S+x;
        i = i+1;
    }

    printf("S = %d \n", S);                    /*印出S*/
}
```

執行範例

Enter N: 5

Enter x: 1

Enter x: 2

Enter x: 2

Enter x: 3

Enter x: 4

S = 12.

解釋

(1) 首先一開始輸入 N。

(2) 在while的指令中，一開始就檢查我們目前做了幾個數字的加總，若加總的次數仍未達到 N，則輸入一個值，並加總至結果中。當加入的值次數大於 N ，迴圈即終止。

練習四

以下程式，均需畫流程圖：

1. 利用do while 寫一程式求 N 個數字的最大值。
2. 利用do while 寫一程式求一個等差級數數字的和，一共有 N 個數字，程式應該先輸入最小的起始值以及數字間的差。
3. 利用do while 寫一程式，讀入 N 個數字，然後找出所有小於13的數字。再求這些數字的和。
4. 利用while寫一程式，讀入 N 個數字，找到第一個大於7而小於10的數字，就停止，而且列印出這個數字。
5. 利用While寫一程式，讀入$a_1,a_2,\ldots,a_5$和$b_1,b_2,\ldots,b_5$。找到第一個$a_i > b_i$，即停止，並列印出a_i及b_i。

Chapter 05

陣列

5.1 一維陣列

在過去的章節內，我們的做法是每次讀入一個資料，就立刻處理這筆資料，這當然是不切實際的，我們應輸入至記憶體內去，以便以後去拿。將資料放入記憶體，有很多種做法，最普通的辦法是將資料儲存在一個陣列內。

最簡單的陣列是一維陣列，如圖5. 1-1所示：

陣列A：

0	1	2	3	4	5	6	7	8	9	10

圖 5. 1-1

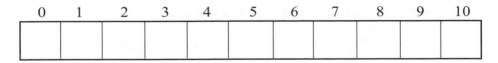

一個陣列必定有一個名字，假設我們的陣列名字是*A*，則每一個單位都用*A*[*i*]來表示。請注意一維陣列的單位編號由0開始的。也就是說，第一個單位是*A*[0]，第二個單位才是*A*[1]等等。如果將新資料存入一個一維陣列，小心，第一個資料是放在$A[0]$，第二個資料才放在 $A[1]$，第 i 個資料放在$A[i\text{-}1]$。這種情形，常使人犯錯，因此我們建議的做法如下：如果你要儲存n個資料，你就宣告一個 n+1 的一維陣列，而第一個單位棄而不用，這樣做，對你比較好，因為第 i 個資料就放在$A[i]$內。

以圖5.1-1的一維陣列為例，假設我們將10個數字放入，一維陣列內的資料可能如圖5.1-2所示：

0	1	2	3	4	5	6	7	8	9	10
	7	1	6	3	10	4	8	2	9	5

圖5. 1-2

這時，$A[1]$=7, $A[6]$=4, $A[10]$=5 。

陣列中如果要儲存的是數字，我們就要預先宣告這是一個數字陣列。如果我們要儲存的是英文文字，我們就要宣告這個陣列是一個文字陣列。以後我們會在例子中一一說明。

例題5. 1-1 利用一維陣列計算10個數字的平均值

我們過去也曾計算一組數字的平均值，現在要用陣列，唯一要做的是將數字讀入以後，立刻存到陣列之中。所以我們的流程圖，只要加入一小段就可以了。

假設我們要計算10個整數的平均值，流程圖如下：

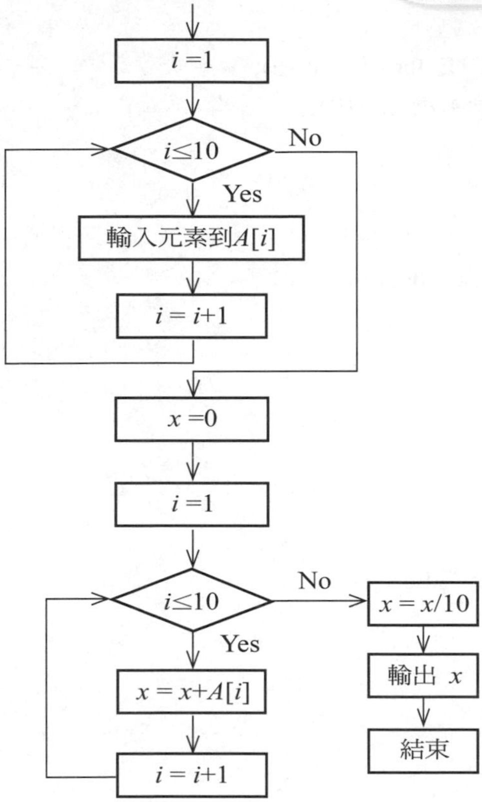

圖5. 1-3

程式 5.1-1

```
#include <stdio.h>
int main(void)
{
   int i;
   int x;

   int A[11];

   for(i=1; i<=10; i++)
   {
```

```
        printf( "Enter A[%d]: ",i);                    /* 在螢幕上顯示字串 */
        scanf(" %d", &A[i]);                           /* 由鍵盤輸入數值 */
    }

    x = 0;
    for(i=1; i<=10; i++)
    {
        x = x + A[i];
    }

    x = x/10;

    printf("x=%d\n", x);
}
```

執行範例

```
Enter A[1]: 1
Enter A[2]: 2
Enter A[3]: 3
Enter A[4]: 4
Enter A[5]: 5
Enter A[6]: 6
Enter A[7]: 7
Enter A[8]: 8
Enter A[9]: 9
Enter A[10]: 10
x=5.
```

解釋

一維陣列的用法如下：

int A[11];
宣告一個一維陣列，裡面可儲存11個整數(int)變數。

scanf(" %d", &A[i]);
在存取陣列中的變數時，用*A*[*i*]即可。*A*[*i*]就視為一個整數變數，在前面的例子中，我們將輸入的值存到指定的變數時，我們在使用「&」加在變數的前面。而這個例子中，因為*A*[*i*]即代表我們的變數，因此我們一樣將&加在*A*[*i*]前即可。

x = x + A[i];
而當我們要取出存在陣列中的值時，用*A*[*i*]的形式即可。

例題5.1-2 利用一維陣列求10個數字的最大值

假設我們要計算10個數字的最大值，我們也可以將這10個數字先輸入到一個陣列中，然後再求他們的最大值。圖5.1-4是流程圖：

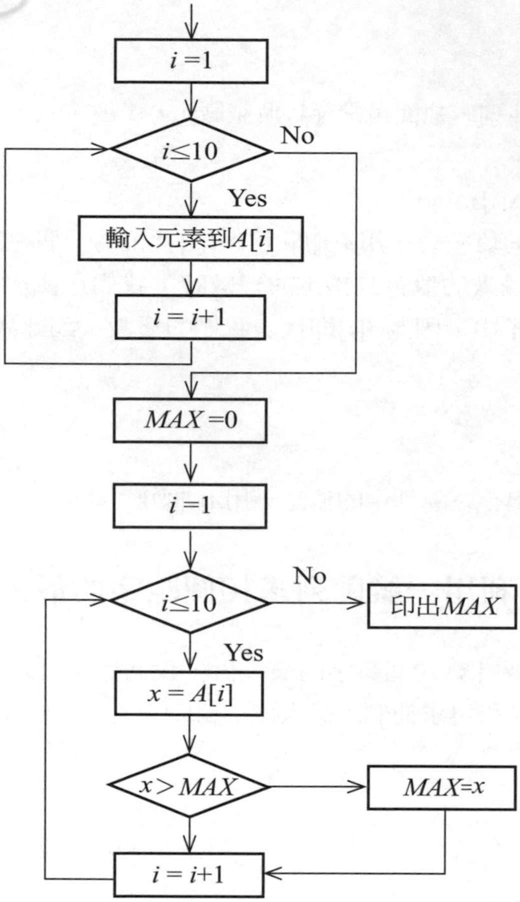

圖5. 1-4

程式 5. 1-2

```
#include <stdio.h>
int main(void)
{
   int
   int x;
   int MAX;
```

```
    int A[11];

    for(i=1; i<=10; i++)
    {

       printf( "Enter A[%d]: ",i);                    /*在螢幕上顯示字串*/
       scanf(" %d", &A[i]);                          /*由鍵盤輸入數值*/
    }

    MAX = 0;
    for(i=1; i<=10; i++)
    {
       x = A[i];

       if( x > MAX )
          MAX = x;
    }

    printf("MAX=%d\n", MAX);
}
```

執行範例

```
Enter A[1]: 1
Enter A[2]: 2
Enter A[3]: 3
Enter A[4]: 4
Enter A[5]: 5
Enter A[6]: 6
Enter A[7]: 7
Enter A[8]: 8
Enter A[9]: 9
```

```
Enter A[10]: 10
MAX=10.
```

解釋

1.

```
for(i=1; i<=10; i++)
{
     printf( "Enter A[%d]: ",i);                    /*在螢幕上顯示字串*/
     scanf(" %d", &A[i]);                           /*由鍵盤輸入數值*/
}
```

在第一個迴圈中，我們輸入10個數字並存入事先宣告的一維陣列中。與上一個例子相同，*A*[*i*]視為一個變數。我們在前面加上「&」符號，然後呼叫scanf輸入數字並存入陣列中。

2.

```
for(i=1; i<=10; i++)
{
   x = A[i];

   if( x > MAX )
     MAX = x;
}
```

在第二個迴圈中，我們依序檢視陣列中的值，當裡面的值比*MAX*大時，即將它存入*MAX*中。這個例子與上一個雷同，我們一樣用*A*[*i*]存取陣列中的元素。

例題5.1-3 利用兩個一維陣列表示10個數字的排序

假設我們有10個數字，儲存在一個一維陣列中，如圖5.1-5所示：

A：

0	1	2	3	4	5	6	7	8	9	10
	7	12	32	41	10	11	5	19	8	15

圖5. 1-5

我們會發現這10個數字中，5是最小的，它放在$A[7]$，$A[1]=7$是第二小的，$A[4]=41$ 是最大的。所以我們可以把大小的順序放在另一個一維陣列B中，$B[7]$ 一定要放入1，因為$A[7]$ 裡面所放的是最小的。$B[1]$一定要放入2，因為 $A[1]$內所儲存的是第二小的，$B[4]$一定要放入10，因為$A[4]$所放的是最大的。

這個程式有兩個迴圈，大的迴圈用i來控制，小的迴圈有j來控制。大迴圈是在找第i小的數字，一旦找到就將這個數字用1000來取代。假如第i小的數字在$A[k]$內，我們就令$B[k]=i$。每一個用j控制的迴圈內，都在找最小的數字。

我們的流程圖如下：

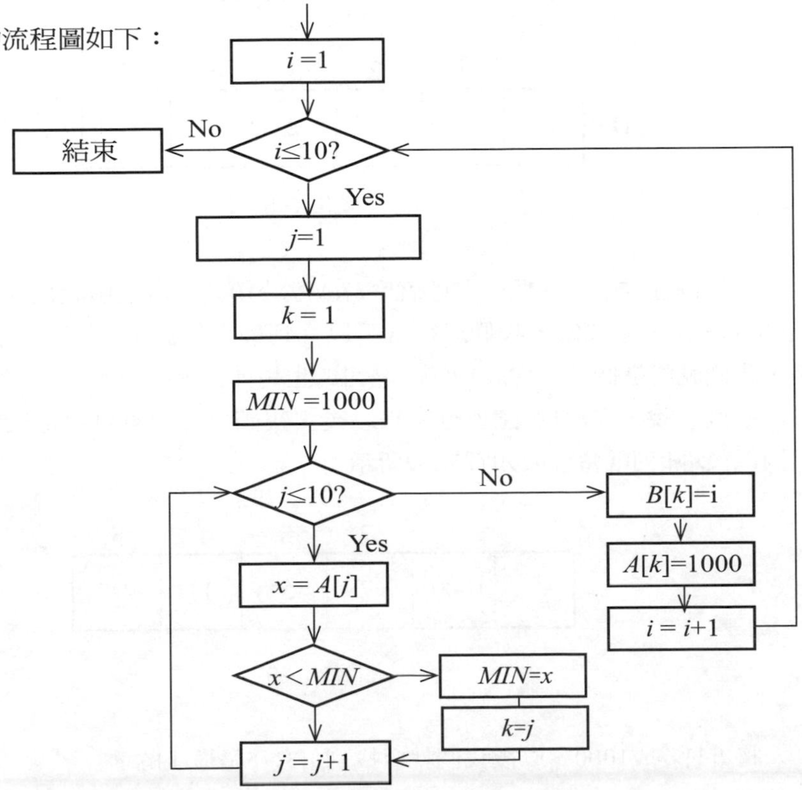

圖5. 1-6

我們現在舉一個例子來解說。假設我們有5個數字，放在以下的一個陣列中：

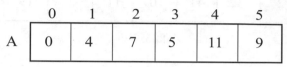

	0	1	2	3	4	5
A	0	4	7	5	11	9

圖5. 1-7

這個程式執行的過程如下：

(1) i=1, k=1, B[1]=1

(2) i=2, k=3, B[3]=2

(3) i=3, k=2, B[2]=3

(4) i=4, k=5, B[5]=4

(5) i=5, k=4, B[4]=5

所以在程式結束以後，我們會得到以下的*B*陣列：

	0	1	2	3	4	5
B	0	1	3	2	5	4

圖5. 1-8

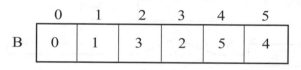

在這個程式中，我們一開始就令*MIN*等於1000，這是假設最大的數字沒有1000那麼大，這樣做，我們以後就可以找到最小的數字，一旦找到最小的數字，我們就將這個數字變成1000，其目的也是如此。

舉例來說，在*i*=1迴圈執行完畢以後，我們會發現*A*[1]=4是最小的，找到這個以後*A*陣列就會變成如圖5.1-9所示：

	1	2	3	4	5
	1000	7	5	11	9

圖5. 1-9

將*A*[1]變成1000，以後我們就會找到*A*[3]=5是最小的。

程式 5.1-3

```
#include <stdio.h>
int main(void)
{
   int i, j, k, x;
   int MIN;
   int A[11] = {0, 7, 12, 32, 41, 10, 11, 5, 19, 6, 15};
   int B[11];

   for(i=1; i<=10; i++)
   {
      printf("A[%d]=%d\n", i, A[i]);
   }

   printf("\n\n");

   for(i=1; i<=10; i++)
   {
      j = 1;
      k = 1;
      MIN = 1000;

      for( ; j <= 10; j++)
      {
         x = A[j];
         if(x < MIN)
         {
            MIN = x;
            k = j;
         }
      }
```

```
        B[k] = i;
        A[k] = 1000;
    }

    for(i=1; i<=10; i++)
    {
        printf("B[%d]=%d\n", i, B[i]);
    }
}
```

執行範例

```
A[1]=7
A[2]=12
A[3]=32
A[4]=41
A[5]=10
A[6]=11
A[7]=5
A[8]=19
A[9]=6
A[10]=15

B[1]=3
B[2]=6
B[3]=9
B[4]=10
B[5]=4
B[6]=5
B[7]=1
B[8]=8
B[9]=2
```

B[10]=7

解釋

1.

```
for(i=1; i<=10; i++)
{
  printf("A[%d]=%d\n", i, A[i]);
}
```

一開始我們將在*A*陣列中的值列印出來，在運算完之後列印*B*陣列的值時，以方便參考。

2.

```
for(i=1; i<=10; i++)
{
  j = 1;
  k = 1;
  MIN = 1000;

  for( ; j <= 10; j++)
  {
    x = A[j];
    if(x < MIN)
    {
      MIN = x;
      k = j;
    }
  }

  B[k] = i;
  A[k] = 1000;
}
```

在大迴圈中，我們決定 *i* 的值，並在小迴圈找出第 *i* 小的數在*A*陣列中的位置，如果第 i 小的數在A陣列中的位置是k，則令$B[k]=i$ ，也令$A[k]$=1000。

3.

```
for(i=1; i<=10; i++)
{
   printf("B[%d]=%d\n", i, B[i]);
}
```

在最後的迴圈，我們輸出B陣列的值。

對於程式5.1-3而言，我們首先要假設我們只知道A陣列中第 i 小的數字放在第 k 個位置，也就是說，$A[k]$是A陣列中第 i 小的數字，在此我們可以有三種思考方式：

Case 1: $B[k] = i$

若以$B[k] =i$ 的方式將值記錄到B陣列中，我們將可以得到如下的結果：

	1	2	3	4	5	6	7	8	9	10
A	7	12	32	41	10	11	5	19	6	15
B	3	6	9	10	4	5	1	8	2	7

表 5. 1-1

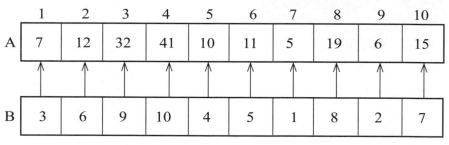

實際所代表的意義是，如果$B[k]=i$，則A陣列中第 k 個位置存放的數字是第 i 小的。例如：$B[1]=3$，代表著A陣列的第3小的數字，放在A陣列的第1個位置，也就是說$A[1]$是第3小的數字。各位可以檢查一下，$A[1]=7$，而7的確是A陣列中第3小的數字，再舉個例子來說，$B[7]= 1$，則表示$A[7]$是第1小的數字，而$A[7]=5$，5的確是A陣列中最小的數字。

這樣記錄B陣列的好處是，如果我們需要知道A 陣列上的某個位置的值是第幾小的時候，只要直接存取B陣列上所相對應的值，例如：我們想知道$A[6]$是第幾小，那麼我們可以直接讀取$B[6]$的值，因為$B[6]=5$，我們可以知道$A[6]$

一定是第5小的數字。

Case 2: $B[i]=k$

如果我們改用$B[i]=k$來記錄B陣列中的值，則可以得到如下的結果：

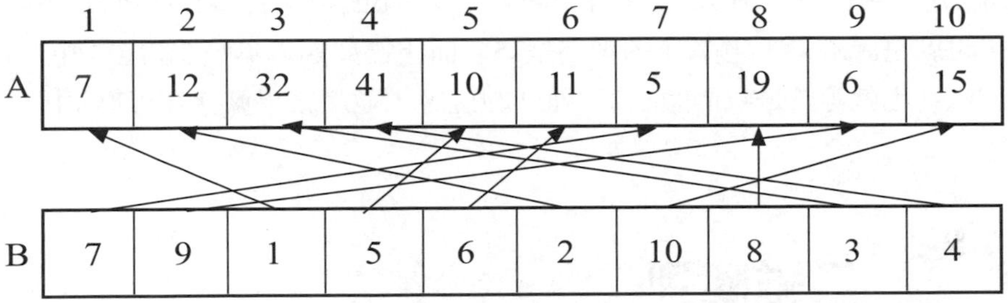

表 5.1-2

實際所代表的意義是，如果$B[i]=k$，則A陣列中第 i 小數字的位置是 k 。舉例來說，因為$B[1]=7$，代表A陣列中第1小的數字在第7個位置，而$A[7]=5$，5的確是A陣列中最小的。而$B[2]=9$，代表A第2小的數字在第9個位置，$A[9]=6$，6也的確是A陣列中第2小的。這種方式的好處在於如果我們希望知道A陣列上第 i 小的數在哪個位置，只需要直接存取$B[i]$上的值即可。例如：想知道A陣列上第4小的數字的位置，就直接讀入$B[4]$的值，因為$B[4]=5$，所以我們知道第4小的數字在A陣列中第5個位置。又例如：$B[6]=2$，則我們說第6小的數字在A陣列中第2個位置。

Case 3: $B[i]=A[k]$

我們亦可以使用$B[i]=A[k]$來記錄B陣列的值，而會得到如下的結果：

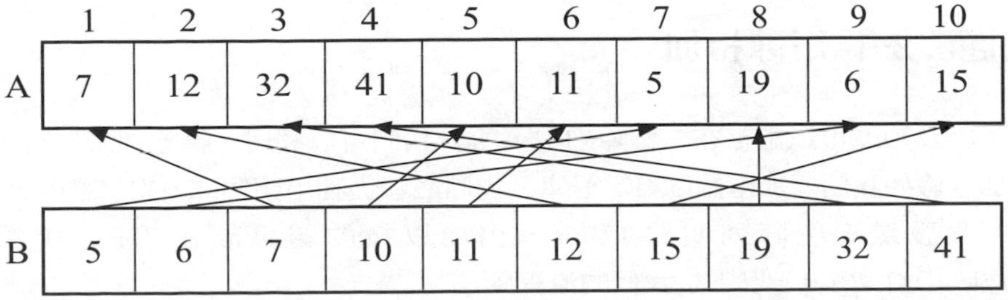

表 5.1-3

實際上這樣的結果所代表的意義可以被解釋成B陣列中第i個位置所記錄的值，依序為A陣列中第i小的值。例如：$B[1]=5$，也就是A陣列中最小的值。而$B[2]=6$，則代表A陣列中第2小的值是6，這樣的記錄方式有一個好處，當我們希望知道A陣列中第i小的數字時，只需要直接讀出$B[i]$的值，而不需要再到A陣列中去存取。例如：想得到A陣列中第7小的值，直接存取$B[7]$上的值即可，也就是說A陣列中第7小的數字是15，而不需要透過A陣列才能得知。而如此作法，也就等於是我們完成了A陣列的排序，並將結果儲存在B陣列中。

5.2 二維陣列

二維陣列可以被看成一個矩陣，假設我們有一個$A(3,4)$的陣列，它們單位的索引值是像圖5.2-1所示的：

A陣列

A[0,0]	A[0,1]	A[0,2]	A[0,3]
A[1,0]	A[1,1]	A[1,2]	A[1,3]
A[2,0]	A[2,1]	A[2,2]	A[2,3]

圖5. 2-1

因為C語言規定索引值要從0開始，我們必須注意這個問題。一不小心，我們就會弄錯的。如果我們要儲存一個$[m,n]$的矩陣，我們可以用一個$A[m+1,n+1]$二維陣列，這樣比較不容易出錯。

例題5. 2-1 矩陣相加

因為矩陣可以儲存在二維陣列中，所以我們可以利用二維陣列來執行矩陣相加。假如我們要加兩個[3,4]的矩陣，我們最好仍利用兩個[4,5]的二維陣列。

假設這兩個陣列叫做A和B，相加以後的結果放在C陣列中，則$C[i,j]=A[i,j]+B[i,j]$。以下是我們的流程圖：

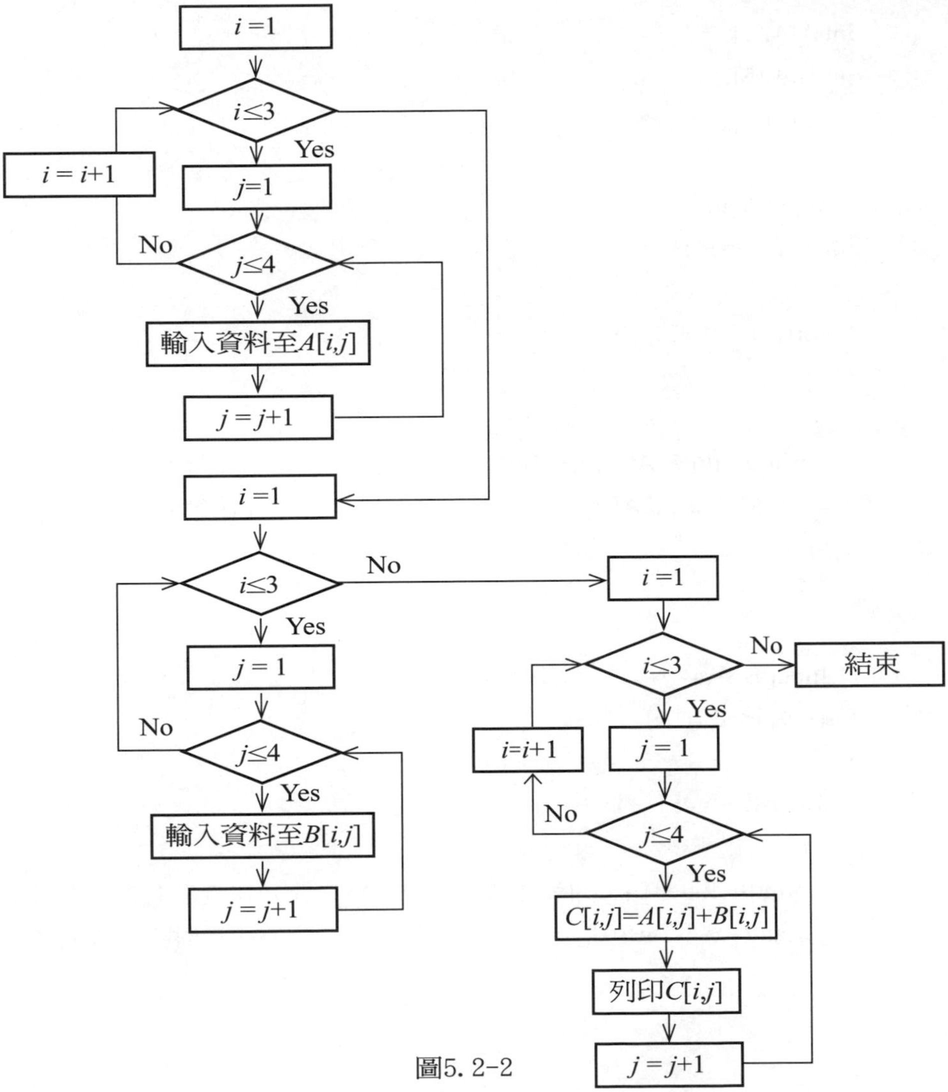

圖5. 2-2

程式 5.2-1

```
#include <stdio.h>
int main(void)
{
   int i, j;
```

```
int A[4][5];
int B[4][5];
int C[4][5];

/* Input A array */
for(i=1; i<=3; i++)
{
   for(j=1; j<=4; j++)
   {

     printf( "Enter A[%d][%d]: ",i, j);              /*在螢幕上顯示字串*/
     scanf(" %d", &A[i][j]);                         /*由鍵盤輸入數值*/
     }
}

/* Input B array */
for(i=1; i<=3; i++)
{
   for(j=1; j<=4; j++)
   {
     printf( "Enter B[%d][%d]: ",i, j);              /*在螢幕上顯示字串*/
     scanf(" %d", &B[i][j]);                         /*由鍵盤輸入數值*/
   }
}

/* Array addition C=A+B */
for(i=1; i<=3; i++)
{
   for(j=1; j<=4; j++)
   {
     C[i][j]=A[i][j] + B[i][j];
     printf( "C[%d][%d]=%d; \t",i, j, C[i][j]);
```

```
            }
            printf( "\n");
        }
    }
```

執行範例

```
Enter A[1][1]: 1
Enter A[1][2]: 2
Enter A[1][3]: 3
Enter A[1][4]: 4
Enter A[2][1]: 5
Enter A[2][2]: 6
Enter A[2][3]: 7
Enter A[2][4]: 8
Enter A[3][1]: 9
Enter A[3][2]: 10
Enter A[3][3]: 11
Enter A[3][4]: 12
Enter B[1][1]: 12
Enter B[1][2]: 11
Enter B[1][3]: 10
Enter B[1][4]: 9
Enter B[2][1]: 8
Enter B[2][2]: 7
Enter B[2][3]: 6
Enter B[2][4]: 5
Enter B[3][1]: 4
Enter B[3][2]: 3
Enter B[3][3]: 2
Enter B[3][4]: 1
C[1][1]=13;    C[1][2]=13;    C[1][3]=13;    C[1][4]=13;
```

C[2][1]=13;　C[2][2]=13;　C[2][3]=13;　C[2][4]=13;
C[3][1]=13;　C[3][2]=13;　C[3][3]=13;　C[3][4]=13.

解釋

1. int A[4][5];
   int B[4][5];
   int C[4][5];
   在C語言中，二維陣列宣告的方式與一維陣列雷同。不同之處僅是在後面再加上另一個維度的值即可。在這個例子中，我們宣告了三個[4,5]的二維陣列。
2. 在前二個大迴圈中，我們將二個二維陣列的值依序輸入。存取二維陣列的方式與一維陣列雷同，二維陣列使用$A[i][j]$與$B[i][j]$來存取。
3. 在第三個大迴圈中，我們執行矩陣的加法。存取陣列中所代表矩陣的值時，一樣使用$A[i][j]$, $B[i][j]$, $C[i][j]$。

例題5.2-2 矩陣相乘

假設有$A[m,n]$和$B[n,p]$，相乘以後的矩陣C必定是$C[m,p]$。舉例來說，假設我們有$A[2,3]$和$B[3,4]$相乘的結果必定是$C[2,4]$。

矩陣相乘的公式是 $C[i,j]=\sum_{k=1}^{n}A[i,K]B[K,j]$

我們需要用三個迴圈來完成這個矩陣相乘的工作。假設$m=2$, $n=3$, $p=4$，我們的流程圖如圖5.2-3：

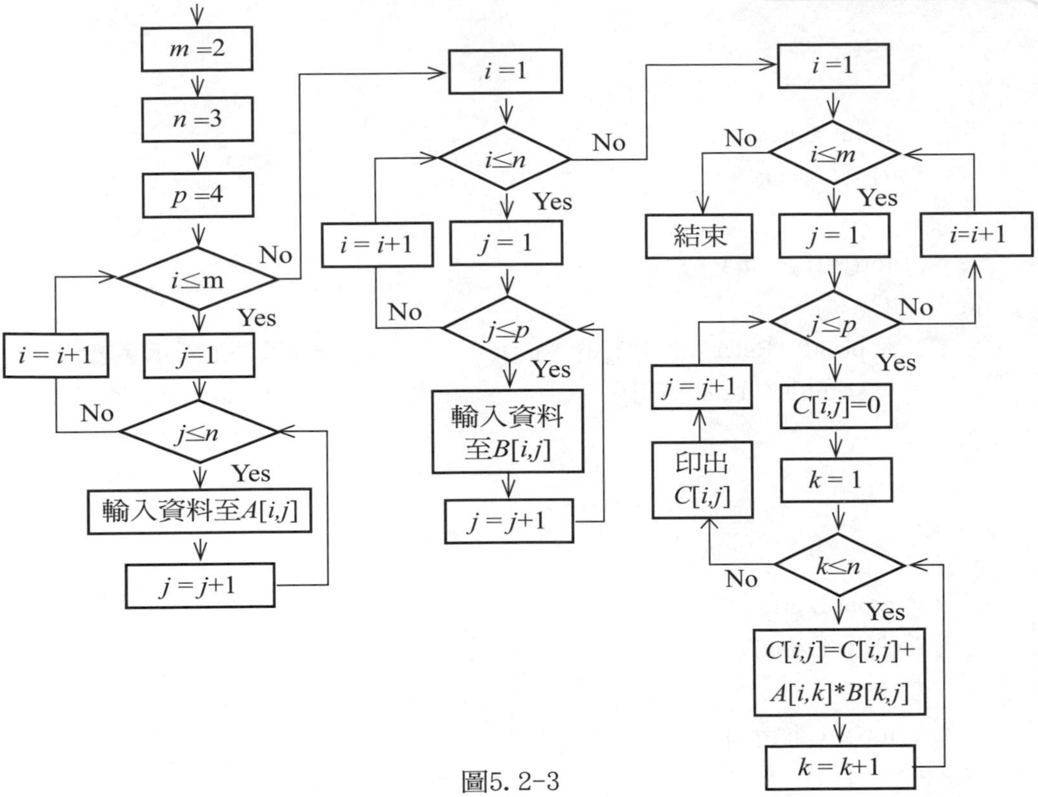

圖5. 2-3

程式 5.2-2

```
#include <stdio.h>
int main(void)
{
   int i, j, k;
   int m, n, p;
   int A[3][4];
   int B[4][5];
   int C[3][5];

   m = 2;
   n = 3;
```

```
p = 4;

/* Input A array */
for(i=1; i<=m; i++)
{
  for(j=1; j<=n; j++)
  {
    printf( "Enter A[%d][%d]: ",i, j);                /*在螢幕上顯示字串*/
    scanf(" %d", &A[i][j]);                          /*由鍵盤輸入數值*/

  }
}

/* Input B array */
for(i=1; i<=n; i++)
{
  for(j=1; j<=p; j++)
  {
    printf( "Enter B[%d][%d]: ",i, j);                /*在螢幕上顯示字串*/
    scanf(" %d", &B[i][j]);                          /*由鍵盤輸入數值*/

  }
}

/* Array multiply C=A*B */
printf( "Arrary C =\n");
for(i=1; i<=m; i++)
{
  for(j=1; j<=p; j++)
  {
    C[i][j] = 0;
    for(k=1; k<=n; k++)
```

```
        {
            C[i][j] = A[i][k] * B[k][j];
        }
        printf( "C[%d][%d]=%d ",i, j, C[i][j]);
    }

    printf( "\n");
  }
}
```

執行範例

```
Enter A[1][1]: 1
Enter A[1][2]: 2
Enter A[1][3]: 3
Enter A[2][1]: 4
Enter A[2][2]: 5
Enter A[2][3]: 6
Enter B[1][1]: 7
Enter B[1][2]: 8
Enter B[1][3]: 9
Enter B[1][4]: 1
Enter B[2][1]: 2
Enter B[2][2]: 3
Enter B[2][3]: 4
Enter B[2][4]: 5
Enter B[3][1]: 6
Enter B[3][2]: 7
Enter B[3][3]: 8
Enter B[3][4]: 9
Arrary C =
C[1][1]=29; C[1][2]=35; C[1][3]=41; C[1][4]=38;
```

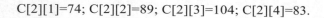

C[2][1]=74; C[2][2]=89; C[2][3]=104; C[2][4]=83.

解釋

1. 前兩個大迴圈與矩陣的加法一樣，都是輸入值至代表矩陣的二維陣列當中。
2. 第三個大迴圈為執行矩陣的乘法，我們使用了三層迴圈來完成矩陣的乘法。因為相乘的兩個矩陣分別為$[m,n]$與$[n,p]$，故相乘出來的矩陣必定為$[m,p]$。為求出相乘後的矩陣，第一層迴圈負責做完m列，第二層迴圈負責做完每一列的p個元素。第三層迴圈則是根據矩陣乘法的公式，將n個在A與B陣列對應的元素先做相乘，之後再全部相加起來，即可得到結果。
3. 在這個程式中，我們用了i++，而i++是$i=i+1$的簡寫。

例題5.2-3 矩陣的轉置

所謂矩陣的轉置，可用以下例子來解釋：

假設 $A[3,3]=\begin{bmatrix} 3 & 9 & 1 \\ 2 & 5 & 4 \\ 7 & 8 & 6 \end{bmatrix}$

轉置以後 $A^T=\begin{bmatrix} 3 & 2 & 7 \\ 9 & 5 & 8 \\ 1 & 4 & 6 \end{bmatrix}$

也就是 $A^T[i,j]=A[j,i]$

這個程式的流程圖很簡單，如圖5.2-4（假設A是$A[3,3]$）：

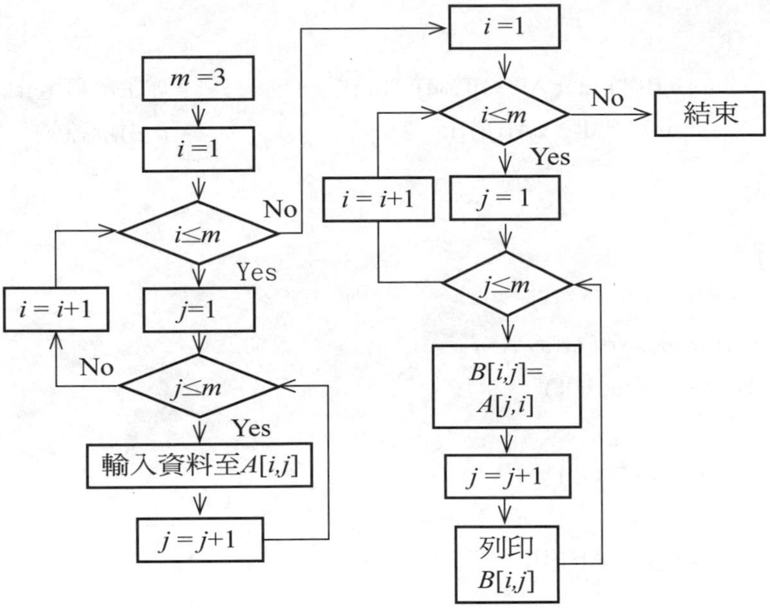

圖5. 2-4

程式 5.2-3

```
#include <stdio.h>
int main(void)
{
   int i, j;
   int m;
   int A[4][4];
   int B[4][4];

   m = 3;

   /* Input A array */
   for(i=1; i<=m; i++)
   {
      for(j=1; j<=m; j++)
```

```
    {
        printf( "Enter A[%d][%d]: ",i, j);          /*在螢幕上顯示字串*/
        scanf(" %d", &A[i][j]);                     /*由鍵盤輸入數值*/

    }
}

/* Transpose of array A */
for(i=1; i<=m; i++)
{
    for(j=1; j<=m; j++)
    {
        B[i][j] = A[j][i];
    }
}

printf("Array A = \n");
for(i=1; i<=m; i++)
{
    for(j=1; j<=m; j++)
    {
        printf("%d ", A[i][j]);
    }

    printf( "\n");
}

printf("Array B = \n");
for(i=1; i<=m; i++)
{
    for(j=1; j<=m; j++)
    {
```

```
            printf("%d ", B[i][j]);
        }

        printf( "\n");
    }

}
```

執行範例

```
Enter A[1][1]: 1
Enter A[1][2]: 2
Enter A[1][3]: 3
Enter A[2][1]: 4
Enter A[2][2]: 5
Enter A[2][3]: 6
Enter A[3][1]: 7
Enter A[3][2]: 8
Enter A[3][3]: 9
Array A =
1 2 3
4 5 6
7 8 9
Array B =
1 4 7
2 5 8
3 6 9
```

解釋

1. 第一個大迴圈與之前的例子皆相同，將所要運算的矩陣輸入至二維陣列之中。

2 第二個大迴圈則將之前所輸入的矩陣做轉置運算後存入另一個二維陣列當中。

3. 將存入轉置結果的二維陣列輸出至螢幕上。

練習五

以下的程式均需有流程圖：

1. 寫一程式，將10個數字讀入A陣列。然後逐一檢查此陣列，如$A[i]>5$，則令$A[i]=A[i]-5$，否則，$A[i]=A[i]+5$。
2. 寫一程式，將10個數字讀入A陣列。對每一數字，令$A[i]=A[i]+i$。
3. 寫一程式，將10個數字讀入A陣列，如$A[i]\geq 0$，令$B[i]=1$，否則，令$B[i]=0$。
4. 寫一程式，將15數字存入3×5的二維陣列$A[1][1]$至$A[3][5]$。求每一行及每一列數字的和。
5. 寫一程式，將15數字存入3×5的二維陣列$A[1][1]$至$A[3][5]$。求每一行及每一列數字的最小值。
6. 寫一程式，輸入兩組數字：$a_1,a_2,\ldots,a_5$和$b_1,b_2,\ldots,b_5$。求$a_{i+}b_i$，$i=1$到$i=5$。
7. 寫一程式，輸入兩組數字：$a_1,a_2,\ldots,a_5$和$b_1,b_2,\ldots,b_5$。求a_i及b_i的最大值，再求此兩最大值中較小者。

Chapter 06

副程式

我們常常聽到某某主管請他的職員做兩件事情：(1)到銀行去完成匯款工作；(2)到海關去完成報關手續。我們都知道，匯款是一件很複雜的工作。我們可以想像得到相關的流程圖有多複雜。海關報關的流程圖就更複雜了。主管如果要詳詳細細地告訴他的職員如何完成這兩件事情，他的指令會變得非常複雜。複雜到這種程度，他的職員恐怕會看得頭昏眼花。

因此，聰明的主管會將在銀行處理匯款的流程寫在一張紙上，也會將在海關處理報關的流程圖寫在另一張紙上；至於他寫給職員的只有兩行了：

(1)到銀行去處理匯款。
(2)到海關去完成報關手續。

這就是副程式的意義。有時我們的程式會非常龐大。操作系統的指令數目長以有萬計，如果我們用副程式的觀念，我們可以將很多指令放在一起，將它變成一個副程式。如此，主程式就只要執行幾個副程式就可以了。

6.1 無需回傳的副程式

在C語言的副程式中，有的需要回傳一個變數，有的副程式無需回傳，在這一節，我們先介紹無需回傳的副程式。

例題6.1-1　讀入資料至一個陣列並列印資料

假設我們有一個x陣列，而我們要將資料讀入x，我們可以寫一個副程式如圖6.1-1所示：

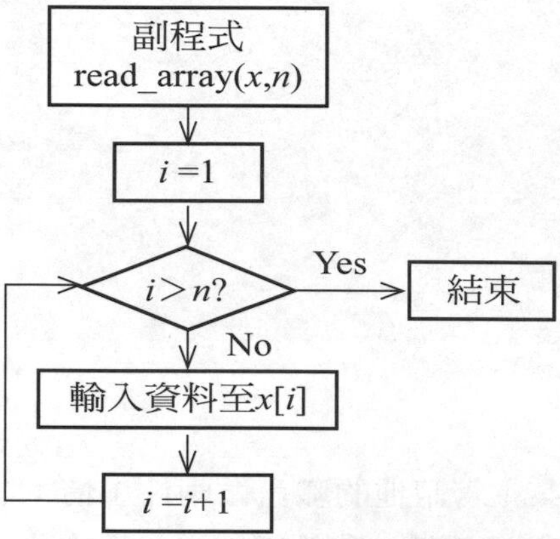

圖6. 1-1

我們當然也可以寫一個副程式來將x陣列讀出來，如圖6.1-2所示：

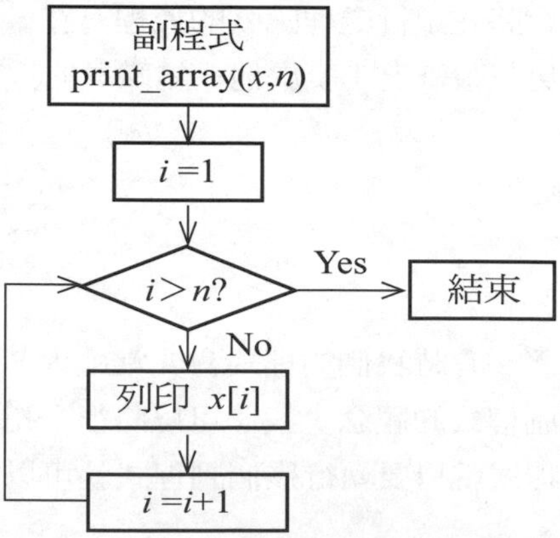

圖6. 1-2

現在，假設我們要讀入資料到a陣列，然後我們要將a陣列內部的資料讀出來。我們的主程式將如圖6.1-3所示：

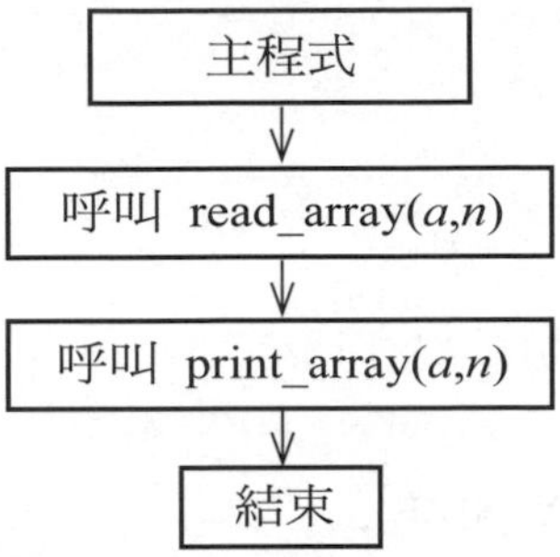

圖6. 1-3

在這個例子中，我們會發現副程式可以傳入參數，以read_array為例，所傳入的參數有兩個：陣列a和長度n。我們應該注意兩件事情：

(1) 副程式定義用了陣列x和n，但主程式不一定用x和n。如果主程式呼叫read_array時用了：
read_array(b,m)；
那麼它的意思是要將資料讀到b陣列中，而所讀的資料有m筆。

(2) 一旦這個副程式執行了，它會將所傳送過來的陣列中的內容永久地改變了。換言之，如果主程式呼叫的指令是：
read_array(c,i)
則在這個指令執行以後，c陣列中本來的$c[1],c[2],\ldots,c[i]$，現在都被改過來了。

(3) 一個副程式一旦寫成，就可以一再地被主程式所呼叫。舉例來說，假如我們要將資料讀入a陣列和b陣列，我們可以呼叫read_array兩次之多。

程式 6. 1-1

```
#include <stdio.h>
#define ARRAY_SIZE 5

void read_array(int x[ ], int n);
void print_array(int x[ ], int n);
```

```
int main(void)
{
   int i;
   int a[ARRAY_SIZE+1];

   read_array(a, ARRAY_SIZE);

   print_array(a, ARRAY_SIZE);
}



void read_array(int x[  ], int n)
{
   int i;

   i = 1;

   while(i <= n)
   {
      printf("Enter data(%d): ", i);
      scanf("%d", &x[i]);
      i++;
   }
}



void print_array(int x[  ], int n)
{
   int i;

   printf("\n\n");
```

```
    i = 1;

    while(i <= n)
    {
       printf("Array data(%d): %d\n", i, x[i]);
       i++;
    }
}
```

執行範例

```
Enter 1-th data: 3
Enter 2-th data: 65
Enter 3-th data: 23
Enter 4-th data: 6
Enter 5-th data: 78


1-th data: 3
2-th data: 65
3-th data: 23
4-th data: 6
5-th data: 78
```

解釋

1. #define ARRAY_SIZE 5

C語言可以使用#define來定義一個常數，其做法是使用#define，然後跟著常數的名稱，接著則是常數的值。在程式中定義了常數後，之後所有使用常數名稱的地方，都會被置換成常數的值。以這個指令而言，以後凡是ARRAY_SIZE出現，它的值都是5。

2. void read_array(int x[ ], int n);
   void print_array(int x[ ], int n);

   此處為宣告要使用副程式雛型（prototype），所有的副程式在使用之前都要宣告其雛型。

[主程式]

1. int a[ARRAY_SIZE+1];

   在主程式宣告陣列*a*時，我們在長度中使用了*ARRAY_SIZE*這個常數，此時C語言在編譯這個程式，即會去參考這個常數的值，在我們的例子中，*ARRAY_SIZE*定義為5。所以*a*陣列的長度即為5+1=6。請注意+1的用意在於我們不去使用陣列中第0個位置的值。

2. read_array(a, ARRAY_SIZE);
   print_array(a, ARRAY_SIZE);

   當我們在主程式中呼叫副程式時，必定要照副程式的定義傳入所需要的參數。在這個例子，我們在呼叫read_array時，將*a*陣列及*ARRAY_SIZE*常數當做參數傳入副程式中。呼叫print_array亦雷同。

   同時要注意傳入副程式的陣列長度一定要正確。若是傳入不正確的陣列長度，將會造成存取陣列時，超出定義的範圍，嚴重時，將導致程式運作失常。在我們的例子中，*a*陣列的長度是*ARRAY_SIZE+1*，而我們傳入*ARRAY_SIZE*來確保程式存取陣列正確的範圍內。

[副程式]

```
void read_array(int x[ ], int n)
{
   int i;

   i = 1;

   while(i <= n)
   {
      printf("Enter data(%d): ", i);
```

```
        scanf("%d", &x[i]);
        i++;
    }
}
```

1. 在read_array這個副程式中，陣列*x*及長度*n*為我們的輸入參數。而所要做的運算則放在{ }之間。我們在這裡所做為根據所傳來的陣列長度，使用scanf將資料一筆一筆讀入陣列當中。

```
void print_array(int x[ ], int n)
{
    int i;

    printf("\n\n");

    i = 1;

    while(i <= n)
    {
        printf("Array data(%d): %d\n", i, x[i]);
        i++;
    }
}
```

2. print_array與read_array類似。它們的輸入參數皆相同，一個陣列及其長度。print_array是將陣列中的內容一一輸出至螢幕上。

例題6.1-2 兩個一維陣列的相加

如果我們要將兩個陣列加起來，我們當然要先將資料讀入這兩個一維陣列，讀資料入陣列的副程式已在上一個例題中介紹過，在這個例子，我們要寫一個將陣列內容相加的副程式：

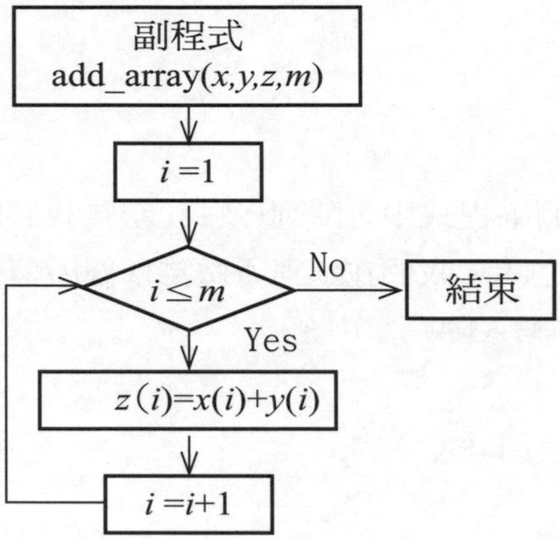

圖6. 1-4

主程式如圖6. 1-5所示。

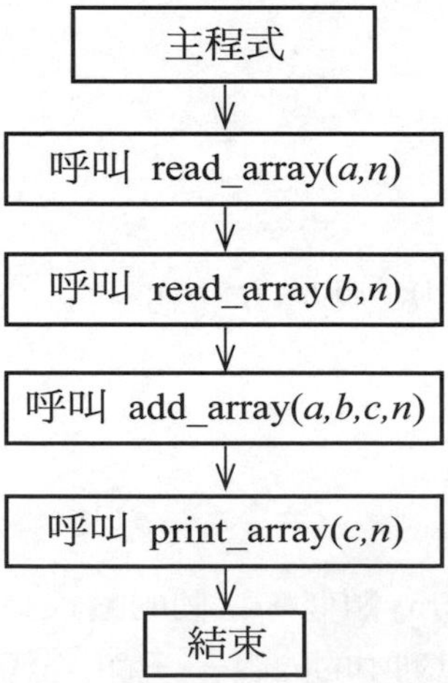

圖6. 1-5

程式 6. 1-2

```
#include <stdio.h>
#define MAX_ARRAY_SIZE 256
```

```
void add_array(int x[ ], int y[ ], int z[ ], int m);
void read_array(int x[ ], int n);
void print_array(int x[ ], int n);

int main(void)
{
  int array_size;
  int a[MAX_ARRAY_SIZE];
  int b[MAX_ARRAY_SIZE];
  int c[MAX_ARRAY_SIZE];

  printf("Please enter the size of array(max:%d): ", MAX_ARRAY_SIZE-1);
  scanf("%d", &array_size);

  if(array_size < (MAX_ARRAY_SIZE-1))
  {
    read_array(a, array_size);
    read_array(b, array_size);
    add_array(a, b, c, array_size);
    print_array(c, array_size);
  }
  else
  {
    printf("Error: Number of array exceeds the limitation.\n");
  }

}


void add_array(int x[ ], int y[ ], int z[ ], int m)
{
  int i;
```

```
    i = 1;

    while( i <= m )
    {
     z[i] = x[i] + y[i];
       i++;
    }
}


void read_array(int x[ ], int n)
{
    int i;

    i = 1;

    while(i <= n)
    {
       printf("Enter data(%d): ", i);
       scanf("%d", &x[i]);
       i++;
    }
}


void print_array(int x[ ], int n)
{
    int i;

    printf("\n\n");

    i = 1;
```

```
    while(i <= n)
    {
      printf("Array data(%d): %d\n", i, x[i]);
      i++;
    }
}
```

執行範例

```
Please enter the size of array(max:255): 5
Enter data(1): 1
Enter data(2): 2
Enter data(3): 3
Enter data(4): 7
Enter data(5): 9
Enter data(1): 4
Enter data(2): 5
Enter data(3): 7
Enter data(4): 1
Enter data(5): 3


Array data(1): 5
Array data(2): 7
Array data(3): 10
Array data(4): 8
Array data(5): 12
```

解釋

1. 一開始我們定義一個陣列最大長度的常數。
2. 之後是我們所需要使用的副程式雛型。

[主程式]

1. 首先我們在主程式中，宣告了三個陣列a, b, c，他們的大小皆為MAX_ARRAY_SIZE。而實際最多所使用的部分為索引1到*MAX_ARRAY_SIZE-1*的部分。請注意此處的做法是一開始宣告一個比較大的陣列來使用（此處是256）。因為在這個程式中，我們讓使用者輸入要使用陣列的大小，所以要檢查這個值不能夠大於*MAX_ARRAY_SIZE-1*。若超出之前定義的陣列長度最大值時，則終止程式並在螢幕上提示使用者。

2.

```
if(array_size < (MAX_ARRAY_SIZE-1))
{
    read_array(a, array_size);
    read_array(b, array_size);
    add_array(a, b, c, array_size);
    print_array(c, array_size);
}
```

當使用者所輸入的要使用的陣列長度小於我們定義的最大長度時，我們則根據其輸入的長度要求使用者輸入陣列*a*及*b*的資料。輸入完畢我們則呼叫add_array來做陣列的相加，並將結果存至陣列*c*中。最後呼叫print_array將陣列*c*的內容列印至螢幕上。

[副程式]

void add_array(int x[ ], int y[ ], int z[ ], int m);

1. 它的輸入參數有三個陣列*x*,*y*,*z*及一個陣列長度*m*。它會將*x*陣列與*y*陣列中的相對值一一相加，並將結果存入第*z*陣列中，這個動作會從索引1一直做到索引*m*為止。

void read_array(int x[ ], int n);

void print_array(int x[ ], int n);

2. read_array與print_array在上個例子已經解釋過。在這裡我們可以看到的是，當副程式一旦完成之後，我們就可以不斷地重複在別的程式使用它。這個特性讓我們可省下很多開發相同程式的時間。

例題6.1-3 二維陣列的相加

在以上的例題，我們的陣列是一維的，在這個例題中。我們要加兩個二維陣列，也就是說$C(i,j)=A(i,j)+B(i,j)$，讀資料入一個二維陣列的副程式的流程圖在圖6.1-6：

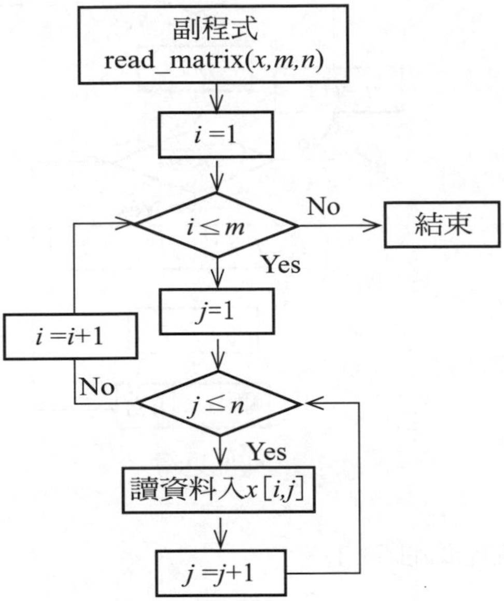

圖6. 1-6

將兩個陣列相加的副程式的流程圖在圖6. 1-7：

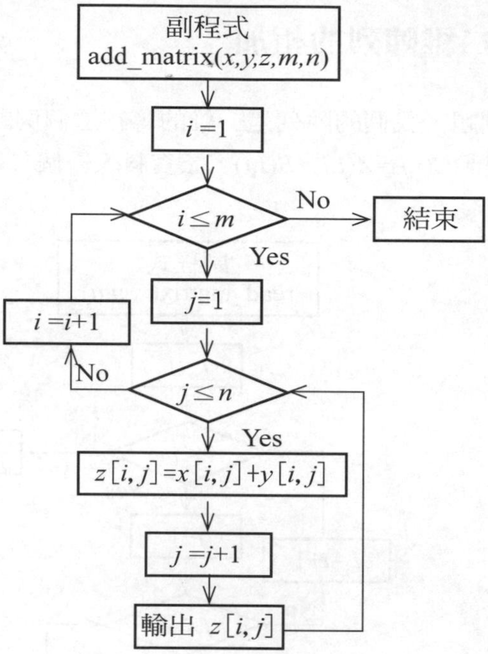

圖6. 1-7

主程式的流程圖在圖6. 1-8：

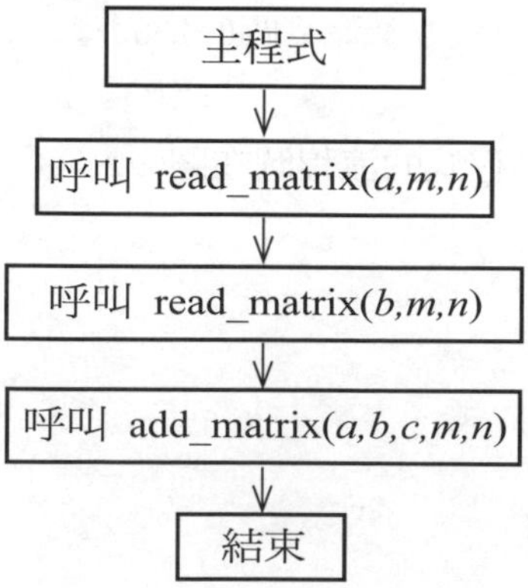

圖6. 1-8

我們也許會覺得read_matrix和add_matrix都仍嫌太複雜，因為兩者都包含了兩個迴圈，我們可以將其中的一個迴圈改成一個副程式，以read_matrix為例，我們可以有以下的副程式：

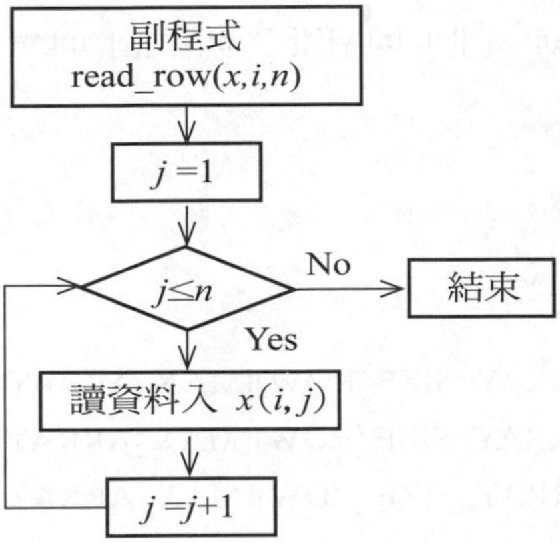

圖6. 1-9

而read_matrix就可以改成如圖6.1-10所示：

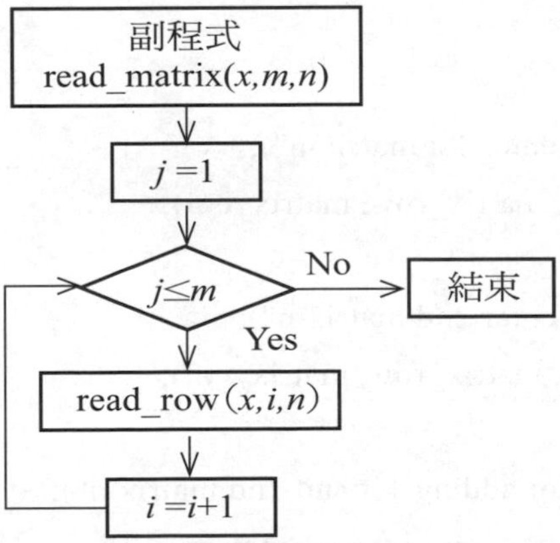

圖6. 1-10

程式 6. 1-3

```
#include <stdio.h>
#define MAX_ARRAY_SIZE_ROW 256
#define MAX_ARRAY_SIZE_COL 256
```

```
void read_matrix(int x[ ][ ], int m, int n);
void add_matrix(int x[ ][ ], int y[ ][ ], int z[ ][ ], int m, int n);

int main(void)
{
    int matrix_row;
    int matrix_col;
    int a[MAX_ARRAY_SIZE_ROW][MAX_ARRAY_SIZE_COL];
    int b[MAX_ARRAY_SIZE_ROW][MAX_ARRAY_SIZE_COL];
    int c[MAX_ARRAY_SIZE_ROW][MAX_ARRAY_SIZE_COL];

    printf("Please enter the row of matrix (MAX=%d): ", MAX_ARRAY_SIZE_ROW
    scanf("%d", &matrix_row);
    printf("Please enter the column of matrix (MAX=%d): ", MAX_ARRAY_SIZE_C
    scanf("%d", &matrix_col);

    printf("\n\n");
    printf("Please enter 1st matrix\n");
    read_matrix(a, matrix_row, matrix_col);
    printf("\n\n");
    printf("Please enter 2nd matrix\n");
    read_matrix(b, matrix_row, matrix_col);
    printf("\n\n");
    printf("Result of adding 1st and 2nd matrix\n");
    add_matrix(a, b, c, matrix_row, matrix_col);
}


void read_matrix(int x[ ][ ], int m, int n)
{
    int i, j;
```

```
    for( i = 1; i <= m; i++)
    {
        for( j = 1; j <= n; j++ )
        {
            printf("Please enter data for %d-th row/%d-th col: ", i, j);
            scanf("%d", &x[i][j]);
        }
    }
}


void add_matrix(int x[ ][ ], int y[ ][ ], int z[ ][ ], int m, int n)
{
    int i, j;

    for( i = 1; i <= m; i++)
    {
        for( j = 1; j <= n; j++ )
        {
            z[i][j] = x[i][j] + y[i][j];
            printf("Data of %d-th row/%d-th col: ", i, j);
            printf("%d ",z[i][j]);
            printf("\n");
        }

    }

}
```

執行範例

```
Please enter the row of matrix (MAX=256): 2
Please enter the column of matrix (MAX=256): 3


Please enter 1st matrix
Please enter data for 1-th row/1-th col: 2
Please enter data for 1-th row/2-th col: 5
Please enter data for 1-th row/3-th col: 1
Please enter data for 2-th row/1-th col: 7
Please enter data for 2-th row/2-th col: 3
Please enter data for 2-th row/3-th col: 9


Please enter 2nd matrix
Please enter data for 1-th row/1-th col: 3
Please enter data for 1-th row/2-th col: 6
Please enter data for 1-th row/3-th col: 9
Please enter data for 2-th row/1-th col: 1
Please enter data for 2-th row/2-th col: 5
Please enter data for 2-th row/3-th col: 7

Result of adding 1st and 2nd matrix
Data of 1-th row/1-th col: 5
Data of 1-th row/2-th col: 11
Data of 1-th row/3-th col: 10
Data of 2-th row/1-th col: 8
Data of 2-th row/2-th col: 8
Data of 2-th row/3-th col: 16
```

解釋

1. 請注意在使用二維陣列時，我們仍和一維陣列一樣，在位置0的部分我們不去使用。亦即每列的第0行與每行的第0列我們皆不使用。
2. 這個例子與陣列的相加類似。不同之處在於，陣列為一維而矩陣為二維。處理陣列只需要用一層迴圈，而矩陣則需要用二層迴圈，外層迴圈處理將每一列（row）掃過，而內層迴圈再處理每一行（column）的資料。

[主程式]

1. 首先輸入矩陣的行列大小。
2. 然後輸入兩個要相加矩陣的資料。
3. 呼叫副程式add_matrix做矩陣相加，並將結果輸出。

[副程式]

void read_matrix(int x[ ][ ], int m, int n)

1. 輸入的參數為矩陣*x*及其大小 *m*,*n*。
2. 利用兩層迴圈一一將資料輸入至矩陣中。

void add_matrix(int x[ ][ ], int y[ ][ ], int z[ ][ ], int m, int n)

1. 輸入的參數為兩個要做相加的矩陣*x*,*y*及存放運算結果的矩陣*z*和矩陣的大小*m*,*n*。
2. 一樣利用兩層迴圈，將矩陣行列中的每個值做相加，之後將結果存放至另一矩陣*z*中，存入後同時將結果列印出來。

在以上的例子中，我們需要兩層迴圈，如果我們將內層迴圈處理列（row）的資料獨立成一副程式來處理，現在只要一個迴圈即可。這個新程式，就是以下的程式6.1-3.1：

程式 6.1-3.1

```
#include <stdio.h>
#define MAX_MATRIX_SIZE_ROW 256
```

```
#define MAX_MATRIX_SIZE_COL 256

void read_row(int x[ ][ ], int i, int n);
void read_matrix(int x[ ][ ], int m, int n);
void add_matrix(int x[ ][ ], int y[ ][ ], int z[ ][ ], int m, int n);

int main(void)
{
   int matrix_row;
   int matrix_col;
   int a[MAX_MATRIX_SIZE_ROW][MAX_MATRIX_SIZE_COL];
   int b[MAX_MATRIX_SIZE_ROW][MAX_MATRIX_SIZE_COL];
   int c[MAX_MATRIX_SIZE_ROW][MAX_MATRIX_SIZE_COL];

   printf("Please enter the row of matrix (MAX=%d): ", MAX_MATRIX_SIZE_ROW
   scanf("%d", &matrix_row);
   printf("Please enter the column of matrix (MAX=%d): ", MAX_MATRIX_SIZE_C
   scanf("%d", &matrix_col);

   printf("\n\n");
   printf("Please enter 1st matrix\n");
   read_matrix(a, matrix_row, matrix_col);
   printf("\n\n");
   printf("Please enter 2nd matrix\n");
   read_matrix(b, matrix_row, matrix_col);
   printf("\n\n");
   printf("Result of adding 1st and 2nd matrix\n");
   add_matrix(a, b, c, matrix_row, matrix_col);
}


void read_row(int x[ ][ ], int i, int n)
```

```
{
   int j;

   for( j = 1; j <= n; j++ )
   {
      printf(" %d-th col of row: ", j);
      scanf("%d", &x[i][j]);
   }
}

void read_matrix(int x[ ][ ], int m, int n)
{
   int i, j;

   for( i = 1; i <= m; i++)
   {
      printf("Please enter data for %d-th row of the matrix:\n", i);
      read_row(x, i, n);
      printf("\n");
   }
}


void add_matrix(int x[ ][ ], int y[ ][ ], int z[ ][ ], int m, int n)
{
   int i, j;

   for( i = 1; i <= m; i++)
   {
      for( j = 1; j <= n; j++ )
      {
         z[i][j] = x[i][j] + y[i][j];
```

```
        printf("Data of %d-th row/%d-th col: ", i, j);
        printf("%d ",z[i][j]);
        printf("\n");
      }
    }
  }
```

執行範例

```
Please enter the row of matrix (MAX=256): 2
Please enter the column of matrix (MAX=256): 3

Please enter 1st matrix
Please enter data for 1-th row of the matrix:
 1-th col of row: 2
 2-th col of row: 4
 3-th col of row: 6

Please enter data for 2-th row of the matrix:
 1-th col of row: 8
 2-th col of row: 9
 3-th col of row: 2

Please enter 2nd matrix
Please enter data for 1-th row of the matrix:
 1-th col of row: 5
 2-th col of row: 7
 3-th col of row: 9

Please enter data for 2-th row of the matrix:
 1-th col of row: 8
 2-th col of row: 5
```

3-th col of row: 2

Result of adding 1st and 2nd matrix
Data of 1-th row/1-th col: 7
Data of 1-th row/2-th col: 11
Data of 1-th row/3-th col: 15
Data of 2-th row/1-th col: 16
Data of 2-th row/2-th col: 14
Data of 2-th row/3-th col: 4

解釋

在這個例子，我們將內層迴圈處理列（row）的資料獨立成一副程式來處理，如此即可以簡化迴圈的寫法，原來需要兩層迴圈，現在只要一個迴圈即可。由這個例子可看，巧妙的運作副程式可以讓程式的結構變得更為清楚。

例題6.1-4 小於*N*的所有質數

我們有一個正整數*N*，我們要列印所有小於*N*的質數。舉例來說，假設*N*=16，則小於*N*的所有質數是2, 3, 5, 7, 11, 13。

我們的做法很簡單，我們必須檢查每一個小於*N*的正整數*x*，看看*x*是否為質數。這該怎麼做呢？我們先求m=*x*/2，然後對於每個小於*m*而大於1的正整數*y*，我們求*x*/*y*，如果所有*x*/*y*都有餘數，*x*必定是質數。如果有一個*x*/*y*沒有餘數，也就是可以整除，我們說*x*不是質數。

以*x*=13為例，*x*/2=13/2=6.5，小於6.5而大於1的正整數是 2, 3, 4, 5, 6，13/2餘1，13/3餘1，13/4餘1，13/5餘3，13/6餘1，所以13是質數。

我們的副程式叫做prime(*x*)，如果*x*是質數，prime(*x*)會列印「*x*是質數」，如果*x*不是質數，則沒任何列印。圖6.1-11是這個副程式的流程圖：

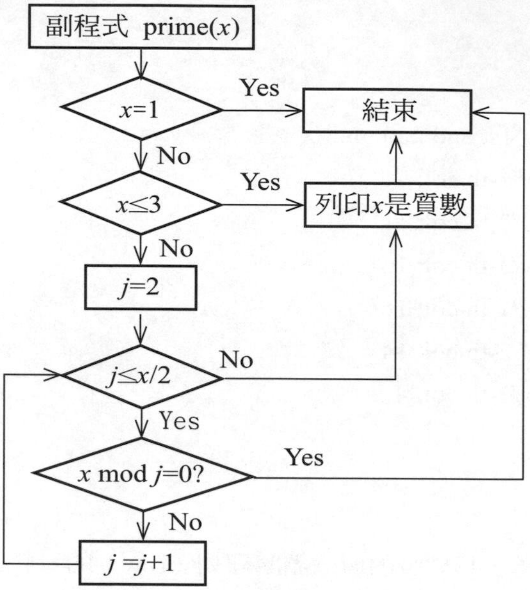

圖6. 1-11

主程式則如圖6. 1-12所示：

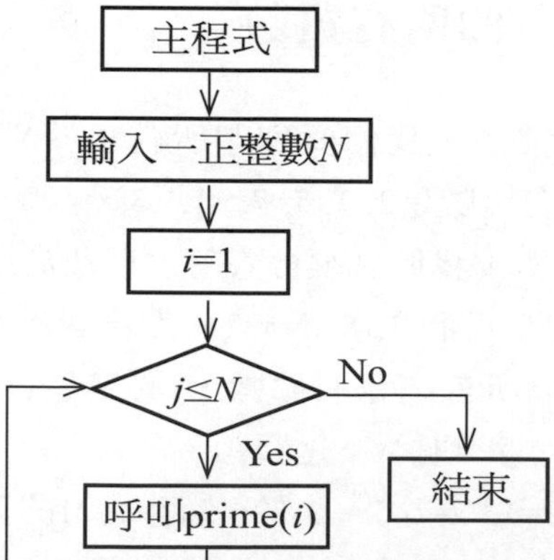

圖6. 1-12

程式 6.1-4

```
#include <stdio.h>
/* Function prototype section */
```

```
void prime(int x);


/* Program entry - main function */
int main(void)
{
   int i;
   int N;

   printf("Please enter a positive integer: ");
   scanf("%d", &N);

   for( i = 1; i <= N; i++ )
   {
      prime(i);
   }
}


void prime(int x)
{
   int is_prime;
   int j;

   is_prime = 0;

   if( x == 1)                                   /* 檢查x是否為1 */
   {
      is_prime = 0;
   }
    else if( x <= 3)                             /* 檢查x是否小於等於3 */
     {
```

```
        is_prime = 1;
    }
    else
    {
        j = 2;

        is_prime = 1;                       /* 先假設為質數 */
        while( j <= (x/2) )                 /* 檢查x是否能被2到x/2之間的數整除 */
              {
            if( (x % j) == 0 )
            {
                is_prime = 0;
            }
            j++;
        }
    }

    if( is_prime == 1 )
    {
        printf("%d is a prime number.\n", x);
    }
}
```

執行範例

```
Please enter a positive integer: 16
2 is a prime number.
3 is a prime number.
5 is a prime number.
7 is a prime number.
11 is a prime number.
13 is a prime number.
```

解釋

1. 由於我們有副程式prime的幫助，主程式變得相當簡潔。我們輸入一個數之後，將所有小於它並且大於1的正整數一一傳至副程式prime，它即會判斷所傳入的數字是否為質數，若是，則列印至螢幕上，若不是，則不輸出任何資料，直接回到主程式繼續執行。

[主程式]

1. 首先輸入要檢查的值(N)。
2. 使用一個迴圈，將所有小於等於要檢查的值(N)並且大於1的正整數傳入副程式prime檢查，在prime中檢查結果也會一起被輸出。

[副程式]

void prime(int x)

1. 我們使用x來記錄檢查的結果。
2. 首先檢查(x)是否等於1或者小於等於3，若是的話即為質數，不用再進行以下的運算來判斷。
3. 接下來利用一個迴圈來檢查輸入的值(x)，是否可以被2到x/2之間的任何一個正整數整除，如果是的話，則x不是質數；如果否的話，則x是一質數。
4. 根據is_prime所記錄的結果，輸入x是否為一個質數。

例題6.1-5 一個奇怪的例子

在這個例子，我們的變數是x，假設我們的副程式如下：

```
void add1(int x)
{
  x = x + 1;
}
```

如果主程式如下：

```
int main(void)
{
  int x;
  x = 3;
  Add1(x);
}
```

大家千萬不要以為呼叫add1(x)以後，x就變成4了。對於C語言程式而言，x等於4僅僅是暫時的，只有在執行副程式的時候會等於4，一旦執行完了，x又回歸於3，為什麼呢？這牽涉到C語言的一個特色，各位讀者不必去管它。我們應該注意的是，如果我們永遠改變x，我們該怎麼做？我們在下一節，將會將此講清楚。

6.2 回傳的功能

我們都知道函數（function）的功能，如果x是一個變數，$f(x)$是一個函數，我們常用$y=f(x)$來表示y和$f(x)$之間的關係。舉例來說，假如$f(x)=x+1$，則$y=f(x)=x+1$，我們如果寫成了$x=f(x)=x+1$，則x就真的變成了$x+1$，如果x原來是3，以後就變成了4。

要如何做到$y=f(x)$呢？我們只要將$f(x)$寫成一個副程式，但是在這副程式結束以前，將你要的值回傳過來，就可以了。

例題6. 2-1 $x=x+1$

我們的副程式如下：

```
int add1(int u)
{
u = u + 1;
return u;
```

}

因為有了return u這個回傳的指令，我們就知道*u*被回傳了。如果主程式呼叫時，所傳來的變數是*x*，則回傳的時候，回傳的是*x*+1。

主程式內，如果有*x*=add(*x*)，那麼*x*就變成了*x*+1了。我們可以將副程式和主程式寫在下面，讀者不妨試著執行這個主程式和副程式，你會發現列印出來的*x*是4，而不是3。

程式 6.2-1

```
/* Function prototype section */
int add1(int u);


/* Program entry - main function */
int main(void)
{
   int x;

   x = 3;
   printf("Before calling Add1(x), x = %d.\n", x);
   x = Add1(x);
   printf("After calling Add1(x), x = %d.\n", x);
}


int add1(int u)
{
   u = u + 1;
   return u;
}
```

執行範例

Before calling Add1(x), x = 3.
After calling Add1(x), x = 4.

解釋

int add1(int u);

1. 副程式若有回傳值，在其雛型宣告時，即會清楚的定義所回傳的資料型態為何。在這個例子中，我們可以看到副程式所回傳的值為一整數變數(int)。

[主程式]

1. 我們一開始將x變數設為3。
2. 將x傳入副程式add1中，add1會回傳$x+1$的值。得到add1所傳回來的值之後，我們將之存入x。
3. 將x的值列印出來，此時的值為4。

[副程式]

int add1(int u)

1. add1的輸入為一個整數變數。
2. add1將輸入的整數變數做加1之後，然後回傳給呼叫它的程式。

例題6.2-2 求 $\frac{M!}{N!(M-N)!}$

所謂$x!$，就是x的階乘，也常被稱為*factorial*(x)。$x!$的定義是：

$x!=x(x-1)(x-2)\ldots 1$

當然囉，x一定要是一個正整數。

要計算 $\frac{M!}{N!(M-N)!}$，我們只要寫一個副程式來計算$x!$就可以了。這個副程式的流程圖在圖6.2-1內：

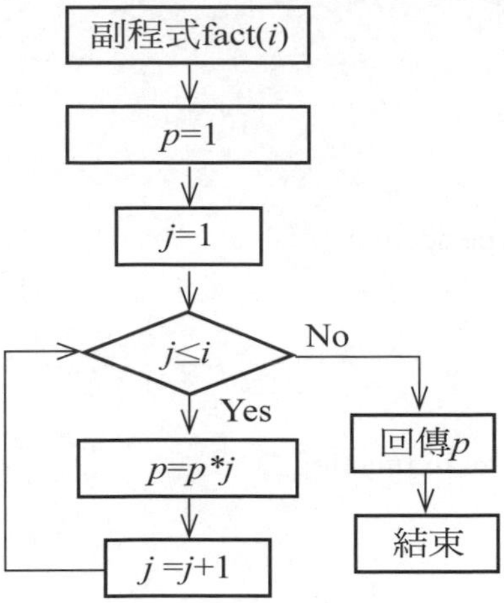

圖6. 2-1

至於主程式的流程圖，則如圖6. 2-2所示：

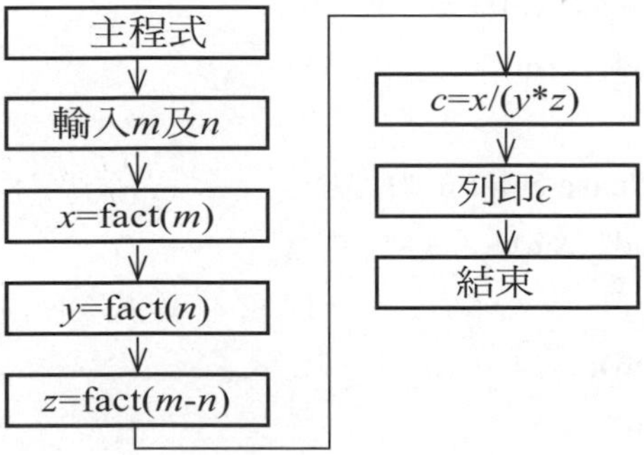

圖6. 2-2

主程式也可如圖6. 2-3所示：

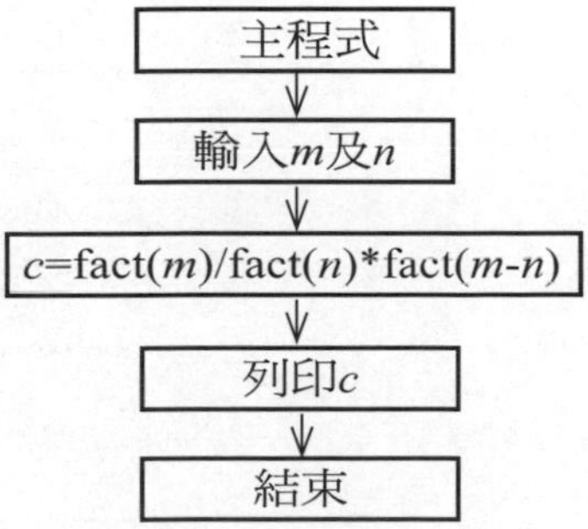

圖6. 2-3

程式 6.2-2

```
#include <stdio.h>
/* Function prototype section */
int fact(int i);



/* Program entry - main function */
int main(void)
{
   int m, n;
   int x, y, z, c;

   printf("Please enter m: ");
   scanf("%d", &m);

   printf("Please enter n: ");
   scanf("%d", &n);

   x = fact(m);
   y = fact(n);
   z = fact(m-n);

   c = x / (y * z);

   printf("c = %d.\n", c);
}


int fact(int i)
{
   int p;
```

```
    int j;

    p = 1;
    for( j = 1; j <= i; j++ )
    {
      p = p * j;
    }

    return p;
}
```

執行範例

```
Please enter m: 5
Please enter n: 3
c = 10.
```

解釋

[主程式]

1. 首先輸入所要計算的*m*值與*n*值
2. 呼叫副程式fact分別計算fact(*m*)，fact(*n*)與fact(*m*-*n*)的值。並將之存入*x,y,z*中。
3. 求出*x*/(*y**z*)，並存入*c* 變數中。
4. 列印出*c* 變數的值。

[副程式]

int fact(int i)

1. 輸入 *i* 為一個整數變數。
2. 再來利用迴圈計算階乘。迴圈當中，我們從一開始先求出2!，然後再利它2!求出3!（因為3!=3*2!）。之前利用相同的方式直到求出 *i*！。
3. 使用return p將求出的結果傳回呼叫此副程式的程式中。

以下是用圖6.2-3所設計出來的程式：

程式 6.2-2.1

```
#include <stdio.h>
/* Function prototype section */
int fact(int i);


/* Program entry - main function */
int main(void)
{
   int m, n;
   int c;

   printf("Please enter m: ");
   scanf("%d", &m);

   printf("Please enter n: ");
   scanf("%d", &n);

   c = fact(m) / (fact(n) * fact(m-n));

   printf("c = %d.\n", c);
}


int fact(int i)
{
   int p;
   int j;
```

```
    p = 1;
    for( j = 1; j <= i; j++ )
    {
      p = p * j;
    }

    return p;
  }
```

執行範例

Please enter m: 5

Please enter n: 3

c = 10.

解釋

[主程式]

1. 在程式裡面，我們加快了運算的步驟。這一次，我們不將部分的答案先存入臨時變數中（之前的做法）。我們將副程式所回傳的結果，直接放入我們的運算並求出最後要的結果。
2. 這樣子做有一個缺點，就是當副程式回傳的值有錯時，我們無法從主程式去檢查副程式所傳回的值來除錯（debug），必須在副程式當中才有辦法除錯（debug）。

[副程式]

1. 與上個例子相同。

   必須要注意的是，回傳的重要性，以這個例子而言，我們在副程式fact結束以前，必須回傳p。

例題6.2-3 求陣列中的平均數

假如我們有一個陣列x，我們要計算$avg=(x(1)+x(2)+\ldots+x(N))/N$。我們可以先寫一個副程式如圖6.2-4所示：

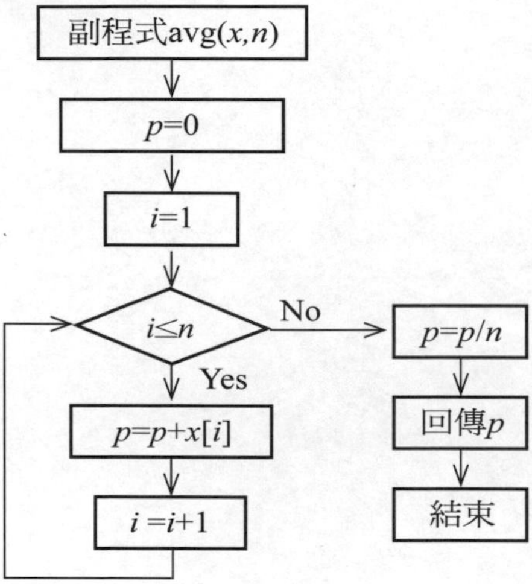

圖6.2-4

主程式如圖6.2-5所示：

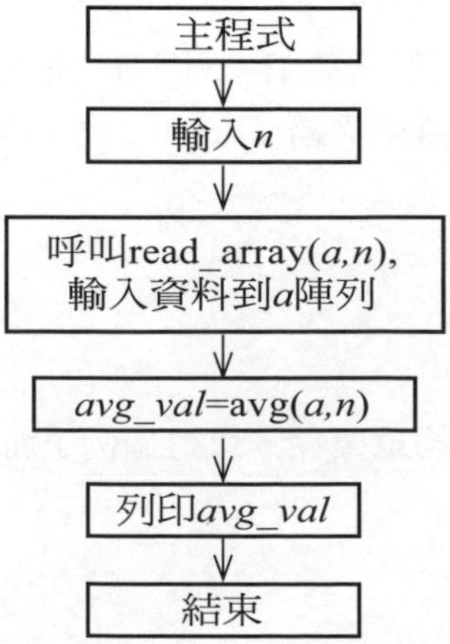

圖6.2-5

程式 6.2-3

```
#include <stdio.h>
/* Define section */
#define MAX_ARRAY_SIZE 256

/* Function prototype section */
float avg(int x[ ], int n);
void read_array(int x[ ], int n);

/* Program entry - main function */
int main(void)
{
    int n;
    int x;
    int a[MAX_ARRAY_SIZE];
    float avg_val;

    printf("Please enter size of array (n): ");
    scanf("%d", &n);


    printf("Please enter data into array.\n");
    read_array(a, n);

    avg_val = avg(a, n);
    printf("avg_val of this array = %f\n", avg_val);
}


void read_array(int x[ ], int n)
```

```
{
   int i;

   i = 1;

   while(i <= n)
   {
      printf("Enter %d-th data: ", i);
      scanf("%d", &x[i]);
      i++;
   }
}


float avg(int x[ ], int n)
{
   float p;
   int i;

   p = 0;
   for( i = 1; i <= n; i++ )
   {
      p = p + x[i];
   }

   p = p / n;

   return p;
}
```

執行範例

Please enter size of array (n): 5
Please enter data into array.
Enter 1-th data: 1
Enter 2-th data: 2
Enter 3-th data: 3
Enter 4-th data: 4
Enter 5-th data: 5
avg_val of this array = 3

解釋

[主程式]

1. 首先輸入所要計算的陣列大小及其內容。
2. 呼叫副程式avg計算出結果，並將回傳的結果存下來。
3. 列印出回傳的結果。

[副程式]

void read_array(int x[ ], int n)

1. 先前已解釋，此處不再重複描述。

float avg(int x[ ], int n)

1. 輸入的參數為陣列(x)及其大小(n)。
2. 利用一個臨時變數(p)及一個迴圈來將陣列中的值一一取出並累加至臨時變數(p)中，要注意的是，等下這個臨時變數還要拿來儲存平均值，由於平均值可能會有小數，因此我們用浮點數來宣告。
3. 將臨時變數中的值除以陣列大小後，將結果回傳。

例題6.2-4 求陣列最大值的所在地

假設我們有一個如下的陣列：

0	1	2	3	4	5	6	7	8	9	10
	13	1	10	7	6	21	14	5	3	9

我們可以發現這個陣列中的最大值是21，而它在陣列第6個位置，我們這個程式就是要找最大值的所在地。

找最大值所在地的副程式的流程圖在圖6. 2-6：

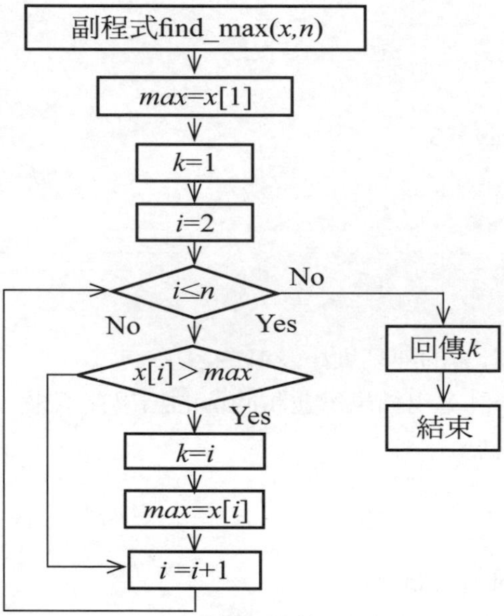

圖6. 2-6

主程式的流程圖在圖6. 2-7：

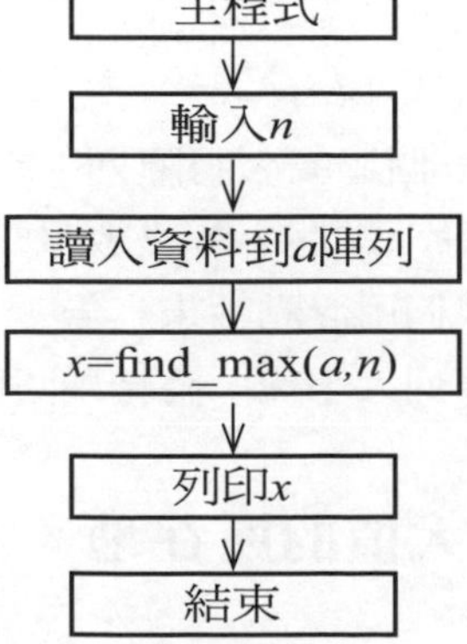

圖6. 2-7

程式 6.2-4

```
#include <stdio.h>
/* Define section */
#define MAX_ARRAY_SIZE 256

/* Function prototype section */
int find_max(int x[ ], int n);
void read_array(int x[ ], int n);

/* Program entry - main function */
int main(void)
{
   int n;
   int x;
   int a[MAX_ARRAY_SIZE];
   int avg;

   printf("Please enter size of array (n): ");
   scanf("%d", &n);

   printf("Please enter data into array.\n");
   read_array(a, n);

   x = find_max(a, n);
   printf("x = %d\n", x);
   printf("A[%d] = %d\n", x, a[x]);
}


int find_max(int x[ ], int n)
{
```

```
    int max;
    int i, k;

    max = x[1];

    k = 1;
    for( i = 2; i <= n; i++ )
    {
     if( x[i] > max )
     {
        k = i;
        max = x[i];
     }
    }

   return k;
}


void read_array(int x[ ], int n)
{
   int i;

   i = 1;

   while(i <= n)
   {
      printf("Enter %d-th data: ", i);
      scanf("%d", &x[i]);
      i++;
   }
}
```

執行範例

Please enter size of array (n): 10
Please enter data into array.
Enter 1-th data: 13
Enter 2-th data: 1
Enter 3-th data: 10
Enter 4-th data: 7
Enter 5-th data: 6
Enter 6-th data: 21
Enter 7-th data: 14
Enter 8-th data: 5
Enter 9-th data: 3
Enter 10-th data: 9
x = 6
A[6] = 21

解釋

[主程式]

1. 輸入陣列的大小及內容。
2. 呼叫副程式find_max，將回傳的結果存下來。
3. 列印出回傳的結果。

[副程式]

int find_max(int x[ ], int n)

1. 輸入的參數為陣列及其大小。
2. 然後先假設陣列中第一個值為最大值，然後用迴圈一一檢視陣列中接下來的值，當檢查到比之前找到的最大值還大時，將新找到的最大值與其索引值存入臨時變數*max*及*k*中。
3. 回傳陣列中存放最大值的索引值。

例題6.2-5 記錄陣列內容大小

假設我們有以下的陣列*A*：

	0	1	2	3	4	5	6	7	8	9	10
A		3	6	8	1	9	2	7	10	4	5

而我們要在另一個*B*陣列中記錄*A*陣列中內容大小的排列。假設*A*陣列中第i小的數字在第j的位置中，則$B[i]=j$。

用以上的*A*陣列為例，*A*陣列中的最小值是1，它的位置是4，所以$B[1]=4$，*A*陣列中的最大值是10，它的位置是8，所以$B[10]=8$。以下是*B*陣列應有的內容：

	0	1	2	3	4	5	6	7	8	9	10
B		4	6	1	9	10	2	7	3	5	8

如何求得*B*的內容呢？很簡單，我們可以改寫例題6.2-4的程式求得*A*陣列的最小值的位置，以*A*陣列為例，*A*陣列中的最小值是在第4個位置，所以我們就將4放入$B[1]$，也就是說：$B[1]=4$ 。

然後我們將$A[4]$設成一個很大的值*LARGE*，所謂很大的值，就是比*A*陣列中最大值還要大的值，以*A*陣列為例，我們可以將*LARGE*設成20。因此，在我們找到最小值以後，*A*陣列就變成了以下的陣列：

	0	1	2	3	4	5	6	7	8	9	10
A		3	6	8	20	9	2	7	10	4	5

*A*陣列變成了以上的陣列以後，我們可以再找*A*陣列中的最小值位置，這次，最小值在第6的位置。因此，$B[2]=6$，而且我們又將$A[6]$設為20，*A*陣列變成了以下的陣列：

	0	1	2	3	4	5	6	7	8	9	10
A		3	6	8	20	9	20	7	10	4	5

讀者可以看出，我們每次都在找第*i*小值的位置，至於*LARGE*，我們可以用一個全域常數來表示它。所謂全域常數，乃是一個在任何程式內都可以通用的常數。我們的副程式叫做a2b，如圖6.2-8所示：

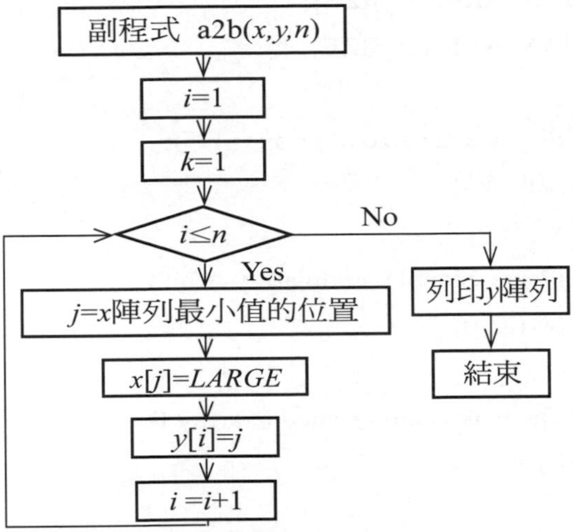

圖6. 2-8

至於主程式，我們就不介紹了，因為這是很簡單的。

程式 6.2-5

```
#include <stdio.h>
/* Define section */
#define MAX_ARRAY_SIZE 256
#define LARGE 1000

/* Function prototype section */
void a2b(int x[ ], int y[ ], int n);
int find_min(int x[ ], int n);
void read_array(int x[ ], int n);
void print_array(int x[ ], int n);

/* Program entry - main functin */
```

```
int main(void)
{
    int n;
    int a[MAX_ARRAY_SIZE];
    int b[MAX_ARRAY_SIZE];

    printf("Please enter size of array (n): ");
    scanf("%d", &n);

    printf("Please enter data into array A.\n");
    read_array(a, n);

    printf("The rank is represented at array B.\n");
    a2b(a, b, n);
}


void a2b(int x[ ], int y[ ], int n)
{
    int i, j;

    for( i = 1; i <= n; i++)
    {
        j = find_min(x, n);
        x[j] = LARGE;
        y[i] = j;
    }

    print_array(y, n);
}
```

```
int find_min(int x[ ], int n)
{
   int min;
   int i, k;

   min = x[1];

   k = 1;
   for( i = 2; i <= n; i++ )
   {
    if( x[i] < min )
    {
       k = i;
       min = x[i];
    }
   }

   return k;
}


void read_array(int x[ ], int n)
{
   int i;

   i = 1;

   while(i <= n)
   {
      printf("Enter %d-th data: ", i);
      scanf("%d", &x[i]);
      i++;
```

```
    }
}

void print_array(int x[ ], int n)
{
    int i;

    printf("\n\n");

    i = 1;

    while(i <= n)
    {
        printf("%d-th data: %d\n", i, x[i]);
        i++;
    }
}
```

執行範例

```
Please enter size of array (n): 10
Please enter data into array A.
Enter 1-th data: 3
Enter 2-th data: 6
Enter 3-th data: 8
Enter 4-th data: 1
Enter 5-th data: 9
Enter 6-th data: 2
Enter 7-th data: 7
Enter 8-th data: 10
Enter 9-th data: 4
Enter 10-th data: 5
```

The rank is represented at array B.

1-th data: 4
2-th data: 6
3-th data: 1
4-th data: 9
5-th data: 10
6-th data: 2
7-th data: 7
8-th data: 3
9-th data: 5
10-th data: 8

解釋

[主程式]

1. 首先輸入所要排序的陣列(*a*)大小以及內容。
2. 呼叫副程式a2b來進行排序，並將排序結果存到另一陣列(*b*)中。

[副程式]

void a2b(int x[ ], int y[ ], int n)

1. 輸入的參數為要檢查的陣列*x*，與存放記錄大小的陣列*y*，及陣列大小*n* 。
2. 用一迴圈找出陣列中的最小值，每次呼叫find_min找出來後，就將陣列中的值填入一最大值，並記錄大小順序至另一陣列*y*中，這個迴圈會進行與陣列大小*n*相同的次數。

int find_min(int x[ ], int n)

1. 輸入的參數為要檢查的陣列*x*，及陣列大小*n*。
2. 先假設陣列中的第一個位置所存放的值為最小。
3. 再來用一個迴圈一一檢查陣列中第二個到最後一個位置的值，檢查的過程中，每找到比原本找到的最小值時，記錄其值與在陣列中的位置。

4. 回傳陣列中存放最小值的位置。

例題6.2-6 求 $|X(i)-Y(j)|$ 的最小值

假設我們有兩個陣列x和y，x陣列中有m個數字，y陣列中有n個數字。我們要求的是$|X(i)-Y(j)|$的最小值。

茲舉一例：

	0	1	2	3	4	5
X		4	27	10	25	26

	0	1	2	3	4	5	6	7
Y		15	12	21	14	19	17	9

$|X(3)-Y(7)|=|1|=1$是最小的。

要求得這個最小值，我們可以一個一個地考慮$X(i)$，從$i=1$開始，以這個例子而言，$|X(1)-Y(7)|=|4-9|=|-5|=5$是最小的。所以我們可以姑且先說$|X(i)-Y(j)|$的最小值是5。然後我們考慮 $i=2$，$|X(2)-Y(3)|=|27-21|=|6|=6$是最小的。因為 $|X(1)-Y(7)|=|4-9|=|-5|=5<|X(2)-Y(3)|=|27-21|=|6|=6$，我們的最小值仍然為$|X(1)-Y(7)|=5$。等到$i=3$時，我們發現$|X(3)-Y(7)|=|10-9|=1<|X(1)-Y(7)|=5$，所以我們將最小值設定為1。我們繼續地做下去，一直到$i=5$止，而最小值不會再變了。

我們的副程式的流程圖如圖6.2-9所示：

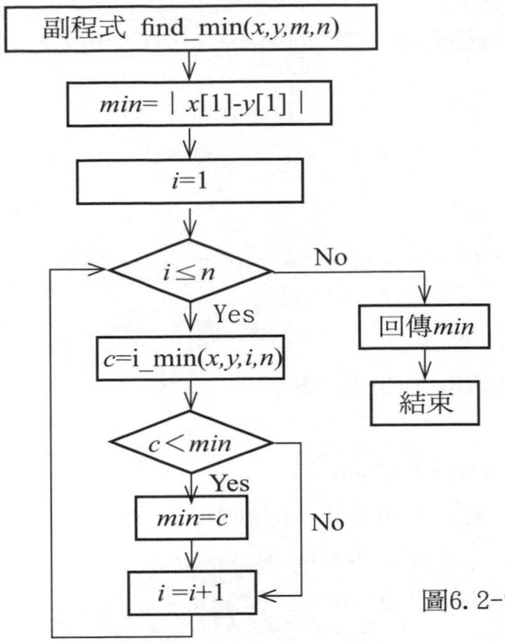

圖6. 2-9

在以上的副程式中，我們呼叫了另一個副程式，這個副程式在找｜$X(i)$-$Y(j)$｜的最小值，這時，i 已固定，$1 \leq j \leq N$，這個副程式的流程圖在圖6.2-10：

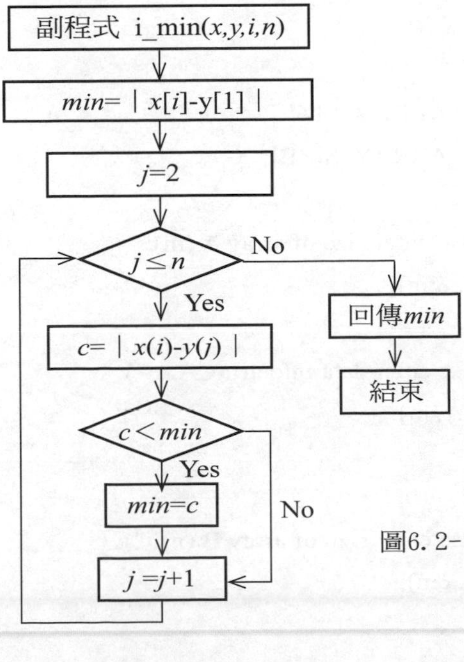

圖6. 2-10

主程式的流程圖很簡單，我們省略不提，讀者可以從以下的程式看到。

程式 6.2-6

```
/* Include section */
#include <stdio.h>

/* Define section */
#define MAX_ARRAY_SIZE 256

/* Function prototype section */
int find_min(int x[ ], int y[ ], int m, int n);
int i_min(int x[ ], int y[ ], int i, int n);
void read_array(int x[ ], int n);

/* Program entry - main function */
int main(void)
{
   int m, n;
   int min;
   int A[MAX_ARRAY_SIZE];
   int B[MAX_ARRAY_SIZE];

   printf("Please enter size of array A (m): ");
   scanf("%d", &m);

   printf("Please enter data into array A.\n");
   read_array(A, m);

   printf("\n");
   printf("Please enter size of array B (n): ");
   scanf("%d", &n);
```

```
    printf("Please enter data into array B.\n");
    read_array(B, n);

    min = find_min(A, B, m, n);

    printf("\nmin = %d.\n", min);
}


int find_min(int x[ ], int y[ ], int m, int n)
{
    int min;
    int c;
    int i;

    min = abs(x[1] - y[1]);

    for( i = 1; i <= m; i++ )
    {
        c = i_min(x, y, i, n);
        if( c < min )
        {
            min = c;
        }
    }

    return min;
}


int i_min(int x[ ], int y[ ], int i, int n)
{
```

```
    int min;
    int j;
    int c;

    min = abs( x[i] - y[1] );
    for( j = 2; j <= n; j++ )
    {
      c = abs( x[i] - y[j] );
      if( c < min )
      {
        min = c;
      }
    }

    return min;
}


void read_array(int x[ ], int n)
{
    int i;

    i = 1;

    while(i <= n)
    {
      printf("Enter %d-th data: ", i);
      scanf("%d", &x[i]);
      i++;
    }
}
```

執行範例

```
Please enter size of array A (m): 5
Please enter data into array A.
Enter 1-th data: 4
Enter 2-th data: 7
Enter 3-th data: 10
Enter 4-th data: 25
Enter 5-th data: 26

Please enter size of array B (n): 7
Please enter data into array B.
Enter 1-th data: 15
Enter 2-th data: 12
Enter 3-th data: 21
Enter 4-th data: 14
Enter 5-th data: 19
Enter 6-th data: 17
Enter 7-th data: 9

min = 1.
```

解釋

[主程式]

1. 輸入所要運算的二個陣列的大小及內容。
2. 呼叫find_min求出所要找的結果。將回傳的值存下來。
3. 將回傳的值列印。

[副程式]

int find_min(int x[ ], int y[ ], int m, int n)

1. 輸入的參數為兩個要檢查的陣列x,y，及其各自的大小m,n。

2. 首先假設要找的最小值為使用兩個陣列中第一個位置的值。
3. 使用一迴圈來找出最小值。當中，呼叫i_min來求出當第一個陣列檢查的位置是固定時，第二個陣列哪一個位置的值所求出來的結果最小。並將其結果與之前找到的最小值做比較，若比原來的最小值還小，則替換／更新原本的最小值。迴圈則是一一變換第一個陣列所檢查的位置。
4. 回傳所求出的最小值。

int i_min(int x[ ], int y[ ], int i, int n)

1. 輸入的參數為兩個要檢查的陣列x, y，及第一個陣列要檢查的位置i及第二個陣列的大小n。
2. 此處找的目標為第一個陣列的索引值i是固定的，我們找出第二個陣列y中哪個位置的值所求出的結果最小。
3. 首先假設要找的最小值為使用第二個陣列中第一個位置的值。
4. 使用一迴圈來一一計算使用第二個陣列其他位置的值所求出的值是否比原來找出的最小值還小，若是，則替換／更新原本的最小值。
5. 回傳所求出的最小值。

我們在以上的各個例題中，讀者一定會注意到一件事情：如果我們要永遠地改變一個變數的值，我們必須要用回傳的功能，但是在C語言的副程式中，假如副程式傳入的不是一個變數，而是一個陣列，不論是幾維的陣列，陣列中的內容都會被永遠地改變的。舉例來說，我們可以用副程式將資料讀入一個陣列，一旦讀入以後，這個陣列的內容就永遠地被改變了。

但是在C語言中，我們仍然面臨一個困境，假如我們要寫一個副程式，而又要求這個副程式改變兩個變數的值，我們是做不到的。因為一個副程式只能改變一個變數。如果我們要改變兩個變數x和y的值，我們可以利用陣列。也就是說，我們可以將x存入$A(1)$，y存入$A(2)$，然後我們再改變$A(1)$和$A(2)$的值，這就改變了x和y的值。

在下面，我們給一個例子來解釋如何利用陣列來改變兩個變數的值。

程式 6.2-7

```
#include <stdio.h>
#define MAX_ARRAY_SIZE 8

void add1_2(int input_array[ ]);

int main(void)
{
  int array[8]; /* array[1] and array[2] represent x, y variable respectively. */
  int i, j;


  array[1] = 5; /* Set x to 5 */
  array[2] = 6; /* Set y to 6 */

  printf("Original\n");
  printf(" x = %d; y = %d.\n", array[1], array[2]);

  add1_2(array);

  printf("After modifying x and y by a function\n");
  printf(" x = %d; y = %d.\n", array[1], array[2]);


}

void add1_2(int input_array[ ])
{
  input_array[1] += 1;
  input_array[2] += 2;
}
```

執行範例

Original

x = 5; y = 6.

After modifying x and y by a function

x = 6; y = 8.

解釋

[主程式]

1. 宣告一個陣列，其中陣列第一個位置的值代表*x*，第二個位置的值代表 *y*。
2. 列印出*x*,*y*(*array*[1],*array*[2])的值。
3. 呼叫add1_2對*x*以及*y*做運算。
4. 列印出*x*,*y* (*array*[1],*array*[2])的值。

[副程式]

void add1_2(int input_array[ ])

1. 輸入的參數為一陣列。

input_array[1] += 1;

2. 將陣列中的第一個值做加1，與input_array[1] = input_array[1]+1意思相同。

input_array[2] += 2;

3. 將陣列中的第一個值做加2，與input_array[2] = input_array[2]+2意思相同。

練習六

1. 在主程式中接受使用者輸入梯形之上底、下底與高的值，並呼叫一副程式，將上底、下底與高的值傳入該副程式後，在副程式中計算並印出梯形面積的值。
2. 寫一副程式，接受主程式傳進的陣列與陣列大小，分別計算陣列上第奇數個元素與第偶數個元素之平均值並印出。
3. 在主程式中接受使用者輸入A、B、C的值並呼叫一副程式，將A、B、C的值傳入副程式中，在副程式中判斷$|A|$、$|B|$、$|C|$之大小順序，回傳絕對值最大者，並在主程式中印出$|A|$、$|B|$、$|C|$之最大值。
4. 在主程式中接受使用者輸入首項a_1、公比r與項數n，呼叫一副程式並將a_1、r、n的值傳入，在副程式中計算等比級數第n項的值並回傳，在主程式中印出該值。
5. 在主程式中接受使用者輸入一個陣列的值，將陣列的值與陣列大小傳入一副程式中，此副程式將會計算該陣列之中位數並回傳。主程式在收到此副程式的回傳值之後印出。

Chapter 07

檔案的應用

在以上的例題中，我們的輸入都是來自我們的鍵盤，也就是說，假如我們要輸入幾個數字，每一個數字都是由鍵盤輸入的，這當然不切實際。因為假如我們要輸入大量的資料，我們一定會將資料儲存在一個檔案中，然後程式會從檔案中讀取資料。

要準備的檔案必需是所謂的文字（text）檔案，其他的檔案會出問題的。假設我們要輸入十個整數，以下的文字檔案是一個例子：

```
2
5
19
3
6
9
21
45
8
17
```

圖7-1

假如我們要輸入十個浮點數字，以下的文字檔案是一個例子：

0.2
7.5
9.1
4.3
8.6
4.9
1.2
5.4
7.8
7.9

圖7-2

除此以外，在利用檔案時，我們還需要注意一些細節。

7.1 使用檔案時的一些細節

我們首先要注意的是：我們也許已經將資料放入了一個檔案，也許我們叫它InputFile.txt。但是，奇怪的是：C語言並不允許我們直接使用這個檔案。換言之，我們不能直截了當地從這個InputFile.txt讀取資料，你必須先打開檔案。打開後的檔案還必須有一個名字，當然囉，你可以仍然沿用原來的檔案名稱。以下是一個典型打開檔案的指令：

```
fp = fopen("InputFile.txt", "r");
```

fopen就是打開InputFile.txt的指令，而且將它命名為*fp*，「r」是可以讀取（read）的意思。當然這也意味著我們是不能將資料寫入這個檔案的。一旦打開了，我們就可以利用之。在利用完了以後，不要忘了關閉這個檔案。以下是典型的關閉檔案指令：

```
fclose(fp);
```

懂得了這些該注意的事情以後，我們可以看幾個例子，我們例子的流程都很簡單，所以我們不再介紹，而直接介紹程式。

例題7.1-1　兩個陣列的相加

這個例子在前一章的例題6.1-2中已經介紹過，現在我們假設我們的資料放在一個檔案中。我們的程式如下：

程式 7.1-1

```
#include <stdio.h>

#define INPUT_FILE_NAME "ex_7.1_1_input_file.txt"
#define MAX_ARRAY_SIZE 256

void add_array(int x[ ], int y[ ], int z[ ], int m);
void read_array_from_file(int x[ ], int n, FILE* fp);
void print_array(int x[ ], int n);

int main(void)
{
   int array_size;                                /* 宣告變數 */
   int a[MAX_ARRAY_SIZE];
   int b[MAX_ARRAY_SIZE];
   int c[MAX_ARRAY_SIZE];
   FILE *fp;

   fp = fopen(INPUT_FILE_NAME, "r");              /* 開啟資料檔 */
   if( fp != NULL )                               /* 檢查資料檔是否開啟成功 */
   {
      printf("Input file opened\n");
       fscanf(fp, "%d", &array_size);             /*從檔案中讀出陣列大小 */
```

```
        printf("The size of array(max:%d) is %d\n", MAX_ARRAY_SIZE-1, array_size

        /* 檢查檔案內存放的陣列大小是否超出臨時陣列的大小 */
        if(array_size < MAX_ARRAY_SIZE)
        {
          /* 將檔案內的第一個陣列內容讀至臨時陣列a內 */
          printf("\nRead 1st array\n");
          read_array_from_file(a, array_size, fp);
          print_array(a, array_size);

          /* 將檔案內的第二個陣列內容讀至臨時陣列b內 */
          printf("\nRead 2nd array\n");
          read_array_from_file(b, array_size, fp);
          print_array(b, array_size);

          printf("\nAdd 1st and 2nd array\n");
          /* 將臨時陣列a與b做相加，並將結果存到臨時陣列c內 */
          add_array(a, b, c, array_size);
          printf("\nThe result is:\n");
          /* 列印相加之後的結果 */
          print_array(c, array_size);
        }
        else
        {
          printf("Error: Number of array exceeds the limitation.\n");
        }

        fclose(fp);
    }
}
```

```
void add_array(int x[  ], int y[  ], int z[  ], int m)
{
   int i;

   i = 1;
   while( i <= m )                    /* 檢查是否處理到陣列的最後一個值 */
   {
       z[i] = x[i] + y[i];            /* 將目前x與y陣列的值相加存至z陣列中 */
       i++;
   }
}

void read_array_from_file(int x[  ], int n, FILE* input_array_file_fp)
{
   int i;

   i = 1;

   while(i <= n)                      /* 檢查是否處理到陣列的最後一個值 */
     {
     /* 從開啟好的檔案中讀取一個值並存至陣列中 */
     fscanf(input_array_file_fp, "%d", &x[i]);
     i++;
   }
}


void print_array(int x[  ], int n)
{
   int i;
```

```
printf("\n");
  i = 1;
 while(i <= n)                                    /* 檢查是否處理到陣列的最後一個值
 {
    printf("Array data(%d): %d\n", i, x[i]);    /* 列印目前處理的陣列內容 */
    i++;
 }
}
```

執行範例

```
Input file opened
The size of array(max:255) is 3

Read 1st array

Array data(1): 1
Array data(2): 2
Array data(3): 3

Read 2nd array

Array data(1): 4
Array data(2): 5
Array data(3): 6

Add 1st and 2nd array

The result is:

Array data(1): 5
```

Array data(2): 7

Array data(3): 9

解釋

1. #include <stdio.h>

   此處表示我們要引用 C 語言的函式庫，引用之後我們就可使用函式庫的副程式來處理程式的輸出及輸入。

2. #define INPUT_FILE_NAME "ex_7.1_1_input_file.txt"

   與定義常數類似，我們亦可以定義一個固定名稱的字串。在這裡我們將輸入檔案的名稱定義為*INPUT_FILE_NAME*，之後，當程式碼使用*INPUT_FILE_NAME*時，即代表字串"ex_7.1_1_input_file.txt"。

   在我們的主程式中，我們所開啟的檔案是*INPUT_FILE_NAME*，因為*INPUT_FILE_NAME*就是ex_7.1_1_input_file.txt，所以我們所開啟的檔案其實是ex_7.1_1_input_file.txt。

3. #define MAX_ARRAY_SIZE 256

   此處我們定義陣列的最大數量。以後，程式中如提到*MAX_ARRAY_SIZE*，它的值就是256。

檔案裡存放陣列資料的格式為第一個數字為陣列的大小（假設有*n*筆，數值就為*n*），然後就是第一個陣列的資料（*n*個數字），接著下來是第二個陣列的資料（*n*個數字）。假設陣列的大小是3，第一跟第二個陣列的資料分別為1, 2, 3與4, 5, 6，存放資料的檔案即會如下所示：

```
3
1
2
3
4
5
6
```

[主程式]

1. 我們在主程式內必須宣告*fp*是一個檔案，這個指令是FILE *fp;，為什麼*fp*前面出現了「*」，這個解釋起來並不容易，也不值得解釋，讀者就熟記住這個規矩吧。
2. 首先我們使用C語言的函式庫來打開檔案，之後我們就可以一直讀取它裡面的內容。我們所用的指令是：

   fp = fopen(INPUT_FILE_NAME, "r");

   這個指令打開了*INPUT_FILE_NAME*這個檔案，但這個檔案是我們事先準備的ex_7.1_1_input_file.txt檔案，打開以後，這個檔案的名字是*fp*。

   我們當然可以直接用「ex_7.1_1_input_file.txt」當做fopen的參數來開啟檔案，這樣做有一缺點，每一次我們準備的檔案換了名字，我們就要改變主程式，這是不恰當的。我們現在的做法，只要修改define指令就可以了，而這個define指令在主程式以外，改起來比較安全。
3. 我們先要測試fp!=NULL，意思是說*fp*是不是NULL？當fopen去以讀取模式（傳入第二個參數為「r」）去開啟一個檔案，如果這個檔案不存在，它的回傳值即為NULL。這個指令用來測試*fp*是否存在。
4. 接著呼叫fscanf(fp, "%d", &array_size);，fscanf從檔案中讀出陣列的大小，fscanf與scanf的使用只有相差一個輸入參數，fscanf多的參數即為開啟好的檔案，scanf要求從鍵盤中讀入資料，而fscanf則從所輸入的檔案參數中讀入所需的資料。我們需知道，fscanf一次只讀一筆資料，以這次為例，我們只讀了檔案中的第一筆資料，下一次fscanf指令再執行的時候，將會讀入下一筆資料。
5. 根據陣列的大小，呼叫副程式read_array_from_file兩次來讀取第一個與第二個陣列的資料。
6. 呼叫副程式add_array將兩個陣列的內容做相加，將結果存到一個暫存的陣列中。
7. 將暫存陣列中的結果列印出來。

[副程式]

void read_array_from_file(int x[ ], int n, FILE* input_array_file_fp)

1. 輸入的參數為陣列，其長度與第六章要讀取的檔案read_array類似，只是我們這次讀取陣列的資料是由檔案*input_array_file_fp*中讀取。其餘的流程皆相同。

2. 請注意這次我們要宣告 *input_array_file_fp*是一個檔案，所以我們用FILE* input_array_file_fp。

```
void add_array(int x[ ], int y[ ], int z[ ], int m);
void print_array(int x[ ], int n);
```

此處為沿用第六章的副程式，相關解釋請參閱第六章。

例題7.1-2 求陣列中的平均數

這個例子在前一章的例題6.2-3中已經介紹過，現在我們假設我們的資料放在一個檔案中。與上個例子雷同，放在檔案中的第一個數值代表陣列的大小，而在這個例子中，接下來的部分只需要存放一個陣列的資料。我們的程式如下：

程式 7.1-2

```
#include <stdio.h>


#define INPUT_FILE_NAME "ex_7.1_2_input_file.txt"
#define MAX_ARRAY_SIZE 256


float avg(int x[ ], int n);
void read_array_from_file(int x[ ], int n, FILE* input_array_file_fp);
void print_array(int x[ ], int n);


int main(void)
{
```

```
    int n;                                    /* 宣告變數 */
    int a[MAX_ARRAY_SIZE];
    float avg_val;
    FILE *fp;

    fp = fopen(INPUT_FILE_NAME, "r");        /* 開啟資料檔 */
    if( fp != NULL )                          /* 檢查資料檔是否開啟成功 */
    {
        printf("Read the size of array (n) = ");
        fscanf(fp, "%d", &n);                 /*從檔案中讀出陣列大小 */
        printf("%d\n", n);

        /* 檢查檔案內存放的陣列大小是否超出臨時陣列的大小 */
        if(n < MAX_ARRAY_SIZE)
        {
            /* 將檔案內的陣列內容讀至臨時陣列a內 */
            printf("Read the array");
            read_array_from_file(a, n, fp);
            print_array(a, n);
            avg_val = avg(a, n);              /* 計算陣列內的平均值 */
            /* 列印結果 */
            printf("avg_val of this array = %f\n", avg_val);
        }
        else
        {
            printf("Error: Number of array exceeds the limitation.\n");
        }

        fclose(fp);
    }
}
```

```
void read_array_from_file(int x[ ], int n, FILE* input_array_file_fp)
{
  int i;

  i = 1;
  while(i <= n)                    /* 檢查是否處理到陣列的最後一個值 */
  {
    /* 從開啟好的檔案中讀取一個值並存至陣列中 */
    fscanf(input_array_file_fp, "%d", &x[i]);
    i++;
  }
}

float avg(int x[ ], int n)
{
  float p;
  int i;

  p = 0;
  for( i = 1; i <= n; i++ )                /* 一一取出陣列內的值 */
  {
    p = p + x[i];                          /* 將取出的值累加至變數p */
  }
  p = p / n;                               /* 求出平均 */

  return p;
}

void print_array(int x[ ], int n)
{
  int i;
```

```
    printf("\n");
    i = 1;
    while(i <= n)                    /* 檢查是否處理到陣列的最後一個值 */
    {
      /* 列印目前處理的陣列內容 */
      printf("Array data(%d): %d\n", i, x[i]);
      i++;
    }
}
```

執行範例

```
Read the size of array (n) = 5
Read the array
Array data(1): 1
Array data(2): 4
Array data(3): 7
Array data(4): 8
Array data(5): 9
avg_val of this array = 5.800000
```

解釋

[主程式]

整個流程與之前第六章中的例子雷同，不同之處在於陣列的資料是由檔案中讀取。

[副程式]

```
int avg(int x[ ], int n);
void read_array_from_file(int x[ ], int n, FILE* input_array_file_fp);
void print_array(int x[ ], int n);
```

此處的副程式皆是之前所使用過。我們可以注意到，好的副程式可以一直的重複使用，加速撰寫程式的時間。

7.2 EOF的功能

在以上的例子中，我們事先都知道要讀多少資料。假如我們不知道，我們可以利用EOF（End of File），在我們的檔案中，結束的地方，有一個隱藏的控制碼，一旦我們讀到這個控制碼，我們就知道檔案已經讀完了。因為我們一筆一筆地讀資料，我們還可以回傳檔案裡資料的數目。圖7.2-1中是利用EOF的一個副程式：

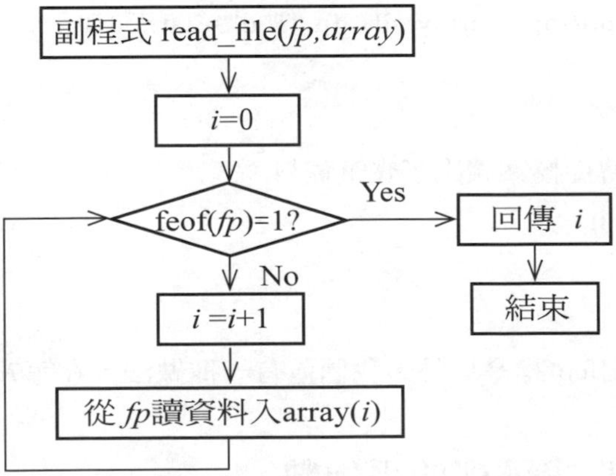

圖7. 2-1

在以上的流程圖中，如何檢查EOF呢？C 語言有一個指令，叫做feof(fp)，如果*fp*檔案沒有讀到檔案結束的控制碼（EOF），feof(fp)就是0，一旦讀到了代表檔案結束的控制碼，feof(fp)會變成1。我們使用feof來檢查是否讀到檔案的結尾，若還不到結尾則繼續讀取檔案，若到結尾，副程式即結束執行，回傳讀到的資料筆數。

以下的程式就是圖7.2-1中的那一個副程式。

副程式 read_file(FILE* fp, int array[ ])

```
int read_file(FILE* input_array_file_fp, int array[ ])
{
  int i;

  i = 0;
    /* 檢查檔案內是否尚有資料且臨時陣列內尚有空間 */
  while( (i <= (MAX_ARRAY_SIZE - 1) ) && (feof(input_array_file_fp) == 0) )
  {
    i++;
    /* 將檔案內的陣列值讀出並存至臨時陣列中 */
    fscanf(input_array_file_fp, "%d", &array[i]);
  }

  /* 回傳從檔案讀出了幾筆資料 */
  return i;
}
```

除了使用feof指令以外，我們還有一種做法，在第7.3節中，我們將會說明。

例題7.2-1 求陣列的平均數

在這個例子中，我們不知道所要讀取的陣列大小是多少。我們利用以上的副程式不停的去讀取在檔案中的陣列資料，直到讀到檔案結尾（EOF）為止。

程式 7.2-1

```
#include <stdio.h>
#define INPUT_FILE_NAME "ex_7.2_1_input_file.txt"
#define MAX_ARRAY_SIZE 256
```

```
float avg(int x[ ], int n);
void print_array(int x[ ], int n);
int read_file(FILE* input_array_file_fp, int array[ ]);

int main(void)
{
  int n;
  int a[MAX_ARRAY_SIZE];
  float avg_val;
  FILE *fp;

  fp = fopen(INPUT_FILE_NAME, "r");     /* 開啟資料檔 */
  if( fp != NULL )                      /* 檢查資料檔是否開啟成功 */
  {
    /* 將檔案內的陣列內容讀至臨時陣列a內 */
    printf("Read the array");
    n = read_file(fp, a);
    print_array(a, n);
    avg_val = avg(a, n);                /* 計算陣列內的平均值 */
    printf("avg_val of this array = %f\n", avg_val);
    fclose(fp);
  }
}

float avg(int x[ ], int n)
{
  float p;
  int i;

  p = 0;
  for( i = 1; i <= n; i++ )             /* 一一取出陣列內的值 */
```

```
    {
        p = p + x[i];                               /* 將取出的值累加至變數p */
    }
    p = p / n;

    return p;
}

void print_array(int x[ ], int n)
{
    int i;

    printf("\n");
    i = 1;
    /* 檢查是否處理到陣列的最後一個值 */
    while(i <= n)
    {
        /* 列印目前處理的陣列內容 */
        printf("Array data(%d): %d\n", i, x[i]);
        i++;
    }
}

int read_file(FILE* input_array_file_fp, int array[ ])
{
    int i;

    i = 0;
    /* 檢查檔案內是否尚有資料且臨時陣列內尚有空間 */
    while( (i <= (MAX_ARRAY_SIZE - 1) ) && (feof(input_array_file_fp) == 0) )
    {
        i++;
```

```
        /* 將檔案內的陣列值讀出並存至臨時陣列中 */
        fscanf(input_array_file_fp, "%d", &array[i]);
    }


    return i;                              /* 回傳從檔案讀出了幾筆資料 */
}
```

執行範例

```
Read the array
Array data(1): 2
Array data(2): 4
Array data(3): 6
Array data(4): 8
Array data(5): 10
Array data(6): 12
avg_val of this array = 7.000000
```

解釋

[主程式]

1. 與第六章裡的例子雷同，在這個例子中，陣列的資料由檔案中讀取（呼叫 read_file）。

[副程式]

int read_file(FILE* input_array_file_fp, int array[ ]);

1. 輸入的參數為開啟的檔案（*input_array_file_fp*）與讀出後所要存放的陣列。
2. 要注意的是，由於之前預先宣告的陣列大小（*MAX_ARRAY_SIZE*）是固定的，所以在存資料至陣列時要注意不能超出此範圍。
   所以我們在從檔案讀取資料前，我們除了要檢查是否到檔案結尾外，還要檢查陣列資料的存放是否有超出最大的範圍限制。

3. 當檢查通過時，我們即呼叫fscanf從開啟好檔案中讀出資料並存到陣列中。

例題7.2-2 求陣列的最小值

我們在這個例子中仍舊使用read_file的副程式來讀入檔案的資料到陣列去，然後再呼叫find_min找出陣列中的最小值。

程式 7.2-2

```
#include <stdio.h>
#define MAX_ARRAY_SIZE 256
#define INPUT_FILE_NAME "ex_7.2_2_input_file.txt"

int find_min(int x[ ], int n);
int read_file(FILE* input_array_file_fp, int array[ ]);

int main(void)
{
   int n;                                        /* 宣告變數 */
   int x;
   int a[MAX_ARRAY_SIZE];
   FILE* input_file_fp;

   /* 開啟資料檔 */
   input_file_fp = fopen(INPUT_FILE_NAME, "r");
   if(input_file_fp != NULL )       /* 檢查資料檔是否開啟成功 */
   {
      /* 將檔案內的陣列內容讀至臨時陣列a內 */
      printf("Read data of array from the input file.\n");
      n = read_file(input_file_fp, a);
```

```
        fclose(input_file_fp);

        /* 找出陣列中的最小值 */
        printf("Search for the minimal value stored in the array.\n");
        x = find_min(a, n);

        /* 列印結果 */
        printf("The minimal value is located at = %d\n", x);
        printf("Its value(A[%d]) = %d\n", x, a[x]);
    }
}

int find_min(int x[ ], int n)
{
    int min;
    int i, k;

    min = x[0];                 /* 假設陣列的第一個值為最小值 */
    k = 0;
    for( i = 1; i <= n; i++ )   /* 檢查陣列 */
    {
        if( x[i] < min )        /* 檢查目前的值比之前找到的最小值還小 */
        {
            k = i;              /* 將記錄最小值的資訊更新為目前檢查的值 */
            min = x[i];
        }
    }

    return k;                   /* 回傳最小值在陣列的位置 */
}
```

```
int read_file(FILE* input_array_file_fp, int array[ ])
{
   int i;

   i = 0;
   /* 檢查檔案內是否尚有資料且臨時陣列內尚有空間 */
   while( (i <= (MAX_ARRAY_SIZE - 1) ) && (feof(input_array_file_fp) == 0) )
   {
      i++;
      /* 將檔案內的陣列值讀出並存至臨時陣列中 */
      fscanf(input_array_file_fp, "%d", &array[i]);
   }

   return i;                                   /* 回傳從檔案讀出了幾筆資料 */
}
```

執行範例

```
Read data of array from the input file.
Search for the minimal value stored in the array.
The minimal value is located at = 0
Its value(A[0]) = 1
```

解釋

[主程式]

與第六章裡的例子雷同，在這個例子中，陣列的資料由檔案中讀取（呼叫 read_file）。

7.3 中間過程檔案（Log File）

我們做實驗的時候，一定要將實驗的過程全部記錄下來，以便日後參考。跑一個程式，也應該將全部的過程都記錄進入一個檔案，這個檔案，我們可以稱之為Log File，Log File 是永久性的，程式跑完了，我們可以將這個Log File好好地保存起來，將來可以調出來看。

我們該將什麼記入Log File呢？至少我們該記錄以下三種資料：

(1)完整的輸入資料。

(2)完整的輸出資料。

(3)完整的中間過程資料。

如何將資料寫入一個檔案呢？我們要利用fprintf指令。fprintf和printf非常相似，唯一不同是printf將資料輸出到螢幕上，而fprintf則將資料送到一個檔案裡去。

以下是一個使用fprintf的例子：

fprintf(output_file_fp, "Array data(%d): %d\n", i, x[i]);

讀者應該可以看出，這個指令是將*i*和*x*[*i*]寫入*output_file_fp*。

有了Log File，我們就可以知道輸入資料和輸出資料之間的關係，這常常是我們跑程式的目的。至於中間過程資料，也有助於我們了解程式的功能。有時我們知其然，不知其所以然。如果中間過程的資料全部都被記錄下來，我們比較可以很容易的了解究竟為什麼程式會有這種結果。

Log File的另一功能是偵錯（Debug）。假如我們的程式有錯，我們要偵錯，唯一的辦法是看我們執行程式的過程，有了Log File，偵錯就很容易了。

以下，我們給兩個例子來解釋何謂Log File。

例題7.3-1 兩個一維陣列的相加

程式 7.3-1

```
#include <stdio.h>
#define INPUT_FILE_NAME "ex_7.3_1_input_file.txt"
#define LOG_FILE_NAME"ex_7.3_1_log_file.txt"
```

```
#define MAX_ARRAY_SIZE 256

void add_array(int x[ ], int y[ ], int z[ ], int m);
void read_array_from_file(int x[ ], int n, FILE* input_array_file_fp);
void print_array_to_file(int x[ ], int n, FILE* output_file_fp);

int main(void)
{
   int array_size;
   int a[MAX_ARRAY_SIZE];
   int b[MAX_ARRAY_SIZE];
   int c[MAX_ARRAY_SIZE];
   FILE *input_file_fp;
   FILE *log_file_fp;

   input_file_fp = fopen(INPUT_FILE_NAME, "r"); /* 開啟資料檔 */
   log_file_fp   = fopen(LOG_FILE_NAME, "w");    /* 開啟中間過程檔 */

   /* 檢查資料檔和中間過程檔是否開啟成功 */
   if( (input_file_fp != NULL) && (log_file_fp != NULL) )
   {
      /* 列印訊息至中間過程檔 */
      fprintf(log_file_fp, "Input file opened\n");


      fscanf(input_file_fp, "%d", &array_size); /*從檔案中讀出陣列大小 */
         fprintf(log_file_fp, "The size of array(max:%d) is %d\n",
MAX_ARRAY_SIZE-1, array_size);

      /* 檢查檔案內存放的陣列大小是否超出臨時陣列的大小 */
      if(array_size < MAX_ARRAY_SIZE)
```

```
    {
      /* 將檔案內的第一個陣列內容讀至臨時陣列a內 */
      fprintf(log_file_fp, "\nRead 1st array\n");
      read_array_from_file(a, array_size, input_file_fp);
      /* 將讀到的陣列內容列印至中間過程檔 */
      print_array_to_file(a, array_size, log_file_fp);

      /* 將檔案內的第二個陣列內容讀至臨時陣列b內 */
      fprintf(log_file_fp, "\nRead 2nd array\n");
      read_array_from_file(b, array_size, input_file_fp);
      /* 將讀到的陣列內容列印至中間過程檔 */
      print_array_to_file(b, array_size, log_file_fp);

      fprintf(log_file_fp, "\nAdd 1st and 2nd array\n");
      /* 將臨時陣列a與b做相加，並將結果存到臨時陣列c內 */
      add_array(a, b, c, array_size);
      fprintf(log_file_fp, "\nThe result is:\n");
      /* 列印相加之後的結果至中間過程檔 */
      print_array_to_file(c, array_size, log_file_fp);
    }
    else
    {
      fprintf(log_file_fp, "Error: Number of array exceeds the limitation.\n");
    }
    fclose(input_file_fp);
    fclose(log_file_fp);
  }
}


void add_array(int x[ ], int y[ ], int z[ ], int m)
{
```

```
  int i;

  i = 1;
  while( i <= m )           /* 檢查是否處理到陣列的最後一個值 */
  {
    z[i] = x[i] + y[i];     /* 將目前x與y陣列的值相加存至z陣列中 */
    i++;
  }
}

void read_array_from_file(int x[ ], int n, FILE* input_array_file_fp)
{
  int i;

  i = 1;
  while(i <= n)             /* 檢查是否處理到陣列的最後一個值 */
  {
    /* 從開啟好的檔案中讀取一個值並存至陣列中 */
    fscanf(input_array_file_fp, "%d", &x[i]);
    i++;
  }
}

void print_array(int x[ ], int n)
{
  int i;

  printf("\n");
  i = 1;

  while(i <= n)             /* 檢查是否處理到陣列的最後一個值 */
  {
```

```
        /* 列印目前處理的陣列內容 */
        printf("Array data(%d): %d\n", i, x[i]);
        i++;
    }
}

void print_array_to_file(int x[ ], int n, FILE* output_file_fp)
{
    int i;

    fprintf(output_file_fp, "\n");
    i = 1;
    while(i <= n)              /* 檢查是否處理到陣列的最後一個值 */
    {
        /* 列印目前處理的陣列內容至檔案內 */
        fprintf(output_file_fp, "Array data(%d): %d\n", i, x[i]);
        i++;
    }
}
```

執行範例

程式在執行時，並不會在螢幕上有任何的輸出。結果的過程的輸出皆存在log file中。以下是程式執行後log file的內容：

```
Input file opened
The size of array(max:255) is 3

Read 1st array

Array data(1): 1
Array data(2): 2
```

Array data(3): 3

Read 2nd array

Array data(1): 4
Array data(2): 5
Array data(3): 6

Add 1st and 2nd array

The result is:

Array data(1): 5
Array data(2): 7
Array data(3): 9

解釋

[主程式]

1. log_file_fp = fopen(LOG_FILE_NAME, "w");

   由於我們要將程式運作的過程記錄至中間過程檔案（log file），我們要再開啟另一個檔案，與讀取存放資料的檔案不同的地方在於要將中間過程檔案開啟為可寫入的模式。呼叫fopen中最後的"w"即代表我們將此檔案開啟成可寫入的模式，如此我們即可將資料寫進這個檔案中。

2. fprintf(log_file_fp, "Input file opened\n");

   將資料寫入剛剛開啟的中間過程檔案*log_file_fp*，我們使用fprintf，它的使用方法與printf很類似，不同地方在於fprintf多使用一個檔案參數，代表著將資料所要寫到的檔案。

[副程式]

void print_array_to_file(int x[ ], int n, FILE* output_file_fp);

1. 此副程式的輸入參數與print_array相似，只多了一個FILE* output_file_fp。它是用來傳入一個開啟好的檔案進來儲存所要列印的結果。
2. 當主程式呼叫print_array_to_file時，開啟好的中間過程檔案會被傳送進來，所要輸出的陣列內容即會透過fprintf寫入至中間過程檔案。

例題7.3-2 找出所有小於*N*的質數

程式 7.3-2

```
#include "stdio.h"
#define INPUT_FILE_NAME "ex_7.3_2_input_file.txt"
#define LOG_FILE_NAME "ex_7.3_2_log_file.txt"

void prime_output_to_file(int x, FILE *output_file_fp);

int main(void)
{
   int i;
   int N;
   FILE *input_file_fp;
   FILE *log_file_fp;

   input_file_fp = fopen(INPUT_FILE_NAME, "r");   /* 開啟資料檔 */
   log_file_fp  = fopen(LOG_FILE_NAME, "w");       /* 開啟中間過程檔 */

   /* 檢查資料檔和中間過程檔是否開啟成功 */
   if( (input_file_fp != NULL) && (log_file_fp != NULL) )
   {
        fprintf(log_file_fp, "Read a positive integer from input file - %s\n",
INPUT_FILE_NAME);
      /* 從資料檔內讀出一正數 */
      fscanf(input_file_fp, "%d", &N);
```

```
        /* 將讀到的正數，列印至中間過程檔內 */
        fprintf(log_file_fp, "Got positive integer = %d\n", N);
        fprintf(log_file_fp, "Finding out all prime number(s) smaller than %d\n", N);
        /* 找出所有小於此正數的質數，並將結果印列至中間過程檔內 */
        for( i = 1; i <= N; i++ )
        {
          prime_output_to_file(i, log_file_fp);
        }

         fprintf(log_file_fp, "Finished searching for all prime number(s) smaller than
%d\n", N);
        fclose(input_file_fp);
        fclose(log_file_fp);
      }
      else
      {
        fprintf(log_file_fp, "ERROR: Failed to access input/log files.\n");
      }
    }

    void prime_output_to_file(int x, FILE *output_file_fp)
    {
      int is_prime;
      int j;

      is_prime = 0;
      if( x == 1)                    /* 檢查x是否為1 */
      {
        is_prime = 0;
      }
      else if( x <= 3)               /* 檢查x是否小於等於3 */
      {
```

```
        is_prime = 1;
    }
    else
    {
        j = 2;
        is_prime = 1;                    /* 先假設為質數 */
        while( j <= (x/2) )              /* 檢查x是否能被2到x/2之間的數整除 */
        {
            if( (x % j) == 0 )
            {
                is_prime = 0;
                break;
            }
            j++;
        }
    }

    if( is_prime == 1 )
    {
        fprintf(output_file_fp, "%d is a prime number.\n", x);
    }
}
```

執行範例

程式在執行時，並不會在螢幕上有任何的輸出。運算過程與結果的輸出皆存在log file中。以下是程式執行後log file的內容：

```
Read a positive integer from input file - ex_7.3_2_input_file.txt
Got positive integer = 19
Finding out all prime number(s) smaller than 19
```

2 is a prime number.
3 is a prime number.
5 is a prime number.
7 is a prime number.
11 is a prime number.
13 is a prime number.
17 is a prime number.
19 is a prime number.
Finished searching for all prime number(s) smaller than 19

解釋

[主程式]

1. 與上個例子相同，我們開啟了中間過程檔案，並使用fprintf來記錄程式運作的過程。
2. 我們用了一個新名詞:%s，這是字串(string) 的意思，我們要列印*INPUT_FILE_NAME*的名字，而這個名字ex_7.3_2_input_file.txt乃是一個字串。關於字串，我們會在第十一章詳加解釋。
3. 我們也用了一個新的指令: x % j。x % j會回傳*x/j*的餘數。如果*x*=4，*j*=2，則x % j回傳0。如果*x*=5，*j*=2，則x % j回傳1。

[副程式]

void prime_output_to_file(int x, FILE *output_file_fp)

1. 與第六章的程式類似，但它多了一輸入參數*output_file_fp*。在第六章的程式中我們將判斷的結果列印至螢幕上，在這個副程式我們將結果輸出至*output_file_fp*。
2. 主程式使用此副程式時，所傳入的開啟檔案為中間過程檔案（log file）。如此一來，所輸出的結果即會儲存至所傳入的檔案中。

在結束這一節之前，我們要知道，如果我們用fscanf讀一個檔案，讀到結束時將回傳一個EOF。因此我們可以用以下的指令來測試是否讀到檔案的結束。

```
if(fscanf(fp, "%d", &x[i])== EOF)
```

例題7.3-3 利用不同的方式判斷檔案結束

程式 7.3-3

```
#include <stdio.h>
#define INPUT_FILE_NAME "ex_7.3_3_input_file.txt"
#define LOG_FILE_NAME"ex_7.3_3_log_file.txt"
#define MAX_ARRAY_SIZE 256

void add_array(int x[ ], int y[ ], int z[ ], int m);
void read_array_from_file(int x[ ], int n, FILE* input_array_file_fp);
void print_array_to_file(int x[ ], int n, FILE* output_file_fp);

int main(void)
{
  int num;
  int num_counter = 0;
  int sum=0;
  char ch;
  float avg;

  FILE *input_file_fp;
  FILE *log_file_fp;

  input_file_fp = fopen(INPUT_FILE_NAME, "r");/* 開啟資料檔 */
  log_file_fp = fopen(LOG_FILE_NAME, "w");      /* 開啟中間過程檔 */

  /* 檢查資料檔和中間過程檔是否開啟成功 */
  if( (input_file_fp != NULL) && (log_file_fp != NULL) )
  {
    fprintf(log_file_fp, "Input file opened\n");
    /* 檢查是否讀到檔案的結尾，若否，將讀到的值存至num */
```

```
    while(fscanf(input_file_fp, "%d", &num)!= EOF)
    {
      sum = sum + num;                          /* 將讀出的值加總至sum */
      num_counter++;
      fprintf(log_file_fp, "num=%d,sum=%d\n", num,sum);
    }
    avg=((float)sum) / num_counter ;            /* 求平均值 */
    fprintf(log_file_fp,"avg=%f\n", avg);       /* 列印結果至中間過程檔 */
    fclose(input_file_fp);
    fclose(log_file_fp);
  }
}
```

程式說明

檔案ex_7.3_3_input_file.txt的內容如下：

```
25
35
14
36
38
36
31
35
7
```

本程式的目的在於讀入ex_7.3_3_input_file.txt的內容，將裡面每一筆的數字讀入後累加到變數*sum*，並且以*num_counter*計算所讀入整數個數，最後再將*sum*除以*num_counter*以求得平均值。

執行範例

```
Input file opened
num=25,sum=25
num=35,sum=60
num=14,sum=74
num=36,sum=110
num=38,sum=148
num=36,sum=184
num=31,sum=215
num=35,sum=250
num=7,sum=257
avg=28.555555
```

解釋

1. while(fscanf(input_file_fp, "%d", &num)!= EOF)

   此行程式的作用在於判斷fscanf是否讀到了檔案末端，當讀到檔案末端時，fscanf將會回傳一個EOF。因此在每一次的迴圈中，我們判斷fscanf是否回傳EOF，若是，則離開迴圈；若否，則繼續讀入檔案之中的整數並加總到變數*sum*之中。

2. avg=((float)sum) / num_counter;

   由於變數*sum*和*num_counter*都是整數型態，因此*sum/num_counter*算出來的值也是整數型態，會自動將小數點的部分無條件捨去。因此當我們要進行計算前，必須先對*sum*進行型別轉換，將變數*sum*暫時轉換為浮點數的型態，再進行*sum/num_counter*的計算，可以得到一個浮點數的結果，最後再將計算結果儲存至變數*avg*中。

例題7.3-4 將原始碼輸出至Log File

程式 7.3-4

```
#include <stdio.h>
#define SOURCE_FILE "ex_7.3_4.c"
#define LOG_FILE_NAME "ex_7.3_4_log_file.txt"

int main(void)
{
   char ch;
   int n = 0, sum = 0;
   FILE *log_file_fp;
   FILE *source_file_fp;

   log_file_fp = fopen(LOG_FILE_NAME, "w"); /* 開啟中間過程檔 */
   source_file_fp = fopen(SOURCE_FILE, "r");      /* 開啟原始碼檔案 */
   fprintf(log_file_fp, "The following is the source code:\n\n");
   /* 檢查是否讀到檔案結尾，若否，將讀到的字元存到ch */
   while( (ch=fgetc(source_file_fp)) != EOF )
   {
      fprintf(log_file_fp,"%c",ch);
   }
   fprintf(log_file_fp, "\nEnd of source code.\n\n");

   do
   {
      sum = sum + n;                              /* 將讀到的值做加總 */
      printf("Please input a number:");
      scanf("%d", &n);                                /* 輸入一整數 */
      /* 將輸入的值列印至中間過程檔 */
      fprintf(log_file_fp, "user input:%d\n",n);
```

```
    }
    while(n > 0);
    /* 將加總結果列印至中間過程檔 */
    fprintf(log_file_fp, "summation=%d\n", sum);
    fclose(log_file_fp);
    fclose(source_file_fp);
}
```

程式說明

本程式的目的在於讓使用者輸入一連串的數字並加總，直到使用者輸入的數字小於或等於0為止，並在過程中將每一筆使用者所輸入的值寫入到log file，最後再將加總的結果也寫到log file。而本程式最大的不同點在於，我們在程式一開始讀入程式本身的原始碼檔案，然後再輸出到log file中。這樣做有個最大的好處，就是除了我們可以在log file中檢視使用者輸入的每一筆資料而進行檢查外，由於也寫入了原始碼，因此我們也可以在log file中直接檢查原始碼是否有任何錯誤。

執行範例

```
#include <stdio.h>
#define SOURCE_FILE "ex_7.3_4.c"
#define LOG_FILE_NAME"ex_7.3_4_log_file.txt"

int main(void)
{
    char ch;
    int n = 0, sum = 0;
    FILE *log_file_fp;
    FILE *source_file_fp;

    log_file_fp = fopen(LOG_FILE_NAME, "w");/* 開啟中間過程檔 */
```

```
    source_file_fp = fopen(SOURCE_FILE, "r");  /* 開啟原始碼檔案 */
    fprintf(log_file_fp, "The following is the source code:\n\n");
    /* 檢查是否讀到檔案結尾，若否，將讀到的字元存到ch */
    while( (ch=fgetc(source_file_fp)) != EOF )
    {
      fprintf(log_file_fp,"%c",ch);
    }
    fprintf(log_file_fp, "\nEnd of source code.\n\n");

    do
    {
      sum = sum + n;                                /* 將讀到的值做加總 */
      printf("Please input a number:");
      scanf("%d", &n);                              /* 輸入一整數 */
      /* 將輸入的值列印至中間過程檔 */
      fprintf(log_file_fp, "user input:%d\n",n);
    }
    while(n > 0);
    /* 將加總結果列印至中間過程檔 */
    fprintf(log_file_fp, "summation=%d\n", sum);
    fclose(log_file_fp);
    fclose(source_file_fp);
}

End of source code.

user input:1
user input:2
user input:3
user input:4
user input:5
user input:-1
```

summation=15

解釋

while((ch=fgetc(source_file_fp)) != EOF)

fgetc與fscanf不同點在於fgetc每次只從原始碼檔案中讀入一個字元，在此我們使用與範例7.3-3相同的方式判斷檔案是否結束，每讀入一個字元便判斷是否讀到檔案結束的部分，若尚未讀到代表檔案結束的控制碼，則將該字元寫到log file中。直到讀到檔案結束時，fgetc將會讀到EOF並離開迴圈。

練習七

以下的程式，都要用檔案，也都要列印結果。

1. 寫一程式，從檔案中讀入n及$a_1, a_2, \ldots, a_n$。計算出$a_1{}^2, a_2{}^2, \ldots, a_n{}^2$。再將$a_i$,a_i^2, i =1到$i = n$寫到另一檔案上去。
2. 寫一程式，從檔案中讀入n及$a_1, a_2, \ldots, a_n$ ，$0 \leq i \leq 100$。計算出$b_i = \sqrt{a_i} \times 10$，然後將$a_i$,b_i ,i =1到$i = n$寫入另一檔案。
3. 寫一程式，從檔案中讀入一個3×5的矩陣，求此矩陣的transpose，然後將此結果寫到另一檔案。
4. 寫一程式，從一檔案中，讀入一組一元二次方程式$ax^2 + bx + c$=0的係數a, b, c其中$(b^2\text{-}4ac) \geq 0$。解此組方程式，並將中間過程及最後答案讀入另一檔案。
5. 寫一程式，從檔案中讀入n及$a_1, a_2, \ldots, a_n$，將$a_n, a_{n\text{-}1}, \ldots, a_1$寫到另一檔案上去。

Chapter 08

遞迴程式

在過去的程式裡，我們有副程式，但是副程式是不會呼叫自己的。所謂遞迴程式，是指副程式可以呼叫自己的。為什麼會有這種需要呢？我們可以從$N!$這個計算去看。

$N!=N(N\text{-}1)(N\text{-}2)...1$

如果我們要計算$N!$，可以用以下的流程圖：

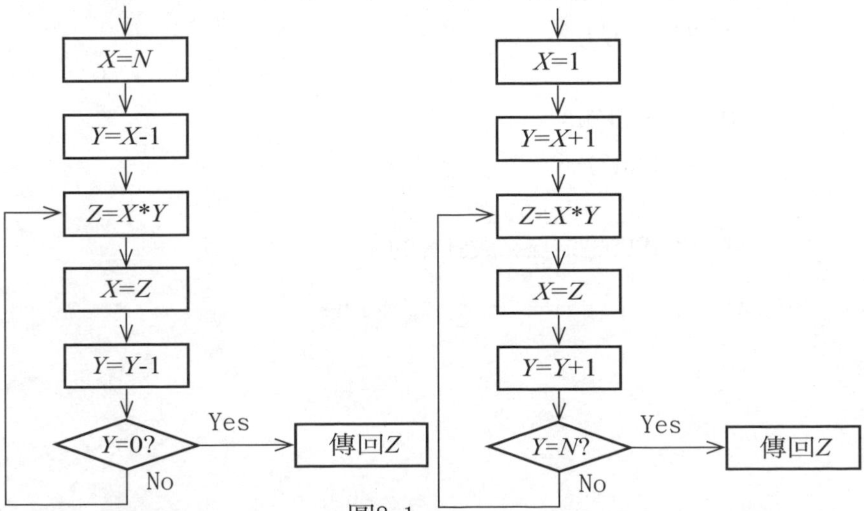

圖8-1

可是，我們也可以採取一個完全不同的想法，我們知道

$N!=N(N-1)(N-2)...1$ 也可以寫成：

$N!=N(N-1)!$

也就是說，如果我們要計算$N!$，我們是要計算$(N-1)!$，然後將結果乘上N，就可以得到$N!$。因此計算$N!$時，也要呼叫自己來計算$(N-1)!$，我們稱這種程式為遞迴程式。

要設計遞迴程式，最重要的是要知道一個函數的底限，以$N!$為例，底限是$N=1$。當$N=1$時，$N!=1$。利用這個觀念，我們的$N!$可以用以下的定義：

如：

$N=1$, $N!=1$

$N>1$, $N!=N(N-1)!$ ---------------------------------- (8-1)

讀者不妨將$N=3$代入以上的定義：

$N=3\neq1$

$N!=3(2)!$ -- (8-2)

要計算2!, $N=2\neq1$，所以，

$2!=2(1)!$ -- (8-3)

要計算1!，我們由(8-1)得知1!=1，由(8-3)得知：

$2!=2(1)!=2(1)=2$

由(8-2)，得知：

$3!=3(2)!=3(2)=6$

遞迴程式就是這樣完成計算的。

8.1 簡易的遞迴程式

在這一節，我們要介紹幾個比較簡單的遞迴程式。讀者不妨注意，遞迴程式的底限是最重要的，一旦知道了底限，遞迴程式就設計出來了。

例題8. 1-1 計算N!（factorial）

計算N!副程式的流程圖如圖8. 1-1所示：

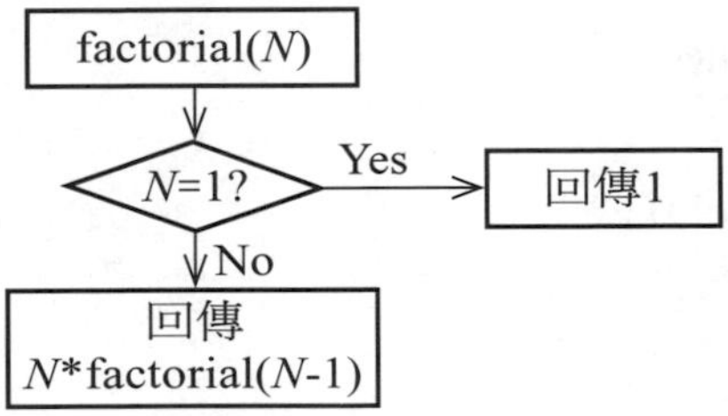

圖8. 1-1

計算N!的主程式很簡單，如圖8. 1-2所示：

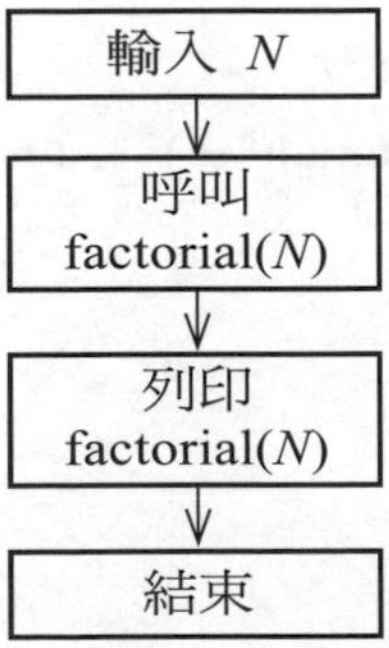

圖8. 1-2

我們要注意，N!遞迴程式的底限是N=1。現在我們看一下N不等於1的情形。假設N=5，則：

factorial(5)=5**factorial*(4)
=5*4**factorial*(3)
=5*4*3**factorial*(2)
=5*4*3*2**factorial*(1)
=5*4*3*2*1
=120

讀者一定已經注意到，如果我們不知道*factorial*(1)，我們就算不出*factorial*(*N*)了。

程式 8.1-1

```
int factorial(int N);

int main(void)
{
   int N;
   int result;

   printf("Please enter an integer for calculating its factorial: ");
   scanf("%d", &N);
   result = factorial(N);                         /* 計算N階乘的值 */
   /* 將計算的值列印出來 */
   printf("The result of factorial(%d)=%d\n", N, result);
}


int factorial(int N)
{
   int ret_val;

   if( N == 1 )                                   /* 底限條件 */
   {
```

```
        ret_val = 1;
    }
    else                                    /* 非底限條件 */
    {
        ret_val = N * factorial(N-1);       /* 以遞迴方式計算(N-1)!的結果 */
    }

    return ret_val;                         /* 將運算結果回傳 */
}
```

執行範例

```
Please enter an integer for calculating its factorial: 5
The result of factorial(5)=120
```

解釋

[主程式]

1. 主程式很簡單，我們呼叫scanf從鍵盤輸入一個值，然後呼叫factorial副程式計算其階乘的值。

[副程式]

int factorial(int N);

1. 底限的條件為N=1，當此條件成立時，直接回傳1。注意遞迴的副程式一定要有一個底限，不然一旦執行，程式會進入死迴圈（dead loop）而當掉。
2. 若為非底限條件的其他情形，則繼續呼叫N*factorial(N-1)求出結果。

例題8.1-2 求1+2+3+…+N的和

我們將計算1+2+3+…+N的副程式設為*sum*，其流程圖如圖8.1-3所示：

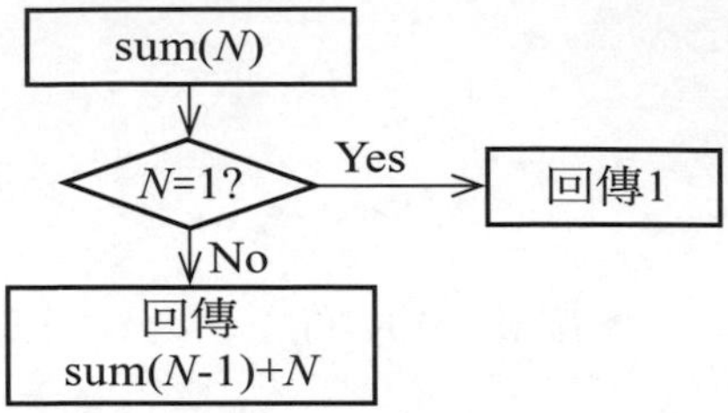

圖8. 1-3

我們不再顯示這個程式的主程式，因為這個主程式是非常簡單的。我們要在以下顯示*sum*(*5*)是如何計算的：

sum(*5*)
=5+*sum*(*4*)
=5+4+*sum*(*3*)
=5+4+3+*sum*(*2*)
=5+4+3+2+*sum*(*1*)
=5+4+3+2+1
=15

程式 8.1-2

```
int sum(int N);

int main(void)
{
    int N;
    int result;

    printf("Please enter an integer for calculating its sum: ");
    scanf("%d", &N);
    result = sum(N);                                  /* 計算數字1到N的總和 */
    /* 將運算結果輸出 */
```

```
    printf("The result of factorial(%d)=%d\n", N, result);
}

int sum(int N)
{
    int ret_val; /* Return value */

    if( N == 1 )                        /* 底限條件成立時 */
    {
        ret_val = 1;
    }
    else                                /* 非底限條件成立時 */
    {
        ret_val = N + sum(N-1);         /* 以遞迴方式計算1到N-1的總和 */
    }

    return ret_val;                     /* 將計算結果回傳 */
}
```

執行範例

Please enter an integer for calculating its sum: 5
The result of factorial(5)=15

解釋

[主程式]

主程式與上一個例子雷同，我們呼叫scanf從鍵盤輸入一個值，然後呼叫sum副程式計算其總和的值。

[副程式]

int sum(int N);

1. 底限的條件為N=1，當此條件成立時，直接回傳1。注意遞迴的副程式一定要有一個底限，不然一旦執行，程式會進入死迴圈（dead loop）而當掉。
2. 若為非底限條件的其他情形，則求出sum(N-1)+N的結果後回傳。

例題8. 1-3 求$a+(a+b)+\ldots+(a+(N-1)b)$的和

我們也叫計算這個等差級數的副程式為*sum*，*sum*的副程式和上例的副程式非常相似，它的流程圖如圖8.1-4所示。$a+(a+b)+\ldots+(a+(N-1)b)$的副程式為*sum*，其流程圖如圖8.1-4所示：

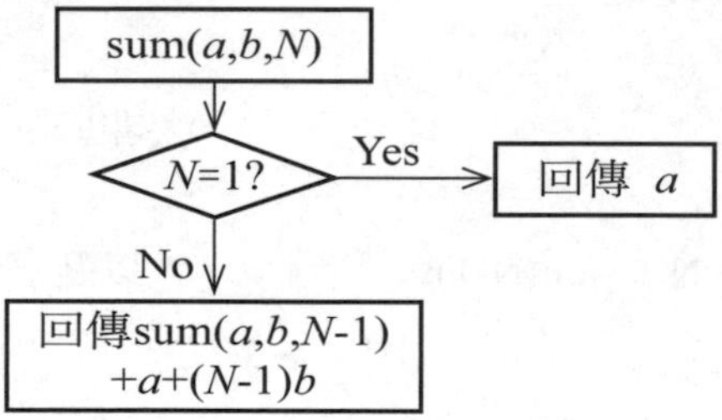

圖8. 1-4

假設N=3, a=2, b=2, 我們所計算的是 2+4+6=12

sum(2,2,3)

=*sum*(2,2,2)+(2+2*2)

=*sum*(2,2,2)+6

=*sum*(2,2,1)+(2+1*2)+6

=*sum*(2,2,1)+4+6

=2+4+6

=12

程式 8. 1-3

```
int sum(int a, int b, int N);

int main(void)
```

```
{
  int a, b, N;
  int result;

  printf("Please enter a: ");
  scanf("%d", &a);
  printf("Please enter b: ");
  scanf("%d", &b);
  printf("Please enter N: ");
  scanf("%d", &N);
  result = sum(a, b, N);                    /* 計算a+(a+b)+...+(a+(N-1)*b)) */
  /* 將計算結果輸出 */
  printf("The result of sum(%d, %d, %d) = %d\n", a, b, N, result);
}

int sum(int a, int b, int N)
{
  int ret_val; /* Return value */

  if( N == 1 )                              /* 底限條件成立時 */
  {
    ret_val = a;
  }
  else                                      /* 非底限條件成立時 */
  {
    /* 呼叫自己以遞迴方式計算a+(a+b)+...+(a+(N-1)b) */
    ret_val = sum(a, b, N-1) + a + (N-1) * b;
  }

  return ret_val;                           /* 將計算結果回傳 */
}
```

執行範例

Please enter a: 2

Please enter b: 2

Please enter N: 3

The result of sum(2, 2, 3) = 12

解釋

[主程式]

1. 呼叫scanf從鍵盤輸入*a,b,N*的值，當做輸入值呼叫*sum*副程式。
2. 將算出的結果列印至螢幕上。

[副程式]

int sum(int a, int b, int N);

1. 底限的條件為*N*的值為1，直接回傳輸入參數*a*。
2. 其他非底限條件的情形，則算出sum(*a*,*b*,*N*-1)+*a*+(*N*-1)**b*的值並傳回。

例題8. 1-4 計算1*2+2*3+…+(*N*-1)*N*

我們稱計算1*2+2*3+3*4+...+(*N*-1)**N*的副程式為*sum*，*sum*的流程圖如圖8.1-5所示：

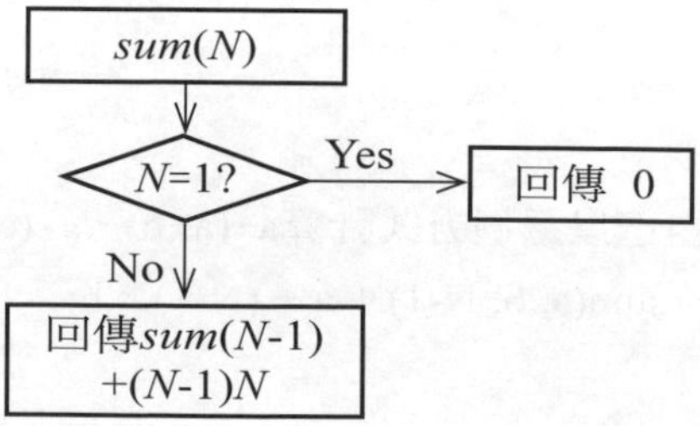

圖8. 1-5

假設*N*=4

sum(4)

=*sum*(3)+3*4

=*sum*(2)+2*3+3*4

=*sum*(1)+1*2+2*3+3*4

=0+2+6+12

=20

程式 8.1-4

```
int sum(int N);

int main(void)
{
   int N;
   int result;

   printf("Please enter N: ");
   scanf("%d", &N);
   result = sum(N); /* 計算1*2+2*3+...+(N-1)N */
   /* 將計算結果輸出 */
   printf("The result of sum(%d) = %d\n", N, result);
}


int sum(int N)
{
  int ret_val; /* Return value */

  if( N == 1 )                                      /* 底限條件成立時 */
  {
     ret_val = 0;
  }
```

```
    else                                                /* 非底限條件成立時 */
    {
        /* 呼叫自己以遞迴方式計算出1*2+2*3+..+(N-2)(N-1) */
        ret_val = sum(N-1) + ( N * (N-1) );
    }

    return ret_val;                                     /* 將計算結果回傳 */
}
```

執行範例

```
Please enter N: 5
The result of sum(5) = 40
```

解釋

[主程式]

1. 呼叫scanf從鍵盤輸入*N*的值，當做輸入值呼叫*sum*副程式。
2. 將算出的結果列印至螢幕上。

[副程式]

int sum(int N);

1. 底限的條件為*N*的值等於1，直接回傳0。
2. 其他非底限條件的情形，則算出$sum(N\text{-}1)+(N*(N\text{-}1))$的值並回傳。

例題8. 1-5 求*a*和*b*的最大公約數

求最大公約數，我們可以用輾轉相除法。

假設 a=12, b=8。

12÷8 餘數=4

8÷4 餘數=0

∴最大公約數為4

假設 a=12, b=9

12÷9 餘數=3

9÷3 餘數=0

∴最大公約數為3

假設 a=9, b=5

9÷5 餘數=4

5÷4 餘數=1

4÷1 餘數=0

∴最大公約數為1

我們稱計算最大公約數的副程式為gcd(a,b)，其中a＞b。

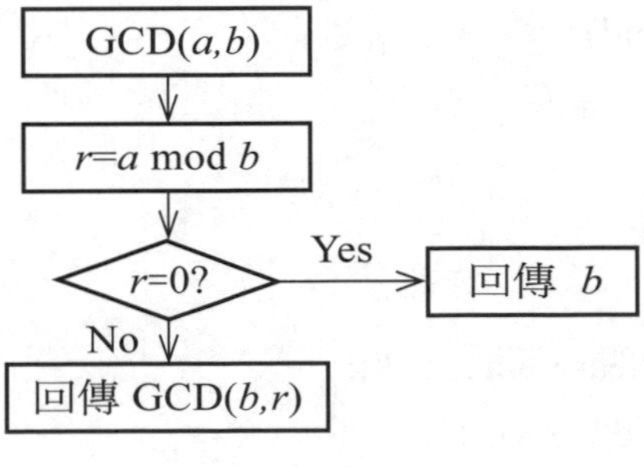

圖8. 1-6

我們假設 a=12, b=9

r =12mod9=3

r ≠0

計算 GCD(9,3)

r =9mod3=0

∴回傳3

假設 a=7, b=4

r=7mod4=3

r ≠0

計算GCD(4,3)

r=4mod3=1

r ≠0

計算GCD(3,1)

r=3mod1=0

∴回傳1

程式 8.1-5

```
int GCD(int a, int b);

int main(void)
{
   int a, b;
   int result;

   printf("Please enter a: ");
   scanf("%d", &a);
   printf("Please enter b: ");
   scanf("%d", &b);
   result = GCD(a, b);                        /* 計算a, b的最大公約數 */
   /* 將計算結果輸出 */
   printf("The result of GCD(%d, %d) = %d\n", a, b, result);
}

int GCD(int a, int b)
{
   int ret_val;
```

```
    int a_var, b_var;
    int r;

    /* 將a, b兩者之中較大的值存到a_var, 較小的值存到b_var以方便計算 */
    if( a > b )
    {
      a_var = a;
      b_var = b;
    }
    else
    {
      a_var = b;
      b_var = a;
    }
    r = a_var % b_var;
    if( r == 0 )                              /* 底限條件成立時 */
      ret_val = b_var;
    else                                      /* 非底限條件成立時 */
     /* 呼叫自己以遞迴方式計算出GCD(b_var, r) */
      ret_val = GCD(b_var, r);

    return ret_val;
}
```

執行範例

```
Please enter a: 12
Please enter b: 9
The result of GCD(12, 9) = 3
```

解釋

[主程式]

1. 呼叫scanf從鍵盤輸入a,b的值，當做輸入值呼叫GCD程式求出其最大公約數。
2. 將算出的結果列印至螢幕上。

[副程式]

int GCD(int a, int b);

1. 在運算最大公約數時，我們假設$a > b$。但實際在運算時，$a > b$不見得會成立，因此我們使用*a_var*與*b_var*來做運算，將a,b中較大的值存入 *a_var* 中，而另一則存入*b_var*，然後針對*a_var*、*b_var*這兩個臨時變數做運算，如此即可符合我們的假設。
2. 求出*a_var*與*b_var*相除的餘數，並存入r中。
3. 底限的條件為r等於0，直接回傳*b_var*。
4. 其他非底限條件的情形，則算出GCD(*b_var*,r)的值並回傳。

例題8. 1-6 計算$A(1),A(2),\ldots,A(N)$的最小值

假設我們有N個數，分別存在於$A(1)$, $A(2)\ldots$, $A(N)$。我們現在要計算$A(1)$, $A(2)\ldots$, $A(N)$的最小值。假設$A(1)=4$, $A(2)=9$, $A(3)=2$, $A(4)=5$，則最小值為$A(3)=2$。要計算以上四個數字的最小值，我們可以這樣想：假設我們先計算$A(1)$, $A(2)$, $A(3)$的最小值，我們會發現$A(1)$, $A(2)$, $A(3)$的最小值是2。然後我們再計算2和$A(4)=5$的最小值，我們發現2和5的最小值是2。因此，$A(1)$, $A(2)$, $A(3)$, $A(4)$ 的最小值是2。

但如何計算$A(1)$, $A(2)$, $A(3)$的最小值呢？我們可以仍然利用以上的遞迴原理。也就是我們先計算$A(1)$, $A(2)$的最小值，$A(1)=4$, $A(2)=9$, $A(1)$, $A(2)$的最小值是4。我們再求4和$A(3)=2$的最小值，這個最小值是2。

我們叫計算$A(1)$, $A(2)\ldots$, $A(N)$最小值的副程式為a_min(A,n)。這個副程式的流程圖如圖8.1-7所示：

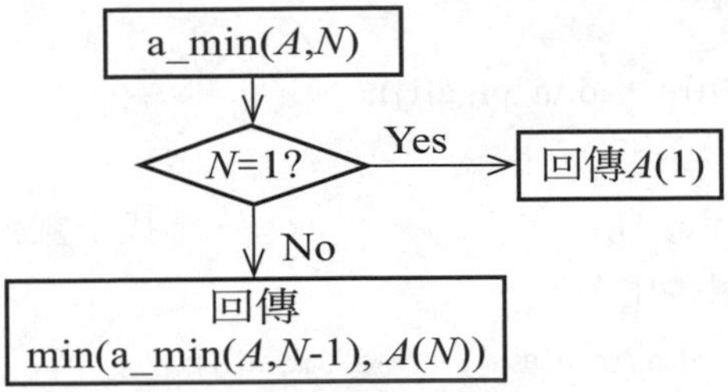

圖8. 1-7

假設 $A(1)=9, A(2)=2, A(3)=6, A(4)=4$

a_min(*A*,4)

=*MIN*(a_min(*A*,3),4)

=*MIN*(*MIN*(a_min(*A*,2),6),4)

=*MIN*(*MIN*(*MIN*(a_min(*A*,1),2),6),4)

=*MIN*(*MIN*(*MIN*(9,2),6),4)

=*MIN*(*MIN*(2,6),4)

=*MIN*(2,4)

=2

程式 8. 1-6

```
int min(int a, int b);
int a_min(int A[ ], int N);

int main(void)
{
   int a[ ] = { 0, 4, 9, 2, 5 };
   int result;
   int i;

   for ( i = 1; i <= 4; i++ )              /* 輸出數列的值至螢幕上以便檢查 */
```

```
    {
        printf("a[%d] = %d.\n", i, a[i]);
    }
    result = a_min(a, 4);                          /* 找出數列中最小的值 */
    /* 將計算結果輸出 */
    printf("Result of a_min(a, 4) = %d", result);
}

int min(int a, int b)                              /* 找出兩個變數中較小的值 */

{
    int ret_val;

    if( a < b )
        ret_val = a;
    else
        ret_val = b;

    return ret_val;
}

int a_min(int A[ ], int N)
{
    int ret_val;

    if( N == 1)                                    /* 底限條件成立時 */
        ret_val = A[1];
    else                                           /* 非底限條件成立時 */
        /* 以遞迴方式找出目前數列前n-1個的數字中的最小值 */
        ret_val = min( a_min(A, N - 1), A[N]);

    return ret_val;                                /* 將計算結果回傳 */
```

```
}
```

執行範例

a[1] = 4.

a[2] = 9.

a[3] = 2.

a[4] = 5.

Result of a_min(a, 4) = 2

解釋

[主程式]

1. 將事先定義好的陣列*a*傳至a_min副程式中，並將結果存至*result*中。
2. 將算出的結果列印至螢幕上。

[副程式]

int a_min(int A[ ], int N);

1. 底限的條件為*N*的值等於1，直接回傳*A*[1]。
2. 其他非底限條件的情形，則算出min(a_min(A,N-1),A[N])的值並回傳。

int min(int a, int b);

比較*a*與*b*的大小，回傳較小的值。

例題8.1-7 求*A*(1)+*A*(2)+…+*A*(*N*)

我們叫這個副程式為a_sum(*A,n*)。它的流程圖如圖8.1-8所示：

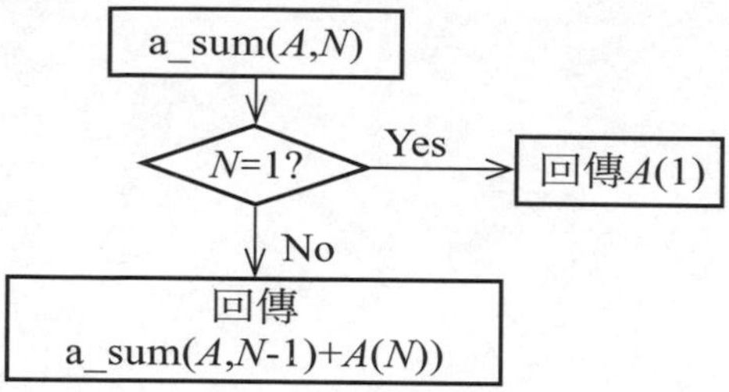

圖8. 1-8

假設 $A(1)=3, A(2)=7, A(3)=1, A(4)=5$

$a\_sum(A,4)$

$=a\_sum(A,3)+5$

$=a\_sum(A,2)+1+5$

$=a\_sum(A,1)+7+1+5$

$=3+7+1+5$

$=16$

程式 8. 1-7

```
int a_sum(int array[ ], int N);

int main(void)
{
   int a[ ] = { 0, 3, 7, 1, 5 };
   int result;
   int i;

   for ( i = 1; i <= 4; i++ )          /* 輸出數列的值至螢幕上以便檢查 */
   {
      printf("a[%d] = %d.\n", i, a[i]);
   }
```

```
    result = a_sum(a, 4);                          /* 計算數列中所有數值的總和 */
    /* 將計算結果輸出 */
    printf("Result of a_sum(A, N) = %d", result);
}

int a_sum(int A[ ], int N)
{
    int ret_val;

    if( N == 1)                                    /* 底限條件成立時 */
        ret_val = A[1];
    else                                           /* 非底限條件成立時 */
    /*以遞迴方式計算數列中前N-1個數字的總和，再與第N的數字做加總 */
        ret_val = a_sum( A, N-1) + A[N];

    return ret_val;                                /* 將計算結果回傳 */
}
```

執行範例

```
a[1] = 3.
a[2] = 7.
a[3] = 1.
a[4] = 5.
Result of a_sum(A, N) = 16
```

解釋

[主程式]

1. 將事先定義好的陣列*a*傳至a_sum副程式中，並將結果存至*result*中。
2. 將算出的結果列印至螢幕上。

[副程式]

int a_sum(int array[ ], int N);

1. 底限的條件為N的值等於1，直接回傳$A[1]$。
2. 其他非底限條件的情形，則算出a_sum(A,N-1)+A[N]的值並回傳。

例題8.1-8 二元搜尋法（Binary Search）

在過去的例子中，我們的資料是沒有經過排序的。如以下的情形：

7, 10, 15, 30, 24, 1, 3, 19, 21, 8, 13

經過排序以後，資料會變成以下的序列：

x_1	x_2	x_3	x_4	x_5	x_6	x_7	x_8	x_9	x_{10}	x_{11}
1	3	7	8	10	13	15	19	21	24	30

我們共有11個數字，假設我們要搜尋的數字是$x=3$，我們的搜尋過程如下：

(1)令 $left=1$，$right=11$

$$j=\left\lfloor \frac{left+right}{2} \right\rfloor=\left\lfloor \frac{1+11}{2} \right\rfloor=\left\lfloor \frac{12}{2} \right\rfloor=6$$

$x_j=13$

比較$x=3$與$x_j=x_6=13$， $x<x_j$ ，我們只要比較$x=3$與x_1，x_2，x_3，x_4，x_5。

(2)令 $left=1$，$right=6-1=5$

$$j=\left\lfloor \frac{left+right}{2} \right\rfloor=\left\lfloor \frac{1+5}{2} \right\rfloor=\left\lfloor \frac{6}{2} \right\rfloor=3$$

比較$x=3$與$x_j=x_3=7$，$x<x_j$ ，我們只要比較x_1與x_2。

(3)令 $left=1$，$right=3-1=2$

$$j=\left\lfloor \frac{left+right}{2} \right\rfloor=\left\lfloor \frac{1+2}{2} \right\rfloor=\left\lfloor \frac{3}{2} \right\rfloor=1$$

比較x=3與x_j=x_1=1，$x>x_j$，我們只要搜尋大於x_2。

(4)令 $left$=1+1=2，$right$=2

$$j=\left\lfloor \frac{left+right}{2} \right\rfloor=\left\lfloor \frac{2+2}{2} \right\rfloor=\left\lfloor \frac{4}{2} \right\rfloor=2$$

比較x=3與x_2=3，x=x_2，結論是x存在。

讀者可以看得出二元搜尋法的程式是遞迴程式，因為每一次我們都在做同樣的事情。也就是說，我們的副程式一定會呼叫自己的。

我們的副程式如圖8. 1-9：

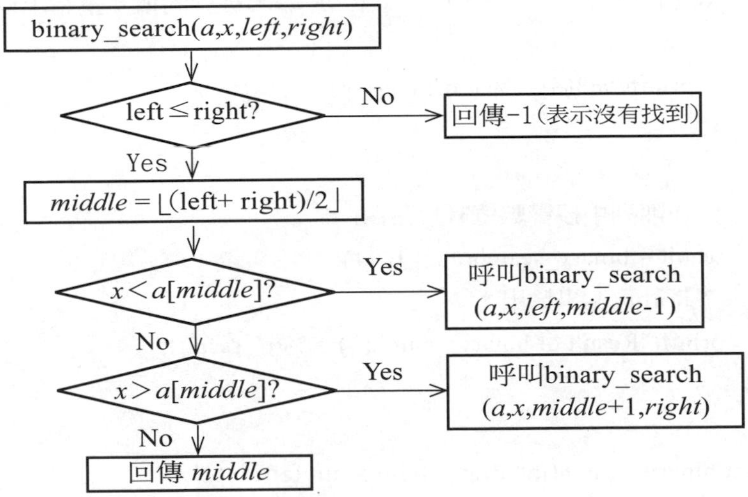

圖8. 1-9

主程式的流程圖很簡單，我們不顯示了。主要的工作是呼叫：

binary_search(*array, x, left, right*)

傳入的參數意義如下：

array：用來搜尋的數字陣列

x：所要找的值

left：數字陣列搜尋的起始位置

right：數字陣列搜尋的結束位置

程式 8.1-8

```
int binary_search(int array[ ], int x, int left, int right);

int main(void)
{
    int a[ ] = { 0, 1, 3, 7, 8, 10, 13, 15, 19, 21, 24, 30 };
    int result;
    int i;

    for ( i = 1; i <= 11; i++ )          /* 輸出數列的值至螢幕上以便檢查 */
    {
        printf("a[%d] = %d.\n", i, a[i]);
    }

    /* 在陣列中搜尋數值3是否存在 */
    result = binary_search(a, 3, 1, 11);
    /* 將計算結果輸出 */
    printf("Result of binary_search( ) = %d", result);
}

int binary_search(int array[ ], int x, int left, int right)
{
    int ret_val;
    int middle;

    /* 列印出目前搜尋範圍及數值*/
    printf("x = %d; left = %d; right = %d.\n", x, left, right);

    if( left <= right )                          /* 搜尋範圍仍有數值 */
    {
    middle = (left + right) / 2;                 /* 求出搜尋範圍中間位置*/
```

```
    printf("middle = %d.\n", middle);/* 顯示搜尋範圍中間位置的值 */

    /* 所要搜尋的值落在搜尋範圍的左半邊*/
    if( x < array[middle] )
      /* 用遞迴方式繼續搜尋的搜尋範圍的左半邊*/
      ret_val = binary_search(array, x, left, middle-1);
    /* 所要搜尋的值落在搜尋範圍的右半邊*/
    else if ( x > array[middle] )
      /* 用遞迴方式繼續搜尋的搜尋範圍的右半邊*/
      ret_val = binary_search(array, x, middle + 1, right);
    /* 所要搜尋的值正好是搜尋範圍中間位置的值*/
    else
      ret_val = middle;
  }
  else                                        /* 搜尋範圍沒有數值 */
  {
    ret_val = -1;
  }

  return ret_val;                             /* 將計算結果回傳 */
}
```

執行範例

範例一：

a[1] = 1.

a[2] = 3.

a[3] = 7.

a[4] = 8.

a[5] = 10.

a[6] = 13.

a[7] = 15.

```
a[8] = 19.
a[9] = 21.
a[10] = 24.
a[11] = 30.
x = 3; left = 1; right = 11.
middle = 6.
x = 3; left = 1; right = 5.
middle = 3.
x = 3; left = 1; right = 2.
middle = 1.
x = 3; left = 2; right = 2.
middle = 2.
Result of binary_search( ) = 2
```

範例二:

```
a[1] = 1.
a[2] = 5.
a[3] = 7.
x = 3; left = 1; right = 3.
middle = 2.
x = 3; left = 1; right = 1.
middle = 1.
x = 3; left = 2; right = 1.
Result of binary_search( ) = -1
```

解釋

[主程式]

1. 將事先定義好的陣列*a*與其他參數傳至binary_search副程式中，並將結果存至*result*中。
2. 將算出的結果列印至螢幕上。

[副程式]

int binary_search(int array[ ], int x, int left, int right);

1. 先求出(*right*+*left*)/2，將結果存至*middle*中。
2. 底限的條件為*array*[*middle*]等於*x*，直接回傳*middle*。
3. 如果*x*＜*array*[*middle*]，表示所要找的值在陣列的左半邊，則呼叫*binary_search*(*array*,*x*, *left*,*middle*−1)尋找其位置並回傳。
4. 如果*x*＞*array*[*middle*]，表示所要找的值在陣列的右半邊，則呼叫*binary_search*(*array*,*x*,*middle*＋1, *right*)尋找其位置並回傳。

8.2 用分而治之原理所設計的遞迴程式

要解釋分而治之的原理，最好的方法是利用一個例子，假設我們有8個數字，而我們要求它們的和，這8個數字如下：

x_1	x_2	x_3	x_4	x_5	x_6	x_7	x_8
3	1	8	4	12	7	5	3

我們可以將這個數字分成兩部分，x_1到x_4是第一部分，x_5到x_8是第二部分。我們先求x_1到x_4的和，這是$x_1+x_2+x_3+x_4=3+1+8+4=16$，然後我們求$x_5$到$x_8$的和：$x_5+x_6+x_7+x_8=12+7+5+3=27$。最後我們將16和27加起來，這等於43，43是$x_1$到$x_8$的和。

但如何求x_1到x_4的和呢？我們可以用遞迴的觀念，也就是說我們又將x_1到x_4分成兩部分：x_1和x_2是一部分，x_3和x_4是另一部分。$x_1+x_2=3+1=4$，$x_3+x_4=8+4=12$。所以，$x_1+x_2+x_3+x_4=4+12=16$。

同理，我們可以用分而治之的方法求$x_5+x_6+x_7+x_8$，$x_5+x_6=12+7=19$，$x_7+x_8=5+3=8$，所以$x_5+x_6+x_7+x_8=19+8=27$。

分而治之的策略是將資料分成兩等分，每一等分都求問題的答案，我們可以將這兩個答案稱作為答案1和答案2。然後我們還要將兩個答案合併起來。至於如何求答案1和答案2呢？我們仍可以用分而治之的策略求答案1和答案2。所以分而治之的程式也是一種遞迴程式。

以這個例子而言，我們可以將整個計算過程畫成如圖8.2-1：

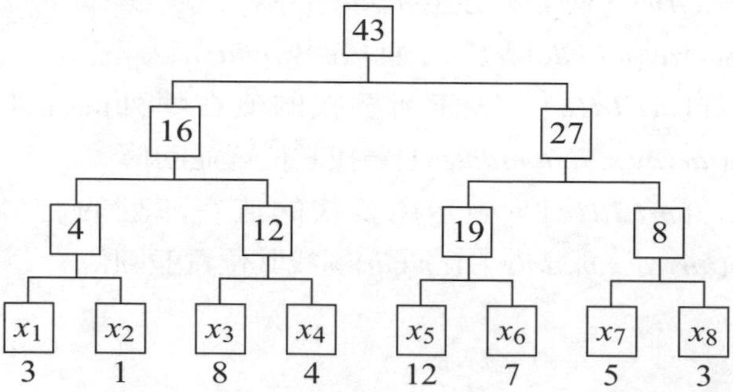

圖8. 2-1

讀者可以看出，我們也可以利用這種方法去求8個數字的最小值。圖8.2-2就顯示了用分而治之求最小值的計算過程：

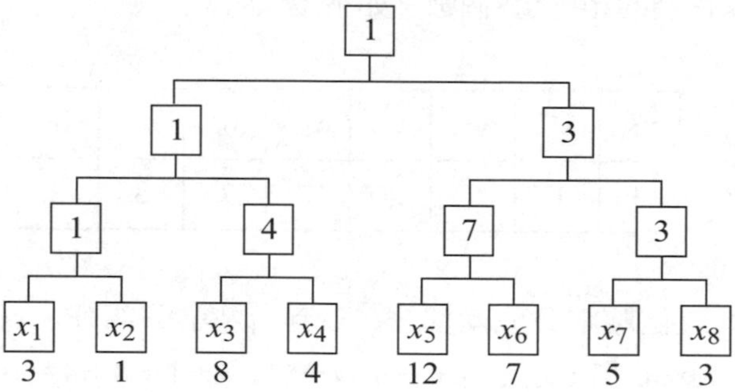

圖8. 2-2

例題8. 2-1 利用分而治之求$A(1), A(2), \ldots, A(N)$的和

副程式如圖8. 2-3所示：

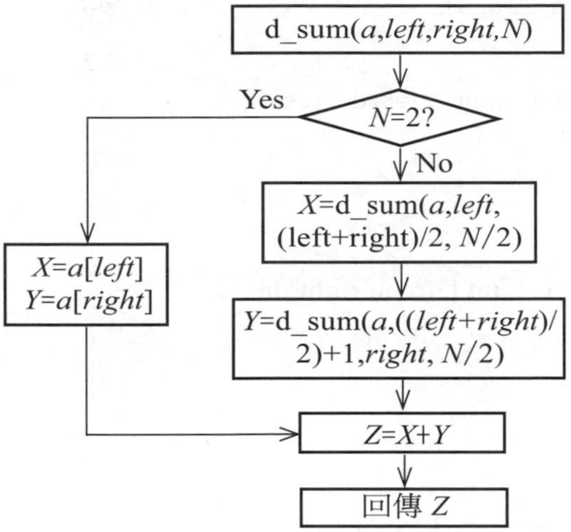

圖8. 2-3

主程式內必須呼叫d_sum($A1,N,N$)。以上的流程圖假設$N=2^k$，其中k為某個整數。假如 $N\neq 2^k$，可以補一些等於0的數字進去，以湊足$N=2^k$。

程式 8.2-1

```
int d_sum(int array[ ], int left, int right, int N);

int main(void)
{
   int a[ ] = { 0, 3, 1, 8, 4, 12, 7, 5, 3};
   int result;
   int i;

   for ( i = 1; i <= 8; i++ )              /* 輸出數列的值至螢幕上以便檢查 */
   {
      printf("a[%d] = %d.\n", i, a[i]);
   }
```

```
    result = d_sum(a, 1, 8, 8);                 /* 計算數列中所有值的總和 */
    /* 將計算結果輸出 */
    printf("Result of d_sum( ) = %d", result);
}


int d_sum(int array[ ], int left, int right, int N)
{
    int ret_val;
    int X, Y;

    printf("left=%d; right=%d; N=%d.\n", left, right, N);
    if( N == 2 )                                /* 底限條件成立時 */
    {
        X = array[left];
        Y = array[right];
    }
    else                                        /* 非底限條件成立時 */
    {
        /* 用遞迴方式求出目前欲加總範圍的左半段總和 */
        X = d_sum(array, left, (left+right)/2, N/2);
        /* 用遞迴方式求出目前欲加總範圍的右半段總和 */
        Y = d_sum(array, ((left+right)/2)+1, right, N/2);
    }
    ret_val = X + Y;
    printf("X=%d; Y=%d.\n", X, Y);
    printf("ret_val = %d.\n", ret_val);
    return ret_val;                             /* 將計算結果回傳 */
}
```

執行範例

```
a[1] = 3.
a[2] = 1.
a[3] = 8.
a[4] = 4.
a[5] = 12.
a[6] = 7.
a[7] = 5.
a[8] = 3.
left=1; right=8; N=8.
left=1; right=4; N=4.
left=1; right=2; N=2.
X=3; Y=1.
ret_val = 4.
left=3; right=4; N=2.
X=8; Y=4.
ret_val = 12.
X=4; Y=12.
ret_val = 16.
left=5; right=8; N=4.
left=5; right=6; N=2.
X=12; Y=7.
ret_val = 19.
left=7; right=8; N=2.
X=5; Y=3.
ret_val = 8.
X=19; Y=8.
ret_val = 27.
X=16; Y=27.
ret_val = 43.
Result of d_sum( ) = 43
```

解釋

[主程式]

1. 將事先定義好的陣列*a*與其他參數傳至d_sum副程式中，並將結果存至 *result* 中。

2 將算出的結果列印至螢幕上。

[副程式]

int d_sum(int array[ ], int left, int right, int N);

1. 底限的條件為*N*等於2，則將*array*[*left*]與*array*[*right*]存入*X*與*Y*中。
2. 其他非底限的條件，則將*d_sum*(*array*, *left*, (*left*+*right*)/2, *N*/2)與*d_sum*(*array*, ((*left*+*right*)/2)+1, *right*, *N*/2)存入*X*與*Y*中。
3. 計算*X*與*Y*，*X*+*Y*並存至*ret_val*中。
4. 回傳*ret_val*。

例題8. 2-2 利用分而治之求*A*(1),*A*(2),…,*A*(*N*)的最小值

這個題目的做法和上一個例題相似，其流程圖如圖8.2-4所示：

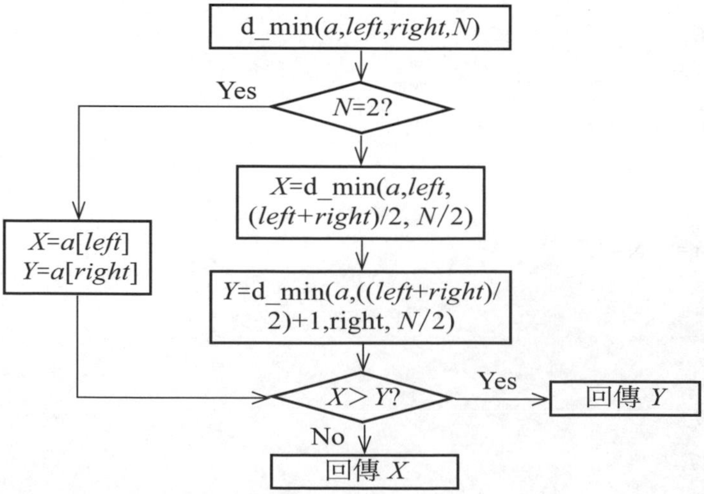

圖8. 2-4

程式 8.2-2

```
int min(int a, int b);
int d_min(int array[ ], int left, int right, int N);

int main(void)
{
   int a[ ] = { 0, 3, 1, 8, 4, 12, 7, 5, 3};
   int result;
   int i;

   for ( i = 1; i <= 8; i++ )              /* 輸出數列的值至螢幕上以便檢查 */
   {
      printf("a[%d] = %d.\n", i, a[i]);
   }
   result = d_min(a, 1, 8, 8);             /* 找出數列中最小的值 */
   printf("Result of d_min( ) = %d", result);
}

int d_min(int array[ ], int left, int right, int N)
{
   int ret_val;
   int X, Y;

   printf("left=%d; right=%d; N=%d.\n", left, right, N);
   if( N == 2 )                            /* 底限條件成立時 */
   {
      X = array[left];
      Y = array[right];
   }
   else                                    /* 非底限條件成立時 */
   {
```

```
        /* 用遞迴方式找出目前搜尋範圍中左半段最小的值 */
        X = d_min(array, left, (left+right)/2,  N/2);
        /* 用遞迴方式找出目前搜尋範圍中右半段最小的值 */
        Y = d_min(array, ((left+right)/2)+1, right, N/2);
    }
    ret_val = min(X, Y);
    printf("X=%d; Y=%d.\n", X, Y);
    printf("ret_val = %d.\n", ret_val);
    return ret_val;                              /* 將計算結果回傳 */
}

int min(int a, int b)                            /* 找出兩個變數中較小的值 */
{
    int ret_val;

    if( a < b )
        ret_val = a;
    else
        ret_val = b;
    return ret_val;
}
```

執行範例

```
a[1] = 3.
a[2] = 1.
a[3] = 8.
a[4] = 4.
a[5] = 12.
a[6] = 7.
a[7] = 5.
a[8] = 3.
```

```
left=1; right=8; N=8.
left=1; right=4; N=4.
left=1; right=2; N=2.
X=3; Y=1.
ret_val = 1.
left=3; right=4; N=2.
X=8; Y=4.
ret_val = 4.
X=1; Y=4.
ret_val = 1.
left=5; right=8; N=4.
left=5; right=6; N=2.
X=12; Y=7.
ret_val = 7.
left=7; right=8; N=2.
X=5; Y=3.
ret_val = 3.
X=7; Y=3.
ret_val = 3.
X=1; Y=3.
ret_val = 1.
Result of d_min( ) = 1
```

解釋

[主程式]

1. 將事先定義好的陣列*a*與其他參數傳至d_min副程式中，並將結果存至result中。
2. 將算出的結果列印至螢幕上。

[副程式]

int d_min(int array[ ], int left, int right, int N);

1. 底限的條件為N等於2，則將$array[left]$與$array[right]$存入X與Y中。
2. 其他非底限的條件，則將$d_\min(array, left, (left+right)/2, N/2)$與$d_\min(array, ((left+right)/2)+1, right, N/2)$存入$X$與$Y$中。
3. 呼叫$min(X,Y)$並存至ret_val中。
4. 回傳ret_val。

練習八

以下的程式，都必須是遞迴程式。

1. 求$1+b+b^2+\ldots+b^n$。
2. Fibonacci 函數的定義如下:

$$F(n)=\begin{cases}1 & \text{if } n=0\\ 1 & \text{if } n=1\\ F(n-1)+F(n-2) & \text{if } n>1\end{cases}$$

求 $F(n)$。

3. 求$1\times2+2\times3+\ldots+n(n+1)$。
4. 假設$n=2^k$，以分而治之求$1\times2+2\times3+\ldots+n(n+1)$。
5. 假設$n=2^k$，以分而治之求n個數字中小於10的最大數。舉例來說，$n=8$，8個數字是1,19,16,8,5,20,7,17，則答案是8。

Chapter 09 排序

排序是電腦裡經常要做的事，也是相當有趣的事。假設我們有以下的序列：

19, 4, 5, 1, 9, 10, 7, 8, 3, 2, 6

排序以後，我們會有以下的序列：

1, 2, 3, 4, 5, 6, 7, 8, 9, 10, 19

當然我們也可以從大排到小，也就是我們可以經由排序而得到以下的序列：

19, 10, 9, 8, 7, 6, 5, 4, 3, 2, 1

排序方法有很多種，我們現在介紹第一種。

例題9-1 找尋最小值的方法

排序的結果是從小排到大，最簡單的方法無非是將最小的數字找出來，然後將目前第一個數字和它對換。如此，序列的第一個數字就是最小的數字，我們的任務是將其他的數字予以排序。

我們用一個例子來描寫這個方法，假設我們有以下的序列：

Array *A*

1	2	3	4	5	6
4	5	1	3	9	6

我們的排序程式是用以下的方式排序的：

第一步：找*A*[1]到*A*[6]的最小值，最小值是*A*[3]=1，將*A*[1]和*A*[3]互換，得到：

Array *A*

1	2	3	4	5	6
1	5	4	3	9	6

第二步：找*A*[2]到*A*[6]的最小值，最小值是*A*[4]=3，將*A*[2]和*A*[4]互換，得到：

Array *A*

1	2	3	4	5	6
1	3	4	5	9	6

第三步：找*A*[3]到*A*[6]的最小值，最小值是*A*[3]=4，*A*[3]已在檢查範圍的開始位置，得到：

Array *A*

1	2	3	4	5	6
1	3	4	5	9	6

第四步：找*A*[4]到*A*[6]的最小值，最小值是*A*[4]=5，*A*[4]已在檢查範圍的開始位置，得到：

Array *A*

1	2	3	4	5	6
1	3	4	5	9	6

第五步：找*A*[5]到*A*[6]的最小值，最小值是*A*[6]=6，將*A*[5]和*A*[6]互換，得到：

Array *A*

1	2	3	4	5	6
1	3	4	5	6	9

我們的排序方法要用兩個副程式，第一個副程式叫FMIN，這個副程式的

輸入是A陣列，i和N，副程式找尋$A[i]$到$A[N]$之間的最小值，假設$A[j]$是這個最小值，則FMIN回傳j。

除了這個副程式以外，我們還有一個副程式，叫做SWAP，SWAP的輸入是A陣列，i 和 j，呼叫SWAP以後，$A[i]$和$A[j]$的值會互換。

我們程式的流程圖如圖9-1所示：

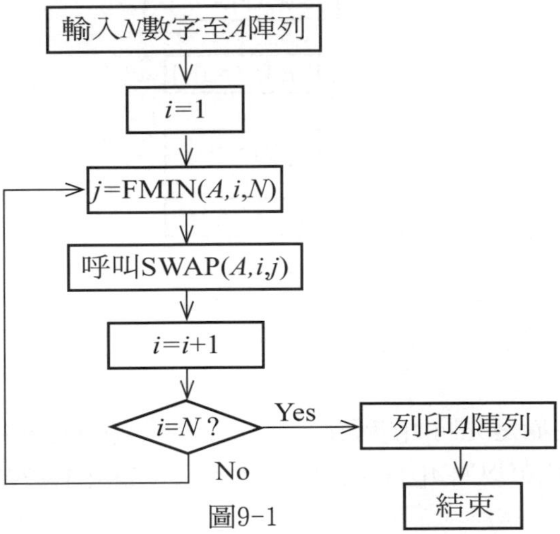

圖9-1

$FMIN$的流程圖如圖9-2所示：

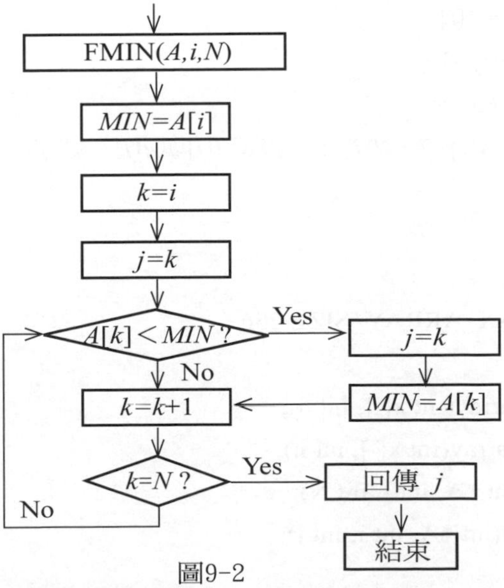

圖9-2

以上的流程圖是很容易了解的，主要的指標是k，一開始$MIN=A[i]$，一旦$A[k]<MIN$，我們就令$MIN=A[k]$，而且將j設成k。如此，j就一直是最小值的位置。

至於SWAP呢，它的流程圖非常簡單，如圖9-3所示：

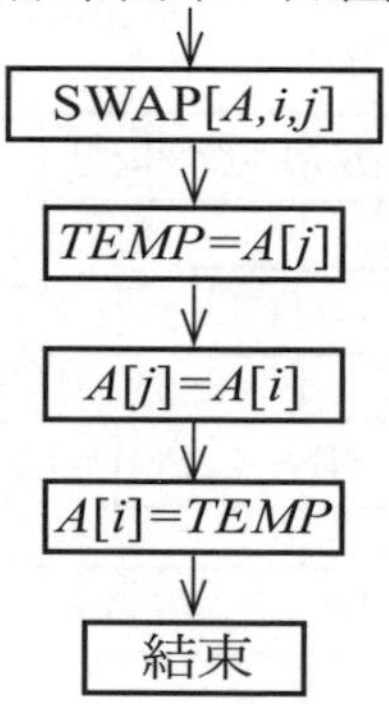

圖9-3

$SWAP$的功能是先將$A[j]$暫存起來，我們將$A[j]$的資料存至$TEMP$這個變數中，這下，我們可以將$A[j]$設成$A[i]$，然後只要設$A[i]$為$TEMP$，$A[i]$和$A[j]$就互相調換了。

假設$A[i]=5$，$A[j]=7$，$SWAP$的過程如下：

$TEMP=A[j]=7$

$A[j]=A[i]=5$

$A[i]=TEMP=7$

很顯然的，$A[i]=7$，$A[j]=5$，表示$A[i]$與$A[j]$互調了。

程式 9-1

```
#define MAX_ARRAY_SIZE 256


void read_array(int x[ ], int n);
void print_array(int x[ ], int n);
int FMIN(int *A, int i, int N);
void SWAP(int *A, int i, int j);
```

```
void main(void)
{
   int array_size, i, j, A[MAX_ARRAY_SIZE];

   /* 提示輸入 */
   printf("Please enter the size of array(max:%d): ", MAX_ARRAY_SIZE-1);
   scanf("%d", &array_size);

   if(array_size < MAX_ARRAY_SIZE) /* 確認陣列大小沒有超過上限值 */
   {
      read_array(A, array_size);              /* 讀資料至陣列內 */

      for( i = 1; i < array_size; i++)        /* 將陣列A中的值，做排序 */
      {

         print_array(A, array_size);          /* 將陣列中的值顯示出來 */
         /* 找出陣列A中，位置i之後最小值的位置 */
         j = FMIN(A, i, array_size);
         SWAP(A, i, j);                       /* 將陣列A中，位置i與位置j的值互換 */
      }

      printf("\nThe result of sorting is \n");    /* 顯示排序結果 */
      print_array(A, array_size);
      printf("\n");
   }
   else
   {
      printf("Error: Number of array exceeds the limitation.\n");
   }

}
```

```
void SWAP(int *A, int i, int j)  /* 將陣列中位置i與位置j的值互換 */
{
   int tmp_var;

   tmp_var = A[i];                /* 先將位置i的值存入暫存變數 */
   A[i] = A[j];                   /* 將位置j的值存入位置i中 */
   A[j] = tmp_var;  /* 將暫存變數的值(原本位置i的值)存入位置j內 */
}

int FMIN(int *A, int i, int N)/* 將陣列A中，位置i之後最小值的位置找出 */
{
   int MIN;                       /* 最小的值 */
   int k;                         /* 檢查的位置 */
   int j;                         /* 最小值的位置 */

   k = i;                         /* 從第i個位置開始檢查 */
   j = k;                         /* 先將最小值設為開始檢查位置的值 */
   MIN = A[j];

   while( k <= N )                /* 檢查位置i之後的每個值 */
   {
     if(A[k] < MIN)               /* 新位置的值是目前檢查過後的最小值 */
     {
       j = k;                     /* 記錄最小值的值及位置 */
       MIN = A[j];
     }
     k++;
   }

   return j;
}
```

```
void read_array(int x[ ], int n)          /* 讀入n個值至陣列x當中 */
{
   int i;

   i = 1;

   while(i <= n)
   {
      printf("Enter data(%d): ", i);      /* 提示輸入 */
      scanf("%d", &x[i]);                 /* 將讀到的值存入陣列x位置i內 */
      i++;
   }
}

void print_array(int x[ ], int n)         /* 將陣列x中的前n個值列印出來 */
{
   int i;

   printf("Array data[1..%d]: {", n);
   i = 1;
   while(i <= n)
   {
      printf("%d", x[i]);
      if(i==n)
         printf("}\n");
      else
         printf(", ");
      i++;
   }

}
```

執行範例

Please enter the size of array(max:255): 6
Enter data(1): 4
Enter data(2): 5
Enter data(3): 1
Enter data(4): 3
Enter data(5): 9
Enter data(6): 6
Array data[1..6]: {4, 5, 1, 3, 9, 6}
Array data[1..6]: {1, 5, 4, 3, 9, 6}
Array data[1..6]: {1, 3, 4, 5, 9, 6}
Array data[1..6]: {1, 3, 4, 5, 9, 6}
Array data[1..6]: {1, 3, 4, 5, 9, 6}

The result of sorting is
Array data[1..6]: {1, 3, 4, 5, 6, 9}

解釋

[主程式]

1. 首先輸入資料到陣列之中。
2. 然後利用一迴圈來呼叫FMIN副程式一一將陣列的指定範圍的最小值找出，然後利用SWAP副程式將找出的值交換來完成排序。
3. 將排序好的陣列輸出至螢幕上。

[副程式]

void read_array(int x[ ], int n);
之前所撰寫的副程式可將資料從鍵盤讀入陣列中。

void print_array(int x[ ], int n);
之前所撰寫的副程式將陣列的資料輸出到螢幕。

int FMIN(int *A, int i, int N);
從陣列中第i個元素到最後一個元素找出最小的值。

void SWAP(int *A, int i, int j);
將陣列A第i與j個位置的值互換。

例題9-2 氣泡排序法

氣泡排序法的原理是從序列的尾端開始看，我們將最後一個數字和它前面的數字相比較，如果我比前面的數字小，就往上移。因此第一個回合，最小的數字就會被升到最上面去了。剩下的數字，我們如法炮製，第二個回合以後，第二個最小數字一定會在第二個位置。

我們用以下的例子來解釋氣泡排序法：

位置		1	2	3	4	5	
	A	5	1	4	2	3	$A(4)$＜$A(5)$不動
	A	5	1	4	2	3	$A(3)$＞$A(4)$互換
	A	5	1	2	4	3	$A(2)$＜$A(3)$不動
	A	5	1	2	4	3	$A(1)$＞$A(2)$互換
最小值在 $A(1)$	A	1	5	2	4	3	$A(4)$＞$A(5)$互換
	A	1	5	2	3	4	$A(3)$＜$A(4)$不動
	A	1	5	2	3	4	$A(2)$＞$A(3)$互換
第2最小值在 $A(2)$	A	1	2	5	3	4	$A(4)$＜$A(5)$不動
	A	1	2	5	3	4	$A(3)$＞$A(4)$互換
第3最小值在 $A(3)$	A	1	2	3	5	4	$A(4)$＞$A(5)$互換
第4最小值在 $A(4)$	A	1	2	3	4	5	排序成功

氣泡排序法的流程圖如圖9-4所示：

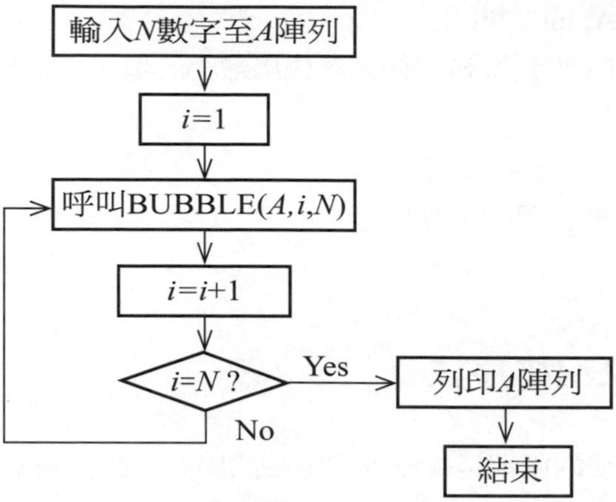

圖9-4

*Bubble*副程式的流程圖如圖9-5所示：

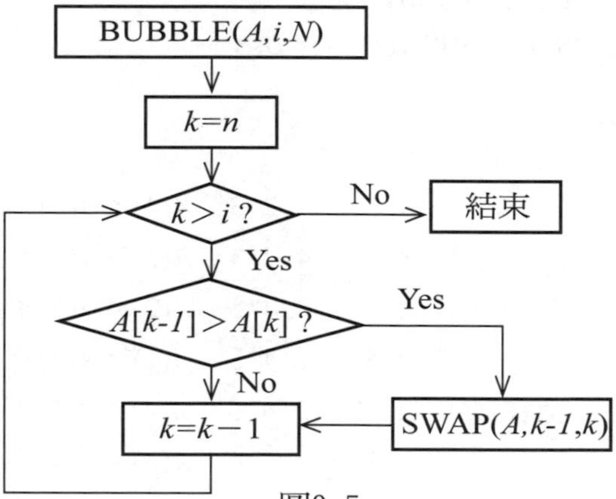

圖9-5

程式 9-2

```
#define MAX_ARRAY_SIZE 256


void read_array(int x[ ], int n);
void print_array(int x[ ], int n);
void SWAP(int *A, int i, int j);
void BUBBLE(int *A, int i, int N);
```

```
void main(void)
{
  int array_size, A[MAX_ARRAY_SIZE], i;

  /* 提示輸入陣列的大小 */
  printf("Please enter the size of array(max:%d): ", MAX_ARRAY_SIZE-1);
  scanf("%d", &array_size);

  if(array_size < MAX_ARRAY_SIZE)/* 檢查陣列大小是否超過上限值 */
  {
    read_array(A, array_size);              /* 輸入值至陣列當中 */
    for( i = 1; i < array_size; i++)        /* 使用泡沫排序法做排序 */
    {
      print_array(A, array_size);
      BUBBLE(A, i, array_size);
    }

    /* 顯示陣列經過排序後的內容 */
    printf("\nThe result of sorting is \n");
    print_array(A, array_size);
    printf("\n");
  }
  else
  {
    printf("Error: Number of array exceeds the limitation.\n");
  }

}

void read_array(int x[ ], int n)            /* 讀入n個值至陣列x當中 */
{
  int i;
```

```
    i = 1;

    while(i <= n)
    {
        printf("Enter data(%d): ", i);    /* 提示輸入 */
        scanf("%d", &x[i]);               /* 將讀到的值存入陣列x位置i內 */
        i++;
    }
}

void print_array(int x[ ], int n)         /* 將陣列x中的前n個值列印出來 */
{
    int i;

    printf("Array data[1..%d]: {", n);
    i = 1;
    while(i <= n)
    {
        printf("%d", x[i]);
        if(i==n)
            printf("}\n");
        else
            printf(", ");
        i++;
    }

}

void SWAP(int *A, int i, int j)           /* 將陣列中位置i與位置j的值互換 */
{
    int tmp_var;
```

```
    tmp_var = A[i];                    /* 先將位置i的值存入暫存變數 */
    A[i] = A[j];                       /* 將位置j的值存入位置i中 */
    A[j] = tmp_var;          /* 將暫存變數的值(原本位置i的值)存入位置j內 */
}

void BUBBLE(int *A, int i, int N)
{
    int j, k;

    for( k = N; k > i ; k-- )      /* 讓陣列位置i之後的最小值放入位置i內 */
    {
        if( A[k-1] > A[k] )
            SWAP(A, k-1, k);
    }
}
```

執行範例

```
Please enter the size of array(max:255): 6
Enter data(1): 4
Enter data(2): 5
Enter data(3): 1
Enter data(4): 3
Enter data(5): 9
Enter data(6): 6
Array data[1..6]: {4, 5, 1, 3, 9, 6}
Array data[1..6]: {1, 4, 5, 3, 6, 9}
Array data[1..6]: {1, 3, 4, 5, 6, 9}
Array data[1..6]: {1, 3, 4, 5, 6, 9}
Array data[1..6]: {1, 3, 4, 5, 6, 9}
```

The result of sorting is
Array data[1..6]: {1, 3, 4, 5, 6, 9}

解釋

[主程式]

1. 首先輸入資料到陣列之中。
2. 然後利用一迴圈來呼叫BUBBLE副程式進行排序。第一次呼叫後，陣列中最小的值會被找出放在第一個位置。迴圈執行的次數即為陣列的大小，迴圈執行完後即完成排序。
3. 將排序好的陣列輸出至螢幕上。

[副程式]

void read_array(int x[ ], int n);
void print_array(int x[ ], int n);
void SWAP(int *A, int i, int j);
請參閱之前的解釋

void BUBBLE(int *A, int i, int N);
從陣列的第*N*個位置開始與前一個位置的值做檢查，當前一個位置的值比較大時，即呼叫SWAP將兩個位置的值交換，這個動作不斷重複進行到第*i*個位置的值為止。

例題9-3 插入排序法

所謂插入排序法，其原理如下，假設我們有一列5個數，已經排序好了，像以下的樣子：

1, 3, 6, 7, 9

然後第6個數字是5，我們如果將5插到3和6的中間，就可以得到以下排序的序列：

1, 3, 5, 6, 7, 9

問題是如何插入呢？我們假設要插入的數字是x，我們的做法很像氣泡排序法，我們將x從後面比較起，如果x比它小，我們就將x和它交換，一旦x比一個數字大，我們就停下來了。因為以後的數字一定更小了。我們用實例來說明我們的做法：

1	3	6	7	9	5	5＜9 互換
1	3	6	7	5	9	7＞5 互換
1	3	6	5	7	9	6＞5 互換
1	3	5	6	7	9	5＞3 停止

我們再舉一個例子，假設我們有以下已排序的序列：

1, 2, 5, 7, 10, 12, 19

而我們要將6插入，插入的程序如下：

1	2	5	7	10	12	19	6	6＜19 互換
1	2	5	7	10	12	6	19	12＞6 互換
1	2	5	7	10	6	12	19	10＞6 互換
1	2	5	7	6	10	12	19	7＞6 互換
1	2	5	6	7	10	12	19	6＞5 停止

插入排序法根據這個原理來排序。

(1)對於$A[1]$而言，因為$A[1]$只是一個數字，我們可以將$A[1]$看成一個已經排序好的序列，我們將$A[2]$插入$A[1]$這個序列。

(2)$A[1]$，$A[2]$排序完成以後，我們將$A[3]$插入已排好的$A[1]$，$A[2]$。

在第i個步驟，我們的$A[1], A[2],\ldots, A[i]$已經是排序好的，而我們的任務是將$A[i+1]$插入，使$A[1], A[2],\ldots, A[i],A[i+1]$是排序好的序列。

以下是一個完整的例子：

i=1	5	1	4	3	2	
i=2	5	1	4	3	2	5＞1 互換
i=3	1	5	4	3	2	5＞4 互換
	1	4	5	3	2	1＜4 停止
i=4	1	4	5	3	2	5＞3 互換
	1	4	3	5	2	4＞3 互換
	1	3	4	5	2	1＜3 停止
i=5	1	3	4	5	2	5＞2 互換
	1	3	4	2	5	4＞2 互換
	1	3	2	4	5	3＞2 互換
	1	2	3	4	5	1＜2 停止

這個程式需要副程式INSRET(A,i)，INSRET所輸入的A陣列中，$A(1),A(2),\ldots, A(i)$已排序完成，而我們要將$A(i+1)$插進$A(1),A(2),\ldots, A(i)$。有了*INSRET*以後，插入排序法的流程圖如圖9-6所示：

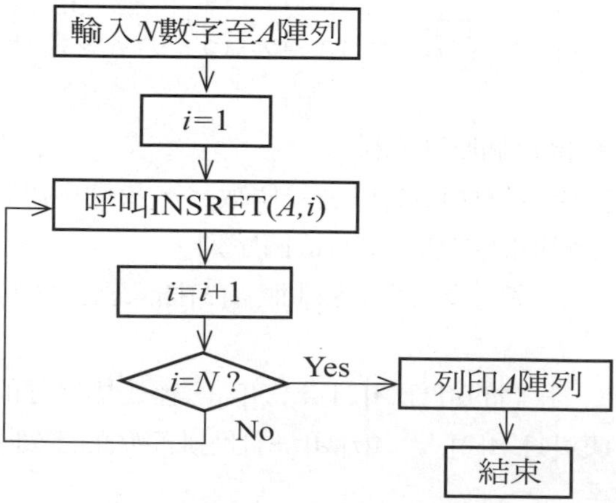

圖9-6

INSRET的流程圖如圖9-7所示：

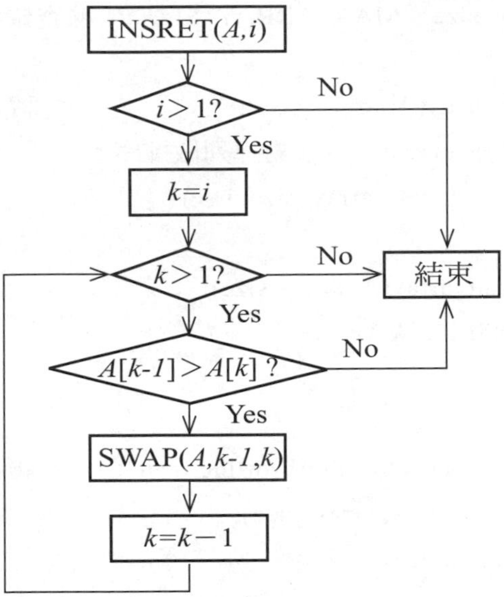

圖9-7

程式 9-3

```
#define MAX_ARRAY_SIZE 256

void read_array(int x[ ], int n);
void print_array(int x[ ], int n);
void SWAP(int *A, int i, int j);
void INSERT(int *A, int i);

void main(void)
{
    int array_size, A[MAX_ARRAY_SIZE], i;

    /* 提示輸入陣列的大小 */
    printf("Please enter the size of array(max:%d): ", MAX_ARRAY_SIZE-1);
    scanf("%d", &array_size);
```

```
    if(array_size < MAX_ARRAY_SIZE)/* 檢查確認陣列大小沒有超過上限值 */
    {
       read_array(A, array_size);                   /* 讀入值至陣列中 */
       /* 使用 insertion sort 對陣列做排序 */
       for( i = 1; i <= array_size; i++)
       {
          print_array(A, array_size);
          INSERT(A, i);
       }

       printf("\nThe result of sorting is \n");     /* 顯示排序後陣列中的內容 */
       print_array(A, array_size);
       printf("\n");
    }
    else
    {
       printf("Error: Number of array exceeds the limitation.\n");
    }

}

void read_array(int x[ ], int n)               /* 讀入n個值至陣列x當中 */
{
    int i;

    i = 1;

    while(i <= n)
    {
       printf("Enter data(%d): ", i);          /* 提示輸入 */
       scanf("%d", &x[i]);                     /* 將讀到的值存入陣列x位置i內 */
       i++;
```

```
    }
}

void print_array(int x[ ], int n)          /* 將陣列x中的前n個值列印出來 */
{
    int i;

    printf("Array data[1..%d]: {", n);
    i = 1;
    while(i <= n)
    {
        printf("%d", x[i]);
        if(i==n)
            printf("}\n");
        else
            printf(", ");
        i++;
    }

}

void SWAP(int *A, int i, int j)          /* 將陣列中位置i與位置j的值互換 */
{
    int tmp_var;

    tmp_var = A[i];                      /* 先將位置i的值存入暫存變數 */
    A[i] = A[j];                         /* 將位置j的值存入位置i中 */
    A[j] = tmp_var;          /* 將暫存變數的值(原本位置i的值)存入位置j內 */
}

void INSERT(int *A, int i)
{
```

```
    int k;

    if( i > 1 )
    {
      for( k = i; k > 1; k-- )
      {
        if( A[k-1] > A[k] )
          SWAP(A, k-1, k);
        else
          break;
      }
    }

}
```

執行範例

```
Please enter the size of array(max:255): 6
Enter data(1): 4
Enter data(2): 5
Enter data(3): 1
Enter data(4): 3
Enter data(5): 6
Enter data(6): 9
Array data[1..6]: {4, 5, 1, 3, 6, 9}
Array data[1..6]: {4, 5, 1, 3, 6, 9}
Array data[1..6]: {4, 5, 1, 3, 6, 9}
Array data[1..6]: {1, 4, 5, 3, 6, 9}
Array data[1..6]: {1, 3, 4, 5, 6, 9}
Array data[1..6]: {1, 3, 4, 5, 6, 9}
```

The result of sorting is
Array data[1..6]: {1, 3, 4, 5, 6, 9}

解釋

[主程式]

1. 首先輸入資料到陣列之中。
2. 然後利用一迴圈來呼叫INSRET副程式進行排序。每一次呼叫後，代表插入一個新的數值，然後進行排序。迴圈執行的次數即為陣列的大小，迴圈執行完後即完成排序。
3. 將排序好的陣列輸出至螢幕上。

[副程式]

void read_array(int x[ ], int n);
void print_array(int x[ ], int n);
void SWAP(int *A, int i, int j);
請參閱之前的解釋

void INSERT(int *A, int i)
從陣列的第*i*個位置開始與前一個位置的值做檢查，當前一個位置的值比較大時，即呼叫SWAP將兩個位置的值交換，這個動作不斷重複進行到前一個位置的值比第*i*個位置的值比較小為止。

Chapter 10

C語言Structure的功能

假設我們有一組學生的資料，包含學生的學號、姓名和體重，我們要如何表示這種資料呢？對很多電腦語言而言，我們必須要有三個陣列。這三個陣列分別表示學生的學號、姓名和體重。舉例而言，假如我們有五位學生，他們的資料如表10-1：

學號	姓名	體重
109	John	79.1
201	Mary	60.3
159	Peter	81.4
163	Kelly	76.6
200	Gloria	62.3

表10-1

我們就需要三個陣列，如表10-2所示：

學號陣列
109
201
159
163
200

姓名陣列
John
Mary
Peter
Kelly
Gloria

體重陣列
79.1
60.3
81.4
76.6
62.3

表10-2

麻煩的是：這三個陣列是互有關聯的。如果我們要將學生的資料按照學號的大小排列，學號陣列當然會改變，但是我們必須跟著同時改變姓名陣列和體重陣列。改過以後的三個陣列如表10-3：

學號陣列	姓名陣列	體重陣列
109	John	79.1
159	Peter	81.4
163	Kelly	76.6
200	Gloria	62.3
201	Mary	60.3

表10-3

所以，我們只好承認這是一件很複雜的事情。可是，在*C*語言中，我們有一個簡單的辦法，我們可以利用一種叫做*structure*的功能，一下子就解決了這個問題。

*Structure*使我們可以宣告學生的資料有三個欄位：學號、姓名、體重。學號和體重都用整數來代表，姓名用文字來表示，所以我們可以作以下的宣告：

```
struct student
{
   int idnum;
   char name[20];
   float weight;
}
```

從以上的宣告看來，學生的姓名最長不能超過20個英文字。

一旦對*student*下定義，我們就宣告一個陣列有*student*的結構，這個陣列當然也要有一個名字，我們不妨將它叫做*sdata*，*sdata*內容有如表10-1所示。假設我們要找第*i*個*sdata*的資料，我們只要找*sdata*[*i*]即可。如果我們要找第*i*個學生的學號，我們就要指定*sdata*[*i*].*idnum*，他的姓名是*sdata*[*i*].*name*，而他的體重則是*sdata*[*i*].*weight*。有了*sdata*以後，我們可以根據其中任何一個欄位排列。假設我們用學號排列，就可以得到以下的*sdata*，如表10-4：

學號	姓名	體重
109	John	79.1
159	Peter	81.4
163	Kelly	76.6
200	Gloria	62.3
201	Mary	60.3

表10-4

如果用體重來排列，我們會得到如表10-5所示的資料：

學號	姓名	體重
201	Mary	60.3
200	Gloria	62.3
163	Kelly	76.6
109	John	79.1
159	Peter	81.4

表10-5

至於*sdata*如何會有資料的？當然是靠讀入的，我們通常應該宣告一個文字檔，用讀檔案的方法可以將資料讀到*sdata*去。

例題10-1 讀入學生資料檔，根據學號將學生資料排列，並將結果輸出至另一檔案

要使用*structure*來表示學生資料，我們必須在主程式的外面先註明，所以我們會在主程式的前面，有以下的指令：

```
struct studentdata
 {
   int idnum;
   char name[20];
```

```
    float weight;
}
```

主程式的流程圖如圖10-1：

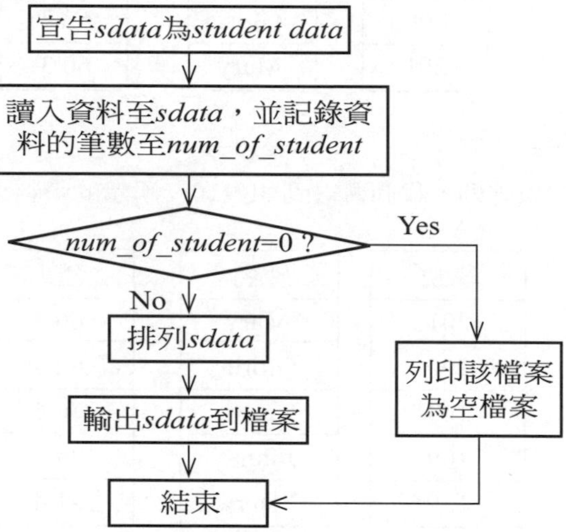

圖10-1

至於排序的副程式，它的流程圖如圖10-2所示：

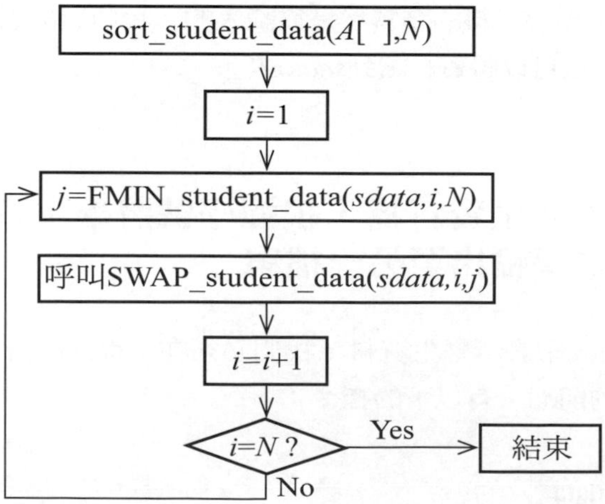

圖10-2

當然，我們還要有一個輸出結果至文字檔的副程式，這個副程式非常簡單，我們就不再討論它的流程圖了。以下是這個程式。

程式 10-1

```
#include <stdio.h>
#define MAX_ARRAY_SIZE 256
#define STUDENT_DATA_FILE_NAME "student.txt"
#define OUTPUT_FILE_NAME "student_output.txt"

struct student                              /* 宣告struct student 的結構 */
{
   int idnum;                               /* 學號 */
   char name[20];                           /* 姓名 */
   float weight;                            /* 體重 */
};

int read_all_student_data(struct student A[MAX_ARRAY_SIZE], FILE *fp);
void output_all_student_data(FILE* output_data_fp, struct student
A[MAX_ARRAY_SIZE], int N);
void sort_student_data(struct student A[MAX_ARRAY_SIZE], int N);
int FMIN_student_data(struct student A[MAX_ARRAY_SIZE], int i, int N);
void SWAP_student_data(struct student A[MAX_ARRAY_SIZE], int i, int j);

void main(void)
{
   FILE *student_data_fp, *output_data_fp;
   struct student sdata[MAX_ARRAY_SIZE];
   int num_of_student, i;

   /* 開啟原始學生資料檔 */
   student_data_fp = fopen(STUDENT_DATA_FILE_NAME, "r");
   /* 開啟排序之後要寫入的學生資料檔 */
   output_data_fp = fopen(OUTPUT_FILE_NAME, "w");
```

```
    /* 確認學生資料檔存在且可被讀取 */
    if( student_data_fp != NULL )
    {
        /* Read the student data from file to array */
        num_of_student = read_all_student_data(sdata, student_data_fp);
        fclose(student_data_fp);
        if(num_of_student==0)                /* 檢查讀出學生資料的筆數為0 */
        {
            printf("There is no student data in the input file.");
        }
        else
        {
            /* 顯示未經排序的學生資料 */
            output_all_student_data(output_data_fp,sdata, num_of_student);

            /* 根據學號排序學號資料 */
            fprintf(output_data_fp,"Start sorting student data.\n");
            sort_student_data(sdata, num_of_student);

            /* 將排序的學生資料輸出 */
            fprintf(output_data_fp,"Sorted student data.\n");
            output_all_student_data(output_data_fp,sdata, num_of_student);
        }
    }
    else
    {
        printf("Student data file doesn't exist.\n");
    }
    fclose(output_data_fp);
}/* Program ends here */

/* 將學生資料從檔案中讀出至陣列內 */
```

```
int read_all_student_data(struct student A[MAX_ARRAY_SIZE], FILE *fp);
{
  int i;

  i = 0;
  while(i < MAX_ARRAY_SIZE)            /* 陣列尚有空間 */
  {
    if( !feof(fp) )                    /* 學生資料尚未讀取完畢 */
    {
      /* 將一筆學生資料從檔案讀至陣列內 */
      fscanf(fp,"%d %s %f", &A[i+1].idnum, A[i+1].name, &A[i+1].weight);
      i++;                             /* 將陣列移至下一位置 */
    }
    else                               /* 檔案中已無學生資料 */
    {
      return i;                       /* 回傳已經讀取的學生資料筆數 */
    }
  }

  return i;                        /*陣列最大可存放的學生資料筆數已滿 */
}

/* 將在陣列的學生資料寫至檔案內 */
void output_all_student_data(FILE* output_data_fp, struct student
A[MAX_ARRAY_SIZE], int N);
{
  int i;
  /* 寫入學生資料欄位資訊 */
  fprintf(output_data_fp,"ID\t\tName\t\tWeight\n");

  for(i = 1; i <= N; i++)     /* 將陣列內的學生資料一筆一筆讀出 */
  {
```

```
        /* 將陣列的一筆學生資料寫至檔案中 */
        fprintf(output_data_fp,"%d\t\t%s\t\t%.1f\n", A[i].idnum, A[i].name, A[i].weight);
    }
}

/* 將陣列中的學生資料以學號做排序 */
void sort_student_data(struct student A[MAX_ARRAY_SIZE], int N);
{
    int i, j;

    for( i = 1; i <= N; i++ )   /*依學號大小，將學生資料由小排到大 */
    {
        /* 找出陣列從目前位置到最小，學號最小的學生資料位置 */
        j = FMIN_student_data(A, i, N);
        SWAP_student_data(A, i, j);     /* 將找到的學生資料與目前的互換 */
    }
}


/* 將陣列中指定位置的學生資料互換 */
void SWAP_student_data(struct student A[MAX_ARRAY_SIZE], int i, int j);
{
    struct student tmp_var;

    tmp_var  = A[i];            /* 將位置i的學生資料存放到臨時變數中 */
    A[i] = A[j];                /* 將位置j的學生資料存放到位置i中 */
    A[j] = tmp_var; /* 將臨時變數中的學生資料(即為原本位置i)存放到位置j */
}

/* 找出陣列中，從指定位置到最後的學號最小的學生資料位置 */
int FMIN_student_data(struct student A[MAX_ARRAY_SIZE], int i, int N);
{
```

```
        int MIN, k, j;

        k = i;
        j = k;
        MIN = A[j].idnum;          /* 假設開始找的學生資料的學號是最小 */

        while( k <= N )            /* 尚未檢查完 */
        {
          if(A[k].idnum < MIN)
          /* 目前檢查的學生資料學號比之前找的學號來得小 */
          {
            j = k;                 /* 更新學號最小的學生資料位置 */
            MIN = A[j].idnum;
          }
          k++;
        }

        return j;          /* 將搜尋範圍學號最小的學生資料在陣列的位置回傳 */
    }
```

執行範例

```
ID              Name        Weight
109             John          79.1
201             Mary          60.3
159             Peter         81.4
163             Kelly         76.6
200             Gloria        62.3
Start sorting student data.
Sorted student data.
```

ID	Name	Weight
109	John	79.1
159	Peter	81.4
163	Kelly	76.6
200	Gloria	62.3
201	Mary	60.3

解釋

[資料檔]

資料檔的格式如下：

109 John 79.1

201 Mary 60.3

159 Peter 81.4

163 Kelly 76.6

200 Gloria 62.3

資料檔中，每一行儲存一個學生的資料。每個學生的資料(*ID, Name, Weight*)以一個空白(space)當作分隔。

[主程式]

1. 當要存取檔案時，我們需要使用到標準函式庫，在程式的一開始加入 #include <stdio.h>。
2. struct student sdata[MAX_ARRAY_SIZE];
   這個指令宣告sdata是一個student structure，而student structure的定義在前面有如下的定義：

```
struct student
{
   int idnum;
   char name[20];
   float weight;
};
```

3. 讀檔時需要先做打開檔案的動作，因此我們呼叫fopen來打開檔案。而我們所開啟的檔案是student.txt。
4. num_of_student = read_all_student_data(sdata, student_data_fp);
   這個指令不僅將檔案中的資料讀入了*sdata*，也同時算出了一共有多少個學生。學生數目就是*num_of_student*，也是*read_all_student_data*副程式所傳回的值。若*num_of_student*的值為0，則表示檔案中沒有任何一筆學生資料，則印出檔案為空檔案的訊息後就結束程式，不為0則繼續執行程式。
5. 以後我們呼叫另一個副程式，將陣列中的資料依學號做排序。
6. 將排序好的學生資料陣列輸出至檔案student_output.txt中。如果輸出到螢幕上當然也可以，但是如果要再複製結果貼上word檔案，會產生不對齊的問題，現在我們輸出到文字檔案中，再貼到word檔案，就不會有不對齊的問題。

[副程式]

int read_all_student_data(struct student A[MAX_ARRAY_SIZE], FILE *fp);

將打開好的檔案指標傳入，此副程式則會將存在裡面的學生資料，一筆一筆讀至*A*陣列中，而由於我們習慣索引值從1開始使用，所以將讀入的資料存入第*i*+1個陣列。由於檔案是可能不含任何學生資料的空檔案，而學生的學號的值必定不會是0，因此我們以if(A[i+1].idnum!=0)來判斷是否已經沒有學生資料，若為0，則表示檔案中讀不到任何學生資料，回傳*i*值後結束副程式。

void output_all_student_data(struct student A[MAX_ARRAY_SIZE], int N);

1. 將學生資料陣列的資料（學號(*id*)、姓名(*name*)、體重(*weight*)），及裡面的資料的數目(*N*)輸出至檔案student_output.txt中。
2. fprintf(output_data_fp,"%d\t\t%s\t\t%.1f\n", A[i].idnum, A[i].name, A[i].weight);
   這個指令的用意是在輸出學生學號、姓名與體重的資料到檔案中，需要注意的是「\t」這個指令，由於每個學生的姓名長度都不相同，而「\t」就相當於我們在打字的過程中，按下了鍵盤上的Tab鍵。當按下Tab鍵後，畫面上不單單只是多出一段空白，而且會自動的進行上下對齊，使得每一筆資料看起來都是對齊的。也因此，當我們在輸出時使用「\t」這個指令，是為了讓每一筆學生資料在輸出時能夠自動對齊。而%.1f的指令，則是因為若不做任何指定的話，%f將會印出小數點後五個位數，但我們的資料只有使用到小數點後1位，因此我們使用%.1f來控制輸出的浮點數格式，使其僅印到小數點後1位的部分。

3. 在此*A*[*i*].*name*前不用加&，這是因為*name*宣告為一個陣列。
4. 注意return有跳出副程式的功能，一旦程式執行到return，將會結束副程式。

void sort_student_data(struct student A[MAX_ARRAY_SIZE], int N);

根據輸入的學生資料及長度，依學號來做排序。排序的方法與之前相同，只是之前是根據數字大小來做排序，而我們這次則是用學號來對整個學生資料陣列來做排序。

int FMIN_student_data(struct student A[MAX_ARRAY_SIZE], int i, int N);

在學生資料陣列的第*i*個到最後一筆學生資料中，找出學號最小的那一筆，並回傳它在陣列中的所在位置。

void SWAP_student_data(struct student A[MAX_ARRAY_SIZE], int i, int j);

將學生資料陣列*A*第*i*與*j*個位置的學生資料互換。

例題10-2 依據學號找出學生資料

假設我們有以下的資料：

學號	姓名	體重
9301	John	65.2
9302	Tom	47.3
9310	Peter	70.5
9303	Mary	67.1
9311	Gloria	42.6
9308	George	70.8

而我們要找學號為9310的資料，我們找出的就是「9310 Peter 70.5」。

這個程式的主程式如圖10-3：

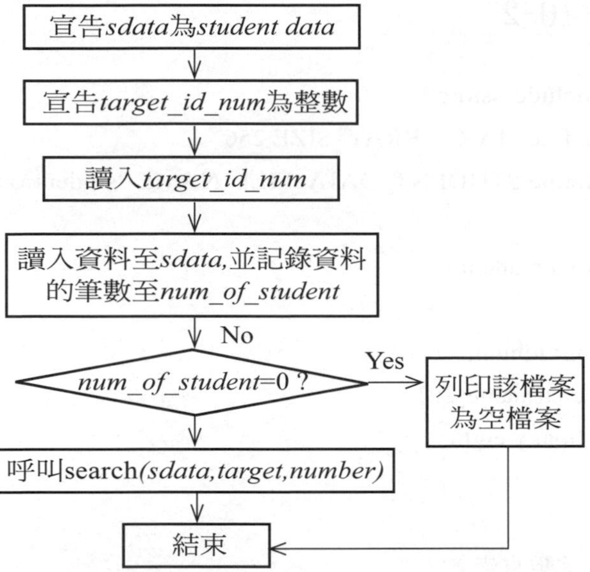

圖10-3

search副程式如圖10-4所示：

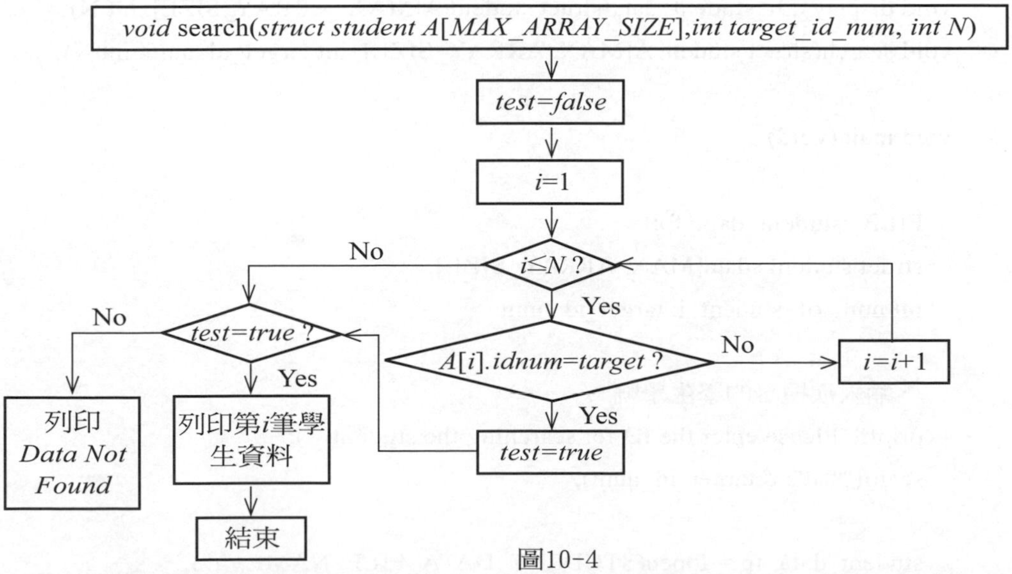

圖10-4

以下是程式。

程式 10-2

```
#include <stdio.h>
#define MAX_ARRAY_SIZE 256
#define STUDENT_DATA_FILE_NAME "student.txt"

struct student
{
   int idnum;
   char name[20];
   float weight;
};

/* 函數宣告 */
int read_all_student_data(struct student A[MAX_ARRAY_SIZE], FILE *fp);
void display_student_data(struct student x[MAX_ARRAY_SIZE],int i);
void display_all_student_data(struct student A[MAX_ARRAY_SIZE], int N);
void search(struct student A[MAX_ARRAY_SIZE], int target_id_num, int N);

void main(void)
{
   FILE *student_data_fp;
   struct student sdata[MAX_ARRAY_SIZE];
   int num_of_student, i, target_id_num;

   /* 輸入欲搜尋的學生學號 */
   printf("Please enter the ID for searching the student: ");
   scanf("%d", &target_id_num);

   student_data_fp = fopen(STUDENT_DATA_FILE_NAME, "r");
```

```
    /* Read the student data from file to array */
    if( student_data_fp != NULL )
    {
        /* 將學生存在檔案內的資料全部讀出存入一陣列中 */
        num_of_student = read_all_student_data(sdata, student_data_fp);
        fclose(student_data_fp);
        if(num_of_student==0)                    /* 讀出的學生資料筆數為0 */
        {
            printf("There is no student data in the input file.");
        }
        else
        {
            /* 顯示讀取的所有學生資料 */
            display_all_student_data(sdata, num_of_student);
            /* 根據所輸入的學生學號搜尋欲找尋的學生資料 */
            search(sdata, target_id_num, num_of_student);
        }
    }
    else
    {
        printf("Student data file doesn't exist.\n");
    }
    /* Program ends here */
}

int read_all_student_data(struct student A[MAX_ARRAY_SIZE], FILE *fp);
{
    int i;

    i = 0;
    while(i < MAX_ARRAY_SIZE)  /* 讀取資料尚未超出陣列的最大空間 */
```

```
{
    if( !feof(fp) )
    {
        /* 將一筆學生資料從檔案中讀出並存至陣列當中 */
        fscanf(fp,"%d %s %f", &A[i+1].idnum, A[i+1].name, &A[i+1].weight);
        if(A[i+1].idnum!=0)
        {
            i++;
        }
    }
    else
    {
        return i;                         /* 回傳總共讀取的學生資料筆數 */
    }
}

return i;                                 /* 回傳總共讀取的學生資料筆數 */
}

void search(struct student A[MAX_ARRAY_SIZE], int target_id_num, int N);
{
    int i;
    int test = 0; /* 記錄是否有找到欲搜尋的學生資料，1代表找到、0則否 */

    for(i = 1; i <= N; i++)               /* 從第一筆資料開始一筆筆搜尋 */
    {
        if( A[i].idnum == target_id_num )
        {
            test = 1;
            break;
        }
    }
```

```
    if( test == 1 )
    {
        printf("\nData Found.\n"); /* 找到欲搜尋的資料，並顯示出此學生的資料 */
        display_student_data( A,i );
    }
    else
    {
        printf("Data Not Found.\n");
    }
}


void display_student_data(struct student x[MAX_ARRAY_SIZE],int i)
{
    printf("ID\t\tName\t\tWeight\n"); /* 將陣列第i筆的學生資料列印出來 */
    printf("%d\t\t%s\t\t%.1f\n", x[i].idnum, x[i].name, x[i].weight);
}

void display_all_student_data(struct student A[MAX_ARRAY_SIZE], int N)
{
    int i;

    printf("ID\t\tName\t\tWeight\n");

    for(i = 1; i <= N; i++)      /* 將陣列中的學生資料一筆筆顯示出來 */
    {
        printf("%d\t\t%s\t\t%.1f\n", A[i].idnum, A[i].name, A[i].weight);
    }
}
```

執行範例

Please enter the ID for searching the student: 159

ID	Name	Weight
201	Mary	60.4
159	Peter	81.2
163	Kelly	76.6
200	Gloria	62.8

Data Found.

ID	Name	Weight
159	Peter	81.2

解釋

[主程式]

1. 首先打開學生資料檔案，然後呼叫副程式*read_all_student_data*，將資料讀入學生資料陣列中。
2. 讀入所要尋找的學生學號至變數*target*中。
3. 呼叫副程式*search*找出學生資料陣列中學號為*target*的所在位置。
4. 輸出找到的學生資料。如未找到，則顯示學生資料不存在。
5. 因為輸出有關找到或沒有找到，我們僅僅輸出結果到螢幕上。

[副程式]

int read_all_student_data(struct student A[MAX_ARRAY_SIZE], FILE *fp);

同範例10-1，將打開好的檔案指標傳入，此副程式則會將存在裡面的學生資料，一筆一筆讀至*A*陣列中。注意，一旦return，就等於結束副程式。

void display_all_student_data(struct student A[MAX_ARRAY_SIZE], int N);

將所有學生資料陣列的資料（學號(*id*)、姓名(*name*)、體重(*weight*)），及裡面的資料的數目(*N*)輸出至螢幕上。

void display_student_data(struct student x[MAX_ARRAY_SIZE],int i);
將第*i*筆學生的資料輸出至螢幕上。

void search(struct student A[MAX_ARRAY_SIZE], int target_id_num, int N);
從學生資料陣列的第1個位置開始檢查，若學號與所要找尋的相符，即列印出該筆學生資料。若搜尋完學生資料陣列而無相符的資料時，則顯示無此資料。

例題10-3 求學生體重的平均值

例題10-1中學生的體重平均值是(79.1+60.3+81.4+76.6+62.3)/5=71.9。
這個程式和例題10-3的主程式非常相似，我們就略去它的流程圖。
副程式的流程圖如圖10-5：

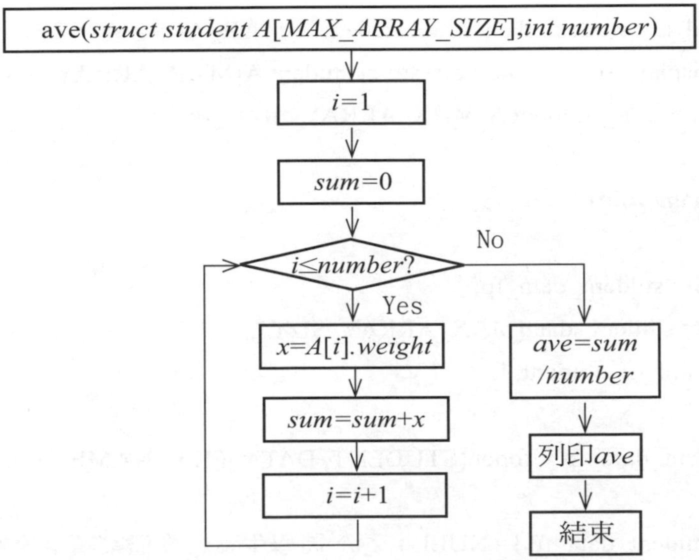

圖10-5

以下是程式。

程式 10-3

```
#include <stdio.h>

#define MAX_ARRAY_SIZE 256
#define STUDENT_DATA_FILE_NAME "student.txt"

struct student
{
   int idnum;
   char name[20];
   float weight;
};

int read_all_student_data(struct student A[MAX_ARRAY_SIZE], FILE *fp);
void display_all_student_data(struct student A[MAX_ARRAY_SIZE], int N);
void ave(struct student A[MAX_ARRAY_SIZE], int N);

void main(void)
{
   FILE *student_data_fp;
   struct student sdata[MAX_ARRAY_SIZE];
   int num_of_student, i;

   student_data_fp = fopen(STUDENT_DATA_FILE_NAME, "r");

   if( student_data_fp != NULL )      /* 將學生資料從檔案讀至陣列中 */
   {
      /* 讀出學生資料，並記錄所讀取的筆數 */
      num_of_student = read_all_student_data(sdata, student_data_fp);
      fclose(student_data_fp);
      if(num_of_student==0)           /* 沒有讀到學生資料 */
```

```
        {
            printf("There is no student data in the input file.");
        }
        else
        {
            /* 顯示讀取的所有學生資料 */
            display_all_student_data(sdata, num_of_student);
            /* 呼叫 ave 副程式來計算學生的平均體重 */
            ave(sdata, num_of_student);
        }

    }
    else
    {
        printf("Student data file doesn't exist.\n");
    }
    /* Program ends here */
}


int read_all_student_data(struct student A[MAX_ARRAY_SIZE], FILE *fp);
{
    int i;

    i = 0;
    while(i < MAX_ARRAY_SIZE)/* 讀取資料尚未超出陣列的最大空間 */
    {
        if( !feof(fp) )
        {
            /* 將一筆學生資料從檔案中讀出並存至陣列當中 */
           fscanf(fp,"%d %s %f", &A[i+1].idnum, A[i+1].name, &A[i+1].weight);
```

```
        if(A[i+1].idnum!=0)
         {
           i++;
         }
      }
      else
      {
        return i;                    /* 回傳總共讀取的學生資料筆數 */
      }
   }

   return i;                         /* 回傳總共讀取的學生資料筆數 */
}


void ave(struct student A[MAX_ARRAY_SIZE], int N);
{
   int i;
   float x, ave, sum;

   for(sum = 0, i = 1; i <= N; i++)    /* 加總所有學生的體重 */
   {
      x = A[i].weight;
      sum = sum + x;
   }

   ave = sum / N;    /* 將所有學生體重的總和除以人數以求出平均值 */

   printf("The average weight is %.1f\n", ave);
}

void display_all_student_data(struct student A[MAX_ARRAY_SIZE], int N)
```

```
{
   int i;

   printf("ID\t\tName\t\tWeight\n");

   for(i = 1; i <= N; i++)        /* 將學生資料一筆筆顯示出來 */
   {
      printf("%d\t\t%s\t\t%.1f\n", A[i].idnum, A[i].name, A[i].weight);
   }
}
```

執行範例

```
ID          Name          Weight
109         John          79.1
201         Mary          60.3
159         Peter         81.4
163         Kelly         76.6
200         Gloria        62.3
The average weight is 71.9
```

解釋

[主程式]

1. 首先打開學生資料檔案，然後呼叫副程式*read_all_student_data*，將資料讀入學生資料陣列中。
2. 呼叫副程式*ave*算出學生資料陣列中的平均體重，算出結果後列印至螢幕上。

[副程式]

int read_all_student_data(struct student A[MAX_ARRAY_SIZE], FILE *fp);

void display_all_student_data(struct student A[MAX_ARRAY_SIZE], int N);

請參閱程式10-2的解釋。

void ave(struct student A[MAX_ARRAY_SIZE], int N);

從學生資料陣列的每一筆資料中，將體重取出存放至一臨時變數*x*，之後將*x*加總到*sum*變數中。全部做完後，將*sum*除以學生資料的筆數，即可以得到學生資料的平均體重。

例題10-4 利用structure新增資料

假設我們仍然利用以上幾個例子中所定義的*structure*，而要加入一筆學生資料，我們必須先查一下這位學生的學號是否已經存在。如果已經存在，就不能加入。如果不存在，就將新增的資料寫入原來的檔案之中。

我們假設原來的資料存在一個叫做student.txt的文字檔案中，新增的資料要放入這個檔案的末端，而新資料是由鍵盤輸入的。

我們的主程式必須要有兩個陣列，兩個都是*student*的資料結構，其中一個*addedstudent*是為了存放所新增學生的資料，另一個*sdata*為了存放原來學生的資料。

主程式所呼叫的副程式，叫做*check*，*check*的功能是檢查新增學生的學號有沒有和任何一位原有學生的學號相同，如果有就回傳0，否則，回傳1。

主程式的流程圖如圖10-6：

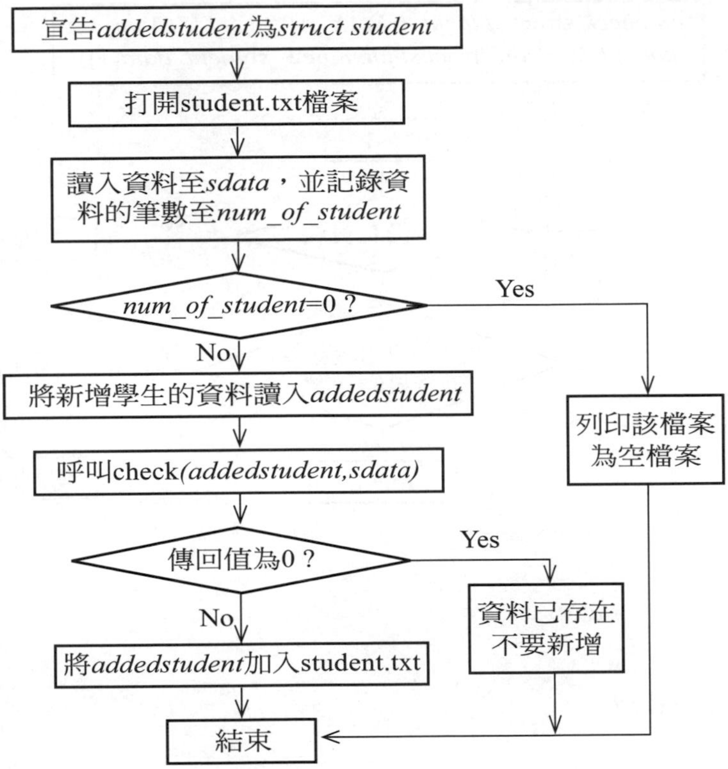

圖10-6

副程式*check*的流程圖如圖10-7：

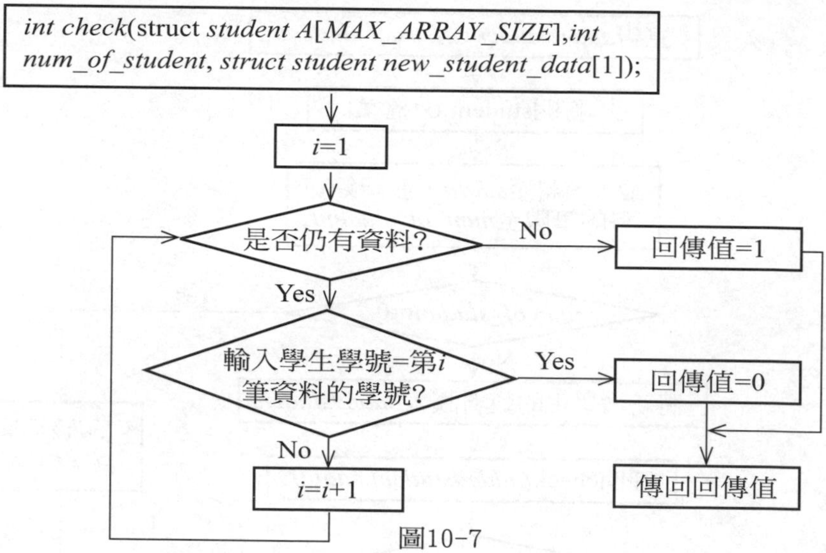

圖10-7

以下是程式。

程式 10-4

```
#include <stdio.h>
#define MAX_ARRAY_SIZE 256
#define STUDENT_DATA_FILE_NAME "student.txt"

struct student
{
    int idnum;
    char name[20];
    float weight;
};

int read_all_student_data(struct student A[MAX_ARRAY_SIZE], FILE *fp);
void read_new_student_data(struct student new_stduent_data_p[1]);
int check(struct student A[MAX_ARRAY_SIZE],int num_of_student, struct
```

```
student new_student_data[1]);
    void add_new_student_data_to_file(struct student new_student_data_p[1],
FILE *fp);
    void display_student_data(struct student x[1]);
    void display_all_student_data(struct student A[MAX_ARRAY_SIZE], int N);

    void main(void)
    {
      FILE *student_data_fp;
      struct student sdata[MAX_ARRAY_SIZE], addedstudent[1];
      int num_of_student, i;

      student_data_fp = fopen(STUDENT_DATA_FILE_NAME, "r");

      if( student_data_fp != NULL )     /* 將學生資料從檔案讀至陣列當中 */
      {
        num_of_student = read_all_student_data(sdata, student_data_fp);
        fclose(student_data_fp);
        /* 顯示所讀取到的所有學生資料 */
        display_all_student_data(sdata, num_of_student);
      }
      else
      {
        printf("Student data file doesn't exist.\n");
      }

      /* 在螢幕上提示輸入新的學生資料 */
      printf("Please enter new student data.\n");
      read_new_student_data(addedstudent);     /* 輸入新的學生資料 */
      display_student_data(addedstudent);      /* 顯示所輸入的學生資料 */

      /* 檢查此學生資料是否重複 */
```

```
    if( check(sdata, num_of_student, addedstudent) == 1 )
    {
      /* 資料沒有重複 */
      /* 將新增的學生資料存放至檔案中 */
      student_data_fp = fopen(STUDENT_DATA_FILE_NAME, "a");
      add_new_student_data_to_file(addedstudent, student_data_fp);
      fclose(student_data_fp);
    }
    else
    {
      printf("Student exists, cannot add it\n");/* 資料重複 */
    }
}/* Program ends here */


int read_all_student_data(struct student A[MAX_ARRAY_SIZE], FILE *fp)
{
    int i;

    i = 0;
    while(i < MAX_ARRAY_SIZE)/* 讀取資料尚未超出陣列的最大空間 */
    {
      if( !feof(fp) )
      {
        /* 將一筆學生資料從檔案中讀出並存至陣列當中 */
        fscanf(fp,"%d %s %f", &A[i+1].idnum, A[i+1].name, &A[i+1].weight);
        if(A[i+1].idnum!=0)
        {
          i++;
        }
      }
      else
```

```
            {
                return i;                         /* 回傳總共讀取的學生資料筆數 */
            }
        }

        return i;                                 /* 回傳總共讀取的學生資料筆數 */
    }


    void read_new_student_data(struct student x[1])/* 輸入一新的學生資料 */
    {
        printf("ID: ");                           /* 提示輸入學生學號 */
        scanf("%d", &(x[0].idnum) );
        printf("Name (Max:20 characters): ");/* 提示輸入學生姓名 */
        scanf("%s", (x[0].name) );
        printf("weight: ");                       /* 提示輸入學生體重 */
        scanf("%f", &(x[0].weight) );
    }

    /* 檢查new_student_data是否已存在學生資料陣列 A 內 */
    int check(struct student A[MAX_ARRAY_SIZE],int num_of_student, struct
student new_student_data[1])
    {
        int ret_val = 1, i;

        i = 1;

        while( i <= num_of_student )/* 一筆筆讀取學生資料陣列內的資料 */
        {
            /* 比對是否有相符 */
            if( A[i].idnum == new_student_data[0].idnum )
            {
```

```
            ret_val = 0;
        }
        i++;
    }

    return ret_val;
}

void add_new_student_data_to_file(struct student x[1], FILE *fp)
{
    /* 將學生資料寫至已經開啟好的檔案內 */
    fprintf(fp,"\n%d %s %.1f", x[0].idnum, x[0].name, x[0].weight);
}


void display_student_data(struct student x[1])
{
    printf("ID\t\tName\t\tWeight\n");            /* 顯示學生資料 */
    printf("%d\t\t%s\t\t%.1f\n", x[0].idnum, x[0].name, x[0].weight);
}

void display_all_student_data(struct student A[MAX_ARRAY_SIZE], int N)
{
    int i;

    /* 一筆筆顯示學生資料陣列內的所有資料 */
    printf("ID\t\tName\t\tWeight\n");

    for(i = 1; i <= N; i++)
    {
        printf("%d\t\t%s\t\t%.1f\n", A[i].idnum, A[i].name, A[i].weight);
    }
```

```
    }
```

執行範例

```
ID      Name     Weight
109     John     79.1
201     Mary     60.3
159     Peter    81.4
163     Kelly    76.6
200     Gloria   62.3
Please enter new student data.
ID: 209
Name (Max:20 characters): John
weight: 74.3
ID      Name     Weight
209     John     74.3
```

如果我們再次讀取student.txt，即可看到文字檔案的內容如下：

```
109     John     79.1
201     Mary     60.3
159     Peter    81.4
163     Kelly    76.6
200     Gloria   62.3
209     John     74.3
```

解釋

[主程式]

1. 首先打開學生資料檔案，然後呼叫副程式*read_all_student_data*，將資料讀入學生資料陣列中。
2. 呼叫副程式*read_new_student_data*，由鍵盤讀入一筆學生資料。
3. 呼叫副程式*check*，檢查剛剛讀入的資料是否已存在原本的學生資料當中。

4. 若存在，則列印至螢幕上資料已存在的訊息。
5. 若不存在，則呼叫副程式*add_new_student_data_to_file*，將新增的學生資料寫入資料檔中。

[副程式]

int read_all_student_data(struct student A[MAX_ARRAY_SIZE], FILE *fp);
void display_all_student_data(struct student A[MAX_ARRAY_SIZE], int N);
請參閱上一個的解釋。

void display_student_data(struct student x[1]);
顯示一筆學生資料。

void read_new_student_data(struct student x[1])
由鍵盤依序讀入學生資料的學號、姓名、體重，並存在一個大小為1的struct *student*的陣列中，以便之後處理。

int check(struct student A[MAX_ARRAY_SIZE], int num_of_student,struct student new_student_data[1]);
從學生資料陣列的第1個位置開始檢查到最後一筆，若學號與所要找尋的相符，則回傳0表示該筆學生資料已經存在。若搜尋完學生資料陣列而無學號相符時，則回傳1表示該筆學生資料並不存在。

void add_new_student_data_to_file(struct student x[1], FILE *fp)
將一筆新的學生資料寫至資料檔的最底端。

例題10-5 刪減學生的資料

這次，我們輸入一個學生的學號，然後將這個學生的資料刪除，假設我們學生的資料仍然是student.txt，我們的做法是先將student.txt的學生資料讀出至*sdata*中，*sdata*事先被宣告為一個*struct student*的陣列，然後我們一一比對*sdata* 中的學生資料，如果所比對的學生學號不是我們要刪除學生的學號，我們就將這筆資料寫回student.txt中。如果正好是，我們就不寫回去。如此，原來的學生資料中就會少了那一筆要被刪除的學生資料。

主程式如圖10-8：

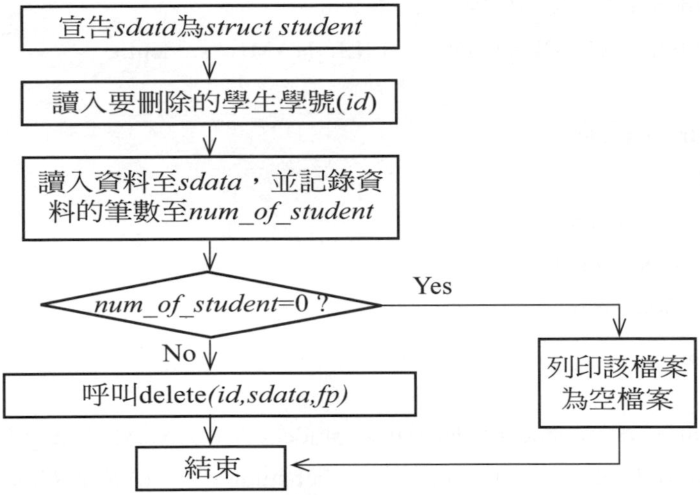

圖10-8

副程式*delete*的流程圖如圖10-9：

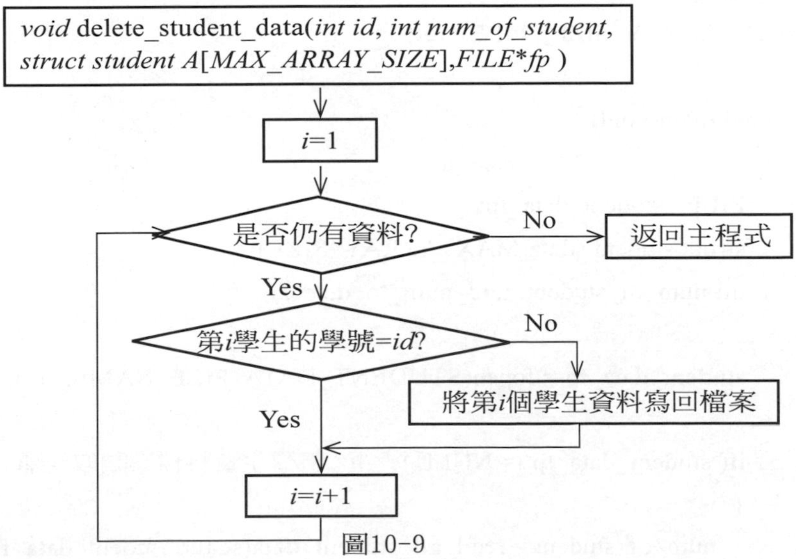

圖10-9

以下是程式。

程式 10-5

```
#include <stdio.h>
#define MAX_ARRAY_SIZE 256
#define STUDENT_DATA_FILE_NAME "student.txt"

struct student
{
    int idnum;
    char name[20];
    float weight;
};

int read_all_student_data(struct student A[MAX_ARRAY_SIZE], FILE *fp);
void display_all_student_data(struct student A[MAX_ARRAY_SIZE], int N);
void add_new_student_data_to_file(struct student A[MAX_ARRAY_SIZE], int i, FILE *fp);
void delete_student_data(int id, int num_of_student, struct student A[MAX_ARRAY_SIZE], FILE *fp);

void main(void)
{
    FILE *student_data_fp;
    struct student sdata[MAX_ARRAY_SIZE];
    int num_of_student, i, id_num_to_delete;

    student_data_fp = fopen(STUDENT_DATA_FILE_NAME, "r");

    if( student_data_fp != NULL )      /* 將學生資料檔案讀取至陣列中 */
    {
        num_of_student = read_all_student_data(sdata, student_data_fp);
        fclose(student_data_fp);
```

```
        if(num_of_student==0)
        {
          printf("There is no student data in the input file.");
        }
        else
        {
          /* 顯示讀取的所有學生資料 */
          display_all_student_data(sdata, num_of_student);

          printf("Please enter the ID to delete the student: ");
          scanf("%d", &id_num_to_delete);     /* 讀入要刪除的學生學號 */

          student_data_fp = fopen(STUDENT_DATA_FILE_NAME, "w");
          /* 呼叫副程式delete_student_data將所指定的學生資料刪除 */
              delete_student_data(id_num_to_delete, num_of_student, sdata,
student_data_fp);
          fclose(student_data_fp);
        }
      }
      else
      {
        printf("Student data file doesn't exist.\n");
      }

    }/* Program ends here */

    int read_all_student_data(struct student A[MAX_ARRAY_SIZE], FILE *fp)
    {
      int i;

      i = 0;
```

```
    while(i < MAX_ARRAY_SIZE)/* 讀取資料尚未超出陣列的最大空間 */
    {
      if( !feof(fp) )
      {
        /* 將一筆學生資料從檔案中讀出並存至陣列當中 */
        fscanf(fp,"%d %s %f", &A[i+1].idnum, A[i+1].name, &A[i+1].weight);
        if(A[i+1].idnum!=0)
        {
          i++;
        }
      }
      else
      {
        return i;                    /* 回傳總共讀取的學生資料筆數 */
      }
    }

    return i;                        /* 回傳總共讀取的學生資料筆數 */
  }

  void delete_student_data(int id, int num_of_student, struct student
A[MAX_ARRAY_SIZE], FILE *fp)
  {
    int i;

    i = 1;

    while( i <= num_of_student )     /* 檢查陣列中的每筆資料 */
    {
      if( A[i].idnum != id )         /* 若資料不是要刪除的那筆 */
      {
        /* 呼叫add_new_student_data_to_file寫入檔案中 */
```

```
            add_new_student_data_to_file(A, i, fp);
        }
        i++;
    }
}

void display_all_student_data(struct student A[MAX_ARRAY_SIZE], int N)
{
    int i;

    printf("ID\t\tName\t\tWeight\n"); /* 將學生資料一筆筆讀出並顯示出來 */

    for(i = 1; i <= N; i++)
    {
        printf("%d\t\t%s\t\t%.1f\n", A[i].idnum, A[i].name, A[i].weight);
    }
}

void add_new_student_data_to_file(struct student A[MAX_ARRAY_SIZE],
int i, FILE *fp)
{
    /* 將傳入的學生資料寫至已開啟好的檔案中 */
    fprintf(fp, "\n%d %s %.1f", A[i].idnum, A[i].name, A[i].weight) ;
}
```

執行範例

```
ID          Name        Weight
109         John        79.1
201         Mary        60.3
159         Peter       81.4
163         Kelly       76.6
```

200	Gloria	62.3
209	John	74.3

Please enter the ID to delete the student: 163

執行完後，文字檔student.txt的內容如下：

109	John	79.1
201	Mary	60.3
159	Peter	81.4
200	Gloria	62.3
209	John	74.3

解釋

[主程式]

1. 首先打開學生資料檔案，然後呼叫副程式*read_all_student_data*，將資料讀入學生資料陣列中。
2. 由鍵盤讀入所要刪除的學生學號至變數*id_num_to_delete*中。
3. 呼叫副程式*delete*將學生資料陣列中學號為*id_num_to_delete*刪除，並存回學生資料檔。

[副程式]

int read_all_student_data(struct student A[MAX_ARRAY_SIZE], FILE *fp);
void display_all_student_data(struct student A[MAX_ARRAY_SIZE], int N);
請參閱程式10-2的解釋。

void add_new_student_data_to_file(struct student A[MAX_ARRAY_SIZE], int i, FILE *fp);
將第*i*筆的學生資料寫入檔案中。
void delete_student_data(int id, int num_of_student, struct student A[MAX_ARRAY_SIZE], FILE *fp);

從學生資料陣列的第1個位置開始檢查，若學號與所要刪除的不相符，則將其寫回資料檔。若學號與所要刪除的相符，則略過不處理。當此副程式執行完時，所要刪除的學生資料將不會被寫回資料檔，如此一來就完成了刪除的動作。

例題10-6 將學生以性別分類

現在我們假設我們有10位學生的資料，每一筆資料有學生學號、姓名、性別和另一個叫做*reference*的欄位。假設我們有以下的學生資料：

	ID	NAME	Sex	Reference
1	301	Mary	F	
2	102	John	M	
3	153	Peter	M	
4	104	Rose	F	
5	165	Elizabeth	F	
6	176	William	M	
7	187	Dianna	F	
8	208	Frank	M	
9	309	Nicolas	M	
10	110	Andrew	F	

假如我們要印出所有男性學生的資料，我們就必須一筆一筆地去查。如果我們事先做一些事情，將來印的時候就簡單一點了。

我們發現第一個女學生在第一筆資料裡，第二個女學生在第四筆資料中，所以我們就在第一個女生的*reference*欄記入4。再下一個女學生在第五筆資料中，我們就在第四位同學的*reference*欄位中，註明*5*。以此類推，我們將女性同學用*reference*串聯起來了。

	ID	NAME	Sex	Reference
1	301	Mary	F	4
2	102	John	M	
3	153	Peter	M	
4	104	Rose	F	5
5	165	Elizabeth	F	7
6	176	William	M	
7	187	Dianna	F	10
8	208	Frank	M	
9	309	Nicolas	M	
10	110	Andrew	F	

有了這樣的串聯，我們可以輕而易舉地列印出所有女生的資料，至於如何列印，我們在下一個例題中說明。

同理，我們也可以將男生串聯起來，如下表所示：

	ID	NAME	Sex	Reference
1	301	Mary	F	4
2	102	John	M	3
3	153	Peter	M	6
4	104	Rose	F	5
5	165	Elizabeth	F	7
6	176	William	M	8
7	187	Dianna	F	10
8	208	Frank	M	9
9	309	Nicolas	M	
10	110	Andrew	F	

我們還需要將兩個起始點記錄下來，女生的起始點是1，男生的起始點是2。我們可以用一個叫做*headarray*來記錄這個起始點。

	headarray	
1	1	(女性)
2	2	(男性)

所以，我們的主程式要做兩件事，第一是產生起始點的陣列，我們規定*headarray*(1)是記錄女生的起始點，*headarray*(2)是記錄男生的起始點。然後我們要產生男生的串聯。

主程式的流程圖如圖10-10：

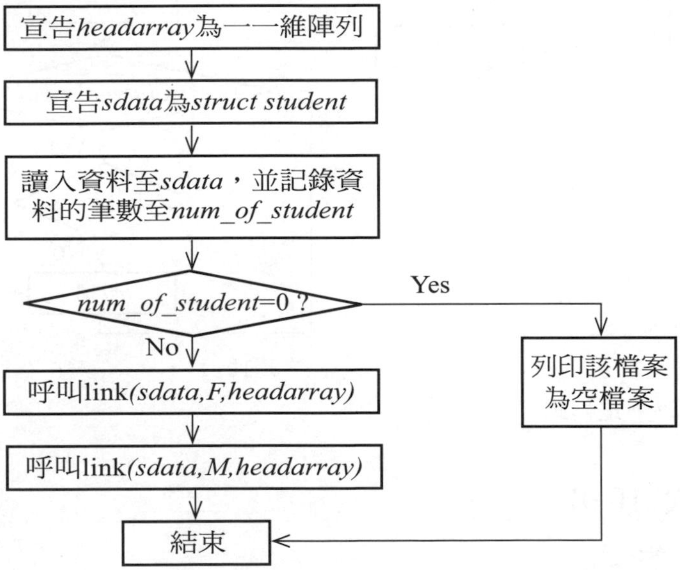

圖10-10

副程式*link(sdata,s,array)*的流程圖如圖10-11：

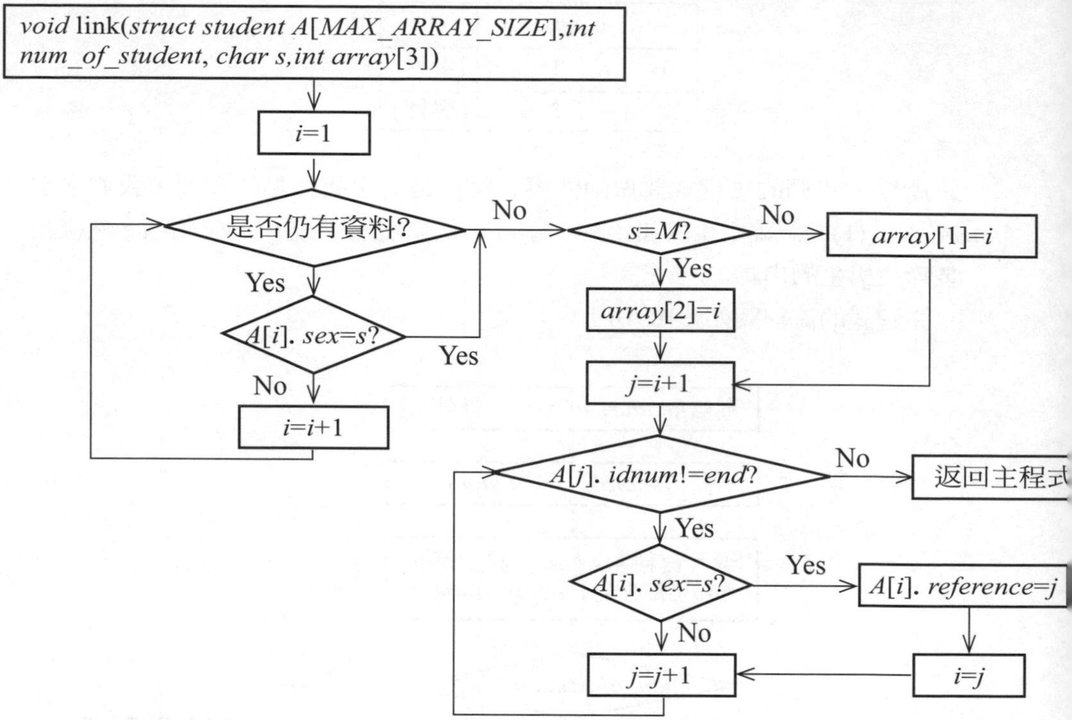

圖10-11

以下是程式。

程式 10-6

```
#include <stdio.h>
#define MAX_ARRAY_SIZE 256
#define STUDENT_DATA_FILE_NAME "student_2.txt"
#define STUDENT_DATA_LINKED_FILE_NAME "student_2_linked.txt"
#define LINK_BEGIN_INDEX_FILE_NAME "student_2_link_begin_index.txt"

struct student
{
   int idnum;
   char name[20];
   char sex;
```

```
    int reference;
  };

  int read_all_student_data(struct student A[MAX_ARRAY_SIZE], FILE *fp);
  void display_all_student_data(struct student A[MAX_ARRAY_SIZE], int N);
  void add_new_student_data_to_file(struct student A[MAX_ARRAY_SIZE], int
i, FILE *fp);
  void link(struct student A[MAX_ARRAY_SIZE], int num_of_student, char s, int
array[3]);

  void main(void)
  {
    FILE *student_data_fp;
    struct student sdata[MAX_ARRAY_SIZE];
    int num_of_student, i, headarray[3];

    student_data_fp = fopen(STUDENT_DATA_FILE_NAME, "r");

    if( student_data_fp != NULL )      /* 將學生資料從檔案讀至陣列當中 */
    {
      num_of_student = read_all_student_data(sdata, student_data_fp);
      fclose(student_data_fp);
      if(num_of_student==0)
      {
        printf("There is no student data in the input file.");
      }
      else
      {
        /* 顯示讀取到的所有學生資料 */
        display_all_student_data(sdata, num_of_student);

        printf("Start linking.\n");      /* 將學生資料依性別串聯起來 */
        printf("Sex=M:\n");
        /* 串聯男性的學生資料 */
        link(sdata, num_of_student, 'M', headarray);
        printf("\nSex=F:\n");
```

```
        /* 串聯女性的學生資料 */
        link(sdata, num_of_student, 'F', headarray);

        printf("Linking done.\n");     /* 顯示串聯好的學生資料 */
        display_all_student_data(sdata, num_of_student);

        /* 將依性別所做串聯的資料存入至檔案中 */
        student_data_fp = fopen(STUDENT_DATA_LINKED_FILE_NAME, "w");

        if( student_data_fp != NULL )
        {
          for(i = 1; i <= num_of_student; i++)
          {
            add_new_student_data_to_file(sdata,i, student_data_fp);
          }
          fclose(student_data_fp);
        }

        /* 將串聯的第一筆資料存入另一檔案中 */
        student_data_fp = fopen(LINK_BEGIN_INDEX_FILE_NAME, "w");
        fprintf(student_data_fp, "%d\n", headarray[1]);
        fprintf(student_data_fp, "%d\n", headarray[2]);
        fclose(student_data_fp);
      }

    }
    else
    {
      printf("Student data file doesn't exist.\n");
    }
    /* Program ends here */
}

int read_all_student_data(struct student A[MAX_ARRAY_SIZE], FILE *fp)
{
    int i
```

```
    i = 0;

    while(i < MAX_ARRAY_SIZE)    /* 讀取資料尚未超出陣列的最大空間 */
    {
      if( !feof(fp) )
      {
        /* 將一筆學生資料從檔案中讀出並存至陣列當中 */
          fscanf(fp,"%d %s %c %d", &(A[i+1].idnum), A[i+1].name, &(A[i+1].
sex), &A[i+1].reference);
        if(A[i+1].idnum!=0)
        {
          i++;
        }
      }
      else
      {
        return i;                    /* 回傳總共讀取的學生資料筆數 */
      }
    }

    return i;                        /* 回傳總共讀取的學生資料筆數 */
  }


  void add_new_student_data_to_file(struct student A[MAX_ARRAY_SIZE], int
i, FILE *fp)
  {
    /* 將學生資料寫至已開啟好的檔案內 */
     fprintf(fp,"%d\t\t%s\t\t%c\t\t%d\n", A[i].idnum, A[i].name, A[i].sex, A[i].
reference);
  }

  void display_all_student_data(struct student A[MAX_ARRAY_SIZE], int N)
  {
    int i;
```

```
        /* 將學生資料一筆筆地顯示出來 */
        printf("ID\t\tName\t\tSex\t\tReference\n");

        for(i = 1; i <= N; i++)
        {
            printf("%2d: %d\t\t%s\t\t%c\t\t%d\n", i, A[i].idnum, A[i].name, A[i].sex,
A[i].reference);
        }
    }

    void link(struct student A[MAX_ARRAY_SIZE], int num_of_student, char s, int
array[3])
    {
        int i, j;

        i = 1;                          /* 找出欲串聯性別的第一筆學生資料 */
        while ( i <= num_of_student )
        {

            if( A[i].sex == s )
            {
                break;
            }

            i++;
        }

        if( s == 'M' )                  /* 記錄第一筆資料的位置 */
        {
            array[2] = i;
            printf("i=%d, set array[2]=%d\n", i, i);
        }
        else
        {
            array[1] = i;
            printf("i=%d, set array[1]=%d\n", i, i);
```

```
    }

    j = i + 1;
    while( j <= num_of_student )                    /* 往下搜尋，做串聯的動作 */
    {
      printf("i=%d, j=%d", i, j);
      if( A[j].sex == s )                           /* 找到下一筆資料 */
      {
        A[i].reference = j;                         /* 記錄串聯的位置 */
        printf(", set A[%d].reference=%d, i=j=%d.\n", i, j, j);
        i = j;
      }
      else printf("\n");
      j++;
    }
  }
```

執行範例

```
 ID       Name          Sex      Reference
1: 301    Mary           F           0
2: 102    John           M           0
3: 153    Peter          M           0
4: 104    Rose           F           0
5: 165    Elizabeth      F           0
6: 176    William        M           0
7: 187    Dianna         F           0
8: 208    Frank          M           0
9: 309    Nicolas        M           0
10: 110   Andrew         F           0
Start linking.
Sex=M:
i=2, set array[2]=2
i=2, j=3, set A[2].reference=3, i=j=3.
```

```
i=3, j=4
i=3, j=5
i=3, j=6, set A[3].reference=6, i=j=6.
i=6, j=7
i=6, j=8, set A[6].reference=8, i=j=8.
i=8, j=9, set A[8].reference=9, i=j=9.
i=9, j=10

Sex=F:
i=1, set array[1]=1
i=1, j=2
i=1, j=3
i=1, j=4, set A[1].reference=4, i=j=4.
i=4, j=5, set A[4].reference=5, i=j=5.
i=5, j=6
i=5, j=7, set A[5].reference=7, i=j=7.
i=7, j=8
i=7, j=9
i=7, j=10, set A[7].reference=10, i=j=10.
Linking done.
  ID        Name          Sex      Reference
 1: 301     Mary          F         4
 2: 102     John          M         3
 3: 153     Peter         M         6
 4: 104     Rose          F         5
 5: 165     Elizabeth     F         7
 6: 176     William       M         8
 7: 187     Dianna        F         10
 8: 208     Frank         M         9
 9: 309     Nicolas       M         0
10: 110     Andrew        F         0
```

解釋

[主程式]

1. 首先打開學生資料檔案，然後呼叫副程式*read_all_student_data*將資料讀入學生資料陣列中。
2. 呼叫副程式link將男生的資料連結好，連結的資料會被存入欄位*reference*中。第一筆男生資料的位置會被存入*array*[2]當中。
3. 呼叫副程式link將女生的資料連結好，連結的資料會被存入欄位*reference*中。第一筆女生資料的位置會被存入*array*[1]當中。
4. 將連結好的資料寫回資料檔（student_2_linked.txt）中。
5. 將儲存男生女生起始位置資料的陣列寫入至另一檔案（student_2_link_begin_index.txt）中。

[副程式]

int read_all_student_data(struct student A[MAX_ARRAY_SIZE], FILE *fp);
void display_all_student_data(struct student A[MAX_ARRAY_SIZE], int N);
請參閱例題10-2的解釋

void link(struct student A[MAX_ARRAY_SIZE], int num_of_student, char s, int array[3])

1. 首先找出第一筆性別相符的學生資料，並將其所在位置存入存放性別起始位置的陣列中。
2. 由找到第一筆資料開始往下尋找性別相同的資料，當找到相符時，即存入上一筆的*reference*欄位，這個動作不斷重複，直到整個學生資料都找完為止。

例題10-7 列印已有串聯的學生資料

假設我們已經完成由性別串聯的工作，學生的資料如下表：

	ID	NAME	Sex	Reference
1	301	Mary	F	4
2	102	John	M	3
3	153	Peter	M	6
4	104	Rose	F	5
5	165	Elizabeth	F	7
6	176	William	M	8
7	187	Dianna	F	10
8	208	Frank	M	9
9	309	Nicolas	M	
10	110	Andrew	F	

	headarray	
1	1	(女性)
2	2	(男性)

如果我們要列印所有的女生資料，我們先要有*headarray*[1]是什麼。我們發現*headarray*[1]=1，所以我們知道女生的連結從第一筆資料開始。在第一個學生的*reference*欄位，我們看到了4，就知道第四位學生也是女生；在這裡，我們又發現第五位同學也是女生，就這樣一直讀下去，我們可以找到所有的女生。

主程式的流程圖可以省略了，我們只要給副程式*output_link*的流程圖就可以了。

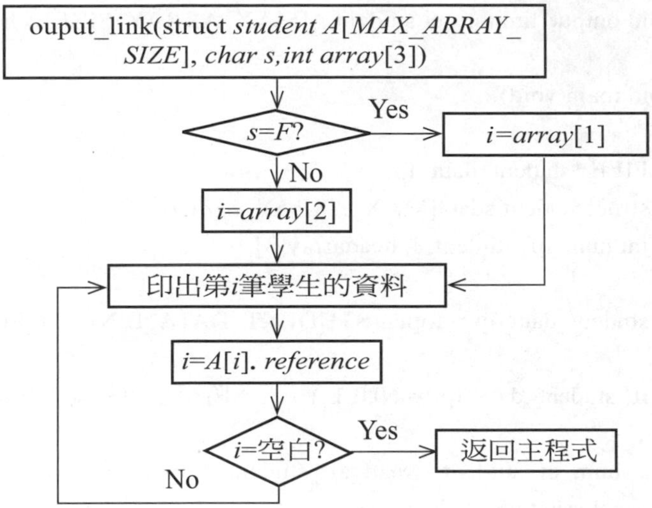

圖10-12

以下是程式。

程式 10-7

```
#include <stdio.h>
#define MAX_ARRAY_SIZE 256
#define STUDENT_DATA_LINKED_FILE_NAME "student_2_linked.txt"
#define LINK_BEGIN_INDEX_FILE_NAME "student_2_link_begin_index.
txt"

struct student
{
   int idnum;
   char name[20];
   char sex;
   int reference;
};

int read_all_student_data(struct student A[MAX_ARRAY_SIZE], FILE *fp);
void display_student_data(struct student A[MAX_ARRAY_SIZE],int i);
void display_all_student_data(struct student A[MAX_ARRAY_SIZE], int N);
```

```
void output_link(struct student A[MAX_ARRAY_SIZE], char s, int array[3]);

void main(void)
{
  FILE *student_data_fp;
  struct student sdata[MAX_ARRAY_SIZE];
  int num_of_student, i, headarray[3];

  student_data_fp = fopen(STUDENT_DATA_LINKED_FILE_NAME, "r");

  if( student_data_fp != NULL )      /* 將學生資料從檔案讀取至陣列內 */
  {
    num_of_student = read_all_student_data(sdata, student_data_fp);
    fclose(student_data_fp);
    display_all_student_data(sdata, num_of_student);

    /* 讀取依性別串聯的起始位置 */
    student_data_fp = fopen(LINK_BEGIN_INDEX_FILE_NAME, "r");
    fscanf(student_data_fp, "%d", &headarray[1]);
    fscanf(student_data_fp, "%d", &headarray[2]);
    fclose(student_data_fp);
    printf("Start index for Female = %d.\n", headarray[1]);
    printf("Start index for Male = %d.\n", headarray[2]);

    printf("Output linked data.\n");
    /* 輸出以男性串聯的學生資料 */
    output_link(sdata, 'M', headarray);
    /* 輸出以女性串聯的學生資料 */
    output_link(sdata, 'F', headarray);

  }
  else
  {
    printf("Student data file doesn't exist.\n");
  }
```

```
}/* Program ends here */

int read_all_student_data(struct student A[MAX_ARRAY_SIZE], FILE *fp)
{
  int i;

  i = 0;

  while(i < MAX_ARRAY_SIZE)   /* 讀取資料尚未超出陣列的最大空間 */
  {
    if( !feof(fp) )
    {
      /* 將一筆學生資料從檔案中讀出並存至陣列當中 */
       fscanf(fp,"%d %s %c %d", &(A[i+1].idnum), A[i+1].name, &(A[i+1].
sex), &A[i+1].reference);
      if(A[i+1].idnum!=0)
      {
        i++;
      }
    }
    else
    {
      return i;                          /* 回傳總共讀取的學生資料筆數 */
    }
  }

  return i;                              /* 回傳總共讀取的學生資料筆數 */
}


void display_student_data(struct student A[MAX_ARRAY_SIZE],int i)
{
  /* 顯示學生資料 */
   printf("%d\t\t%s\t\t%c\t\t%d\n", A[i].idnum, A[i].name, A[i].sex, A[i].
reference);
}
```

```
void display_all_student_data(struct student A[MAX_ARRAY_SIZE], int N)
{
   int i;

   /* 將學生資料一筆筆地顯示出來 */
   printf("ID\t\tName\t\tSex\t\tReference\n");

   for(i = 1; i <= N; i++)
   {
        printf("%2d: %d\t\t%s\t\t%c\t\t%d\n", i, A[i].idnum, A[i].name, A[i].sex,
A[i].reference);
   }
}


void output_link(struct student A[MAX_ARRAY_SIZE], char s, int array[3])
{
   int i;

   if( s == 'F' )         /* 根據性別，找出之前記錄的第一筆資料位置 */
   {
      i = array[1];
      printf("Female data.\n");
   }
   else
   {
      i = array[2];
      printf("Male data.\n");
   }

   printf("ID\t\tName\t\tSex\t\tReference\n");
   while( i != 0 )
   {
    printf("%2d: ", i);
```

```
        display_student_data(A,i);          /* 顯示串聯的學生資料 */
        i = A[i].reference;                 /* 跳至下筆串聯的學生資料 */
    }
}
```

執行範例

```
   ID        Name          Sex       Reference
1: 301       Mary           F            4
2: 102       John           M            3
3: 153       Peter          M            6
4: 104       Rose           F            5
5: 165       Elizabeth      F            7
6: 176       William        M            8
7: 187       Dianna         F            10
8: 208       Frank          M            9
9: 309       Nicolas        M            0
10: 110      Andrew         F            0
Start index for Female = 1.
Start index for Male = 2.
Output linked data.
Male data.
   ID        Name          Sex       Reference
 2: 102      John           M            3
 3 :153      Peter          M            6
 6 :176      William        M            8
 8 :208      Frank          M            9
 9 :309      Nicolas        M            0
Female data.
   ID        Name          Sex       Reference
 1:301       Mary           F            4
```

4 :104	Rose	F	5
5 :165	Elizabeth	F	7
7 :187	Dianna	F	10
10 :110	Andrew	F	0

解釋

[主程式]

1. 首先打開學生資料檔案，然後呼叫副程式*read_all_student_data*將資料讀入學生資料陣列中。
2. 再打開學生性別起始位置資料檔案，讀入學生性別起始位置陣列中。
3. 呼叫副程式*output_link*將男生的資料輸出。
4. 呼叫副程式*output_link*將女生的資料輸出。

[副程式]

int read_all_student_data(struct student A[MAX_ARRAY_SIZE], FILE *fp);
void display_student_data(struct student A[MAX_ARRAY_SIZE],int i);
void display_all_student_data(struct student A[MAX_ARRAY_SIZE], int N);
請參閱例題10-2的解釋

int output_link(struct student A[MAX_ARRAY_SIZE], char s, int array[3]);
1. 根據*array*所定的起始位置，將第一筆學生資料輸出。
2. 再根據目前位置的*reference*欄位，輸出下一筆資料。
3. 不斷重複以上的動作直到學生資料欄位中*reference*為0（代表為相同性別資料的最後一筆）。

例題10-8 修改一筆學生的資料

如果我們希望修改一筆學生的資料，則必須先輸入學號。還有一點，我們是不可改學號的。假設我們學生的資料是student_3.txt，我們先將student_3.txt的學生資料讀出至*sdata*中，*sdata*事先被宣告為一個*struct student*的陣列，然後我們一一比對*sdata*中的學生資料，如果所比對的學生學號不是我們要修改的學生學號，我們就將這筆資料寫回student_3.txt中。如果正好是，我們就要求使用者輸入新的學生資料，像是體重或姓名，最後再回傳是否找到該學號的學生資料。

主程式如圖10-13：

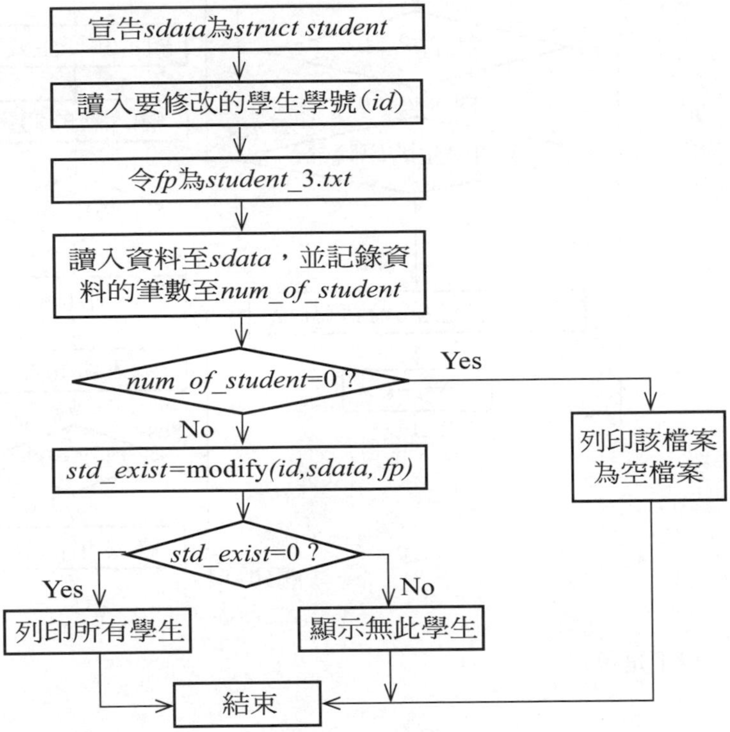

圖10-13

副程式*modify*的流程圖如圖10-14。有關*weight*=0的意義，後面會有解釋。

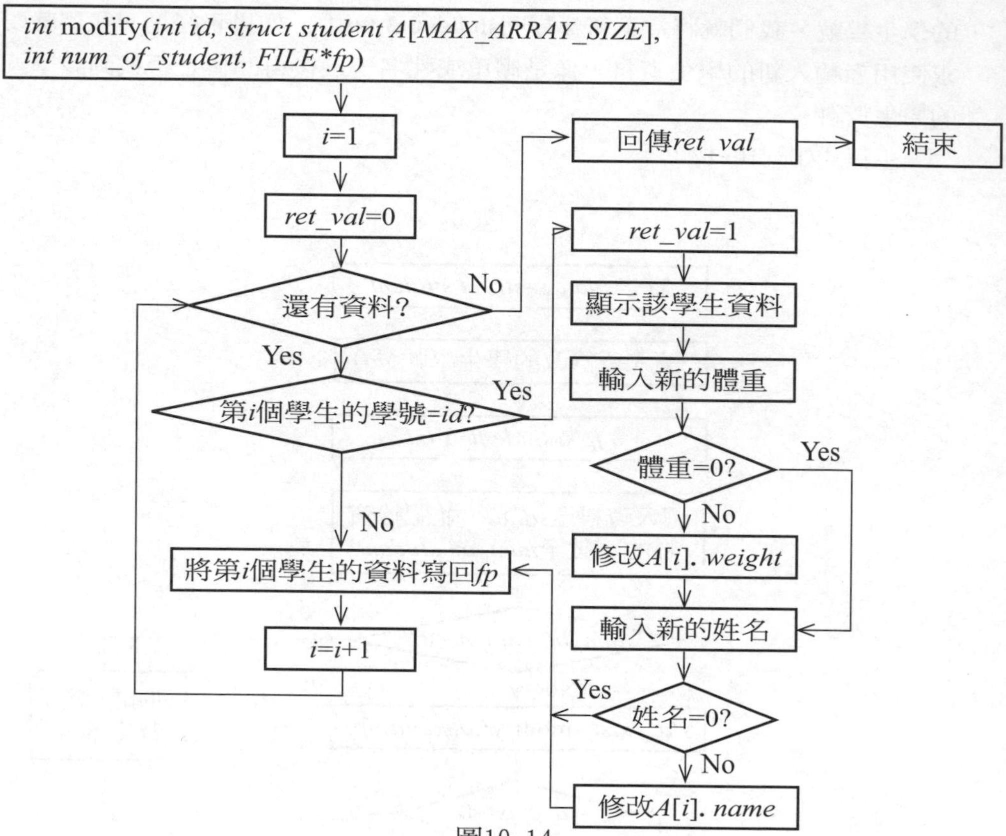

圖10-14

以下是程式。

程式 10-8

```
#include <stdio.h>
#define MAX_ARRAY_SIZE 256
#define STUDENT_DATA_FILE_NAME "student.txt"

struct student
{
   int idnum;
   char name[20];
```

```
    float weight;
  };

  int read_all_student_data(struct student A[MAX_ARRAY_SIZE], FILE *fp);
  void display_all_student_data(struct student A[MAX_ARRAY_SIZE], int N);
  void add_new_student_data_to_file(struct student A[MAX_ARRAY_SIZE], int
i, FILE *fp);
  int modify(int id, struct student A[MAX_ARRAY_SIZE], int num_of_student,
FILE *fp);

  void main(void)
  {
    FILE *student_data_fp;
    struct student sdata[MAX_ARRAY_SIZE];
    int num_of_student, i, id_num_to_modify, std_exist;

    student_data_fp = fopen(STUDENT_DATA_FILE_NAME, "r");

    if( student_data_fp != NULL )      /* 將學生資料從檔案讀至陣列內 */
    {
      num_of_student = read_all_student_data(sdata, student_data_fp);
      fclose(student_data_fp);
      if(num_of_student==0)
      {
        printf("There is no student data in the input file.");
      }
      else
      {
        /* 顯示所讀取的所有學生資料 */
        display_all_student_data(sdata, num_of_student);

        /* 輸入欲刪除的學生資料學號 */
        printf("Please enter the ID to modify the student: ");
        scanf("%d", &id_num_to_modify);

        student_data_fp = fopen(STUDENT_DATA_FILE_NAME, "w");
```

```
        /* 呼叫副程式modify將指定的學生學號資料刪除 */
        std_exist=modify(id_num_to_modify, sdata, num_of_student, student_data_fp);
        if(std_exist==1)
        {
          /* 欲刪除的學生資料存在，已刪除完畢，並顯示刪除完後所有的學生資料 */
          display_all_student_data(sdata, num_of_student);
        }
        else
        {
          /* 欲刪除的學生資料並不存在 */
          printf("Student ID:%d doesn't exist.\n",id_num_to_modify);
        }
        fclose(student_data_fp);
      }
    }
    else
    {
      printf("Student data file doesn't exist.\n");
    }
    /* Program ends here */
}

int read_all_student_data(struct student A[MAX_ARRAY_SIZE], FILE *fp)
{
    int i;

    i = 0;

    while(i < MAX_ARRAY_SIZE)    /* 讀取資料尚未超出陣列的最大空間 */
    {
      if( !feof(fp) )
      {
        /* 將一筆學生資料從檔案中讀出並存至陣列當中 */
        fscanf(fp,"%d %s %f", &A[i+1].idnum, A[i+1].name, &A[i+1].weight);
        if(A[i+1].idnum!=0)
        {
```

```
            i++;
        }
    }
    else
    {
        return i;                      /* 回傳總共讀取的學生資料筆數 */
    }
}

return i;                              /* 回傳總共讀取的學生資料筆數 */
}

int modify(int id, struct student A[MAX_ARRAY_SIZE], int num_of_student, FILE *fp)
{
    int i, j, ret_val=0;
    float weight;
    char name[20];

    i = 1;

    while( i <= num_of_student )       /* 一筆筆檢查陣列內的學生資料 */
    {
        if( A[i].idnum == id )         /* 學號符合欲修改的學生資料 */
        {
            ret_val=1;
            printf("ID\t\tName\t\tWeight\n");      /* 顯示原本儲存的資料 */
            printf("%d\t\t%s\t\t%.1f\n", A[i].idnum, A[i].name, A[i].weight);

            /* 輸入新的學生資料 */
            printf("Please enter the weight of %s(Enter 0 to ignore): ",A[i].name);
            scanf("%f", &weight);
            if(weight!=0)
            {
                A[i].weight=weight;
            }
```

```
            printf("Please enter the name of %s(Enter 0 to ignore): ",A[i].name);
            scanf("%s", &name);
            if(name[0] != '0')
            {
               for(j=0;j<20;j++)
               {
                 A[i].name[j]=name[j];
               }
            }

         }
         add_new_student_data_to_file(A, i, fp); /* 將資料寫回檔案中 */
         i++;
      }
      return ret_val;
   }


   void display_all_student_data(struct student A[MAX_ARRAY_SIZE], int N)
   {
      int i;

      /* 一筆筆顯示學生資料陣列內的所有資料 */
      printf("ID\t\tName\t\tWeight\n");

      for(i = 1; i <= N; i++)
      {
         printf("%d\t\t%s\t\t%.1f\n", A[i].idnum, A[i].name, A[i].weight);
      }
   }


   void add_new_student_data_to_file(struct student A[MAX_ARRAY_SIZE], int
i, FILE *fp)
   {
      /* 將指定的學生資料寫至已經開啟好的檔案內 */
```

```
    fprintf(fp,"%d\t\t%s\t\t%.1f\n", A[i].idnum, A[i].name, A[i].weight);
  }
```

執行範例

```
ID          Name        Weight
201         Mary          61.3
159         Peter         81.2
163         Kelly         76.7
200         Gloria        62.4
209         John          74.1
Please enter the ID to modify the student: 159
ID          Name        Weight
159         Peter         81.2
Please enter the weight of Peter(Enter 0 to ignore): 84.3
Please enter the name of Peter(Enter 0 to ignore): Jack
ID          Name        Weight
201         Mary          61.3
159         Jack          84.3
163         Kelly         76.7
200         Gloria        62.4
209         John          74.1
```

解釋

[主程式]

1. 首先打開學生資料檔案，然後呼叫副程式read_all_student_data，將資料讀入學生資料陣列中。
2. 由鍵盤讀入所要修改資料的學生學號至變數*id_num_to_modify*中。
3. 呼叫副程式modify，找出學生資料陣列中學號為*id_num_to_modify*者，要求使用者輸入新的體重與姓名，並修改相對應的資料，再存回學生資料檔。

4. 判斷副程式modify之回傳值，若為1則印出所有學生資料，若為0則顯示無此學生。

[副程式]

int read_all_student_data(struct student A[MAX_ARRAY_SIZE], FILE *fp);
void display_all_student_data(struct student A[MAX_ARRAY_SIZE], int N);
請參閱程式10-2的解釋。

int modify(int id, struct student A[MAX_ARRAY_SIZE], int num_of_student, FILE *fp)
從學生資料陣列的第1個位置開始檢查，若學號與所要修改的不相符，則將其寫回資料檔。若學號與所要修改的相符，則在螢幕上顯示該筆學生資料，並要求使用者輸入新的體重與姓名，然後再寫入學生資料檔。另外，由於使用者也許並不希望修改某一個欄位的資料，因此我們再加入一個判斷式，當使用者輸入0以外的值才修改資料，否則就保留原本的資料。當程式結束時，若有相符學號的學生資料則回傳1，反之則回傳0。另外我們還需要注意一點，在modify程式中有下列指令：

```
for(j=0;j<20;j++)
{
A[i].name[j]=name[j];
}
```

這是由於使用者所輸入的姓名本身儲存在*name*這個陣列中，而原本的學生姓名是儲存在一個結構的字元陣列中，因此，如果想要將新的姓名覆蓋到原本的結構中，則必須透過迴圈完整的將陣列複製過去。

練習十

1. 假設我們有一種有關貨物的資料，每一項貨物有一號碼以及價格。寫一程式，從某檔案中輸入十筆貨物資料。再將此資料按號碼排列。
2. 假設資料已有按號碼排列，寫一程式，輸入一號碼，作一搜尋，如此號碼存在，列印此筆資料。否則，列印找不到資料。
3. 寫一程式，輸入一數字，將所有價格大於或等於x的貨物聯結起來，也將價格小於x的貨物聯結起來。
4. 假設已將聯結完成，寫一程式，輸入一數字1或2。數字1代表要印出所有價格大於或等於x的貨物，數字2代表要印出所有價格小於x的貨物。

Chapter 11

字串處理的指令

我們的程式常常要處理一連串的字元，一連串的字元叫做字串（string）。所以字串都是由字元組成的。

11.1 字串的宣告和組成

我們過去學過宣告一個字元，以下的例子就是：

char x='A';

這時，我們用的是單引號' '。如果我們要宣告一個字串，我們可以用雙引號" "，以下是宣告雙引號的例子：

char x[ ]="Alice";

請注意，我們必須先宣告*x*是一個陣列，然後用雙引號來宣告*x*的內容，究竟字串有什麼特別呢？

一旦用了雙引號，陣列的結束就會有一個\0，以表示字串的結束。

比方說：

char A[ ] = "Hello Kitty";

執行了這個指令以後，*A*陣列的內容如下：

0	1	2	3	4	5	6	7	8	9	10	11
H	e	l	l	o		K	i	t	t	y	\0

如果我們如此做了，我們就可以用%s來列印*A*陣列。以下的程式可以說明這一點：

例題11.1-1

程式 11.1-1

```
#include <stdio.h>

int main(void)
{
   char A[ ] = "Hello Kitty";                          /* 宣告字串 */

   printf("Size of array A=%d\n", sizeof(A));    /* 列印字串長度 */
   printf("Content of array A=%s\n", A);         /* 列印字串內容 */

}
```

執行範例

```
Size of array A=12
Content of array A=Hello Kitty
```

解釋

請注意輸出的部分，我們*A*陣列的大小是12，其中前面11個字元為「Hello Kitty」最後一個字元則為代表字串結束的\0。

printf("Size of array A=%d\n", sizeof(A));

當我們需要知道一個陣列的長度時，C語言提供了sizeof函數。這個例子而言，我們想要知道字串陣列的長度，就將字串陣列當做參數傳入sizeof中，它就會回傳陣列的長度。

在字串使用的長度上，我們有二個名詞，一個叫做字串陣列的長度，一個叫做字串內容的長度。字串內容的長度必定會小於等於字串陣列的長度。

假如我們當初宣告字串Hello Kitty時，用了'　'（單引號），如以下的指令：

char A[ ] = {'H', 'e', 'l', 'l', 'o', ',', 'K', 'i', 't', 't', 'y'};

在*A*陣列內的內容如下：

0	1	2	3	4	5	6	7	8	9	10
H	e	l	l	o		K	i	t	t	y

最後沒有\0，所以這個陣列不算是字串，如用了%s，可能會出現不該出現的字。

例題11.1-2 比較字元陣列和字串陣列

我們的程式如下。

程式 11.1-2

```
#include <stdio.h>

int main(void)
{
   char A[  ] = {'a', 'b', 'c', 'd'};        /* 宣告字串 */
   char B[  ] = "abcd";

   printf("%s\n", A);                      /* 列印字串內容 */
   printf("%s\n", B);
}
```

執行範例

abcd? a?@

abcd

解釋

在輸出的部分，我們可以看到*A*陣列有亂碼出現，原因則是因為*A*陣列並沒有\0當作結尾，而在printf使用%s時，C 語言會一直輸出直到\0為止。在我們的例子中，*A*陣列結尾的亂碼就被輸出，一直到C 語言看到\0為止。這種亂碼是很有可能存在的，所以大家一定要用雙引號，以避免危險。

11.2 gets指令

在以上一節，字串的形成是靠宣告的，在這一節，我們要學習用 C 語言中的一個gets指令，gets是get string的縮寫。

我們先宣告一個足夠大的字元陣列，然後利用gets(A)，就可以從鍵盤中逐一地讀入一連串的字元，結束時用「enter」，*A*陣列就變成了一個字串，最後結束也一定有\0，而且我們可以用%s來列印。

例題11.2-1 用gets指令

這個程式，用gets來輸入。

程式 11.2-1

```
#include <stdio.h>

int main(void)
```

```
{
    char A[100] = {0};                    /* 宣告字串並將內容預設為空字串 */

    /* 提示輸入字串 */
    printf("Please enter a string less than 100 characters:");
    gets(A);
    printf("The string is \"%s\".", A);    /* 列印字串內容 */

}
```

執行範例

```
Please enter a string less than 100 characters:This is a pen.
The string is "This is a pen.".
```

解釋

[主程式]

char A[100] = {0};

我們在一開始時的例子中宣告字串陣列時，在[ ]之間並沒有給定數值來指定字串陣列的長度就可以使用。這是因為我們在一開始在宣告時就給定字串陣列的內容，C 語言在編譯時就會根據給定的內容來幫我們算出所需的長度，所以我們就可以不用給定長度。以上一個例子來講，宣告時字串陣列的長度是Hello Kitty總共是11個字元，再加上最後一個\0結尾字元，C 語言就會使用12來當作字串陣列的長度。

在我們這個例子中，由於我們在宣告字串陣列時並沒有給定其內容，所以我們就需要自己定義好字串陣列的長度有多大。在這個例子，我們將長度宣告為100。

另外，我們在宣告一個字串陣列時，為了怕它的內容是亂碼，我們可以在宣告時，就把字元陣列裡每一個字元設為\0。將{0}設成字元陣列的初始值就可以做到這樣子。

printf("The string is \"%s\".", A);

這裡比較特殊的地方是\"%s\"，在printf中，因為雙引號會被當成列印內容的開始或結束。因此當我們要列印雙引號符號至螢幕上時，我們必須在前面加上\這個符號。如此一來，C 語言就會知道我們要列印雙引號這個符號，而不會把它當成是列印內容的開始或結束記號。

使用gets指令的最大好處是字串中可以有空白，如果我們用過去所熟悉的scanf指令，而讀入的字串中有空白，scanf會認為空白是一個終止的指令。也就是說，假如我們有如下的指令：

```
char A[100];
scanf("%s", A);
```

而假如我們輸入的是Long live the King，輸入的只有Long，後面的都不見了。以下是這個例子完整的程式碼：

```
#include <stdio.h>

int main(void)
{
   char A[100];
   printf("Please enter a string less than 100 characters:");
   scanf("%s", A);
   printf("The input string=%s\n", A);
}
```

以下是一個執行範例：

```
Please enter a string less than 100 characters:Long live the King.
The string is "Long".
```

而從檔案讀取有空白的字串時，C 語言一樣提供了fgets來讓我們使用。以下是一個例子。

例題11.2-2 用fgets指令

這個程式，用fgets來讀入檔案中含空白字元的字串。

程式 11.2-2

```
#include <stdio.h>
#define INPUT_FILE_NAME "ex_11.2_2_input_file.txt"

int main(void)
{
  FILE *read_file;                              /* 宣告變數 */
  char A[100] = {0};

  read_file = fopen(INPUT_FILE_NAME, "r"); /* 打開檔案以讀取 */

  if(read_file != NULL)                         /* 檢查打開檔案是否成功 */
  {
    while(1)                                    /* 無窮迴圈 */
    {

      if( fgets(A, 100, read_file) != NULL ) /* 讀取檔案內容未到結尾 */
      {
        printf("File read: %s", A);          /* 列印檔案讀出的內容 */

      }
      else
      {
        printf("End of file\n");             /* 顯示讀到檔案結尾 */
        break;
      }
    }
  }
  else
  {
    /* 顯示檔案讀取錯誤 */
```

```
printf("Error: Open file %s failed.\n", INPUT_FILE_NAME);
    }
}
```

執行範例

File read: This is a pen.

File read: This is a book.

End of file

解釋

[輸入檔內容]

This is a pen.

This is a book.

[主程式]

```
read_file = fopen(INPUT_FILE_NAME, "r");

if(read_file != NULL)
```

我們一開始先開啟事先編輯好的一個檔案來讀取，並檢查是否開啟成功。

```
while(1)
{
   if( fgets(A, 100, read_file) != NULL )
   {
      printf("File read: %s", A);
   }
   else
   {
      printf("End of file\n");
```

```
            break;
        }
    }
```

檔案開啟成功之後，我們用一個迴圈將檔案內容的字串一一讀出，在迴圈裡fgets每次讀出檔案中的一行。當讀到檔案的結尾時，fgets將回傳NULL，此時我們就可以跳出迴圈結束檔案讀取的動作。

在這個例子中，我們使用fgets時，一共要傳入三個參數，我們一一解釋如下：

A: 從檔案讀出字串後，將會存入至此字串陣列。

100: 當讀取時，檔案一行的長度可能超過字串陣列的長度，因此我們給定讀取的最大長度。以這個例子而言，數值是100，也是我們字串陣列的大小。這樣 C 語言如果讀了99個字元還沒有讀到一行的結束時，就會停止，最後一個位置將會填入\0。

read_file: 我們剛剛開啟成功要讀取的檔案。

fgets在讀檔案時，與gets類似，fgets也會讀入空白字元，一直讀到檔案換行為止。不過有一個例外要注意的，就是上面提到的最大長度的限制。

11.3 字串的複製

我們有時要複製一個字串，在 C 語言，這是很容易的，我們有一個指令，叫做strcpy（string copy），在複製字串之前，我們要先準備一個陣列。然後將已有的字串複製進去。

例題11.3-1 複製指令strcpy的運用

我們先宣告一個*A*字串和一個*B*陣列，然後將*A*字串複製入*B*陣列，並列印*B* 陣列的內容，流程圖在圖11.3-1：

圖11.3-1

程式如下：

程式 11.3-1

```
#include <stdio.h>
#include <string.h>

int main(void)
{
    char A[30] = "Hello Kitty";                    /* 宣告字串 */
    char B[30];

    strcpy(B, A);                                   /* 複製字串 */
    printf("The string in B array is \"%s\".", B);   /* 列印字串內容 */

}
```

執行範例

The string in B array is "Hello Kitty".

解釋

[主程式]

```
char A[30] = "Hello Kitty";
```

在前面的例子當中，我們知道字串陣列在宣告時有給定內容的話，可以不用指定長度，*C*語言會算出所需的長度後指定好字串陣列的長度。但字串陣列在宣告時有給定內容的時候，我們一樣可以指定字串陣列的長度，這個例子的用法就是如此。

strcpy(B, A);

在執行上面的指令後，*A*陣列與*B*陣列的內容就會變得一模一樣了。

我們實在需要一個比較更有彈性的複製程式，我們假設有*A*字串和*B*陣列。我們的程式要將$A[i]$, $A[i+1]$,..., $A[j]$複製到$B[k]$, $B[k+1]$,..., $B[k+j-i]$。

假設*A*的內容如下：

	0	1	2	3	4	5	6	7	8	9	10	11
A：	P	R	O	G	R	A	M	M	I	N	G	\0

i=3, j=6,k=2, *B*陣列的內容在*k*位置以前沒有\0，則我們會將B陣列的內容變成如下的內容：

	0	1	2	3	4	5	6
B：			G	R	A	M	\0

要注意的是，這個程式完成以後，*B*陣列變成了一個字串，因為它的最後一欄是\0，這個\0是我們加進去的。

假如*B*陣列本來就是一個字串，我們必須小心，不要亂加\0。我們的方法非常簡單，我們要檢查*B*陣列加入字串以後有沒有\0出現，如果沒有\0出現，我們將*A*字串的部分字串移植進去以後，就將\0放在字串的後面。如果*B*陣列現在有\0，我們就可以假設*B*陣列其實已是一個字串，我們就不再加\0了。

例題11.3-2 將A字串的部分字串複製到B陣列中

我們有*A*字串和*B*陣列，我們讀入i, j, k。然後將$A[i]$, $A[i+1]$,..., $A[j]$寫入$B[k]$, $B[k+1]$,..., $B[k+j-i]$。寫完以後，我們務必要使*B*陣列成為一個字串。

我們首先要有一個副程式來看一個陣列中$k+j-i+1$以後有沒有\0，這個副程式非常簡單，只要一個迴圈和一個break指令，就可以達成任務了。

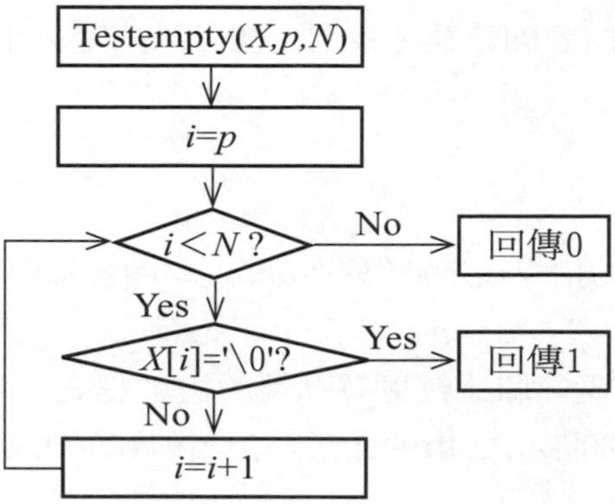

圖11. 3-2

我們主程式的流程圖如圖11. 3-3：

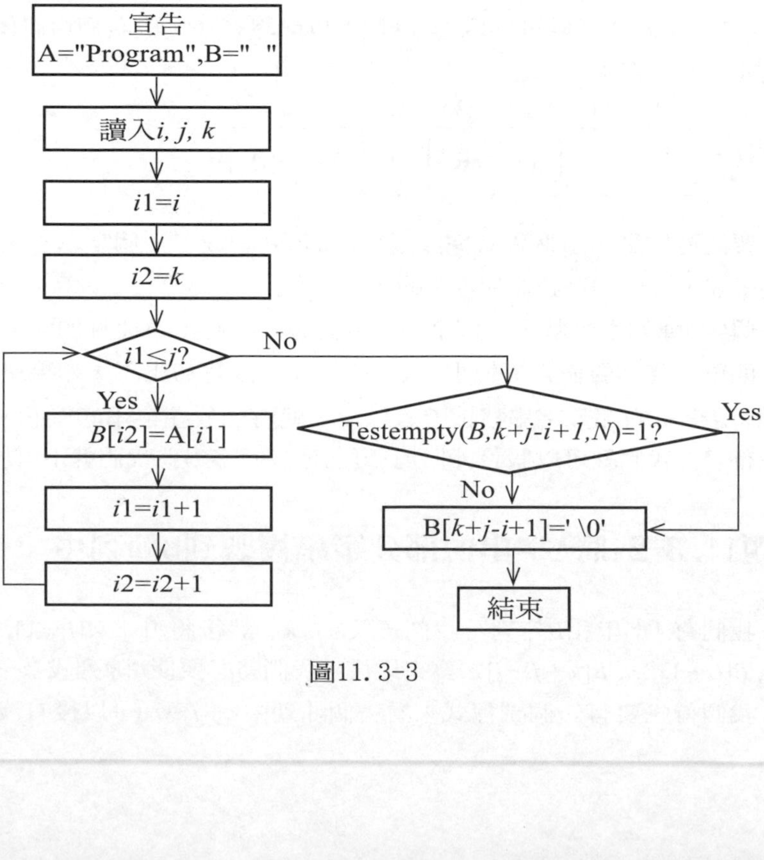

圖11. 3-3

程式 11.3-2

```
#include <stdio.h>
#define ARRAY_SIZE 32

int Testempty(char X[ ], int p, int N);
int main(void)
{
   char A[ARRAY_SIZE] = "Program";
   char B[ARRAY_SIZE] = "  ";
   int i, j, k;
   int i1, i2;

   printf("Please enter i:");                    /* 讀入 i, j, k 的值 */
   scanf("%d", &i);
   printf("Please enter j:");
   scanf("%d", &j);
   printf("Please enter k:");
   scanf("%d", &k);



   printf("i, j, k = %d, %d, %d.\n", i, j, k);   /* 列印i, j, k的值 */

   /* 將字串A位置i到j的文字複製到字串B位置k的地方 */
   printf("Copying starts.\n");
   i1 = i;
   i2 = k;
   while(i1 <= j)
   {
      B[i2] = A[i1];
      i1= i1 + 1;
      i2= i2 + 1;
```

```
    }


printf("Test empty of array B.\n");    /* 測試字串B是否有正常結束 */
   if ( 1 != Testempty(B, k+j-i+1, ARRAY_SIZE) )
   {
      B[k+j-i+1] = '\0';
   }

   printf("After processing, the content of array A and B are as follows.\n");
               /* 列印出字串A與B的內容 */
   printf("A=%s\n", A);
   printf("B=%s\n", B);
}

int Testempty(char X[ ], int p, int N)
{
   int i;

   /* 檢查字串X中，位置p到N-1之中有沒有結束字元 */
   i = p;
   while(i < N)
   {
      if( X[i] == '\0')
      {
         return 1;
      }
      i = i + 1;
   }

   return 0;
}
```

執行範例

Please enter i:3

Please enter j:6

Please enter k:2

i, j, k = 3, 6, 2.

Copying starts.

Test empty of array B.

After processing, the content of array A and B are as follows.

A=Program

B= gram

解釋

[主程式]

char B[ARRAY_SIZE] = " ";

一開始在*B*字串陣列在宣告時，在最前面放入兩個空白字元。理由是因為這個例子中我們的*k*=2，而之前不能夠出現\0，但字串陣列在宣告時若無給定初始值，我們就不能保證不會出現\0，因為我們在一開始就給了兩個空白字元。

```
i1 = i;
i2 = k;
while(i1 <= j)
{
   B[i2] = A[i1];
   i1= i1 + 1;
   i2= i2 + 1;
}
```

在設定好*A*陣列與*B*陣列的起始位置後，我們將所要複製的字元一一的從*A*陣列讀出後寫至*B*陣列中。

```
printf("Test empty of array B.\n");
if ( 1 != Testempty(B, k+j-i+1, ARRAY_SIZE) )
{
   B[k+j-i+1] = '\0';
}
```

複製完成後，我們檢查*B*陣列中在$k+j-i+1$以後有無\0出現，如果沒有，我們填入\0結尾字元。

[副程式]

int Testempty(char X[ ], int p, int N)

這個副程式檢查*X*陣列中位置*p*到*N*-1的內容，如果其中有\0，我們回傳1，如果沒有\0，我們回傳0。

我們也可以將這個程式寫成一個副程式的形式，如果寫成副程式*i, j*和*k*都是傳入的參數。這個副程式可以是ijkstrcpy(*x, y, i, j, k*)。

例題11.3-3 將兩個字串聯接成另一個字串

假設我們有A="alg", B="orithm"，連接以後，可以有一個C="algorithm"，要完成這個使命，我們先要知道*A*和*B*的長度，然後只要利用例題11.3-2的程式，就可以將*A*和*B*連接起來。

要知道一個字串的長度，我們可以寫一個程式來做，也可以利用一個C語言的指令，叫做strlen(string length)。如果*X*是一個字串，strlen(*X*)就會回傳*X*的長度。

我們的主程式的流程圖如圖11.3-4：

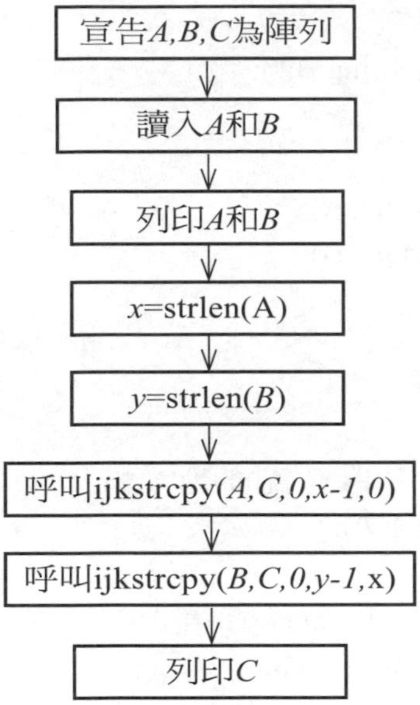
宣告A,B,C為陣列
讀入A和B
列印A和B
x=strlen(A)
y=strlen(B)
呼叫ijkstrcpy(A,C,0,x-1,0)
呼叫ijkstrcpy(B,C,0,y-1,x)
列印C

圖11.3-4

程式 11.3-3

```
#include <stdio.h>
#include <string.h>
#define ARRAY_SIZE 32

int Testempty(char X[ ], int p, int N);
void ijkstrcpy(char src_str[ ], char dest_str[ ],int  src_start_pos,int src_end_pos, int dest_start_pos);
int main(void)
{
   char A[ARRAY_SIZE] = {0};
   char B[ARRAY_SIZE] = {0};
   char C[ARRAY_SIZE] = {0};
   int x, y;

   printf("Please enter string A:");        /* 讀入字串A和B */
```

```
    gets(A);
    printf("Please enter string B:");
    gets(B);

    printf("String A=%s\n", A);                /* 列印出字串A和B的內容 */
    printf("String B=%s\n", B);

    x = strlen(A);                             /* 算出字串A與B個別的長度 */
    y = strlen(B);

    /* 將字串A複製到字串C位置0的地方 */
    ijkstrcpy(A, C, 0, x-1, 0);

    /* 將字串B複製到字串C位置x(字串A的長度)的地方 */
    ijkstrcpy(B, C, 0, y-1, x);

    printf("String C=%s", C);          /* 列印出字串C的內容 */

}


void ijkstrcpy(char src_str[ ], char dest_str[ ],int  src_start_pos,int src_end_pos,
int dest_start_pos)
{
    int i1, i2;

    /* 將字串src_str位置src_start_pos到src_end_pos的文字複製到字串dest_str
    位置dest_start_pos的地方 */
    i1 = src_start_pos;
    i2 = dest_start_pos;
    while(i1 <= src_end_pos)
    {
        dest_str[i2] = src_str[i1];
        i1= i1 + 1;
        i2= i2 + 1;
    }
```

```
        /* 檢查字串dest_str是否有結束字元 */
        if ( 1 != Testempty(dest_str, dest_start_pos + src_end_pos - src_start_pos + 1,
ARRAY_SIZE) )
        {
            dest_str[dest_start_pos + src_end_pos - src_start_pos +1] = '\0';
        }
    }

    int Testempty(char X[  ], int p, int N)
    {
        int i;

        /* 檢查字串X中，位置p到N-1之中有沒有結束字元 */
        i = p;
        while(i < N)
        {
            if( X[i] == '\0')
            {
                return 1;
            }
            i = i + 1;
        }
        return 0;
    }
```

執行範例

```
Please enter string A:alg
Please enter string B:orithm
String A=alg
String B=orithm
String C=algorithm
```

解釋

[主程式]

```
ijkstrcpy(A, C, 0, x-1, 0);
ijkstrcpy(B, C, 0, y-1, x);
```

我們利用副程式ijkstrcpy將*A*陣列中*x*個字元放入*C*陣列中0~$x-1$的位置中，之後用同樣的方法將*B*陣列中*y*個字元放到*C* 陣列中*x*到$x+y-1$的位置中。如此一來，*C* 陣列則是*A*與*B*組合而成。

[副程式]

```
void ijkstrcpy(char src_str[ ], char dest_str[ ],int  src_start_pos,int
src_end_pos, int dest_start_pos)
```

這個副程式就是我們在上一例子中的程式。

例題11.3-4 將一個字串插入另一個字串當中

假設我們有*A*="I am a boy."、*B*="good "兩個字串，我們要將*B*插入*A*字串中I am a與boy.之間，完成以後，*A*字串就會變成I am a good boy.。要完成這個使命，我們先要知道*B*的長度，然後將*A*字串插入位置之後的內容放進一個暫時的字串去。再來將*B*字串複製到*A*字串插入點之後，最後將暫時字串的內容再放到之後去就行了。我們將上面的動作寫成一個副程式叫做str_insert。

我們的主程式的流程圖如圖11.3-5：

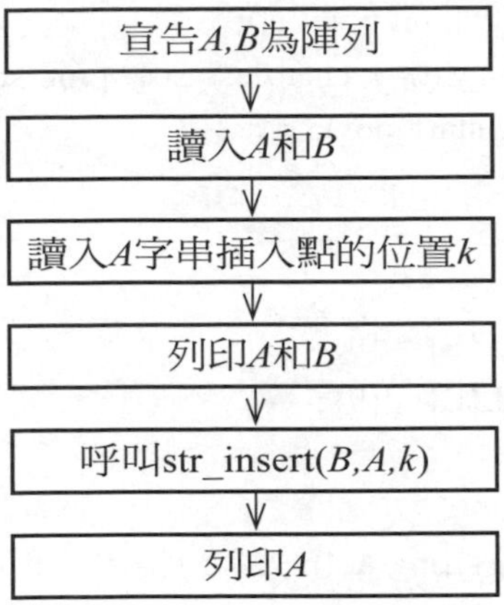

圖11. 3-5

副程式str_insert的流程圖如圖11.3-6：

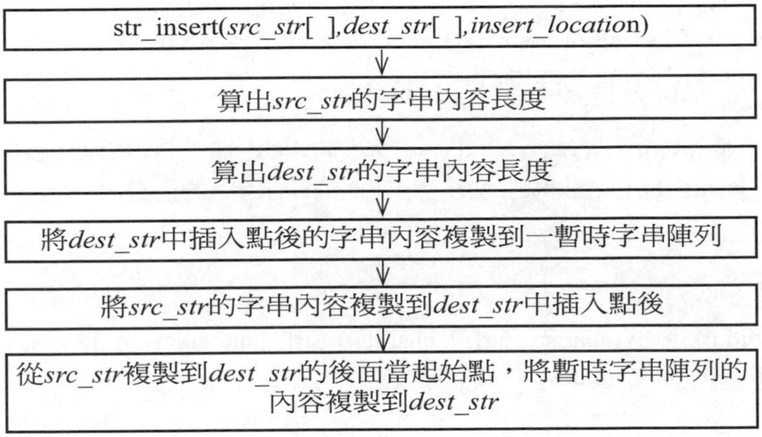

圖11. 3-6

程式 11.3-4

```
#include <stdio.h>
#include <string.h>
#define ARRAY_SIZE 32

void str_insert(char src_str[ ], char dest_str[ ], int insert_location);
```

```
int Testempty(char X[ ], int p, int N);
void ijkstrcpy(char src_str[ ], char dest_str[ ],int  src_start_pos,int
src_end_pos, int dest_start_pos);

int main(void)
{
   char A[ARRAY_SIZE] = {0};
   char B[ARRAY_SIZE] = {0};
   int k;

   printf("Please enter string A:");  /* 讀入字串A和B */
   gets(A);
   printf("Please enter string B:");
   gets(B);
   printf("Please enter insert location k in string A: ");
   scanf("%d", &k);                     /* 讀入字串B要插入字串A的位置 */
   printf("String A=%s\n", A);          /* 列印出字串A和B的內容 */
   printf("String B=%s\n", B);

   str_insert(B, A, k);                 /* 將字串B插入到字串A位置k的位置 */
   printf("String A=%s", A);            /* 列印字串A的內容 */

}

void ijkstrcpy(char src_str[ ], char dest_str[ ],int  src_start_pos,int
src_end_pos, int dest_start_pos)
{
   int i1, i2;

   /* 將字串src_str位置src_start_pos到src_end_pos的文字複製到字串dest_str
   位置dest_start_pos的地方 */
   i1 = src_start_pos;
   i2 = dest_start_pos;
   while(i1 <= src_end_pos)
   {
      dest_str[i2] = src_str[i1];
```

```
        i1= i1 + 1;
        i2= i2 + 1;
    }

    /* 檢查字串dest_str是否有結束字元 */
    if ( 1 != Testempty(dest_str, dest_start_pos + src_end_pos - src_start_pos + 1,
    ARRAY_SIZE) )
    {
        /* 將結束字元填入目的地字串的內容結尾位置 */
        dest_str[dest_start_pos + src_end_pos - src_start_pos + 1] = '\0';
    }
}

int Testempty(char X[ ], int p, int N)
{
    int i;

    i = p;          /* 檢查字串X中，位置p到N-1之中有沒有結束字元 */
    while(i < N)
    {
        if( X[i] == '\0')
        {
            return 1;
        }

        i = i + 1;
    }

    return 0;
}

void str_insert(char src_str[ ], char dest_str[ ], int insert_location)
{
    int src_str_length, dest_str_length;
    char temp_str[ARRAY_SIZE] = {0};
```

```
    src_str_length = strlen(src_str);        /* 計算來源與目的地字串的長度 */
    dest_str_length = strlen(dest_str);

    /* 將目的地字串插入點的內容先存到temp_str字串內 */
    ijkstrcpy(dest_str, temp_str, insert_location, dest_str_length-1, 0);

    /* 將src_str的內容放入dest_str字串的插入點 */
    ijkstrcpy(src_str, dest_str, 0, src_str_length - 1, insert_location);

    /* 將原本dest_str插入點後的內容回存到新插入的內容之後 */
    ijkstrcpy(temp_str, dest_str, 0, dest_str_length - insert_location,
    insert_location + src_str_length);
}
```

執行範例

```
Please enter string A:I am a boy.
Please enter string B: good
Please enter insert location k in string A: 6
String A=I am a boy.
String B= good
String A=I am a good boy.
```

解釋

[主程式]

```
char A[ARRAY_SIZE] = {0};
char B[ARRAY_SIZE] = {0};
```

我們首先定義兩個空的字串陣列來使用。在我們的程式，字串陣列的大小是32。

```
printf("Please enter string A:");
gets(A);
```

```
printf("Please enter string B:");
gets(B);
```

這裡要注意的是，在*A*和*B*字串的內容長度是有限制的，它們的限制如下：

*A*字串內容長度+*B*字串內容長度要小於*A*字串陣列的長度。如此一來，待會將*B*字串內容插入*A*字串時，才不會超出*A*字串陣列的長度而造成錯誤。

以我們的執行範例而言，*A*字串陣列長度=32，*A*字串內容長度=11，*B*字串內容長度=5，11+5=16<32。

[副程式]

```
void str_insert(char src_str[ ], char dest_str[ ], int insert_location)
```

這個副程式會將來源字串（src_str）插入到目的地字串（dest_str）所指定的位置（insert_location）中。

```
src_str_length = strlen(src_str);
dest_str_length = strlen(dest_str);
```

我們首先將來源與目的地的字串內容長度用strlen算出。

```
ijkstrcpy(dest_str, temp_str, insert_location, dest_str_length - 1, 0);
```

再來將目的地字串插入點後的字串內容複製到一個暫存的字串陣列去。

```
ijkstrcpy(src_str, dest_str, 0, src_str_length - 1, insert_location);
```

然後將來源字串複製到目的地字串的插入點之後。

```
ijkstrcpy(temp_str, dest_str, 0, dest_str_length - insert_location,
insert_location + src_str_length);
```

最後將暫存字串陣列的內容再複製到上一步接下去的位置。

如此一來，即可完成字串插入的動作。

例題11.3-5 將兩個字串連接成另一個字串

這個例子與11.3-3相似，最大的不同是在11.3-3中，我們除了原本兩個字串外，還需要用到第三個字串來儲存結果。在這個例子中，我們直接將結果存在第一個字串中。以下是我們的流程圖：

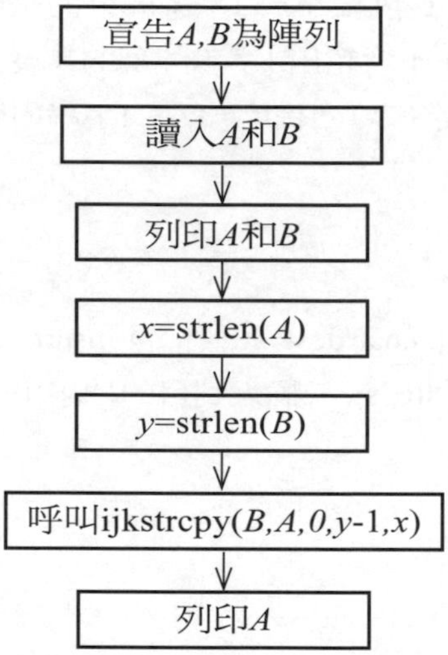
宣告A,B為陣列
讀入A和B
列印A和B
x=strlen(A)
y=strlen(B)
呼叫ijkstrcpy(B,A,0,y-1,x)
列印A

圖11.3-7

程式　11.3-5

```
#include <stdio.h>
#include <string.h>

#define ARRAY_SIZE 32

int Testempty(char X[ ], int p, int N);
void ijkstrcpy(char B[ ], char A[ ],int  B_start_pos,int B_end_pos, int
A_start_pos);

int main(void)
{
```

```
    char A[ARRAY_SIZE] = {0};
    char B[ARRAY_SIZE] = {0};
    int x, y;

    printf("Please enter string A:");    /* 讀入字串A和B */
    gets(A);
    printf("Please enter string B:");
    gets(B);

    printf("String A=%s\n", A);          /* 列印出字串A和B的內容 */
    printf("String B=%s\n", B);

    x = strlen(A);                       /* 算出字串A與B個別的長度 */
    y = strlen(B);
    printf("Copy String B to the end of String A\n");

    ijkstrcpy(B, A, 0, y-1, x);          /* 將字串B的內容存到字串A的後面 */

    printf("New String=%s", A);          /* 列印出字串A的內容 */

}

void ijkstrcpy(char B[ ], char A[ ],int  B_start_pos,int B_end_pos, int
A_start_pos)
{
    int i1, i2;

    /* 將字串src_str位置src_start_pos到src_end_pos的文字複製到字串dest_str
    位置dest_start_pos的地方 */
    i1 = B_start_pos;
    i2 = A_start_pos;
    while(i1 <= B_end_pos)
    {
        A[i2] = B[i1];
        i1= i1 + 1;
        i2= i2 + 1;
```

```
    }

    /* 檢查字串dest_str是否有結束字元 */
    if ( 1 != Testempty(A, A_start_pos + B_end_pos - B_start_pos + 1,
    ARRAY_SIZE) )
    {
      A[A_start_pos + B_end_pos - B_start_pos +1] = '\0';
    }
}

int Testempty(char X[  ], int p, int N)
{
    int i;

    i = p;                    /* 檢查字串X中，位置p到N-1之中有沒有結束字元 */
    while(i < N)
    {
      if( X[i] == '\0')
      {
        return 1;
      }

      i = i + 1;
    }

    return 0;
}
```

執行範例

```
Please enter string A:algo
Please enter string B:rithm
String A=algo
String B=rithm
Copy String B to the end of String A
New String=algorithm
```

解釋

[主程式]

輸入完第一和第二個字串後，我們就直接將第二個字串複製到第一個字串的後面去。如此一來，兩個字串的內容就都在第一個字串中。

[副程式]

這裡的副程式都是之前使用過的，我們就不再重複解釋了。

例題11. 3-6 將一個字串插入另一個字串當中

與上一個例子雷同，這個例子與11.3-4相似，最大的不同是在11.3-4中，我們除了原本兩個字串外，還需要用到第三個字串來儲存結果。在這個例子中，我們從第一個字串插入的位置，將原本的資料往後移，再將第二個字串的內容放入插入點後，以下是我們的示意圖：

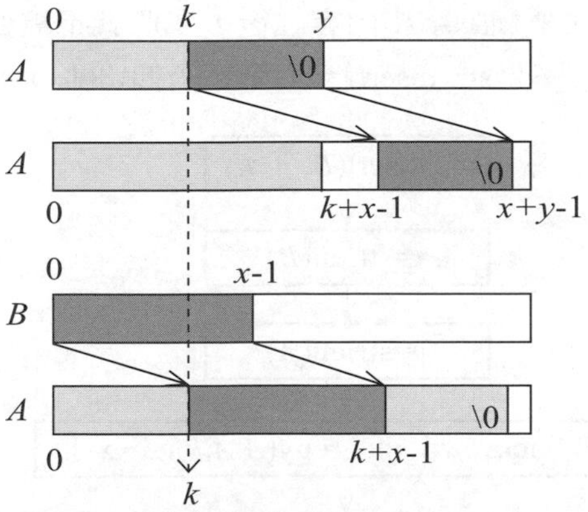

圖11. 3-8

在將字串內容往後移的時候，我們要從要移動的部分的最後頭開始，如果從前面開始，則有可能會發生資料被覆蓋的情形，我們用以下的例子來說明。假設我們有字串A=“12567”和字串B=“34”，我們要將字串B插入到字串A中“12”與“567”之間。如果我們先將“567”的部分從最前面往後搬，在移動“5”時，因為它要被搬到“7”的位置上，因此“7”就會被錯誤地覆蓋。如果我們從最後面開始移動，就不會有這種錯誤的情況發生。

我們將字串內容往後搬的動作用一個副程式來完成。以下是它的流程圖：

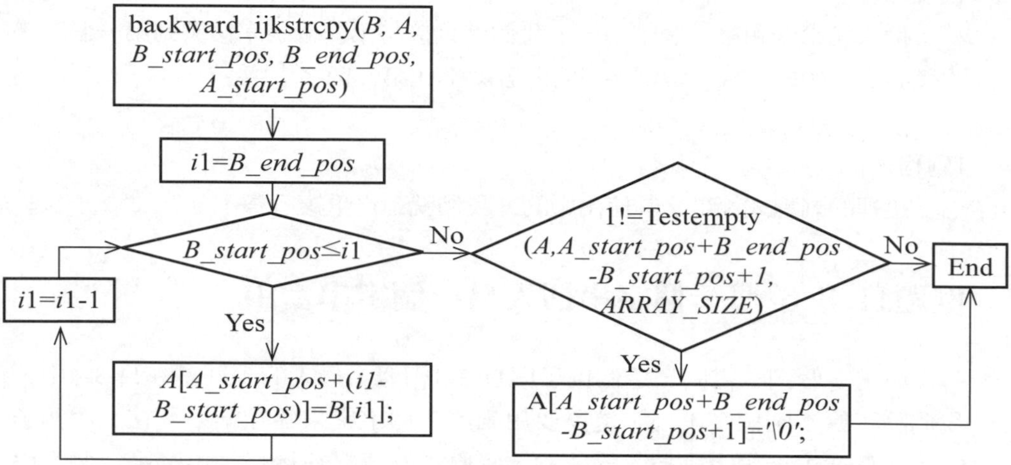

圖11. 3-9

利用往後搬的方式來移動字串內容之後，我們就不需要像例題11.3-4用到另外一個字串陣列。以下是str_insert修改過後的流程圖：

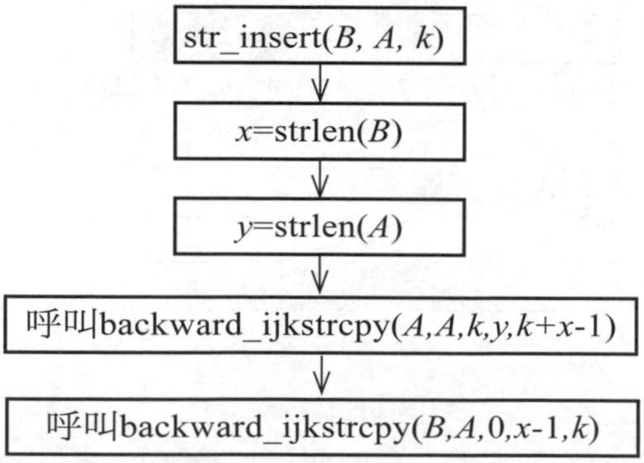

圖11. 3-10

程式 11. 3-6

```
#include <stdio.h>
#include <string.h>
```

```
#define ARRAY_SIZE 64

void str_insert(char B[ ], char A[ ], int insert_location);
int Testempty(char X[ ], int p, int N);
void ijkstrcpy(char B[ ], char A[ ],int  B_start_pos,int B_end_pos, int A_start_pos);

int main(void)
{
   char A[ARRAY_SIZE] = {0};
   char B[ARRAY_SIZE] = {0};
   int k;

   printf("Please enter string A:");          /* 讀入字串A和B */
   gets(A);
   printf("Please enter string B:");
   gets(B);
   printf("Please enter insert location k in string A: ");
   scanf("%d", &k);                           /* 讀入字串B要插入字串A的位置 */

   printf("String A=%s\n", A);                /* 列印出字串A和B的內容 */
   printf("String B=%s\n", B);

   str_insert(B, A, k);                       /* 將字串B插入到字串A位置k的位置 */

   printf("String A=%s", A);                  /* 列印出字串A的內容 */
}

void backward_ijkstrcpy(char B[ ], char A[ ],int  B_start_pos,int B_end_pos, int
A_start_pos)
{
   int i1, i2;

   /* 將字串B位置B_start_pos到B_end_pos的文字由後往前複製到字串A位置
   A_start_pos的地方 */
   i1 = B_end_pos;
```

```
    while(B_start_pos <= i1)
    {
        A[A_start_pos+(i1-B_start_pos)] = B[i1];
        i1= i1 - 1;
    }

    /* 檢查字串dest_str是否有結束字元 */
    if ( 1 != Testempty(A, A_start_pos + B_end_pos - B_start_pos + 1,
    ARRAY_SIZE) )
    {
        /* 將結束字元填入目的地字串的內容結尾位置 */
        A[A_start_pos + B_end_pos - B_start_pos + 1] = '\0';
    }
}

int Testempty(char X[ ], int p, int N)
{
    int i;

    /* 檢查字串X中，位置p到N-1之中有沒有結束字元 */
    i = p;

    while(i < N)
    {
        if( X[i] == '\0')
        {
            return 1;
        }

        i = i + 1;
    }

    return 0;
}

void str_insert(char B[ ], char A[ ], int k)
```

```
{
    int B_length, A_length;
    char temp_str[ARRAY_SIZE] = {0};

    B_length = strlen(B);
    A_length = strlen(A);
    /* 將字串A插入點後的內容，往後移字串B長度 */
    backward_ijkstrcpy(A, A, k, A_length, k + B_length);

    printf("move A[%d..%d] to A[%d]\n",k, A_length-1, k + B_length);
    printf("A -> %s\n",A);

    /* 將字串B複製至字串A位置K的位置 */
    backward_ijkstrcpy(B, A, 0, B_length - 1, k);

    printf("B[%d..%d] to A[%d]\n",0, B_length - 1, k);
    printf("A -> %s\n",A);
}
```

執行範例

```
Please enter string A:I am a boy.
Please enter string B: good
Please enter insert location k in string A: 6
String A=I am a boy.
String B= good
move A[6..10] to A[11]
A -> I am a boy. boy.
B[0..4] to A[6]
A -> I am a good boy.
String A=I am a good boy.
```

解釋

[主程式]

這一部分與程式11.3-4雷同，我們就不再解釋。

[副程式]

void backward_ijkstrcpy(char B[ ], char A[ ],int B_start_pos,int B_end_pos, int A_start_pos)

這個副程式與ijkstrcpy是很相似的，差別只在於backward_ijkstrcpy是從最後面開始複製，而ijkstrcpy是從最前面開始。

void str_insert(char B[ ], char A[ ], int k)

原本的str_insert需要用一暫時字串，來完成將字串A插入點後的資料往後移的動作，現在直接呼叫backward_ijkstrcpy來完成即可。

例題11.3-7 將學生資料依姓名排序

這裡我們修改之前將學生資料依學號（ID）或體重（Weight）排序的例子，我們用學生的名字來排序。與之前用數值來做比較不同的地方是，我們要用字串的內容來做比較，字串內容大小是根據字母大小（字典順序）來做排序。比方說，「b」比「a」大，字串大小的比較就從第一個字母開始比起，例如說字串「bc」比字串「ab」大。要比較兩個字串的大小，我們可以使用*strcmp*。若第一個字串內容比第二個字串內容大*strcmp*則回傳正數，相等則回傳0，若第一個字串內容比第二個字串內容小的話則回傳負值。

程式 11.3-7

```
#include <stdio.h>
#include <string.h>
#define MAX_ARRAY_SIZE 256
#define STUDENT_DATA_FILE_NAME "student.txt"
#define OUTPUT_FILE_NAME "student_output.txt"
```

```
struct student
{
   int idnum;
   char name[20];
   float weight;
};

int read_all_student_data(struct student A[MAX_ARRAY_SIZE], FILE *fp);
void output_all_student_data(FILE* output_data_fp, struct student
A[MAX_ARRAY_SIZE], int N);
void sort_student_data(struct student A[MAX_ARRAY_SIZE], int N);
int FMIN_student_data(struct student A[MAX_ARRAY_SIZE], int i, int N);
void SWAP_student_data(struct student A[MAX_ARRAY_SIZE], int i, int j);

int main(void)
{
   FILE *student_data_fp;
   FILE *output_data_fp;
   struct student sdata[MAX_ARRAY_SIZE];
   int num_of_student;
   int i;

   student_data_fp = fopen(STUDENT_DATA_FILE_NAME, "r");
   output_data_fp = fopen(OUTPUT_FILE_NAME, "w");

   if( student_data_fp != NULL )       /* 檢查學生資料檔是否存在 */
   {
      /* 將學生資料檔讀出，存入學生資料陣列內 */
      num_of_student = read_all_student_data(sdata, student_data_fp);
      fclose(student_data_fp);

      if(num_of_student==0)          /* 檢查學生資料檔是否有內容 */
      {
         printf("There is no student data in the input file.");
      }
```

```
        else
        {
           /* 在螢幕上顯示學生資料檔的所有內容 */
           output_all_student_data(output_data_fp,sdata, num_of_student);

           /* 將學生資料陣列依姓名做排序 */
           fprintf(output_data_fp,"Start sorting student data.\n");
           sort_student_data(sdata, num_of_student);

           /* 顯示排序過的學生資料 */
           fprintf(output_data_fp,"Sorted student data.\n");
           output_all_student_data(output_data_fp,sdata, num_of_student);
        }
     }
     else
     {
        printf("Student data file doesn't exist.\n");
     }
     fclose(output_data_fp);
     printf("<click any key to continue>");
  }

  int read_all_student_data(struct student A[MAX_ARRAY_SIZE], FILE *fp)
  {
     int i;
     i = 0;
     while(i < MAX_ARRAY_SIZE)              /* 檢查陣列是否尚有空間 */
     {
        if( !feof(fp) )                      /* 檢查檔案是否尚未讀完 */
        {

           /* 讀入一筆學生資料 */
           fscanf(fp,"%d %s %f", &A[i+1].idnum, A[i+1].name, &A[i+1].weight);
           if(A[i+1].idnum!=0)              /* 檢查讀入資料是否有效 */
           {
              i++;
```

```
        }
      }
      else
      {
        return i;                               /* 回傳讀取的筆數 */
      }
    }

  return i;                                     /* 回傳讀取的筆數 */

  }

  void output_all_student_data(FILE* output_data_fp, struct student
A[MAX_ARRAY_SIZE], int N)
  {
    int i;
    fprintf(output_data_fp,"ID\t\tName\t\tWeight\n");

    for(i = 1; i <= N; i++)                     /* 顯示陣列中N筆的學生資料 */
    {
        fprintf(output_data_fp,"%d\t\t%s\t\t%.1f\n", A[i].idnum, A[i].name, A[i].
weight);
    }
  }

  void sort_student_data(struct student A[MAX_ARRAY_SIZE], int N)
  {
    int i;
    int j;

    for( i = 1; i <= N; i++ )                   /* 排序學生資料 */
    {
      /* 找出位置i到位置N最小的學生資料 */
      j = FMIN_student_data(A, i, N);
      SWAP_student_data(A, i, j);    /* 將位置i與最小的學生資料交換位置 */
```

```
    }
}

void SWAP_student_data(struct student A[MAX_ARRAY_SIZE], int i, int j)
{
    struct student tmp_var;

    tmp_var  = A[i];                    /* 將位置i到位置j的學生資料交換 */
    A[i] = A[j];
    A[j] = tmp_var;
}

int FMIN_student_data(struct student A[MAX_ARRAY_SIZE], int i, int N)
{
    char MIN[20];
    int k;
    int j;

    k = i;
    j = k;
    strcpy(MIN , A[j].name);            /* 假設位置j的學生資料為最小 */

    while( k <= N )                     /* 檢查是否還有下一筆學生資料 */
    {
        /* 檢查此筆學生資料是否比目前所記錄的最小學生資料還來得小 */
        if(strcmp(A[k].name , MIN)== -1)// A[k].name < MIN
        {

            j = k;              /* 將目前的學生資料設為最小學生資料 */
            strcpy(MIN , A[j].name);
        }
        k++;
    }

    return j;
}
```

執行範例

```
ID          Name        Weight
2           Leo         44.0
1           Alice       46.0
5           Willy       55.0
9           Bill        70.0
4           Kevin       42.0
7           Candy       66.0
8           Cloud       53.0
Start sorting student data.
Sorted student data.
ID          Name        Weight
1           Alice       46.0
9           Bill        70.0
7           Candy       66.0
8           Cloud       53.0
4           Kevin       42.0
2           Leo         44.0
5           Willy       55.0
```

解釋

[主程式]

主程式與原本的例子相同，我們就不再解釋。

[副程式]

int FMIN_student_data(struct student A[MAX_ARRAY_SIZE], int i, int N)

副程式主要不同在於FMIN_student_data，之前我們比較數值時都直接使用<，但我們比較字串時，就要用到strcmp。

if(strcmp(A[k].name , MIN)== -1)// A[k].name < MIN

以上即代表目前比較的這個字串，比我們剛剛找到最小字串還要來得小。

11.4 字串相同與否的比較

兩個字串可能相同，也可以不相同。如*A*="acct", *B*="agt"，*C*="acct"，則*A*和*C*相同，但*A*和*B*不相同。

我們可以寫一個很簡單的程式來決定兩個字串是否相同。我們也可以利用一個C語言的指令，叫做strcmp(string compare)來判定。

假如*X*和*Y*都是字串而又相同，strcmp(*X*, *Y*)回傳0。否則回傳的不是0。

例題11.4-1

我們宣告三個字串，然後利用strcmp來決定他們之間的關係，這個程式是很簡單的，我們可以略過流程圖。

程式 11.4-1

```
#include <stdio.h>
#include <string.h>
#define ARRAY_SIZE 32

int main(void)
{
   char A[ARRAY_SIZE] = "acct";
   char B[ARRAY_SIZE] = "acgt";
   char C[ARRAY_SIZE] = "acct";

   if( 0 == strcmp(A, B) )                /* 檢查字串A與B的內容是否一樣 */
   {
     printf("String A and B are the same.\n"); /* 顯示A與B的內容一樣 */
   }
   else
   {
```

```
        /* 顯示字串A與B的內容不相同 */
        printf("String A and B are different.\n");
    }


    if( 0 == strcmp(A, C) )                /* 檢查字串A與C的內容是否一樣 */
    {

        printf("String A and C are the same.\n");  /* 顯示A與C是一樣 */
    }
    else
    {
        printf("String A and C are different.\n"); /* 顯示A與C是不同的*/

    }

    /* Program ends here */
}
```

執行範例

```
String A and B are different.
String A and C are the same.
```

解釋

[主程式]

我們將字串陣列*A*和*B*與*A*和*C*利用strcmp作比較，如果回傳值為0就代表兩個字串相同，若否，則代表兩個字串不同。

例題11.4-2 在長字串中搜尋短字串

兩個字串長度一樣，我們可以說它們相同，如果長度不一樣，當然不可能相同，但短字串可能出現在長字串中。我們通常將長字串叫做text（簡稱

T），短字串稱為pattern（稱為*P*）。

假設*T*="aacgtacggta", *P*="acg", 我們會發現*P*在*T*中出現了兩次：

```
T= aacgtacggta
    ↑   ↑
    P   P
```

圖11. 4-1

解決這個問題的最簡單方法叫做視窗滑行方法。我們假設*P*的長度為*m*，我們就在*T*中開一個視窗，而這個視窗的大小也是*m*，然後用strcmp來決定*P*有沒有和這個視窗相同。我們一直滑行這個視窗，就可以解決*P*有無出現在*T*內的問題。

以*T*=aacgtacggta, *P*=acg為例，第一個視窗為aac，而aac不同於*P*，所以我們就將視窗向右移一格，如下圖所示：

	↓											
T=	0	1	2	3	4	5	6	7	8	9	10	11
	a	<u>a</u>	<u>c</u>	<u>g</u>	t	a	c	g	g	t	a	\0

圖11. 4-2

這次這個視窗相同於*P*，所以我們知道*P*出現在*T*內，而且知道*P*出現在*T*(1)到*T*(3)。

						↓						
T=	0	1	2	3	4	5	6	7	8	9	10	11
	a	a	c	g	t	<u>a</u>	<u>c</u>	<u>g</u>	g	t	a	\0

圖11. 4-3

當我們的視窗移到*T*(5)時，又可以得到一個和*P*相同的視窗。

我們的程式中，要有一個陣列*A*用來表示*T*中*P* 出現的位置，以我們的例子而言，*P*出現在*T*(1)和*T*(5)的位置，所以*A*(1)=1, *A*(2)=5 。

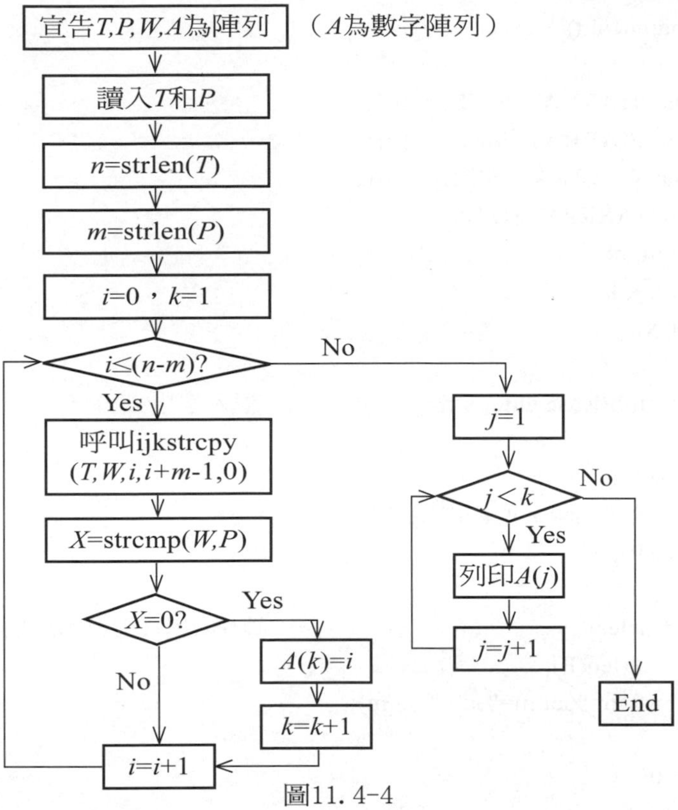

圖11. 4-4

我們還需要一個ijkstrcpy(*x, y, i, j, k*)的副程式，這個副程式和例題11.3-3的程式相像，我們就不畫它的流程圖了。

程式 11. 4-2

```
#include <stdio.h>
#include <string.h>
#define ARRAY_SIZE 32

int Testempty(char X[ ], int p, int N);
void ijkstrcpy(char src_str[ ], char dest_str[ ],int  src_start_pos,int
src_end_pos, int dest_start_pos);
```

```
int main(void)
{
    char T[ARRAY_SIZE] = {0};
    char P[ARRAY_SIZE] = {0};
    char W[ARRAY_SIZE] = {0};
    int A[ARRAY_SIZE];
    int m, n;
    int i, j, k;
    int X;

    printf("Please enter string T:");        /* 讀入字串T和P */

    gets(T);
    printf("Please enter string P:");
    gets(P);

    n = strlen(T);                           /*算出字串T與P個別的長度 */
    m = strlen(P);
    printf("n=%d; m=%d\n", n, m);

    i = 0;
    k = 1;

    while( i <= (n-m) )
    {

        ijkstrcpy(T, W, i, i+m-1, 0);        /*用滑動視窗，抓出要比較的子字串 */
        X = strcmp(W, P);                    /*檢查字串內容是否相同 */

        if(0 == X)
        {
            A[k] = i;                        /*記錄字串相同的位置 */
            k = k + 1;
        }
        i = i + 1;
    }
```

```
  j = 1;

  while (j < k)                                    /* 顯示內容相同子字串的位置 */
  {
    printf("A[%d] = %d.\n", j, A[j]);
    j = j + 1;
  }

}

void ijkstrcpy(char src_str[ ], char dest_str[ ],int  src_start_pos,int
src_end_pos, int dest_start_pos)
{
  int i1, i2;

  /* 將字串src_str位置src_start_pos到src_end_pos的文字複製到字串dest_str
  位置dest_start_pos的地方 */
  i1 = src_start_pos;
  i2 = dest_start_pos;
  while(i1 <= src_end_pos)
  {
    dest_str[i2] = src_str[i1];
    i1= i1 + 1;
    i2= i2 + 1;
  }

  /* 檢查字串dest_str是否有結束字元 */
  if ( 1 != Testempty(dest_str, dest_start_pos + src_end_pos - src_start_pos + 1,
  ARRAY_SIZE) )
  {
    /* 將結束字元填入目的地字串的內容結尾位置 */
    dest_str[dest_start_pos + src_end_pos - src_start_pos +1] = '\0';
  }
}
```

```
int Testempty(char X[ ], int p, int N)
{
   int i;

   i = p;              /* 檢查字串X中，位置p到N-1之中有沒有結束字元 */

   while(i < N)
   {
      if( X[i] == '\0')
      {
         return 1;
      }

      i = i + 1;
   }

   return 0;
}
```

執行範例

```
Please enter string T:aacgtacggta
Please enter string P:acg
n=11; m=3
A[1] = 1.
A[2] = 5.
```

解釋

[主程式]

```
char T[ARRAY_SIZE] = {0};
char P[ARRAY_SIZE] = {0};
char W[ARRAY_SIZE] = {0};
```

我們在初始化字串陣列時，將每個位置皆填入\0。

```
while( i <= (n-m) )
{
   ijkstrcpy(T, W, i, i+m-1, 0);
   X = strcmp(W, P);
   if(0 == X)
   {
      A[k] = i;
      k = k + 1;
   }
   i = i + 1;
}
```

我們首先將視窗（視窗大小即為*P*字串陣列的大小）定在*T*字串陣列一開始的位置，將視窗內的字元複製到*W*字串陣列，再用strcmp與*P*字串陣列做比較，若相同則將此視窗在*T*字串陣列的位置記錄到*A*陣列中。

接著每次在*T*字串陣列移動視窗一個位置，再重複以上的步驟，一直做到視窗碰到*T*字串陣列的結尾。

[副程式]

```
int Testempty(char X[ ], int p, int N);
void ijkstrcpy(char src_str[ ], char dest_str[ ],int src_start_pos,int src_end_pos, int dest_start_pos);
```

這個例子中所用的副程式與之前的相同，我們便不再贅述。

練習十一

1. 假設我們有一檔案，檔案之中存了二行資料。請寫一程式讀取此檔案並比較二行資料是否相同。
2. 請寫一個程式由鍵盤讀取一字串和一個在字串長度內的位置，完成後將字串從指定的位置分成兩個子字串並且交換。以下是一個例子，A=programming，指定位置=3，程式執行完後，A的內容會變成grammingpro。
3. 在上個例題中，請在子字串交換前，先將子字串做反轉。以上面的例子而言，在程式執行完後，A的內容會變成gnimmargorp。
4. 請寫一個程式可以刪除字串內容中指定的某個部分，所有的資料都由鍵盤輸入。以下是一個例子，字串內容是programming，我們要刪除其中gra的部分，刪除完成後，字串內容將變成promming。
5. 假設我們有二個檔案，一個檔案存的是Text的內容，只有一行的資料，另一個檔案是Pattern的內容，我們有*n*個Pattern的資料，因此這個檔案有*n*行資料。請寫一程式讀取這兩個檔案，並搜尋每一個Pattern出現在Text的那些位置。

Chapter 12

簡易電腦放榜系統

參加招生考試是許多人共同的經驗。由於學校眾多且名額有限，每位考生依據自己的喜好列出欲就讀學校的順位，然後由招生單位根據這些考生的志願一同決定各校的錄取名單。早期類似的放榜作業都由人工花費許多時間完成，現在的放榜作業大都交由電腦代勞，迅速又確實。基本上，這樣的電腦放榜系統要輸入學生的基本資料，例如：學號、姓名、各科成績、學校志願代碼等，及學校的資料，例如：學校代碼、校名、錄取名額、錄取條件等，而系統的輸出便是各校的錄取名單。

為了簡化程式設計的複雜度且滿足問題描述的要求，我們做了以下的限制與基本假設：

1. 輸入的資料

A. 學生資料檔（最多100筆學生資料）。學生資料檔已依據學生總分排序好，包含下列欄位：

- 學號
- 姓名
- 總分
- 第一志願的學校代碼（若為0表示放棄此志願）
- 第二志願的學校代碼（若為0表示放棄此志願）
- 第三志願的學校代碼（若為0表示放棄此志願）

例：含有10筆學生資料的學生資料檔（student.dat）

1004	蔡一林	90	1	2	3
1001	研程序	85	1	3	2
1010	劉的華	80	1	2	3
1005	新曉期	78	1	3	2
1008	章柏之	75	2	3	0
1006	周瑜名	70	2	0	0
1009	普學量	69	3	1	2
1002	謝婷風	64	2	1	3
1007	照唯	58	2	3	1
1003	吳大唯	56	3	2	1

B. 學校錄取名額檔（最多20筆學校資料）。包含下列欄位：

- 學校代碼
- 校名
- 名額

例：含有3筆學校資料的學校錄取名額檔（school.dat）

1	台北高中	4
2	台中高中	3
3	高雄高中	3

2. 輸出的資料

錄取各個學校的學生榜單。

3. 基本假設與說明

每人可填三個志願，各校只以總分高低作為錄取與否的標準。

這樣的系統除了用於招生事務外，還可應用於因資源容量有限而需要分配的問題上。例如：教師實習分發、訓練活動安排、旅遊梯次分配等。

在程式當中，我們建構並使用了兩種資料結構（Data Structures）：

A. 學校的資料結構（SCHOOL），用來儲存各個學校的資料。包含下列欄位：

- 學校代碼（int s_id）

- 校名（char name[40]）（最多40個字元）
- 名額（int quota）
- 錄取本校的第一位學生（int first_student）（初始值為-1）
- 錄取本校的最後一位學生（int last_student）（初始值為-1）

圖示概念如下：

學校（SCHOOL）	
欄位意義	欄位名稱
學校代碼	int s_id
校名	char name[40]
名額	int quota
錄取本校的第一位學生	int first_student
錄取本校的最後一位學生	int last_student

B. 學生的資料結構（STUDENT），用來儲存各個學生的資料。包含下列欄位：

- 學號（char id[10]）（最多10個字元）
- 姓名（char name[20]）（最多20個字元）
- 總分（int score）
- 三個志願的學校代碼（int priority[3]）（若為0表示放棄此志願）
- 下一個錄取同一學校的學生（int next_student）（初始值為-1）
- 錄取學校（int s_index）（初始值為-1）

圖示概念如下：

學生（STUDENT）	
欄位意義	欄位名稱
學號	char id[10]
姓名	char name[20]
總分	int score
三個志願的學校代碼	int priority[3]
下一個錄取同一學校的學生	int next_student
錄取學校	int s_index

再以兩個一維陣列(1-D Arrays)，SCHOOL schools[Max_Schools]與STUDENT students[Max_Students]，分別用來儲存所有學校與所有學生的資料，每一筆SCHOOL schools[i]（0≤i＜Max_Schools）與STUDENT students[j]（0≤j＜Max_Students）分別代表一所學校與一名學生，其中Max_Schools與Max_Students分別指出最多有幾所學校與最多有幾名學生。

圖示概念如下：

儲存所有學校的一維陣列（SCHOOL schools[Max_Schools]）

陣列索引	學校代碼	校名	名額	錄取本校的第一位學生	錄取本校的最後一位學生
[0]	第一所學校的學校代碼	第一所學校的校名	第一所學校的名額	錄取第一所學校的第一位學生	錄取第一所學校的最後一位學生
[1]	第二所學校的學校代碼	第二所學校的校名	第二所學校的名額	錄取第二所學校的第一位學生	錄取第二所學校的最後一位學生
[2]	第三所學校的學校代碼	第三所學校的校名	第三所學校的名額	錄取第三所學校的第一位學生	錄取第三所學校的最後一位學生
…	…	…	…	…	…

儲存所有學生的一維陣列（STUDENT students[Max_Students]）

陣列索引	學號	姓名	總分	三個志願的學校代碼			下一個錄取同一學校的學生	錄取學校
				[0]	[1]	[2]		
[0]	第一名學生的學號	第一名學生的姓名	第一名學生的總分	第一名學生的第一志願的學校代碼	第一名學生的第二志願的學校代碼	第一名學生的第三志願的學校代碼	與第一名學生錄取同一學校的下一個學生	第一名學生的錄取學校
[1]	第二名學生的學號	第二名學生的姓名	第二名學生的總分	第二名學生的第一志願的學校代碼	第二名學生的第二志願的學校代碼	第二名學生的第三志願的學校代碼	與第二名學生錄取同一學校的下一個學生	第二名學生的錄取學校

[2]	第三名學生的學號	第三名學生的姓名	第三名學生的總分	第三名學生的第一志願的學校代碼	第三名學生的第二志願的學校代碼	第三名學生的第三志願的學校代碼	與第三名學生錄取同一學校的下一個學生	第三名學生的錄取學校
…	…	…	…	…	…	…	…	…

例：假設一開始儲存所有學校與所有學生的兩個一維陣列內容分別如下所示：

陣列索引	學校代碼	校名	名額	錄取本校的第一位學生	錄取本校的最後一位學生
[0]	1	台北高中	4	-1	-1
[1]	2	台中高中	3	-1	-1
[2]	3	高雄高中	3	-1	-1

陣列索引	學號	姓名	總分	三個志願的學校代碼			下一個錄取同一學校的學生	錄取學校
				[0]	[1]	[2]		
[0]	1004	蔡一林	90	1	2	3	-1	-1
[1]	1001	研程序	85	1	3	2	-1	-1
[2]	1010	劉的華	80	1	2	3	-1	-1
[3]	1005	新曉期	78	1	3	2	-1	-1
[4]	1008	章柏之	75	2	3	0	-1	-1
[5]	1006	周瑜名	70	2	0	0	-1	-1
[6]	1009	普學量	69	3	1	2	-1	-1
[7]	1002	謝婷風	64	2	1	3	-1	-1
[8]	1007	照唯	58	2	3	1	-1	-1
[9]	1003	吳大唯	56	3	2	1	-1	-1

假設經過程式執行後，兩個一維陣列內容分別改變成如下所示的內容：

陣列索引	學校代碼	校名	名額	錄取本校的第一位學生	錄取本校的最後一位學生
[0]	1	台北高中	4	0	3
[1]	2	台中高中	3	4	7
[2]	3	高雄高中	3	6	9

陣列索引	學號	姓名	總分	三個志願的學校代碼			下一個錄取同一學校的學生	錄取學校
				[0]	[1]	[2]		
[0]	1004	蔡一林	90	1	2	3	1	0
[1]	1001	研程序	85	1	3	2	2	0
[2]	1010	劉的華	80	1	2	3	3	0
[3]	1005	新曉期	78	1	3	2	-1	0
[4]	1008	章柏之	75	2	3	0	5	1
[5]	1006	周瑜名	70	2	0	0	7	1
[6]	1009	普學量	69	3	1	2	8	2
[7]	1002	謝婷風	64	2	1	3	-1	1
[8]	1007	照唯	58	2	3	1	9	2
[9]	1003	吳大唯	56	3	2	1	-1	-1

上兩個圖有陰影的位置表示曾於程式執行過程中修改過。

關於這兩個資料結構，我們要作以下的補充：

A. 學校資料

a. 在學校資料中，其「錄取本校的第一位學生」欄位，在程式執行後，將會填入錄取本校的第一位學生在學生資料名單上的位置。舉例來說，若在程式執行後，「台中高中」的「錄取本校的第一位學生」欄位為「4」，表示錄取台中高中的第一位學生為在學生資料名單上位置第4的學生，也就是「章柏之」。

b. 同理，在學校資料中，其「錄取本校的最後一位學生」欄位，在程式執行後，將會填入錄取本校的最後一位學生在學生資料名單上的位置。舉例來說，若在程式執行後，「高雄高中」的「錄取本校的最後一位學生」欄位為「9」，表示錄取高雄高中的最後一位學生為在學生資料名單上位置第9的學生，也就是「吳大唯」。

B. **學生資料**

a. 在學生資料中，其「下一個錄取同一學校的學生」欄位，在程式執行後，將會填入與其錄取同一學校的下一位學生在學生資料名單上的位置。舉例來說，若在程式執行後，「劉的華」的「下一個錄取同一學校的學生」欄位為「3」，表示與劉的華錄取同一學校的下一位學生為在學生資料名單上位置第3的學生，也就是「新曉期」。

b. 而在學生資料中，其「錄取學校」欄位，在程式執行後，將會填入其錄取學校在學校資料名單上的位置。舉例來說，若在程式執行後，「周瑜名」的「錄取學校」欄位為「1」，表示周瑜名錄取的學校為在學校資料名單上位置第1的學校，也就是「台中高中」。

C. **連結串列（Linked List）的觀念**

在這兩個資料結構之中，存在著一種稱之為「連結串列」的觀念。所謂的「連結串列」，就是一筆資料或一個項目透過一個指標或一個索引便能找到下一筆資料或下一個項目。而在上述兩個資料結構之中，亦存在著這種「連結串列」的觀念。且利用這種「連結串列」的觀念，我們可以輕易地找出錄取於同一所學校，從總分最高到總分最低的所有學生名單。舉例來說，若我們想找出錄取「台北高中」，從總分最高到總分最低的所有學生名單，我們只要採取如下的動作即可：

a. 「台北高中」的「錄取本校的第一位學生」欄位為「0」，表示錄取台北高中的第一位學生為在學生資料名單上位置第0的學生，也就是「蔡一林」。故錄取台北高中的第一位學生為蔡一林。

b. 「蔡一林」的「下一個錄取同一學校的學生」欄位為「1」，表示與蔡一林錄取同一學校的下一位學生為在學生資料名單上位置第1的學生，也就是「研程序」。故錄取台北高中的第二位學生為研程序。

c. 「研程序」的「下一個錄取同一學校的學生」欄位為「2」，表示與研程序錄取同一學校的下一位學生為在學生資料名單上位置第2的學生，也就是「劉的華」。故錄取台北高中的第三位學生為劉的華。

d. 「劉的華」的「下一個錄取同一學校的學生」欄位為「3」，表示與劉的華錄取同一學校的下一位學生為在學生資料名單上位置第3的學生，也就是「新曉期」。故錄取台北高中的第四位學生為新曉期。

e.「新曉期」的「下一個錄取同一學校的學生」欄位為「-1」，表示並沒有與新曉期錄取同一學校的下一位學生。故新曉期為錄取台北高中的最後一位學生。

這個例子的圖示概念如下：

陣列索引	校名	錄取本校的第一位學生
[0]	台北高中	0

陣列索引	姓名	下一個錄取同一學校的學生
[0]	蔡一林	1
[1]	研程序	2
[2]	劉的華	3
[3]	新曉期	–1

二、程式剖析

1. 主程式main( )
   - 說明：根據所讀取之學生資料檔與學校錄取名額檔執行放榜作業並印出放榜作業結果到輸出結果檔。
   - 輸入參數：無
   - 傳回值：無
   - 流程圖：

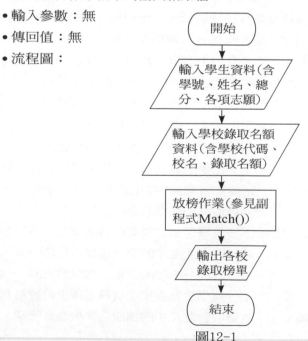

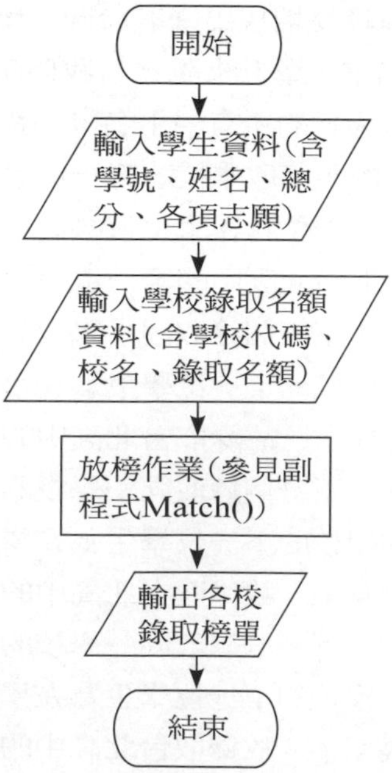

圖12-1

2. 副程式

2.1 Match( )

- 說明：根據學生總分由高到低的順序、學生志願的順序、與學校的錄取名額來決定錄取名單。
- 輸入參數：無
- 傳回值：無
- 流程圖：

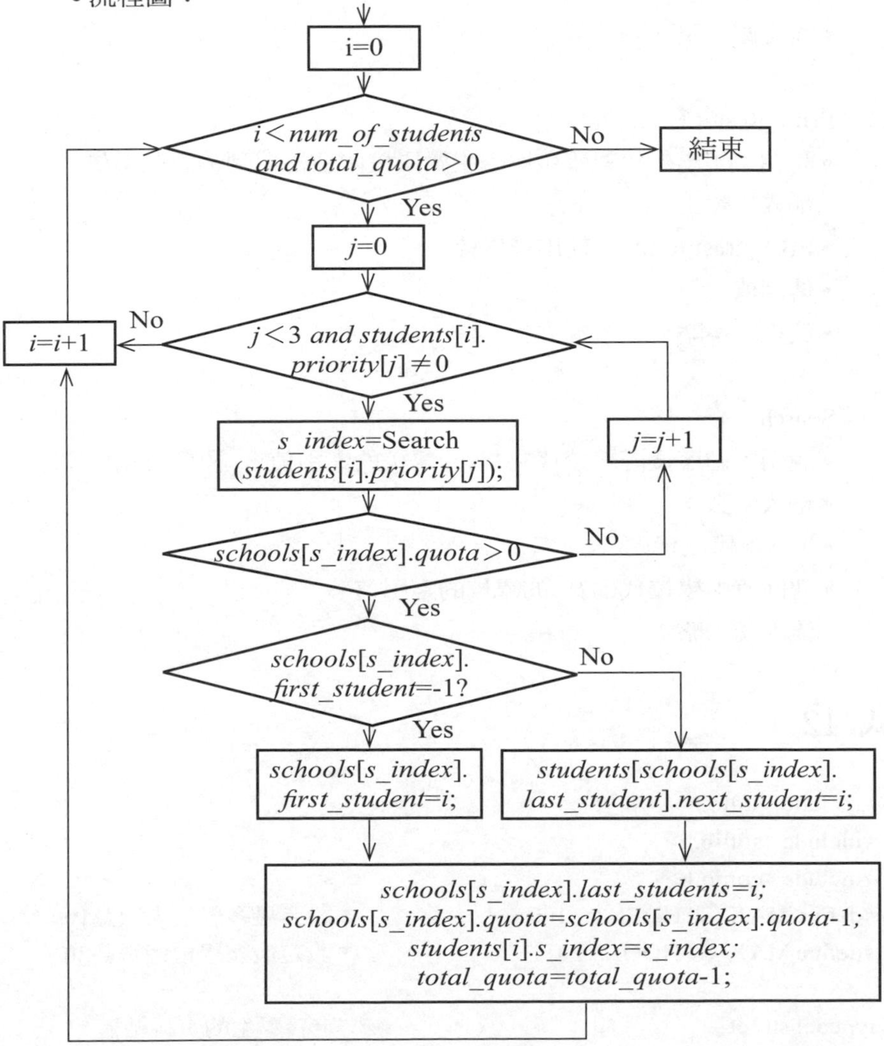

圖12-2

2.2 Read_File ( )

- 說明：根據學生資料檔與學校錄取名額檔，分別讀取學生與學校等的相關資料。
- 輸入參數：
- FILE *student_file：學生資料檔
- FILE *school_file：學校錄取名額檔
- 傳回值：無
- 流程圖：略

2.3 Print_Result ( )

- 說明：印出學校對學生與學生對學校兩種榜單到輸出結果檔。
- 輸入參數：
- FILE *result_file：輸出結果檔
- 傳回值：無
- 流程圖：略

2.4 Search ( )

- 說明：循序搜尋學校代碼為x的學校的索引值。
- 輸入參數：
- int x：學校代碼
- 傳回值：學校代碼為x的學校的索引值
- 流程圖：略

程式 12-1

```
#include <stdio.h>
#include <stdlib.h>
#include <conio.h>
#define MAX_STUDENTS 100                    /* 設定最多學生人數為100 */
#define MAX_SCHOOLS 20                      /* 設定最多學校個數為20 */

typedef struct                              /* 定義學生的資料結構 */
{
```

```
    char id[10];                           /* 學號 */
    char name[20];                         /* 姓名 */
    int score;                             /* 總分 */
    int priority[3];                       /* 三個志願的學校代碼 */
    int next_student;                      /* 下一個錄取同一學校的學生 */
    int s_index;                           /* 錄取學校 */
} STUDENT;

typedef struct                             /* 定義學校的資料結構 */

{
    int s_id;                              /* 學校代碼 */
    char name[40];                         /* 校名 */
    int quota;                             /* 名額 */
    int first_student;                     /* 錄取本校的第一位學生 */
    int last_student;                      /* 錄取本校的最後一位學生 */
} SCHOOL;

int num_of_students = 0;                   /* 記錄學生人數 */
int num_of_schools = 0;                    /* 記錄學校個數 */
int total_quota = 0;                       /* 記錄錄取總額 */
STUDENT students[MAX_STUDENTS];            /* 記錄學生資料 */
SCHOOL schools[MAX_SCHOOLS];               /* 記錄學校資料 */

void Read_File(FILE *student_file, FILE *school_file);
void Match(void);
void Print_Result(FILE *result_file);
int Search(int x);

int main( )
{
    int i, j;
    FILE *student_file, *school_file, *result_file;
    char fstudent[20],fschool[20],fresult[20];

    printf("Enter student file name: ");      /* 讀取檔案名稱*/
```

```
    scanf("%s",&fstudent);
    printf("Enter school file name: ");
    scanf("%s",&fschool);
    printf("Enter result file name: ");
    scanf("%s",&fresult);

    /* 檢查開檔成功與否*/
    if( !(student_file = fopen(fstudent, "rt")) ||
      /* 如果開啟學生資料檔失敗 */
      !(school_file = fopen(fschool, "rt")) ||
      /* 如果開啟學校錄取名額檔失敗 */
      !(result_file = fopen(fresult, "wt")) )
      /* 如果開啟輸出結果檔失敗 */
    {
      printf("File Open Error!!\n");          /* 印出開檔失敗錯誤訊息*/
      exit(1);                                /* 離開程式*/
    }

    /* 輸入學生資料（含學號、姓名、總分、各項志願） */
    /* 與 */
    /* 輸入學校錄取名額資料（含學校代碼、校名、錄取名額） */
    Read_File(student_file, school_file);
    Match( );                                 /* 放榜作業*/

    Print_Result(result_file);                /* 輸出各校錄取榜單*/
    printf("Data stored....\n<press any key to continue>");
    getch( );
    return 1;                                 /* 結束 */
}

/* 讀取學生資料檔與學校錄取名額檔 */
void Read_File(FILE *student_file, FILE *school_file)
{
    int i, EndOfFile;
    EndOfFile=0;                              /* 讀取學生資料至students[ ]中 */
```

```
    for( i=0 ;(i<MAX_STUDENTS)&&(EndOfFile==0); i++ )
    {
      EndOfFile=(fscanf(student_file,"%s\t%s\t%d\t%d\t%d\t%d\n",
                  students[i].id,students[i].name,&(students[i].score),
                  &(students[i].priority[0]),&(students[i].priority[1]),
                  &(students[i].priority[2]))==EOF);
      students[i].next_student = -1;   /* 設定學生錄取資料的預設值 */
      students[i].s_index = -1;
    }

    num_of_students = i-1;                        /* 記錄分發學生總數 */
    EndOfFile=0;                                  /* 讀取學校資料至schools[ ]中 */

    for( i=0 ;(i<MAX_SCHOOLS)&&(EndOfFile==0); i++ )
    {
      EndOfFile=(fscanf(school_file,"%d\t%s\t%d\n",&schools[i].s_id,
                schools[i].name,&(schools[i].quota))==EOF);

      schools[i].first_student = -1;   /* 設定學校錄取資料的預設值 */
      schools[i].last_student = -1;
      total_quota = total_quota + schools[i].quota;
    }

    num_of_schools=i-1;                           /* 記錄分發學生總數 */

    fclose(student_file);
    fclose(school_file);
  }

  /* 執行放榜作業 */
  void Match(void)
  {
    int i, j, s_index;

    /* 從總分第一高的學生依序替每位學生安排一所適當的錄取學校 */
    for( i=0 ; (i<num_of_students) && (total_quota>0) ; i++ )
```

```
    {
      printf("\ni=%d :\n", i);
      /* 從該學生的第一志願依序檢查所選的志願是否還有名額 */
      for( j=0 ; j<3 && students[i].priority[j] ; j++ )
      {
        /* 找出第i位學生的第j個志願的學校索引值 */
        s_index = Search(students[i].priority[j]);
        printf("j=%d, s_index=%d, schools[%d].quota=%d\n", j,
            s_index, s_index, schools[s_index].quota);
        /* 如果所選的志願還有名額 */
        if( schools[s_index].quota>0 )
        {
          /* 如果尚未有任何學生錄取該志願 */
          if( schools[s_index].first_student==-1 )
          {
            /* 則目前的這位學生為錄取該志願的第一位學生 */
            schools[s_index].first_student = i;
             printf("schools[%d].first_student=-1.Set schools[%d].first_student=i=%d\
n", s_index, s_index, i);
          }
          /* 如果已經有學生錄取該志願 */
          else
          {
          /* 則目前的這位學生為之前錄取該志願的最後一位學生的下一個學生 */
            students[schools[s_index].last_student].next_student = i;
            printf("schools[%d].last_student=%d.Set students[%d].next_student=i=%d\
n", s_index, schools[s_index].last_student,  schools[s_index].last_student, i);
          }
          /* 目前的這位學生為目前錄取該志願的最後一位學生 */
          schools[s_index].last_student = i;
          printf("Set schools[s_index].last_student=schools[%d].last_student=%d\n",
s_index, i);
          schools[s_index].quota--;        /* 該志願的錄取名額減1 */
          printf("Set schools[s_index].quota--=schools[%d].quota--=%d\n", s_index,
schools[s_index].quota);
          students[i].s_index = s_index;  /* 該學生錄取該志願 */
```

```
                printf("Set students[i].s_index=s_index; students[%d].s_index=%d\n", i,
s_index);
                total_quota--;                  /* 錄取總額減1 */
                printf("Set total_quota--=%d\n", total_quota);
                break;                          /* 直接檢查下一位學生 */
            }
        }
    }
}

/* 印出放榜作業結果到輸出結果檔 */
void Print_Result(FILE *result_file)
{
    int i,j;

    fprintf(result_file, "Matching Results\n");
    fprintf(result_file, "(1)School-Student\n");  /* 印出學校對學生榜單 */

    for( i=0 ; i<num_of_schools ; i++ )
    {
        fprintf(result_file, "%s :", schools[i].name);
        j = schools[i].first_student;
        while( j!=-1 )                          /* 印出該校錄取的學生名單 */
        {
            fprintf(result_file,"\t%s %s",students[j].id, students[j].name);
            j = students[j].next_student;
        }
        fputc('\n', result_file);
    }

    /* 印出學生對學校榜單 */
    fprintf(result_file, "\n \n(2)Student-School\n");
    fprintf(result_file, "\t i \t ID  \t Name \t School \t  .Next_student\n");
    for( i=0 ; i<num_of_students ; i++ )
    {
```

```
        fprintf(result_file,"\t%d\t%4s\t%6s",i, students[i].id,students[i].name);
        if( students[i].s_index==-1 )           /* 學生沒有錄取 */
        {
          fprintf(result_file, "\t none");
        }
        else                                    /* 學生有錄取 */
        {
                fprintf(result_file,"\t %s \t %d", schools[students[i].s_index].
name,students[i].next_student);
        }
        fputc('\n', result_file);
      }

      fclose(result_file);
    }

    /* 循序搜尋學校代碼為x的學校的索引值 */
    int Search(int x)
    {
      int i;
      for( i=0 ; i<num_of_schools ; i++ )
      {
        if( schools[i].s_id==x)
        {
          return i;
        }
      }
    }
```

執行範例

```
Enter student file name: student.dat
Enter school file name: school.dat
Enter result file name: result.dat
```

```
i=0 :
  j=0, s_index=0, schools[0].quota=4
    schools[0].first_student=-1.  Set schools[0].first_student=i=0
    Set schools[s_index].last_student=schools[0].last_student=0
    Set schools[s_index].quota--=schools[0].quota--=3
    Set students[i].s_index=s_index; students[0].s_index=0
    Set total_quota--=9

i=1 :
  j=0, s_index=0, schools[0].quota=3
    schools[0].last_student=0.  Set students[0].next_student=i=1
    Set schools[s_index].last_student=schools[0].last_student=1
    Set schools[s_index].quota--=schools[0].quota--=2
    Set students[i].s_index=s_index; students[1].s_index=0
    Set total_quota--=8

i=2 :
  j=0, s_index=0, schools[0].quota=2
    schools[0].last_student=1.  Set students[1].next_student=i=2
    Set schools[s_index].last_student=schools[0].last_student=2
    Set schools[s_index].quota--=schools[0].quota--=1
    Set students[i].s_index=s_index; students[2].s_index=0
    Set total_quota--=7

i=3 :
  j=0, s_index=0, schools[0].quota=1
    schools[0].last_student=2.  Set students[2].next_student=i=3
    Set schools[s_index].last_student=schools[0].last_student=3
    Set schools[s_index].quota--=schools[0].quota--=0
    Set students[i].s_index=s_index; students[3].s_index=0
    Set total_quota--=6
```

```
i=4：
  j=0, s_index=1, schools[1].quota=3
    schools[1].first_student=-1.  Set schools[1].first_student=i=4
    Set schools[s_index].last_student=schools[1].last_student=4
    Set schools[s_index].quota--=schools[1].quota--=2
    Set students[i].s_index=s_index; students[4].s_index=1
    Set total_quota--=5

i=5：
  j=0, s_index=1, schools[1].quota=2
    schools[1].last_student=4.  Set students[4].next_student=i=5
    Set schools[s_index].last_student=schools[1].last_student=5
    Set schools[s_index].quota--=schools[1].quota--=1
    Set students[i].s_index=s_index; students[5].s_index=1
    Set total_quota--=4

i=6：
  j=0, s_index=2, schools[2].quota=3
    schools[2].first_student=-1.  Set schools[2].first_student=i=6
    Set schools[s_index].last_student=schools[2].last_student=6
    Set schools[s_index].quota--=schools[2].quota--=2
    Set students[i].s_index=s_index; students[6].s_index=2
    Set total_quota--=3

i=7：
  j=0, s_index=1, schools[1].quota=1
    schools[1].last_student=5.  Set students[5].next_student=i=7
    Set schools[s_index].last_student=schools[1].last_student=7
    Set schools[s_index].quota--=schools[1].quota--=0
    Set students[i].s_index=s_index; students[7].s_index=1
    Set total_quota--=2
```

```
i=8 :
  j=0, s_index=1, schools[1].quota=0
  j=1, s_index=2, schools[2].quota=2
    schools[2].last_student=6.  Set students[6].next_student=i=8
    Set schools[s_index].last_student=schools[2].last_student=8
    Set schools[s_index].quota--=schools[2].quota--=1
    Set students[i].s_index=s_index; students[8].s_index=2
    Set total_quota--=1

i=9 :
  j=0, s_index=2, schools[2].quota=1
    schools[2].last_student=8.  Set students[8].next_student=i=9
    Set schools[s_index].last_student=schools[2].last_student=9
    Set schools[s_index].quota--=schools[2].quota--=0
    Set students[i].s_index=s_index; students[9].s_index=2
    Set total_quota--=0
Data stored....
<press any key to continue>
```

學生資料檔（student.dat）

1004	蔡一林	90	1	2	3
1001	研程序	85	1	3	2
1010	劉的華	80	1	2	3
1005	新曉期	78	1	3	2
1008	章柏之	75	2	3	0
1006	周瑜名	70	2	0	0
1009	普學量	69	3	1	2
1002	謝婷風	64	2	1	3
1007	照唯	58	2	3	1
1003	吳大唯	56	3	2	1

學校錄取名額檔（school.dat）

1	台北高中	4
2	台中高中	3
3	高雄高中	3

Result.dat

Matching Results

(1)School-Student

台北高中 :	1004 蔡一林	1001 研程序	1010 劉的華	1005 新曉期
台中高中 :	1008 章柏之	1006 周瑜名	1002 謝婷風	
高雄高中 :	1009 普學量	1007 照唯	1003 吳大唯	

(2)Student-School

i	ID	Name	School	Next_student
0	1004	蔡一林	台北高中	1
1	1001	研程序	台北高中	2
2	1010	劉的華	台北高中	3
3	1005	新曉期	台北高中	-1
4	1008	章柏之	台中高中	5
5	1006	周瑜名	台中高中	7
6	1009	普學量	高雄高中	8
7	1002	謝婷風	台中高中	-1
8	1007	照唯	高雄高中	9
9	1003	吳大唯	高雄高中	-1

解釋

1. 輸入資料

A. 輸入學生資料

學生資料檔（student.dat）

1004	蔡一林	90	1	2	3
1001	研程序	85	1	3	2
1010	劉的華	80	1	2	3
1005	新曉期	78	1	3	2
1008	章柏之	75	2	3	0
1006	周瑜名	70	2	0	0
1009	普學量	69	3	1	2
1002	謝婷風	64	2	1	3
1007	照唯	58	2	3	1
1003	吳大唯	56	3	2	1

B. 輸入學校錄取名額資料

學校錄取名額檔（school.dat）

1	台北高中	4
2	台中高中	3
3	高雄高中	3

則經過讀取作業後，（在陣列中）學校與學生的資料內容如下所示：

陣列索引	學校代碼	校名	名額	錄取本校的第一位學生	錄取本校的最後一位學生
[0]	1	台北高中	4	-1	-1
[1]	2	台中高中	3	-1	-1
[2]	3	高雄高中	3	-1	-1

陣列索引	學號	姓名	總分	三個志願的學校代碼			下一個錄取同一學校的學生	錄取學校
				[0]	[1]	[2]		
[0]	1004	蔡一林	90	1	2	3	-1	0
[1]	1001	研程序	85	1	3	2	-1	-1
[2]	1010	劉的華	80	1	2	3	-1	-1
[3]	1005	新曉期	78	1	3	2	-1	-1

[4]	1008	章柏之	75	2	3	0	-1	-1
[5]	1006	周瑜名	70	2	0	0	-1	-1
[6]	1009	普學量	69	3	1	2	-1	-1
[7]	1002	謝婷風	64	2	1	3	-1	-1
[8]	1007	照唯	58	2	3	1	-1	-1
[9]	1003	吳大唯	56	3	2	1	-1	-1

2. 放榜作業

首先考慮第一個學生「蔡一林」。因其第一志願為「台北高中」且尚有名額，所以錄取「台北高中」。此時學校與學生的資料內容如下：

陣列索引	學校代碼	校名	名額	錄取本校的第一位學生	錄取本校的最後一位學生
[0]	1	台北高中	4	0	0
[1]	2	台中高中	3	-1	-1
[2]	3	高雄高中	3	-1	-1

陣列索引	學號	姓名	總分	三個志願的學校代碼			下一個錄取同一學校的學生	錄取學校
				[0]	[1]	[2]		
[0]	1004	蔡一林	90	1	2	3	-1	0
[1]	1001	研程序	85	1	3	2	-1	-1
[2]	1010	劉的華	80	1	2	3	-1	-1
[3]	1005	新曉期	78	1	3	2	-1	-1
[4]	1008	章柏之	75	2	3	0	-1	-1
[5]	1006	周瑜名	70	2	0	0	-1	-1
[6]	1009	普學量	69	3	1	2	-1	-1
[7]	1002	謝婷風	64	2	1	3	-1	-1
[8]	1007	照唯	58	2	3	1	-1	-1
[9]	1003	吳大唯	56	3	2	1	-1	-1

而榜單結果如下：

台北高中	蔡一林
台中高中	
高雄高中	

接著考慮下一個學生「研程序」。因其第一志願為「台北高中」且尚有名額，所以錄取「台北高中」。此時學校與學生的資料內容如下：

陣列索引	學校代碼	校名	名額	錄取本校的第一位學生	錄取本校的最後一位學生
[0]	1	台北高中	4	0	1
[1]	2	台中高中	3	-1	-1
[2]	3	高雄高中	3	-1	-1

陣列索引	學號	姓名	總分	三個志願的學校代碼			下一個錄取同一學校的學生	錄取學校
				[0]	[1]	[2]		
[0]	1004	蔡一林	90	1	2	3	-1	0
[1]	1001	研程序	85	1	3	2	-1	0
[2]	1010	劉的華	80	1	2	3	-1	-1
[3]	1005	新曉期	78	1	3	2	-1	-1
[4]	1008	章柏之	75	2	3	0	-1	-1
[5]	1006	周瑜名	70	2	0	0	-1	-1
[6]	1009	普學量	69	3	1	2	-1	-1
[7]	1002	謝婷風	64	2	1	3	-1	-1
[8]	1007	照唯	58	2	3	1	-1	-1
[9]	1003	吳大唯	56	3	2	1	-1	-1

而榜單結果如下：

台北高中	蔡一林、研程序
台中高中	
高雄高中	

下一個學生「劉的華」，因其第一志願為「台北高中」且尚有名額，所以錄取「台北高中」。此時學校與學生的資料內容如下：

陣列索引	學校代碼	校名	名額	錄取本校的第一位學生	錄取本校的最後一位學生
[0]	1	台北高中	4	0	2
[1]	2	台中高中	3	-1	-1
[2]	3	高雄高中	3	-1	-1

陣列索引	學號	姓名	總分	三個志願的學校代碼			下一個錄取同一學校的學生	錄取學校
				[0]	[1]	[2]		
[0]	1004	蔡一林	90	1	2	3	1	0
[1]	1001	研程序	85	1	3	2	2	0
[2]	1010	劉的華	80	1	2	3	-1	-1
[3]	1005	新曉期	78	1	3	2	-1	-1
[4]	1008	章柏之	75	2	3	0	-1	-1
[5]	1006	周瑜名	70	2	0	0	-1	-1
[6]	1009	普學量	69	3	1	2	-1	-1
[7]	1002	謝婷風	64	2	1	3	-1	-1
[8]	1007	照唯	58	2	3	1	-1	-1
[9]	1003	吳大唯	56	3	2	1	-1	-1

而榜單結果如下：

台北高中	蔡一林、研程序、劉的華
台中高中	
高雄高中	

下一個「新曉期」，因其第一志願亦為「台北高中」且尚有名額，所以錄取「台北高中」。此時學校與學生的資料內容如下：

陣列索引	學校代碼	校名	名額	錄取本校的第一位學生	錄取本校的最後一位學生
[0]	1	台北高中	4	0	3
[1]	2	台中高中	3	-1	-1
[2]	3	高雄高中	3	-1	-1

陣列索引	學號	姓名	總分	三個志願的學校代碼			下一個錄取同一學校的學生	錄取學校
				[0]	[1]	[2]		
[0]	1004	蔡一林	90	1	2	3	1	0
[1]	1001	研程序	85	1	3	2	2	0
[2]	1010	劉的華	80	1	2	3	3	0
[3]	1005	新曉期	78	1	3	2	-1	0
[4]	1008	章柏之	75	2	3	0	-1	-1
[5]	1006	周瑜名	70	2	0	0	-1	-1
[6]	1009	普學量	69	3	1	2	-1	-1
[7]	1002	謝婷風	64	2	1	3	-1	-1
[8]	1007	照唯	58	2	3	1	-1	-1
[9]	1003	吳大唯	56	3	2	1	-1	-1

而榜單結果如下：

台北高中	蔡一林、研程序、劉的華、新曉期
台中高中	
高雄高中	

下一個「章柏之」，因其第一志願為「台中高中」且尚有名額，所以錄取「台中高中」。此時學校與學生的資料內容如下：

陣列索引	學校代碼	校名	名額	錄取本校的第一位學生	錄取本校的最後一位學生
[0]	1	台北高中	4	0	3
[1]	2	台中高中	3	4	4
[2]	3	高雄高中	3	-1	-1

陣列索引	學號	姓名	總分	三個志願的學校代碼			下一個錄取同一學校的學生	錄取學校
				[0]	[1]	[2]		
[0]	1004	蔡一林	90	1	2	3	1	0
[1]	1001	研程序	85	1	3	2	2	0
[2]	1010	劉的華	80	1	2	3	3	0
[3]	1005	新曉期	78	1	3	2	-1	0
[4]	1008	章柏之	75	2	3	0	-1	1
[5]	1006	周瑜名	70	2	0	0	-1	-1
[6]	1009	普學量	69	3	1	2	-1	-1
[7]	1002	謝婷風	64	2	1	3	-1	-1
[8]	1007	照唯	58	2	3	1	-1	-1
[9]	1003	吳大唯	56	3	2	1	-1	-1

而榜單結果如下：

台北高中	蔡一林、研程序、劉的華、新曉期
台中高中	章柏之
高雄高中	

下一個「周瑜名」，因其第一志願為「台中高中」且尚有名額，所以錄取「台中高中」。此時學校與學生的資料內容如下：

陣列索引	學校代碼	校名	名額	錄取本校的第一位學生	錄取本校的最後一位學生
[0]	1	台北高中	4	0	3
[1]	2	台中高中	3	4	5
[2]	3	高雄高中	3	-1	-1

陣列索引	學號	姓名	總分	三個志願的學校代碼			下一個錄取同一學校的學生	錄取學校
				[0]	[1]	[2]		
[0]	1004	蔡一林	90	1	2	3	1	0
[1]	1001	研程序	85	1	3	2	2	0
[2]	1010	劉的華	80	1	2	3	3	0

[3]	1005	新曉期	78	1	3	2	-1	0
[4]	1008	章柏之	75	2	3	0	5	1
[5]	1006	周瑜名	70	2	0	0	-1	-1
[6]	1009	普學量	69	3	1	2	-1	-1
[7]	1002	謝婷風	64	2	1	3	-1	-1
[8]	1007	照唯	58	2	3	1	-1	-1
[9]	1003	吳大唯	56	3	2	1	-1	-1

而榜單結果如下：

台北高中	蔡一林、研程序、劉的華、新曉期
台中高中	章柏之、周瑜名
高雄高中	

下一個「普學量」，因其第一志願為「高雄高中」且尚有名額，所以錄取「高雄高中」。此時學校與學生的資料內容如下：

陣列索引	學校代碼	校名	名額	錄取本校的第一位學生	錄取本校的最後一位學生
[0]	1	台北高中	4	0	3
[1]	2	台中高中	3	4	5
[2]	3	高雄高中	3	6	6

陣列索引	學號	姓名	總分	三個志願的學校代碼			下一個錄取同一學校的學生	錄取學校
				[0]	[1]	[2]		
[0]	1004	蔡一林	90	1	2	3	1	0
[1]	1001	研程序	85	1	3	2	2	0
[2]	1010	劉的華	80	1	2	3	3	0
[3]	1005	新曉期	78	1	3	2	-1	0
[4]	1008	章柏之	75	2	3	0	5	1
[5]	1006	周瑜名	70	2	0	0	-1	1
[6]	1009	普學量	69	3	1	2	-1	2
[7]	1002	謝婷風	64	2	1	3	-1	-1

[8]	1007	照唯	58	2	3	1	-1	-1
[9]	1003	吳大唯	56	3	2	1	-1	-1

而榜單結果如下：

台北高中	蔡一林、研程序、劉的華、新曉期
台中高中	章柏之、周瑜名
高雄高中	普學量

下一個「謝婷風」，因其第一志願為「台中高中」且尚有名額，所以錄取「台中高中」。此時學校與學生的資料內容如下：

陣列索引	學校代碼	校名	名額	錄取本校的第一位學生	錄取本校的最後一位學生
[0]	1	台北高中	4	0	3
[1]	2	台中高中	3	4	7
[2]	3	高雄高中	3	6	6

陣列索引	學號	姓名	總分	三個志願的學校代碼			下一個錄取同一學校的學生	錄取學校
				[0]	[1]	[2]		
[0]	1004	蔡一林	90	1	2	3	1	0
[1]	1001	研程序	85	1	3	2	2	0
[2]	1010	劉的華	80	1	2	3	3	0
[3]	1005	新曉期	78	1	3	2	-1	0
[4]	1008	章柏之	75	2	3	0	5	1
[5]	1006	周瑜名	70	2	0	0	7	1
[6]	1009	普學量	69	3	1	2	-1	2
[7]	1002	謝婷風	64	2	1	3	-1	1
[8]	1007	照唯	58	2	3	1	-1	-1
[9]	1003	吳大唯	56	3	2	1	-1	-1

而榜單結果如下：

台北高中	蔡一林、研程序、劉的華、新曉期
台中高中	章柏之、周瑜名、謝婷風

高雄高中	普學量

下一個「照唯」，因其第一志願「台中高中」已無名額，但其第二志願為「高雄高中」且尚有名額，所以錄取「高雄高中」。此時學校與學生的資料內容如下：

陣列索引	學校代碼	校名	名額	錄取本校的第一位學生	錄取本校的最後一位學生
[0]	1	台北高中	4	0	3
[1]	2	台中高中	3	4	7
[2]	3	高雄高中	3	6	8

陣列索引	學號	姓名	總分	三個志願的學校代碼			下一個錄取同一學校的學生	錄取學校
				[0]	[1]	[2]		
[0]	1004	蔡一林	90	1	2	3	1	0
[1]	1001	研程序	85	1	3	2	2	0
[2]	1010	劉的華	80	1	2	3	3	0
[3]	1005	新曉期	78	1	3	2	-1	0
[4]	1008	章柏之	75	2	3	0	5	1
[5]	1006	周瑜名	70	2	0	0	7	1
[6]	1009	普學量	69	3	1	2	8	2
[7]	1002	謝婷風	64	2	1	3	-1	1
[8]	1007	照唯	58	2	3	1	-1	2
[9]	1003	吳大唯	56	3	2	1	-1	-1

而榜單結果如下：

台北高中	蔡一林、研程序、劉的華、新曉期
台中高中	章柏之、周瑜名、謝婷風
高雄高中	普學量、照唯

下一個「吳大唯」，因其第一志願為「高雄高中」且尚有名額，所以錄取「高雄高中」。此時學校與學生的資料內容如下：

陣列索引	學校代碼	校名	名額	錄取本校的第一位學生	錄取本校的最後一位學生
[0]	1	台北高中	4	0	3
[1]	2	台中高中	3	4	7
[2]	3	高雄高中	3	6	9

陣列索引	學號	姓名	總分	三個志願的學校代碼			下一個錄取同一學校的學生	錄取學校
				[0]	[1]	[2]		
[0]	1004	蔡一林	90	1	2	3	1	0
[1]	1001	研程序	85	1	3	2	2	0
[2]	1010	劉的華	80	1	2	3	3	0
[3]	1005	新曉期	78	1	3	2	-1	0
[4]	1008	章柏之	75	2	3	0	5	1
[5]	1006	周瑜名	70	2	0	0	7	1
[6]	1009	普學量	69	3	1	2	8	2
[7]	1002	謝婷風	64	2	1	3	-1	1
[8]	1007	照唯	58	2	3	1	9	2
[9]	1003	吳大唯	56	3	2	1	-1	2

而榜單結果如下：

台北高中	蔡一林、研程序、劉的華、新曉期
台中高中	章柏之、周瑜名、謝婷風
高雄高中	普學量、照　唯、吳大唯

現在所有的學生都已考慮完畢了，放榜作業結束。

3. 輸出資料

A.輸出學校對學生榜單

台北高中	1004蔡一林、1001研程序、1010劉的華、1005新曉期
台中高中	1008章柏之、1006周瑜名、1002謝婷風
高雄高中	1009普學量、1007照　唯、1003吳大唯

B. 輸出學生對學校榜單

1004	蔡一林	台北高中
1001	研程序	台北高中
1010	劉的華	台北高中
1005	新曉期	台北高中
1008	章柏之	台中高中
1006	周瑜名	台中高中
1009	普學量	高雄高中
1002	謝婷風	台中高中
1007	照唯	高雄高中
1003	吳大唯	高雄高中

4. 程式執行方式

請依下列格式執行編譯好的執行檔：

<執行檔名> <學生資料檔名> <學校錄取名額檔名> <輸出結果檔名>

Chapter 13

簡易的選修課程系統

一、系統功能，輸入及輸出資料

學生選修課程處理系統為學生在學校選修課程所使用的系統；本章將介紹一套簡易的學生選修課程處理系統，學生可以透過此系統達到加選課程等功能。

以下列出系統所處理的輸入及輸出檔案介紹及欄位說明：

1. 輸入與輸出的資料檔案（data.log）

學生選修課程資料檔（最多255筆學生資料）。包含下列欄位：

- 學號
- 姓名
- 修課數目（代表選修課程的數目，選修了多少門課程）
- 修課課程（選修課程的課程代號，若為101表示為高等演算法，102表示為科技英文，103表示為離散數學，104表示為基礎通訊，105表示為程式設計）

例：含有5筆學生資料的學生資料檔（data.log）

23	Jordan	3	101	105	102	
1	Hardaway	2	101	104		
33	Pippen	4	101	102	103	104
34	ONeal	1	105			
3	Iverson	1	103			

二、應用層面說明

類似的系統除了用於學生選修課程外，還可應用於公司專案的員工分配及社團活動的出席人員記錄管理等。

三、資料結構說明

在程式當中，我們使用了一種資料結構（Data Structure）：

學生的資料結構（STUDENT），用來儲存每位學生的資料。包含下列欄位：

- 學號（為一個整數，內容存放學生的學號）
- 姓名（為一個字串，最多80個英文字母或40個中文字）
- 修課數目（為一個整數，內容存放選修課程的數目）
- 修課課程（為一個大小為6的整數陣列，陣列內容存放各個選修課程的代號，以代碼表示修課課程，而不以文字表示）

圖示概念如下：

學生資料（Student）	
欄位意義	**欄位名稱**
學號	int id
姓名	char name[80]
修課數目	int take_num
修課課程	int takes[6]

若要記錄多筆學生的資料，則使用一個結構陣列即可；例如，若要記錄256筆學生的資料，則使用一個大小為256的結構陣列；這個陣列有256個元素，每個元素皆包含四個欄位：學號（int id）、姓名（char name[80]）、修課數目（int take_num）、修課課程（int takes[6]）；其中修課課程為一個大小為6的整數陣列，陣列內容存放各個選修課程的代號。

圖示概念如下：

陣列索引	學號	姓名	修課數目	修課課程
1	第1位學生的學號	第1位學生的姓名	第1位學生的修課數目	第1位學生的修課課程［6］
2	第2位學生的學號	第2位學生的姓名	第2位學生的修課數目	第2位學生的修課課程［6］
3	第3位學生的學號	第3位學生的姓名	第3位學生的修課數目	第3位學生的修課課程［6］
…	…	…	…	…
255	第255位學生的學號	第255位學生的姓名	第255位學生的修課數目	第255位學生的修課課程［6］

四、程式說明

1. 主程式main( )
   - 流程圖:

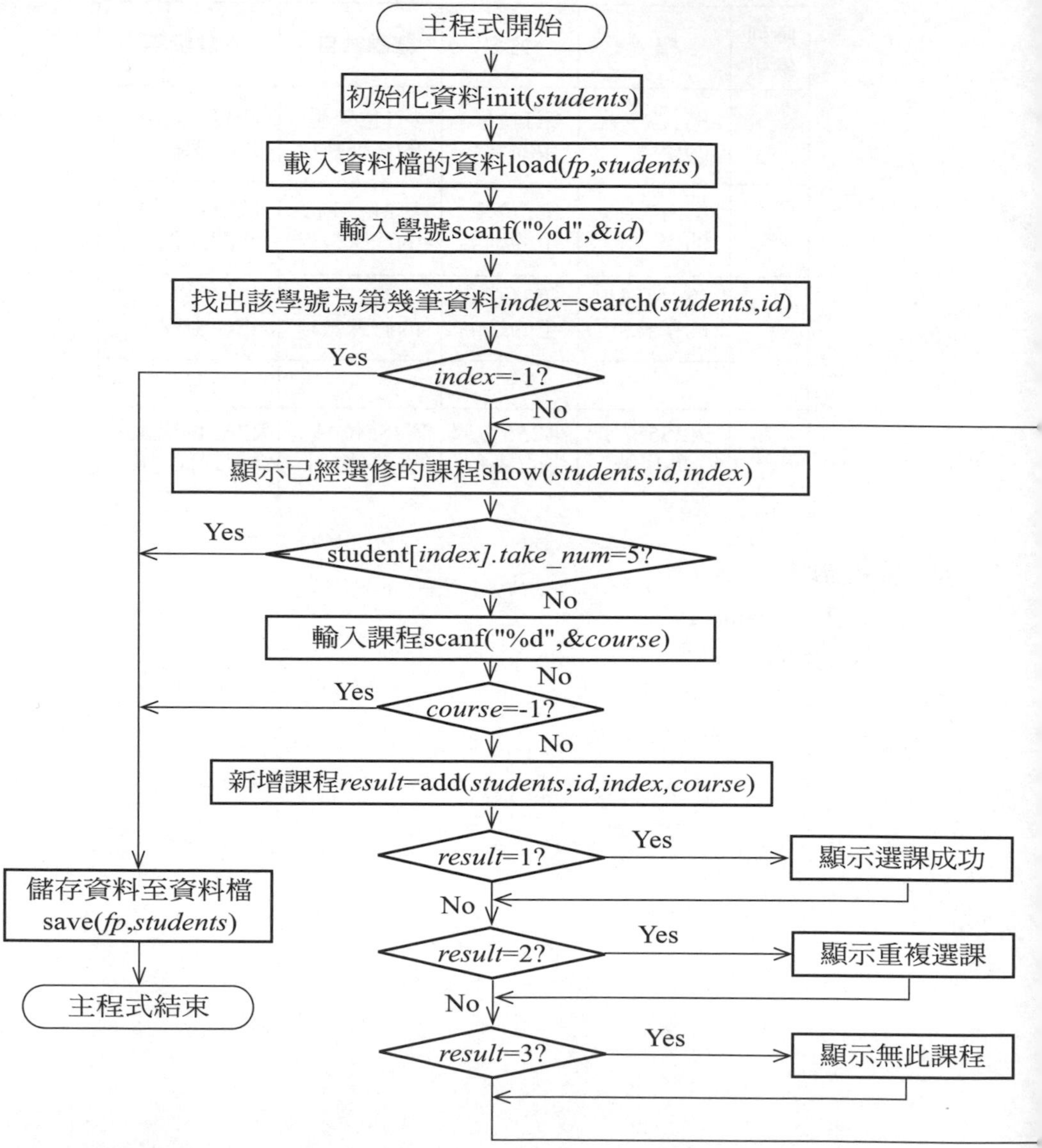

2. 副程式

2.1 init( )

- 功能：初始化資料
- 流程圖：

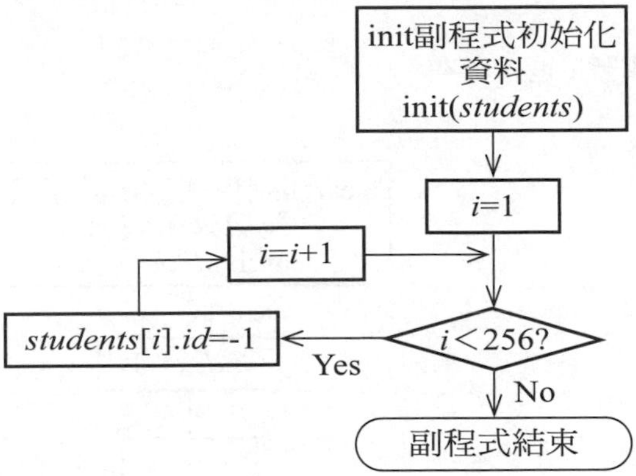

2. 2 load( )

- 功能：載入資料檔的資料
- 流程圖：

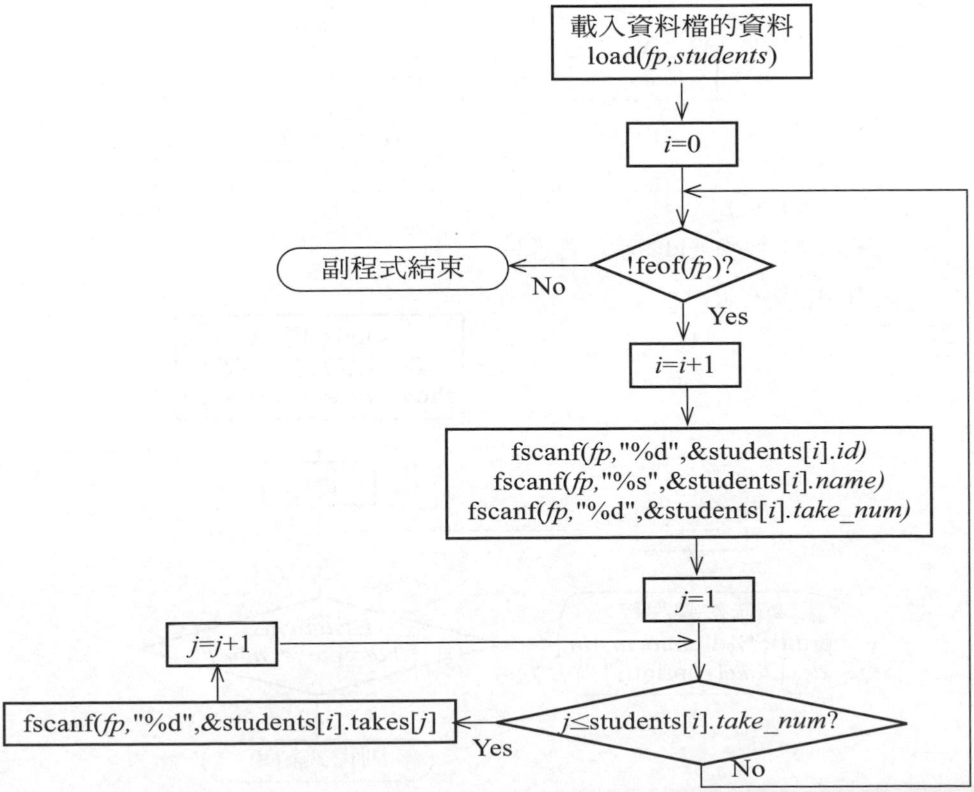

2. 3 search( )

•功能：搜尋學號id是否存在

•流程圖：

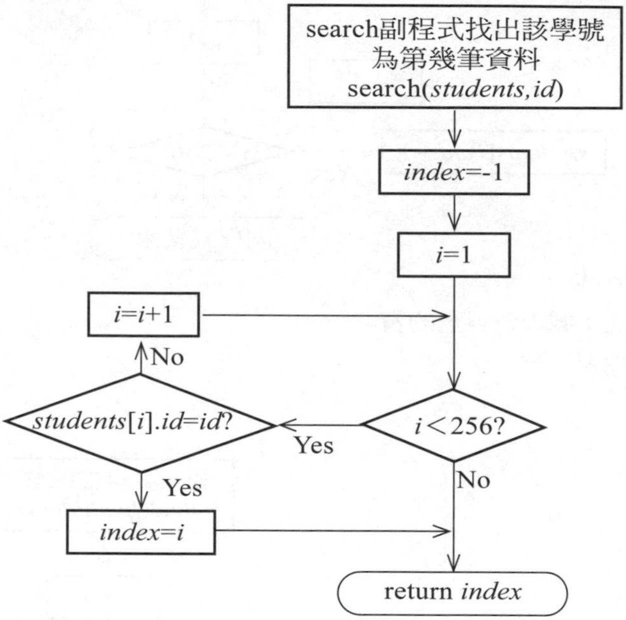

2. 4 show( )

•功能：替學號id顯示已選課程

•流程圖：

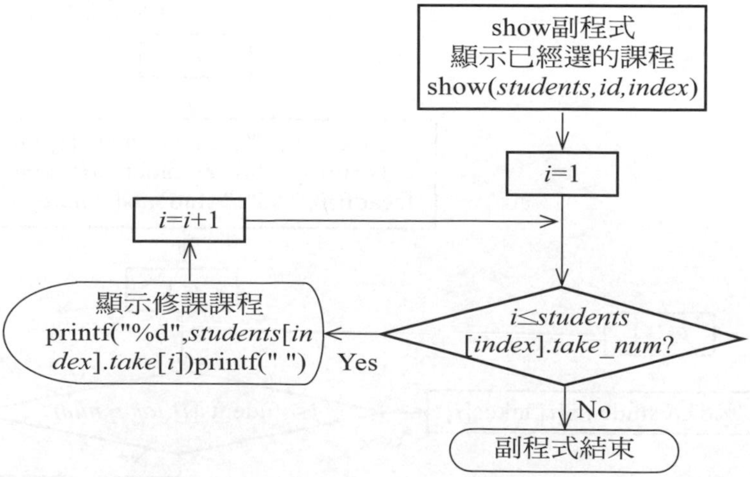

2. 5 add( )

•功能：替學號id增加課程course

•流程圖：

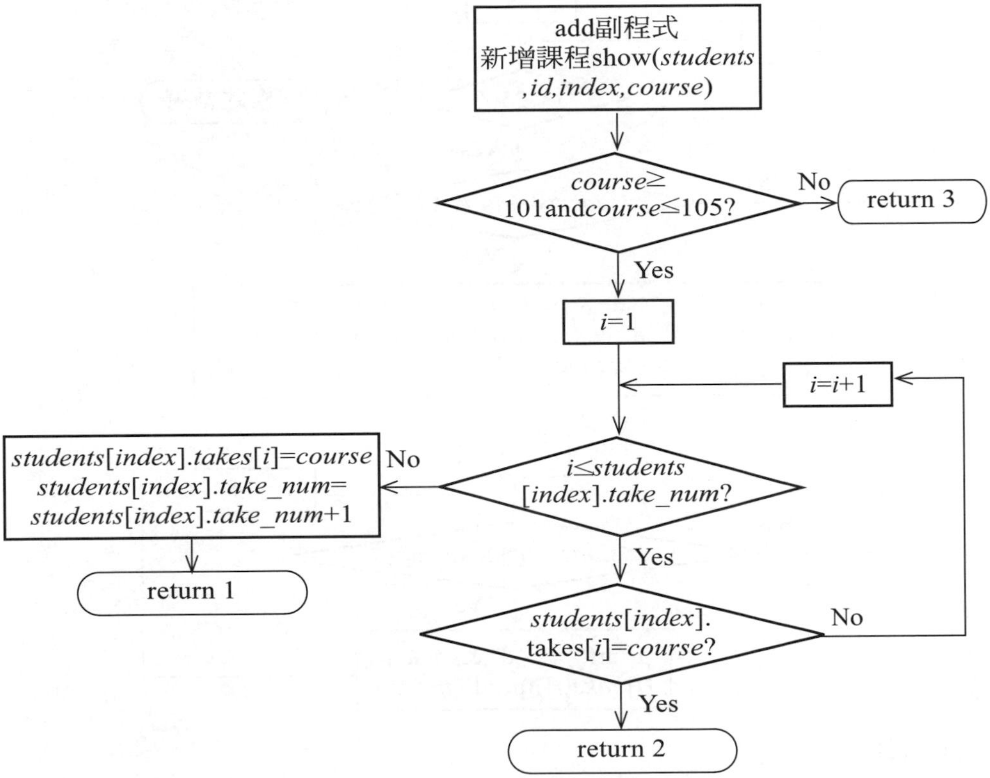

2. 6 save( )

•功能：儲存資料到資料檔

•流程圖：

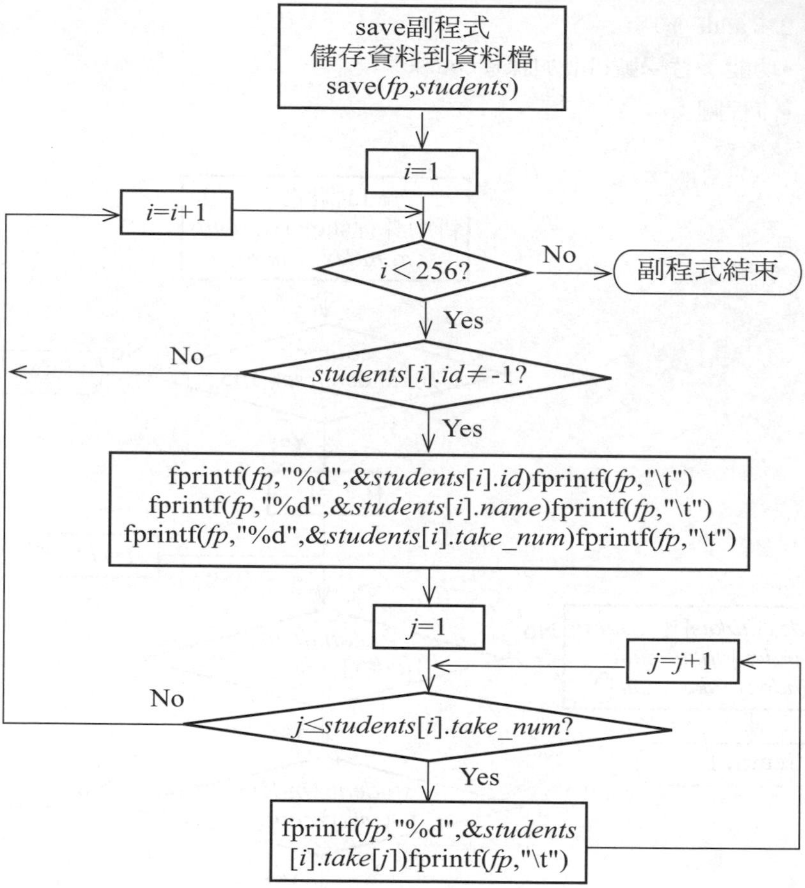

程式 13-1

```
#include <stdio.h>

#define DATA_FILE "data.log"

struct STUDENT
{
/* 學號 */
    int id;
/* 姓名 */
    char name[80];
```

```
    /* 修課數目 */
    int take_num;
/* 修課代碼 */
    int takes[6];
};

/* 初始化資料 */
void init(struct STUDENT students[ ]);
/* 載入資料檔的資料 */
void load(FILE *fp, struct STUDENT students[ ]);
/* 搜尋學號id是否存在 */
int search(struct STUDENT students[ ], int id);
/* 替學號id顯示已選課程 */
void show(struct STUDENT students[ ], int id, int index);
/* 替學號id增加課程course */
int add(struct STUDENT students[ ], int id, int index, int course);
/* 儲存資料到資料檔 */
void save(FILE *fp, struct STUDENT students[ ]);

main( )
{
    FILE *fp;
    struct STUDENT students[256];
    int id;
    int index;
    int course;
    int result;
/* 初始化資料 */
    init(students);
    fp = fopen(DATA_FILE, "r");
/* 載入資料檔的資料 */
    load(fp, students);
    fclose(fp);
    printf("請輸入學號> ");
    /* 輸入學號 */
    scanf("%d", &id);
```

```
    /* 找出該學號為第幾筆資料 */
    index = search(students, id);
    /* 如果找不到該學號 */
    if (index == -1)
    {
            printf("學號不存在, 程式結束");
            printf("\n");
            /* 離開程式 */
            exit(1);
    }
/* 新增課程的迴圈 */
    while(1)
    {
            /* 顯示已選課程 */
            show(students, id, index);
            /* 如果已選完所有課程 */
            if (students[index].take_num == 5)
            {
                    printf("已選完所有課程, 程式結束");
                    /* 離開新增課程的迴圈 */
                    break;
            }
            printf("請輸入課程代號, -1結束選課> ");
            /* 輸入課程 */
            scanf("%d", &course);
            /* 如果課程代號為-1 */
            if (course == -1)
            {
                    printf("程式結束");
                    printf("\n");
                    break;
            }

/* 新增課程 */
            result = add(students, id, index, course);
            if (result == 1)
```

```
				{
					printf("選課成功\");
					printf("\n");
				}
				if (result == 2)
				{
					printf("重複選課");
					printf("\n");
				}
				if (result == 3)
				{
					printf("無此課程");
					printf("\n");
				}
	}

	fp = fopen(DATA_FILE, "w");
/* 儲存資料檔的資料 */
	save(fp, students);
	fclose(fp);
}

/* 初始化資料 */
void init(struct STUDENT students[ ])
{
	int i;
	for (i=1; i<256; i++)
	{
		students[i].id = -1;
	}
}

/* 載入資料檔的資料 */
void load(FILE *fp, struct STUDENT students[ ])
{
	int i, j;
```

```
    i = 0;
    while ( !feof(fp) )
    {
        i = i+1;
        /* 載入學號 */
        fscanf(fp, "%d", &students[i].id);
        /* 載入姓名 */
        fscanf(fp, "%s", &students[i].name);
        /* 載入修課數目 */
        fscanf(fp, "%d", &students[i].take_num);
        for (j=1; j<=students[i].take_num; j++)
        {
            /* 載入課程代號 */
            fscanf(fp, "%d", &students[i].takes[j]);
        }
    }
}
/* 搜尋學號id是否存在 */
int search(struct STUDENT students[  ], int id)
{
    int i, index;
    index = -1;
    for (i=1; i<256; i++)
    {
        if (students[i].id == id)
        {
            index = i;
            break;
        }
    }
    return index;
}

/* 替學號id顯示已選課程 */
void show(struct STUDENT students[  ], int id, int index)
{
```

```
    int i;
    printf("您已選以下課程:");
    printf("\n");
    for (i=1; i<=students[index].take_num; i++)
    {
            printf("%d", students[index].takes[i]);
            printf(" ");
    }
    printf("\n");
}

/* 替學號id增加課程course */
int add(struct STUDENT students[ ], int id, int index, int course)
{
    int i;
    if (course>=101 && course<=105)
    {
            for (i=1; i<=students[index].take_num; i++)
            {
                    if (students[index].takes[i] == course)
                    {
                            return 2;
                    }
            }
            students[index].takes[i] = course;
            students[index].take_num = students[index].take_num + 1;
            return 1;
    }
    return 3;
}

/* 儲存資料到資料檔 */
void save(FILE *fp, struct STUDENT students[ ])
{
    int i, j;
    for (i=1; i<256; i++)
```

```
	{
		if (students[i].id != -1)
		{
			/* 儲存學號 */
			fprintf(fp, "%d", students[i].id);
			fprintf(fp, "\t");
			/* 儲存姓名 */
			fprintf(fp, "%s", students[i].name);
			fprintf(fp, "\t");
			/* 儲存修課數目 */
			fprintf(fp, "%d", students[i].take_num);
			fprintf(fp, "\t");
			for (j=1; j<=students[i].take_num; j++)
			{
				/* 儲存課程代號 */
				fprintf(fp, "%d", students[i].takes[j]);
				fprintf(fp, "\t");
			}
			fprintf(fp, "\n");
		}
	}
}
```

執行範例

執行程式

```
a.out
```

輸入學號

```
請輸入學號> 23
您已選以下課程：
101 105
```

輸入課程代號

```
請輸入課程代號，-1結束選課> 106
無此課程
您已選以下課程：
101 105
```

輸入課程代號

```
請輸入課程代號，-1結束選課> 101
重複選課
您已選以下課程：
101 105
```

輸入課程代號

```
請輸入課程代號，-1結束選課> 102
選課成功
您已選以下課程：
101 105 102
```

結束程式

```
請輸入課程代號，-1結束選課> -1
程式結束
```

解釋

1. 輸入資料

輸入學生資料

學生資料檔（data.log）

```
23  Jordan     2   101  105
1   Hardaway   2   101  104
33  Pippen     4   101  102  103  104
34  ONeal      1   105
3   Iverson    1   103
```

則經過讀取作業後，（在陣列中）學生以及其修課的內容的資料內容如下所示：

陣列索引	學號	姓名	修課數目	課程1	課程2	課程3	課程4	課程5	課程6
[1]	23	Jordan	2	101	105				
[2]	1	Hardaway	2	101	104				
[3]	33	Pippen	4	101	102	103	104		
[4]	34	ONeal	1	105					
[5]	3	Iverson	1	103					

2. 選課過程：

輸入學號 23以後，顯示學號23的課程內容:

101 105

接下來輸入課程號碼106，因為106不在課程編號101~105之中，即顯示無此課程。

重新輸入課程號碼101，因為課程101已經出現在學號23的課程當中，即顯示課程重複。

接下來輸入課程號碼 102，學生以及其修課的內容的資料內容如下所示：

陣列索引	學號	姓名	修課數目	課程1	課程2	課程3	課程4	課程5	課程6
[1]	23	Jordan	3	101	105	102			
[2]	1	Hardaway	2	101	104				
[3]	33	Pippen	4	101	102	103	104		
[4]	34	ONeal	1	105					
[5]	3	Iverson	1	103					

接下來輸入-1，即結束程式。

3. 輸出資料

陣列索引	學號	姓名	修課數目	課程1	課程2	課程3	課程4	課程5	課程6
[1]	23	Jordan	3	101	105	102			
[2]	1	Hardaway	2	101	104				
[3]	33	Pippen	4	101	102	103	104		
[4]	34	ONeal	1	105					
[5]	3	Iverson	1	103					

Chapter 14

存貨管理系統

一、系統功能、輸入及輸出資料

由於一家製造商所需之零組件種類可能相當的多，如果不有效的管理可能造成缺料之發生導致機器設備的閒置，然而如果累積過多之存貨，則又可能造成過多之存貨成本（包括資金成本與原料之耗損等），使得資金之運用不夠有效。因而存貨問題在業界一直都是一重要之問題。

此系統之主要目的在有效追蹤存貨之量，並於適當的時機訂購，以免缺料現象發生，至於應該訂購多少的量來避免過多之存貨成本，牽涉到各原料之需求預測，本系統假設需求量固定，因此訂購量也就每次都一樣（有興趣之讀者可以查閱生產管理的經濟訂購量計算方式）。

由於從訂貨開始直到貨品到場通常需要一段時間，我們稱之前置時間。每一原料訂貨之前置時間並不一定相同，此系統假設所有原料之訂貨前置時間皆為二十日，因此每天下午五點將計算所有原料在二十天後之存貨量是否已低於安全存貨量，如果是的話便將其列出來（假設所有原料之安全存貨量皆為1000）。

這一個程式的功能如下：

(1)接受訂單；

(2)進貨；

(3)查詢及列印；
(4)增加料號；
(5)查詢是否低於安全庫存。

二、應用層面說明

檢查某一變數是否低於或高於某一門檻值，如果是則發出警訊，此類的問題在日常生活或企業管理領域上的應用相當的多，包括借書逾期，利用各種財務比例來對破產做預警等。讀者可以就現有的存貨問題考量現實環境更複雜的情境作適度的修改，使得此程式更能發揮存貨管理的效用。

三、資料結構說明

在程式當中，使用到三個檔案，分別是物料進貨及出貨記錄檔(Material.txt)、物料編號及名稱對照檔(Code.txt)，及共用暫存檔(Temp.txt)，此三個檔皆儲存為純文字檔。

(1) 物料進貨及出貨記錄檔：Material.txt，一筆記錄一行。
位置01~10：料號（長度10）
位置11~25：日期（長度15）
位置26~36：數量（長度10）
位置37：空白
位置38：類型（長度1），「+」代表進貨記錄、「－」代表出貨記錄
位置39~53：記錄的登錄日期（長度15）
例：

```
1        2002/04/01        1000+        2002/4/13
1        2002/04/21        1000-        2002/4/13
1        2002/04/25        1000-        2002/4/13
1        2002/04/26        1000-        2002/4/13
2        2002/04/02        1000+         2002/4/13
2        2002/04/12        1000+         2002/4/13
```

2	2002/05/05	2000-	2002/4/13
1	2002/05/03	1000-	2002/4/13

以上的檔全部為純文字檔，但是每一欄位又被轉換成一個變數。

(2) 物料編號及名稱對照檔： Code.txt，一筆記錄一行。

位置01~10：料號（長度10）

位置11~30：名稱（長度20）

例：

1	T001-1
2	T002-1

此檔也是純文字檔，但是每一欄位也轉換成一個變數。

(3) 共用暫存檔：Temp.txt，供列印暫存使用，無固定格式。

輸入「物料檔」、「物料編號及名稱對照檔」以後，每一欄位都轉換成一個變數，如以下各表所示：

物料進貨與出貨記錄檔

原欄位	變數名稱
物料編號	char m_no[10]
進出貨日期（yyyy/mm/dd）	char m_date[11]
數量	long m_amount
記錄類型（+：進貨、－：出貨）	char type
記錄時間（yyyy/mm/dd）	char m_rdate[11]
將由material.txt檔讀入的記錄，其進出貨日期轉為天數（今年的第幾天）	int m_day
物料編號（長度為10個字元）	char code_no[10]
物料名稱（長度為20個字元）	char code_name[20]
有進行進貨量的計算時，固定用此變數名稱	long in_amt

有進行出貨量的計算時，固定用此變數名稱	long out_amt
有進行存貨量的計算時，固定用此變數名稱	long total

物料編號及名稱對照檔

原欄位	變數名稱
物料編號	char code_no[10]
物料名稱	char code_name[20]

除此之外，在演算過程中，我們需要以下的變數：

變數意義	變數名稱
有進行進貨量的計算時，固定用此變數名稱	long in_amt
有進行出貨量的計算時，固定用此變數名稱	long out_amt
有進行存貨量的計算時，固定用此變數名稱	long total

四、程式剖析

1. 主程式main( )

- 說明：將主功能表輸出至畫面上，根據使用者的輸入的指令，執行相對應的功能。
- 輸入參數：<無>
- 流程圖

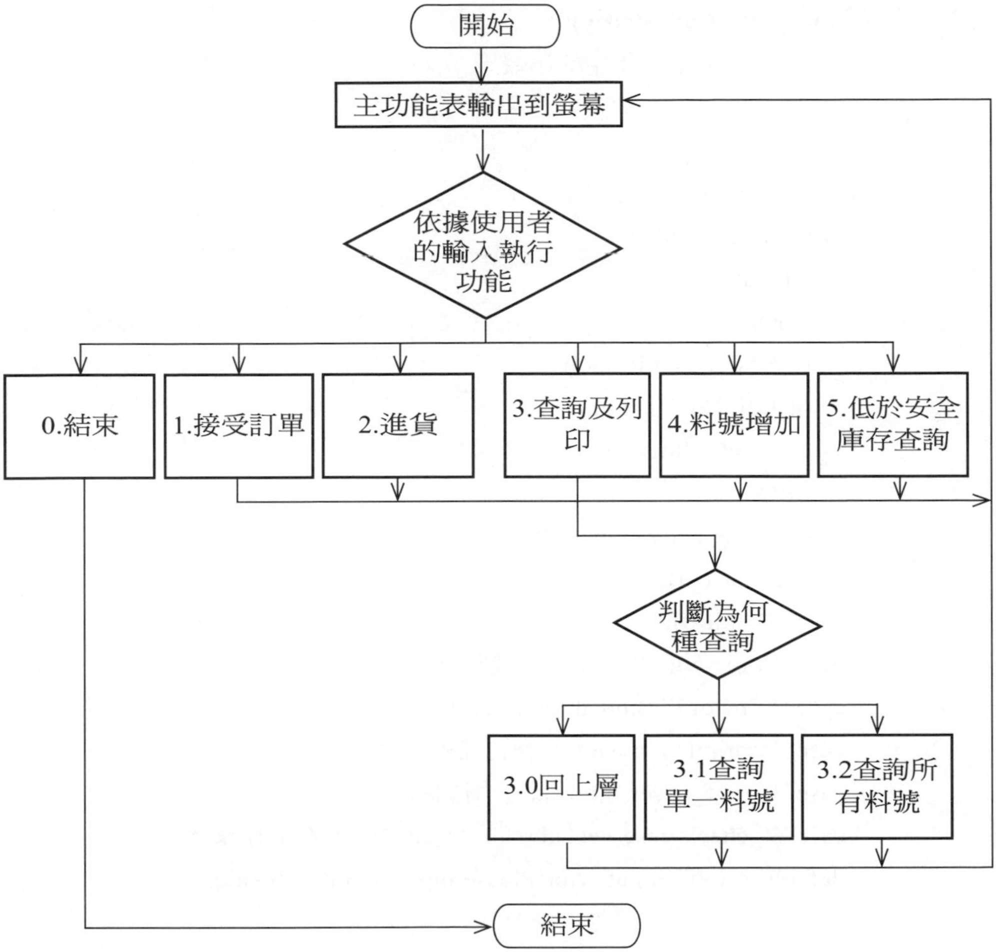

- 程式碼：

```
void main(   )
{
/* 副程式宣告從略 */
{ struct date d;  /* 取得今天日期字串及天數 */
  getdate(&d);
  sprintf(stoday,"%d/%d/%d",d.da_year,d.da_mon,d.da_day);
/* stoday 今天日期字串yyyy/mm/dd */
```

```
  day_today=dayCalc(stoday);
/* day_today 今天是今年中的第幾天 */
}
for(;;){
    clrscr( ); /* 清除畫面 */
    printf("\nMain Menu\n
             (1)Sale.\n
            (2)Order.\n
            (3)Search and Print.\n
            (4)Edit Code list.\n
            (5)Safety Stock \n
            (0)Quit\n");
    printf("Please enter choice?");
    switch(getche( )){
      case '0': exit(0);
      case '1': record('+');break; /* 進貨 */
      case '2': record('-');break; /* 出貨 */
      case '3': print( ); break; /* 查詢及列印 */
      case '4': edit_code( );break; /* 增加料號 */
      case '5': check_reserve( );break; /* 查詢低於安全存量 */
      default: printf("Input error!Please input 0~5\n"); break;
    }
  }
}
```

2. 副程式

2. 1 dayCalc

- 說明：給定日期字串，算出此日期是當年中的第幾天。
- 輸入參數：

日期字串（yyyy/mm/dd）

- 傳回參數：第幾天（整數）

●流程圖：

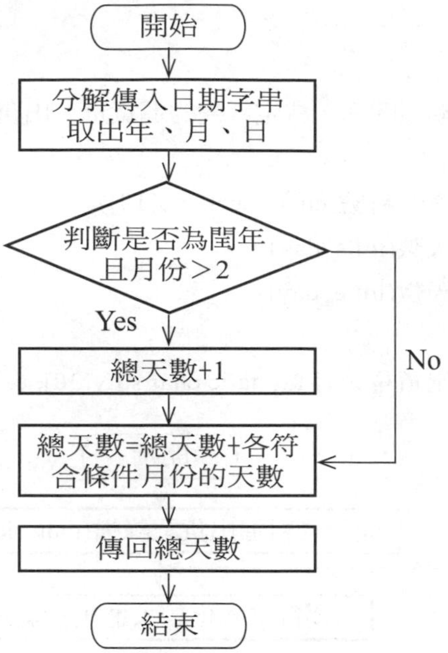

●程式碼：

```
int dayCalc(char sdate[ ]){
 long year,month,day;
 char temp;
 int days[ ]={31,28,31,30,31,30,31,31,30,31,30,31};
 /* 一年中各月份的天數的設定 */
 int i,total;
/* 將今天日期字串、年、月、日，分別拆解到各個變數 */
 sscanf(sdate,"%ld%c%ld%c%ld",&year,&temp,&month,&temp,&day);
/*先將當月天數加入總天數中，並判斷今年是否為閏年，若為閏年且月份超過2月，則天數要加1*/
  total=day+(month>2 && ((year%4==0 && year %100!=0) || year%400==0));
 for(i=0;i<month-1;total+=days[i++]);
 /* 將各月份的天數加入總天數中 */
 return total;
}
```

2. 2 qtyCalc

●功能：

進行某日期區間內，特定料號的進貨量、出貨量，及庫存量計算。

●輸入參數：

欲進行計算的料號(char check_no[10])、

開始計算天數(int s_day)、

結束計算天數(int e_day)

●傳回值：

進貨量／出貨量／存量(static char sqty[30], ex: 1000/2000/1000)

●流程圖：

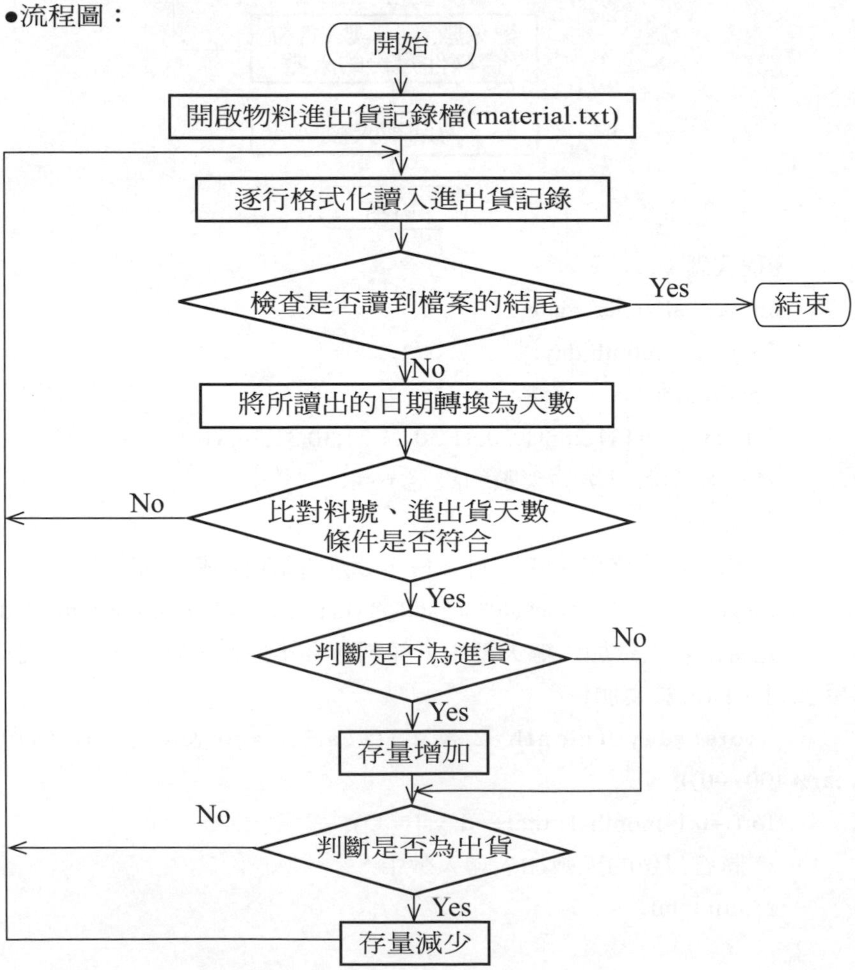

●程式碼：

```
char *qtyCalc(char check_no[10] ,int s_day ,int e_day)
/* 傳入料號，要查詢的日期區間 */
{
char m_no[10],m_name[20],m_date[11],m_rdate[11],type;
/* 進出貨檔material.txt使用之變數  */

   long m_amount,total=0,in_amt=0,out_amt=0;
/* 每筆記錄的量，存量，進貨量，出貨量*/
   int  m_day=0; /* 計錄日期天數 */
   static char sqty[30]; /* 用來傳回字串用變數，必須設為static */

if((fp=fopen(fname,"r"))==NULL)/* 開檔 material.txt */
  printf("File read error....(database file)!"),exit(1);
     /* 讀取進出貨檔所有紀錄 */
   while(fscanf(fp,
"%s %s %ld %c %s",
m_no,m_date,&m_amount,&type,m_rdate)
!=EOF)
   {
  m_day=dayCalc(m_date); /* 將進出貨日期轉換為天數 */

/* 比對讀入的紀錄是否是要進行比對的料號，並且是在限定的日期區間內
*/
if((strcmp(m_no,check_no)==0) &&
(s_day <= m_day) &&
(m_day <= e_day)
)
{
if(type=='+')/*進貨，存量增加*/
 total+=m_amount,in_amt+=m_amount;
```

```
if(type=='-')/*出貨，存量減少*/
 total-=m_amount,out_amt+=m_amount;
}
   }
   sprintf(sqty,"%ld/%ld/%ld",in_amt,out_amt,total);
/* 將進出貨量及總量，依照格式設定到陣列中 */
   if(fclose(fp)==-1) /* 關檔 */
   printf("File close error!\n"),exit(1);
return(sqty);   /* 傳回計算後的數量字串 */
}
```

2. 3 check_reserve

●功能：

安全庫存量查詢。計算由今天日期算起20天之後，安全庫存量(1000)不足的料號。直接將庫存量不足的料號、物料名稱、20天後之庫存量，輸出到螢幕上。

●輸入參數：

1.物料編號及名稱對照檔

2.進出貨記錄檔

●流程圖：

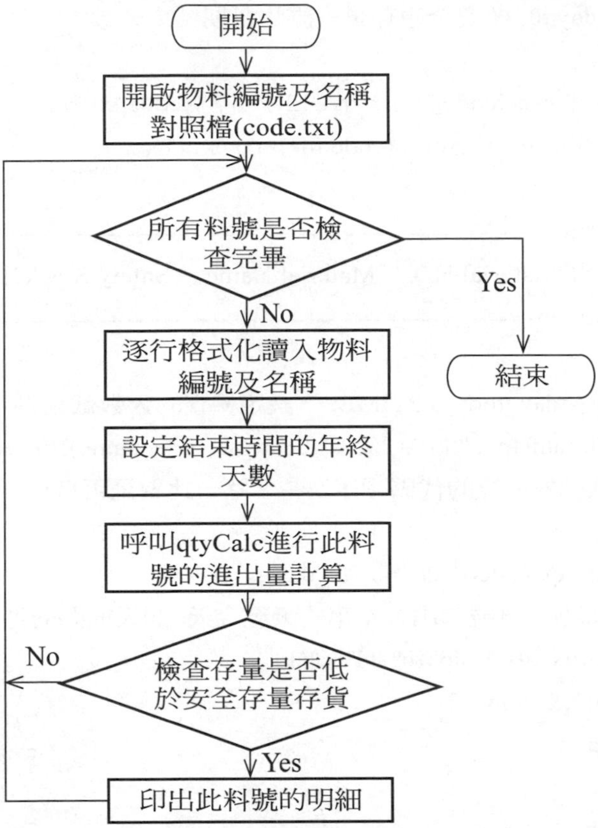

程式中，對於進貨量、出貨量、庫存量等計算，是採開檔循序讀取紀錄，進行計算方式，用到的方式總括來講有下列兩種：

- 以代碼對照檔code.txt為主，過濾出Material.txt中相同的料號進行計算，若有時間限定，則再加上日期的比對，進行日期比對時，一律轉換為天數。
- 開啟Material.txt，依順序讀取紀錄，針對每一筆紀錄，依照條件先判斷是否為要進行計算的紀錄，條件不外乎料號及進貨或出貨日期。
- 程式碼：

```
Void check_reserve(void){
 char code_no[10],code_name[20]; /* 代碼對照檔code.txt使用之變數*/
 long total=0,in_amt=0,out_amt=0; /* total:存量*/
 char *s_qty,temp;
```

```
int  e_day=0; /* 安全庫存量查詢的日期結束天數 */

if((fp1=fopen(fcode,"r"))==NULL)/* 開檔code.txt */
printf("File read error....(code file)\n"),exit(1);

printf("\n----------------------------------------------------------------\n");
   printf("Material NO     Material Name     Safety Stock");
   printf("\n----------------------------------------------------------------\n");

   e_day=day_today+PTIME; /* 設定檢查的天數截止點，今天+20天 */
while(fscanf(fp1,"%10s %20s",code_no,code_name)!=EOF)
/* 以代碼對照檔的代碼順序為主，逐一比對是否低於安全庫存量 */
   {  .
   s_qty=qtyCalc(code_no,1,e_day);
  /*計算某一料號，由今年第一天至今天+20天期間的進出貨量*/
   sscanf(s_qty,"%ld%c%ld%c%ld",
&in_amt,&temp,
&out_amt,
&temp,
&total);
   if( total < SQty ) /*若某一料號存量小於安全庫存量，則列印出來明細*/
     printf("%s %22s %18ld \n",code_no,code_name,total);
   }
   if(fclose(fp1)==-1) /*計算結束，關檔code.txt*/
  printf("File close error!\n"),exit(1);
   printf("\n\nPress any key to continue...!");
getche( );
}
```

2.4 record(char type)

●功能：

副程式訂單的輸入及進貨單的輸入。輸入料號後，會進行目前庫存量的檢查，並且提示使用者。不進行格式除錯，故必須按照格式輸入。不會對料號是否存在做檢查。關於除錯及防錯功能，未來可以加上。

●輸入參數：

char type—進貨或是出貨紀錄作業【+：進貨、－：出貨】。

●傳回值：void

●流程圖：

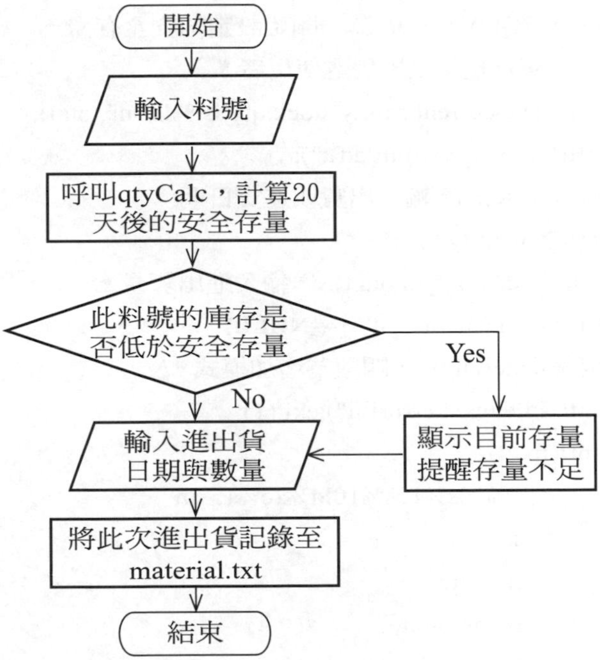

●程式碼：

```
void record(char type){
/* 依照傳入參數type決定是出貨或進貨 */
long total=0,m_amount=0,in_amt=0,out_amt=0;
char m_no[10],m_date[11],m_rdate[11];
char *s_qty,temp;
char *qtyCalc(char check_no[10] ,int s_day ,int e_day);

 printf("\n\n*****************************************************\
n");
```

```
  fflush(stdin); /* 清空鍵盤輸入的 buffer */
  printf("No:");
  gets(m_no); /* 輸入料號 */
  s_qty=qtyCalc(m_no,1,day_today+PTIME);
/* 呼叫 qtyCalc 計算輸入料號20天後的庫存狀況 */
  sscanf(s_qty,"%ld%c%ld%c%ld",&in_amt,&temp,&out_amt,&temp,&total);
  if(total<SQty) /* SQty為一開始設定的安全存量 */
/* 若安全庫存量不足則提醒使用者 */
  printf("The current safety stock qty is %ld \n",total);
  printf("Date(yyyy/mm/dd):");
  gets(m_date);  /* 輸入出貨或進貨日期 */
  printf("Quantity:");
  scanf("%ld",&m_amount); /* 輸入進出貨量 */
  if((fp=fopen(fname,"at"))==NULL)
  /* 開檔material.txt，開啟為增加模式 */
  printf("File open error!\n"),exit(1);
  fprintf(fp,
          "%10s%15s%10ld%2c%15s\n",
          m_no,
          m_date,
          m_amount,
          type,
          stoday);  /* 寫檔，將此次進出貨記錄至 material.txt */
  if(fclose(fp)==-1)                              /*關檔 */
     printf("File close error!\n"),exit(1);
}
```

2.5 print(void)

●功能：

查詢及列印功能的畫面輸出，依照使用者選擇，呼叫副程式。進行兩種查詢及列印：單一料號查詢、全部料號查詢

- 輸入參數：void
- 傳回值：void
- 流程圖：

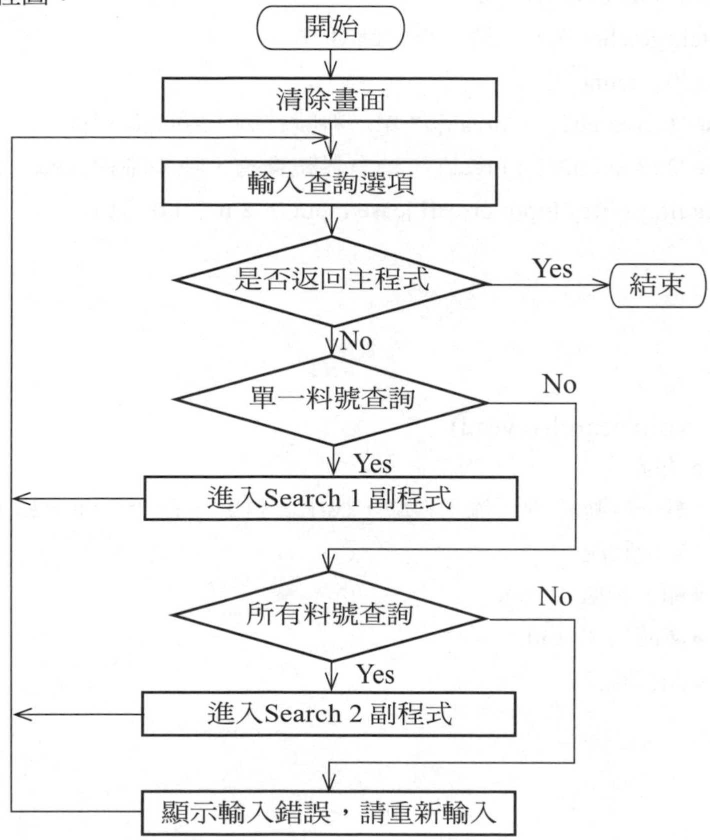

- 程式碼：

```
void print(void){
 void search1(void); /* 宣告會使用search1 此 function */
 void search2(void); /* 宣告會使用search2 此 function */
 for(;;)
{
 clrscr( ); /* 清除畫面 */
printf("\n Search & print database \n
(1)Query Single Material \n
```

```
(2)Query All Materials \n
(0)Back to MainMenu\n");
printf("Enter choice?");
switch(getche( )){ /* 輸入查詢選項 */
 case '0': main( );
 case '1': search1( ); break; /* 單一料號查詢，呼叫副程式search1 */
 case '2': search2( ); break; /* 所有料號查詢，呼叫副程式search2 */
 default: printf("Input error!Please input 0~2\n"); break;
   }
   }
}
```

2. 6 void search1(void)

- 功能：
  單一料號查詢。輸入料號，找出此料號，在今日前後15天的進出貨及存貨狀況。
- 輸入參數：void
- 傳回值：void
- 流程圖：

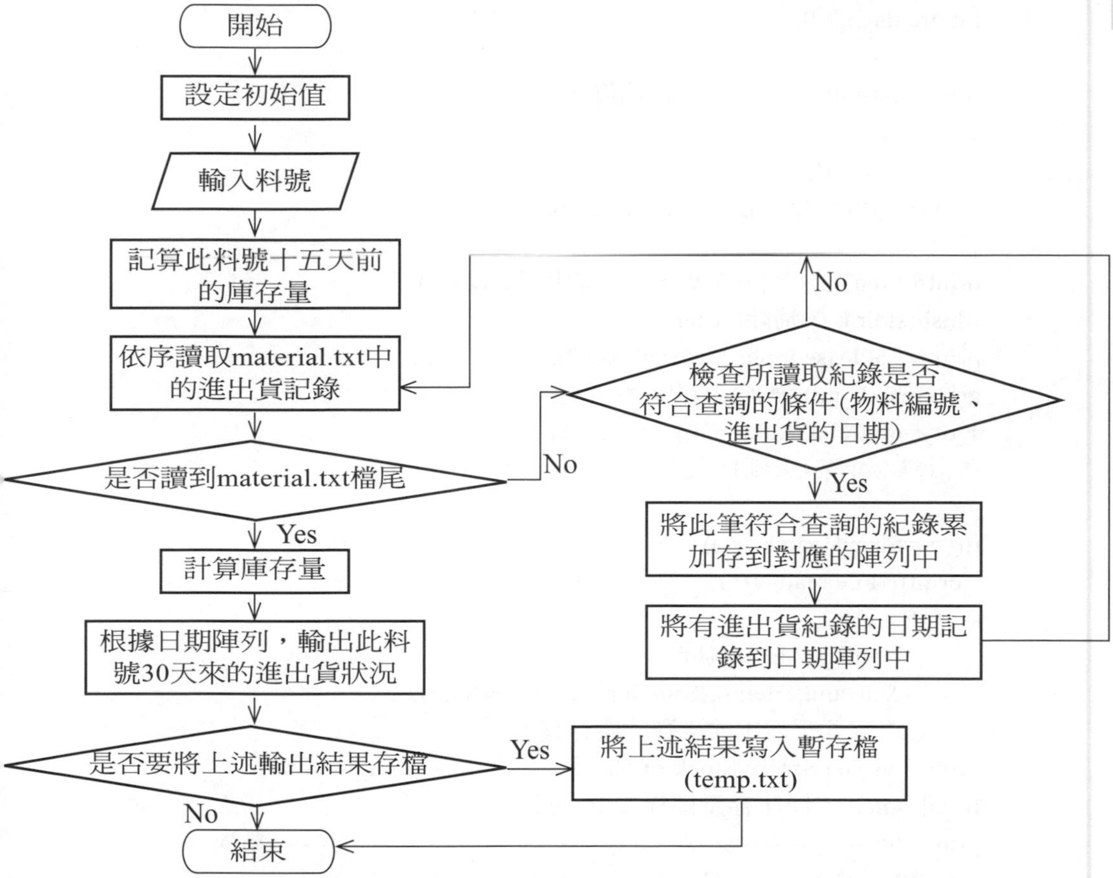

●程式碼：

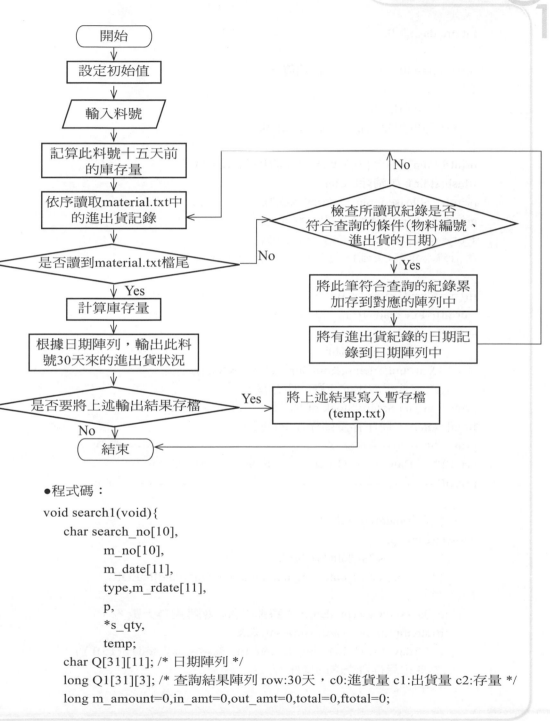

```
void search1(void){
    char search_no[10],
         m_no[10],
         m_date[11],
         type,m_rdate[11],
         p,
         *s_qty,
         temp;
    char Q[31][11]; /* 日期陣列 */
    long Q1[31][3]; /* 查詢結果陣列 row:30天，c0:進貨量 c1:出貨量 c2:存量 */
    long m_amount=0,in_amt=0,out_amt=0,total=0,ftotal=0;
```

```
int  m_day,i,j=0;

for(i=0;i<=30;i++) /* 設定初始值 */
{
    strcpy(Q[i],"");
    Q1[i][0]=0,Q1[i][1]=0,Q1[i][2]=0;
}
printf("\n\n查詢今日前後15天的進出貨狀況\n");
fflush(stdin); /* 清除buffer */
printf("\nPlease input Material NO:");
gets(search_no); /* 輸入料號 */
s_qty=qtyCalc(search_no,1,day_today-16);
/* 計算今年第1天到15天之前輸入料號的庫存量 */

if((fp=fopen(fname,"r"))==NULL) /* 開檔material.txt */
  printf("File read error....!"),exit(1);
sscanf(s_qty,
        "%ld%c%ld%c%ld",
        &in_amt,&temp,&out_amt,&temp,&total);
        /* 格式化取出前步驟的庫存量 */
printf("\n The Safety Stock of No.%s : %ld \n",search_no,total);
ftotal=total; /* 將庫存量儲存在ftotal變數中 */
printf("\n-----------------------------------------------------------------\n");
printf("     Date          Order          Sale          Stock\n");
printf("-----------------------------------------------------------------\n");

/* 依序讀取material.txt檔 */
while(fscanf(fp,
              "%s %s %ld %c %s",
              m_no,m_date,&m_amount,&type,m_rdate)!=EOF)
{
     m_day=dayCalc(m_date); /* 將進出貨日期轉換為天數 */
     if((strcmp(m_no,search_no)==0) &&
         ( ((day_today-15)<=m_day)&&(m_day<=(day_today+15)) ) )
     {/* 此紀錄符合查詢的條件 */
         if(type=='+')
```

```
            {
                Q1[m_day-day_today+15][0]+=m_amount;
                Q1[m_day-day_today+15][2]+=m_amount;
            }
            if(type=='-')
            {
                Q1[m_day-day_today+15][1]+=m_amount;
                Q1[m_day-day_today+15][2]-=m_amount;
            }
            if(strcmp(Q[m_day-day_today+15],"")==0)
              strcpy(Q[m_day-day_today+15],m_date);
            /* 將有進出貨紀錄的日期記錄到日期陣列中 */
            }
    }
    if(fclose(fp)==-1)/* 關檔 */
      printf("File close error!\n"),exit(1);

    for(i=0;i<=30;i++)
    {
            Q1[i][2]=Q1[i][2]+total; /* 累計計算庫存量 */
            total=Q1[i][2];
            if(strcmp(Q[i],"")!=0)
            /*若日期陣列中不為空，表示當天有進出貨紀錄，則將進出貨狀況輸出*/
                printf("%10s %15ld %15ld %15ld\n",
                    Q[i],Q1[i][0],Q1[i][1],Q1[i][2]),j++;
            if(j==15) /* 顯示超過15行暫停 */
                printf("--more--\n"),getch( );
     }
    fflush(stdin);
    printf("Do you want to save the result(Y/N)?");
    scanf("%c",&p);
    if((p=='Y') || (p=='y'))/*是否要將上列結果存檔*/
    {
            if((fp2=fopen(ftemp,"w"))==NULL)
            /* 開檔temp.txt，開啟為寫入模式，若檔案不存在則開新檔 */
                printf("File open error!\n"),exit(1);
            fprintf(fp2,
```

```
                "\n The Safety Stock of No.%s : %ld \n",
                search_no,ftotal);
            fprintf(fp2,
                "\n---------------------------------------------------------------\n");
            fprintf(fp2,
                "     Date          Order          Sale          Stock\n");
            fprintf(fp2,
                "---------------------------------------------------------------\n");

        for(i=0;i<=30;i++)
                if(strcmp(Q[i],"")!=0)
                    fprintf(fp2,
                        "%10s %15ld %15ld %15ld\n",
                        Q[i],
                        Q1[i][0],
                        Q1[i][1],
                        Q1[i][2]); /* 依照格式寫入 */

        if(fclose(fp2)==-1) /* 關檔 */
                printf("File close error!\n"),exit(1);
        printf("\nFile name:temp.txt\n"); /* 提示暫存檔名 */
    }
    printf("\nPress any key to continue...!");
    getche( );
}
```

2.7 void search2(void)

- 功能：

  所有料號查詢。輸入截止日期，查詢出由今年第一天起，至指定日期截止，所有料號的進出貨狀況。

- 輸入參數：void
- 傳回值：void
- 流程圖：

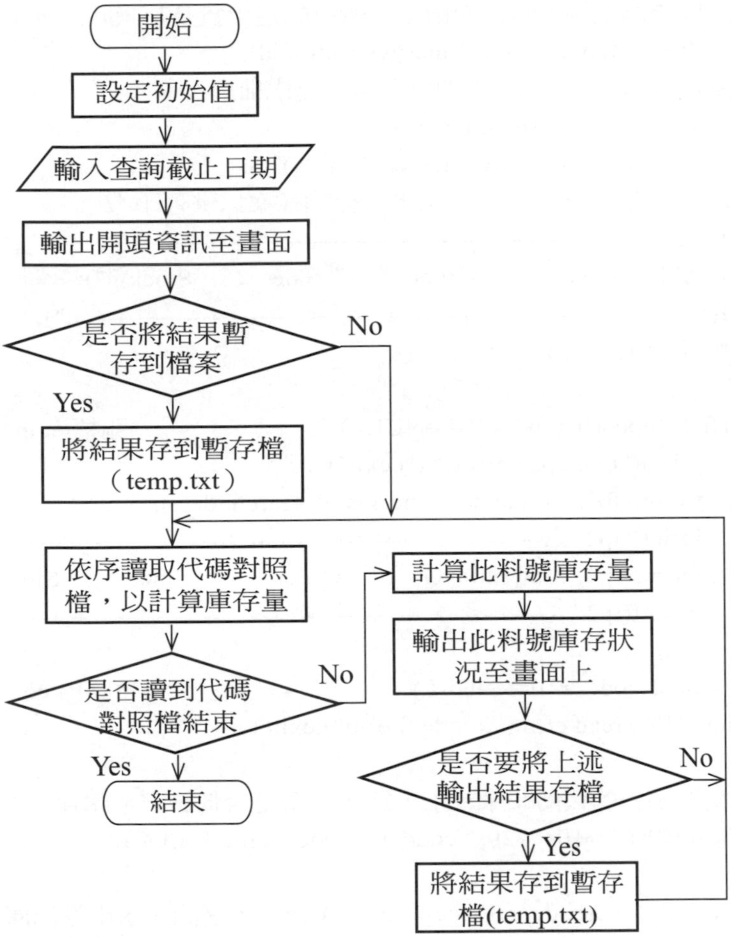

●程式碼：

```
void search2(void){
  char search_date[11]; /* 輸入的查詢日期 */
  char code_no[10],code_name[20]; /* 代碼對照檔code.txt使用之變數 */
  char *s_qty,temp,p; /* 存量字串，暫存變數 */
  int  day_search=0; /* 查詢日期的天數 */
  long in_amt=0,out_amt=0,total=0; /* 進貨量，出貨量，存量 */

  fflush(stdin);
```

```
    printf("\n查詢至輸入的日期截止，所有的進出貨及存量狀況\n");
    printf("Please input the deadline(yyyy/mm/dd):");
    gets(search_date); /* 輸入日期，不做錯誤控制 */
    day_search=dayCalc(search_date);
    printf("Do you want to save the result(Y/N)?");
    scanf("%c",&p); /* 是否要將結果暫存到檔案以供列印 */
    printf("\n------------------------------------------------------------\n");
    printf("Material NO        Order          Sale          Stock\n");
    printf("------------------------------------------------------------\n");
    if((p=='Y') || (p=='y'))
    {
      if((fp2=fopen(ftemp,"w"))==NULL)                  /*開檔temp.txt*/
          printf("File open error!\n"),exit(1);
          fprintf(fp2,"\n The deadline:%s\n",search_date);
          fprintf(fp2,"\n------------------------------------------------------------\n");
          fprintf(fp2,"Material NO        Order          Sale          Stock\n");
          fprintf(fp2,"------------------------------------------------------------\n");
}
if((fp1=fopen(fcode,"r"))==NULL)                        /*開檔 code.txt*/
      printf("File read error....(code file)\n"),exit(1);

/* 以代碼對照檔的代碼順序為主，逐一比對是否低於安全庫存量 */
while(fscanf(fp1,"%10s %20s",code_no,code_name)!=EOF)
{
      s_qty=qtyCalc(code_no,1,day_search); /*給定區間，求出進出庫存量 */
      sscanf(s_qty,
          "%ld%c%ld%c%ld",
          &in_amt,&temp,
          &out_amt,
          &temp,
          &total);/*格式化拆解字串*/
      printf("%10s %15ld %15ld %15ld\n",
          code_no,
          in_amt,
          out_amt,
          total); /*輸出庫存狀況 */
```

```
        if((p=='Y') || (p=='y'))
            fprintf(fp2,
                    "%10s %15ld %15ld %15ld\n",
                    code_no,
                    in_amt,
                    out_amt,
                    total);
        total=0,in_amt=0,out_amt=0; /* 將變數值歸零 */
    }
    if(fclose(fp1)==-1) /* 關檔code.txt */
        printf("File close error!\n"),exit(1);
    if((p=='Y') || (p=='y'))
    {
            if(fclose(fp2)==-1)/* 關檔temp.txt */
                    printf("File close error!\n"),exit(1);
            printf("\nFile name:temp.txt\n");
      }
      printf("\nPress any key to continue...!");getche( );
}
```

2. 8 void edit_code(void)

- 功能：

  物料料號及名稱對照檔的資料輸入。輸入時，會檢查是否有重複的料號，若重複則不允許輸入。

- 輸入參數：void
- 傳回值：void
- 流程圖：

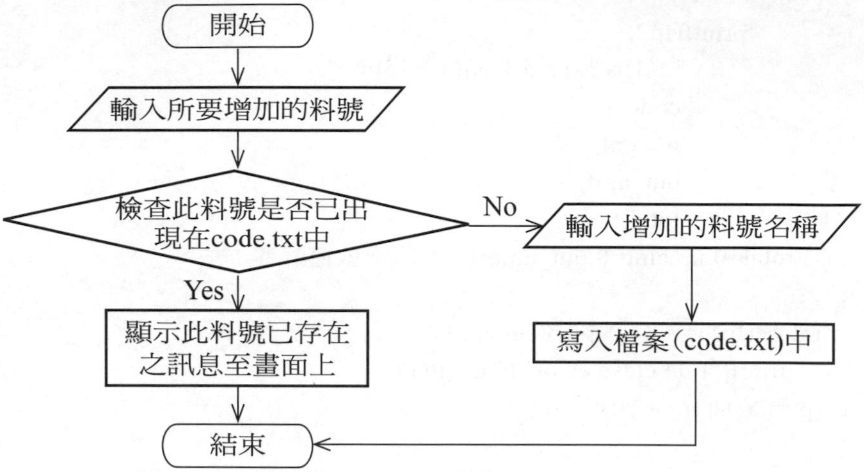

● 程式碼：

```
void edit_code(void){
char temp[20],code_no[10],code_name[20];

printf("\n\n**************************************************\n");
fflush(stdin);                          /* 清除buffer */
printf("No:");
gets(temp);                             /* 輸入料號 */
if((fp1=fopen(fcode,"a+t"))==NULL) /* 開啟料號檔 */
    printf("File open error!(code file)\n"),exit(1);

while(fscanf(fp1,"%10s %20s",code_no,code_name)!=EOF)
/* 循序搜尋檔案 */
{
    if(strcmp(code_no,temp)==0)        /* 檢查輸入的料號是否重複 */
    {
        /* 若輸入的料號已存在，關檔並提示 */
        fclose(fp1);
```

```
            printf("Duplicate code NO!\n");
            printf("Go back to main menu.Please press any key ......");
            getche( );
            main( );
        }
    }
    fprintf(fp1,"%10s",temp);          /* 將通過檢查的料號寫入檔案中 */
    printf("Name:");
    fprintf(fp1,"%20s",gets(temp)); /* 輸入料號名稱，並寫入檔案中 */
    fprintf(fp1,"\n");
    if(fclose(fp1)==-1)                /* 關檔 */
        printf("File close error!\n"),exit(1);
}
```

五、程式範例（輸入資料與輸出結果）

資料輸入介面：

```
Main Menu
(1)Sale.
(2)Order.
(3)Search and Print.
(4)Edit Code List.
(5)Safety Stock.
(0)Quit.
Please enter choice?
```

測試資料：

1	2002/04/01	1000	+	2002/4/13
1	2002/04/21	1000	-	2002/4/13
1	2002/04/25	1000	-	2002/4/13

1	2002/04/26	1000	-	2002/4/13
2	2002/04/02	1000	+	2002/4/13
2	2002/04/12	1000	+	2002/4/13
2	2002/05/03	2000	-	2002/4/13
1	2002/05/03	1000	-	2002/4/13
1	2002/05/12	1000	-	2002/4/13
2	2002/05/04	1000	-	2002/4/13
1	2002/05/15	1000	-	2002/4/22
1	2002/05/07	3000	+	2002/4/27
1	2002/05/12	2000	+	2002/4/27
1	2002/05/20	2000	-	2002/4/27
1	2002/05/21	2000	-	2002/4/27
1	2002/05/12	1000	-	2002/4/27
1	2002/05/25	1000	-	2002/4/27
1	2002/05/21	1000	+	2002/4/27

輸出結果：

- 單一料號查詢（查詢料號為 No.1, 日期範圍為2002/04/26~2002/05/25）

```
The Safety Stock of No.1 : -1000
------------------------------------------------------------------------
      Date          Order          Sale          Stock
------------------------------------------------------------------------
2002/04/26             0           1000          -2000
2002/05/03             0           1000          -3000
2002/04/26          3000              0          -0
2002/04/26          2000           2000          -00
2002/04/26             0           1000          -1000
2002/04/26             0           2000          -3000
2002/04/26          1000           2000          -4000
2002/04/26             0           1000          -5000
```

- 所有料號查詢

The deadline : 2002/05/11

```
----------------------------------------------------------------------------------------
  Naterial  NO          Order          Sale          Stock
----------------------------------------------------------------------------------------
          1             4000           4000           0
          2             2000           3000          -1000
```

- 安全庫存量查詢

The deadline : 2002/05/11

```
----------------------------------------------------------------------------------------
  Naterial  NO          Material  Name          Safety  Stock
----------------------------------------------------------------------------------------
          1               T001-1                  -5000
          2               T002-1                  -1000
```

六、程式列表

```
#include <stdio.h>
#include <stdlib.h>
#include <dos.h>
#define PTIME 20                        /* 訂貨前置時間*/
#define SQty  1000                      /* 安全庫存量 */
#define fname "material.txt"            /* 進出貨記錄檔*/
#define fcode "code.txt"                /* 物料編碼及名稱對照檔*/
#define ftemp "temp.txt"                /* 暫存檔*/

FILE *fp,*fp1,*fp2;
char stoday[11];                        /* 今天日期yyyy/mm/dd */
int day_today=0;                        /* 今天是一年中的第幾天 */
void main( )
{
  void print(void);                     /* 查詢及列印畫面*/
  void edit_code(void);                 /* 物料編碼及名稱增加  */
```

```
    void check_reserve(void);                          /* 檢查安全庫存量*/
    void record(char type);                            /* 進出貨作業 */
    char *qtyCalc(char check_no[10] ,int s_day ,int e_day);   /*計算一段日期區
間內的進出貨狀況*/
  { struct date d; /* 取得今天日期字串及天數 */
    getdate(&d);
    sprintf(stoday,"%d/%d/%d",d.da_year,d.da_mon,d.da_day);
  /* stoday 今天日期字串yyyy/mm/dd */
   day_today=dayCalc(stoday);            /* day_today 今天是今年中的第幾天 */
  }
   for(;;){
       clrscr( );                          /* 清除畫面 */
       printf("\nMain Menu\n \
                   (1)Sale.\n  \
                   (2)Order.\n  \
                   (3)Search and Print.\n  \
                   (4)Edit Code list.\n  \
                   (5)Safety Stock \n  \
                   (0)Quit\n");
       printf("Please enter choice?");
       switch(getche( )){
           case '0': exit(0);
           case '1': record('+');break;            /* 進貨 */
           case '2': record('-');break;            /* 出貨 */
           case '3': print( ); break;               /* 查詢及列 */
           case '4': edit_code( );break;           /* 增加料號 */
           case '5': check_reserve( );break;      /* 查詢低於安全存量 */
           default: printf("Input error!Please input 0~5\n"); break;
     }
   }
  }
  /*****************Day calculate將日期字串轉換為天數**************/
  int dayCalc(char sdate[ ]){
       long year,month,day;
       char temp;
       int days[ ]={31,28,31,30,31,30,31,31,30,31,30,31};
```

```
    /* 一年中各月份的天數的設定 */
    int i,total;
    /* 將今天日期字串、年、月、日，分別拆解到各個變數 */
    sscanf(sdate,"%ld%c%ld%c%ld",&year,&temp,&month,&temp,&day);
    /*先將當月天數加入總天數中，並判斷今年是否為閏年，若為閏年且
    月份超過2月，則天數要加1*/
    total=day+(month>2 && ((year%4==0 && year %100!=0) ||
    year%400==0));
    for(i=0;i<month-1;total+=days[i++]);
    /* 將各月份的天數加入總天數中 */
    return total;
}
/*******************接受訂單(-)及進貨(+) record*******************/
void record(char type){
/* 依照傳入參數type決定是出貨或進貨 */
  long total=0,m_amount=0,in_amt=0,out_amt=0;
  char m_no[10],m_date[11],m_rdate[11];
  char *s_qty,temp;
  char *qtyCalc(char check_no[10] ,int s_day ,int e_day);

  printf("\n\n*************************************************\n");
  fflush(stdin); /* 清空鍵盤輸入的 buffer */
  printf("No:");
  gets(m_no); /* 輸入料號 */
  s_qty=qtyCalc(m_no,1,day_today+PTIME);
  /* 呼叫 qtyCalc 計算輸入料號20天後的庫存狀況 */
  sscanf(s_qty,"%ld%c%ld%c%ld",&in_amt,&temp,&out_amt,&temp,&total);
  if(total<SQty) /* SQty為一開始設定的安全存量 */
  /* 若安全庫存量不足則提醒使用者 */
    printf("The current safety stock qty is %ld \n",total);
  printf("Date(yyyy/mm/dd):");
  gets(m_date); /* 輸入出貨或進貨日期 */
  printf("Quantity:");
  scanf("%ld",&m_amount); /* 輸入進出貨量 */
  if((fp=fopen(fname,"at"))==NULL)
  /* 開檔material.txt，開啟為增加模式 */
```

```
        printf("File open error!\n"),exit(1);
    fprintf(fp,
            "%10s%15s%10ld%2c%15s\n",
            m_no,
            m_date,
            m_amount,
            type,
            stoday);  /* 寫檔，將此次進出貨記錄至 material.txt */
    if(fclose(fp)==-1)                    /*關檔 */
      printf("File close error!\n"),exit(1);
}
/****************************查詢及列印 ***************************/
void print(void){
  void search1(void); /* 宣告會使用search1 此 function */
  void search2(void); /* 宣告會使用search2 此 function */
  for(;;)
  {
      clrscr( ); /* 清除畫面 */
      printf("\n Search & print database \n  \
              (1)Query Single Material \n  \
              (2)Query All Materials \n  \
              (0)Back to MainMenu\n");
        printf("Enter choice?");
          switch(getche( )){ /* 輸入查詢選項 */
              case '0': main( );
              case '1': search1( ); break; /* 單一料號查詢，呼叫副程式search1 */
              case '2': search2( ); break; /* 所有料號查詢，呼叫副程式search2 */
              default: printf("Input error!Please input 0~2\n"); break;
      }
   }
}
/********************料號及名稱增加 Edit Code List****************/
void edit_code(void){
   char temp[20],code_no[10],code_name[20];

   printf("\n\n******************************************************\n");
```

```
    fflush(stdin); /* 清除buffer */
    printf("No:");
    gets(temp); /* 輸入料號 */
    if((fp1=fopen(fcode,"a+t"))==NULL) /* 開啟料號檔 */
      printf("File open error!(code file)\n"),exit(1);

  while(fscanf(fp1,"%10s %20s",code_no,code_name)!=EOF)
  /* 循序搜尋檔案 */
  {
      if(strcmp(code_no,temp)==0) /* 檢查輸入的料號是否重複 */
      {
          /* 若輸入的料號已存在，關檔並提示 */
          fclose(fp1);
          printf("Duplicate code NO!\n");
          printf("Go back to main menu.Please press any key ......");
          getche( );
          main( );
      }
  }
  fprintf(fp1,"%10s",temp); /* 將通過檢查的料號寫入檔案中 */
  printf("Name:");
  fprintf(fp1,"%20s",gets(temp)); /* 輸入料號名稱，並寫入檔案中 */
  fprintf(fp1,"\n");
  if(fclose(fp1)==-1) /* 關檔 */
      printf("File close error!\n"),exit(1);
}
/**********************安全庫存量查詢Check Reserve **************/
void check_reserve(void){
  char code_no[10],code_name[20]; /* 代碼對照檔code.txt使用之變數 */
  long total=0,in_amt=0,out_amt=0; /* total:存量*/
  char *s_qty,temp;
  int  e_day=0; /* 安全庫存量查詢的日期結束天數 */

  if((fp1=fopen(fcode,"r"))==NULL)/* 開檔code.txt */
      printf("File read error....(code file)\n"),exit(1);
```

```
        printf("\n----------------------------------------------------------------\n");
        printf("Material NO     Material Name     Safety Stock");
        printf("\n----------------------------------------------------------------\n");

    e_day=day_today+PTIME; /* 設定檢查的天數截止點，今天+20天 */
    while(fscanf(fp1,"%10s %20s",code_no,code_name)!=EOF)
    /* 以代碼對照檔的代碼順序為主，逐一比對是否低於安全庫存量 */
    {
        s_qty=qtyCalc(code_no,1,e_day);
         /*計算某一料號，由今年第一天至今天+20天期間的進出貨量*/
        sscanf(s_qty,"%ld%c%ld%c%ld",
                &in_amt,&temp,
                &out_amt,
                &temp,
                &total);
        if( total < SQty ) /*若某一料號存量小於安全庫存量，則列印明細出來*/
            printf("%s %22s %18ld \n",code_no,code_name,total);
        }
        if(fclose(fp1)==-1) /*計算結束，關檔code.txt*/
          printf("File close error!\n"),exit(1);
        printf("\n\nPress any key to continue...!");
        getche( );
}
/****************** 計算安全存量 qtyCalc*********************/
char *qtyCalc(char check_no[10] ,int s_day ,int e_day)
/* 傳入料號，要查詢的日期區間 */
{
        char m_no[10],m_name[20],m_date[11],m_rdate[11],type;
        /* 進出貨檔material.txt使用之變數  */

        long m_amount,total=0,in_amt=0,out_amt=0;
        /* 每筆紀錄的量，存量、進貨量、出貨量*/
        int  m_day=0; /* 計錄日期天數 */
        static char sqty[30]; /* 用來傳回字串用變數，必須設為static */

        if((fp=fopen(fname,"r"))==NULL)/* 開檔 material.txt */
```

```
        printf("File read error....(database file)!"),exit(1);
        /* 讀取進出貨檔所有紀錄 */
    while(fscanf(fp,
                "%s %s %ld %c %s",
                m_no,m_date,&m_amount,&type,m_rdate)
            !=EOF)
{
    m_day=dayCalc(m_date); /* 將進出貨日期轉換為天數 */

    /*比對讀入的紀錄是否是要進行比對的料號，並且是在限定的日期區
    間內*/
    if((strcmp(m_no,check_no)==0) &&
        (s_day <= m_day) &&
        (m_day <= e_day)
        )
    {
        if(type=='+')/*進貨，存量增加*/
            total+=m_amount,in_amt+=m_amount;
        if(type=='-')/*出貨，存量減少*/
            total-=m_amount,out_amt+=m_amount;
    }
}
sprintf(sqty,"%ld/%ld/%ld",in_amt,out_amt,total);
/* 將進出貨量及總量，依照格式設定到陣列中 */
    if(fclose(fp)==-1) /* 關檔 */
        printf("File close error!\n"),exit(1);
        return(sqty);   /* 傳回計算後的數量字串 */
}
/*********************單一料號查詢Query Single Materail************/
void search1(void){
  char search_no[10],
    m_no[10],
    m_date[11],
    type,m_rdate[11],
    p,
    *s_qty,
```

```
    temp;
char Q[31][11]; /* 日期陣列 */
long Q1[31][3]; /* 查詢結果陣列 row:30天，c0:進貨量 c1:出貨量 c2:存量 */
long m_amount=0,in_amt=0,out_amt=0,total=0,ftotal=0;
int  m_day,i,j=0;

for(i=0;i<=30;i++) /* 設定初始值 */
{
    strcpy(Q[i],"");
    Q1[i][0]=0,Q1[i][1]=0,Q1[i][2]=0;
}
printf("\n\n查詢今日前後15天的進出貨狀況\n");
fflush(stdin); /* 清除buffer */
printf("\nPlease input Material NO:");
gets(search_no); /* 輸入料號 */
s_qty=qtyCalc(search_no,1,day_today-16);
/* 計算今年第1天到15天之前輸入料號的庫存量 */

if((fp=fopen(fname,"r"))==NULL) /* 開檔material.txt */
    printf("File read error....!"),exit(1);
sscanf(s_qty,
        "%ld%c%ld%c%ld",
        &in_amt,&temp,&out_amt,&temp,&total);
        /* 格式化取出前步驟的庫存量 */
printf("\n The Safety Stock of No.%s : %ld \n",search_no,total);
ftotal=total; /* 將庫存量儲存在ftotal變數中 */
printf("\n--------------------------------------------------------------\n");
printf("     Date          Order          Sale          Stock\n");
printf("--------------------------------------------------------------\n");

/* 依序讀取material.txt檔 */
while(fscanf(fp,
                "%s %s %ld %c %s",
                m_no,m_date,&m_amount,&type,m_rdate)!=EOF)
{
     m_day=dayCalc(m_date); /* 將進出貨日期轉換為天數 */
```

```
        if((strcmp(m_no,search_no)==0) &&
          ( ((day_today-15)<=m_day)&&(m_day<=(day_today+15)) ) )
        {/* 此紀錄符合查詢的條件 */
          if(type=='+')
          {
            Q1[m_day-day_today+15][0]+=m_amount;
            Q1[m_day-day_today+15][2]+=m_amount;
            }
            if(type=='-'){
              Q1[m_day-day_today+15][1]+=m_amount;
              Q1[m_day-day_today+15][2]-=m_amount;
            }
            if(strcmp(Q[m_day-day_today+15],"")==0)
              strcpy(Q[m_day-day_today+15],m_date);
              /* 將有進出貨紀錄的日期記錄到日期陣列中 */
        }
    }
    if(fclose(fp)==-1)/* 關檔 */
      printf("File close error!\n"),exit(1);

    for(i=0;i<=30;i++)
    {
      Q1[i][2]=Q1[i][2]+total; /* 累計計算庫存量 */
      total=Q1[i][2];
      if(strcmp(Q[i],"")!=0)
      /* 若日期陣列中不為空，表示當天有進出貨紀錄，則將進出貨狀況輸出 */
        printf("%10s %15ld %15ld %15ld\n",
               Q[i],Q1[i][0],Q1[i][1],Q1[i][2]),j++;
      if(j==15) /* 顯示超過15行暫停 */
        printf("--more--\n"),getch( );
    }
    fflush(stdin);
    printf("Do you want to save the result(Y/N)?");
    scanf("%c",&p);
    if((p=='Y') || (p=='y'))/*是否要將上列結果存檔*/
    {
```

```
    if((fp2=fopen(ftemp,"w"))==NULL)
    /* 開檔temp.txt，開啟為寫入模式，若檔案不存在則開新檔 */
        printf("File open error!\n"),exit(1);
        fprintf(fp2,
                "\n The Safety Stock of No.%s : %ld \n",
                search_no,ftotal);
         fprintf(fp2,
                "\n-------------------------------------------------------------\n");
         fprintf(fp2,
                "    Date        Order        Sale        Stock\n");
         fprintf(fp2,
                "-------------------------------------------------------------\n");

        for(i=0;i<=30;i++)
            if(strcmp(Q[i],"")!=0)
                fprintf(fp2,
                    "%10s %15ld %15ld %15ld\n",
                    Q[i],
                    Q1[i][0],
                    Q1[i][1],
                    Q1[i][2]); /* 依照格式寫入 */

        if(fclose(fp2)==-1) /* 關檔 */
           printf("File close error!\n"),exit(1);
        printf("\nFile name:temp.txt\n"); /* 提示暫存檔名 */
    }
    printf("\nPress any key to continue...!");
    getche( );
    }
/***********************Query All Materials***********************/
void search2(void){
   char search_date[11]; /* 輸入的查詢日期 */
   char code_no[10],code_name[20]; /* 代碼對照檔code.txt使用之變數*/
   char *s_qty,temp,p; /* 存量字串，暫存變數 */
   int  day_search=0; /* 查詢日期的天數 */
   long in_amt=0,out_amt=0,total=0; /* 進貨量、出貨量、存量 */
```

```
   fflush(stdin);
   printf("\n查詢至輸入的日期截止，所有的進出貨及存量狀況\n");
   printf("Please input the deadline(yyyy/mm/dd):");
   gets(search_date); /* 輸入日期，不做錯誤控制*/
   day_search=dayCalc(search_date);
   printf("Do you want to save the result(Y/N)?");
   scanf("%c",&p); /* 是否要將結果暫存到檔案以供列印 */
   printf("\n------------------------------------------------------------\n");
   printf("Material NO          Order          Sale          Stock\n");
   printf("------------------------------------------------------------\n");
   if((p=='Y') || (p=='y'))
   {
      if((fp2=fopen(ftemp,"w"))==NULL)                    /*開檔temp.txt*/
         printf("File open error!\n"),exit(1);
         fprintf(fp2,"\n The deadline:%s\n",search_date);
         fprintf(fp2,"\n------------------------------------------------------------\n");
         fprintf(fp2,"Material NO          Order          Sale          Stock\n");
         fprintf(fp2,"------------------------------------------------------------\n");
}
if((fp1=fopen(fcode,"r"))==NULL)                          /*開檔 code.txt*/
   printf("File read error....(code file)\n"),exit(1);

/* 以代碼對照檔的代碼順序為主，逐一比對是否低於安全庫存量 */
while(fscanf(fp1,"%10s %20s",code_no,code_name)!=EOF)
{
   s_qty=qtyCalc(code_no,1,day_search);
   /*給定區間，求出進出庫存量*/
   sscanf(s_qty,
         "%ld%c%ld%c%ld",
         &in_amt,&temp,
         &out_amt,
         &temp,
         &total);/*格式化拆解字串*/
   printf("%10s %15ld %15ld %15ld\n",
         code_no,
```

```
            in_amt,
            out_amt,
            total); /*輸出庫存狀況 */
    if((p=='Y') || (p=='y'))
      fprintf(fp2,
              "%10s %15ld %15ld %15ld\n",
              code_no,
              in_amt,
              out_amt,
              total);
          total=0,in_amt=0,out_amt=0; /* 將變數值歸零 */
    }
    if(fclose(fp1)==-1) /* 關檔code.txt */
      printf("File close error!\n"),exit(1);
    if((p=='Y') || (p=='y'))
    {
        if(fclose(fp2)==-1)/* 關檔temp.txt */
        printf("File close error!\n"),exit(1);
        printf("\nFile name:temp.txt\n");
    }
    printf("\nPress any key to continue...!");getche( );
}
```

Chapter 15

如何設計大程式

有的程式大到有一萬行之多，大家一定會問：這種程式是怎麼寫出來的? 答案很簡單，我們採取一種從上而下（top down）的設計原則。看到了問題，我們先將這個問題的解法大綱畫出來，這個大綱也應該用流程圖來表示，流程圖內一定會有好幾個表示副程式的方塊，我們暫時不去理它們，容後再考慮每一個方塊，仍然用從上而下的方法來設計每一個方塊的程式。

例題15.1　字串中不同字出現的次數

假設我們讀入了一個字串$X=aacdeaddcgf$ ，我們發現在這個字串中，一共出現了6個不同的字，它們是a,c,d,e,g 和f，而這些字出現的次數分別是3,2,3,1,1,1，我們可以用Y陣列來儲存所出現的不同的字，然後用Z陣列來儲存每個字所出現的次數。以我們這個例子而言，Y陣列和Z陣列如下:

Y	=	a	c	d	e	g	f	0	0	0	0
Z	=	3	2	3	1	1	1	0	0	0	0

陣列中所出現的” 0”是因為我們將這兩個陣列都給了初始值0.

要得到Y陣列和Z陣列，我們用掃描X來做，第一個看到的是“a”，我們發現Y陣列中沒有“a”，就將“a”存入Y陣列，而將Z陣列的對應值加1。Y陣列和Z陣列變成了以下的樣子：

Y	=	a	0	0	0	0	0	0	0	0	0
Z	=	1	0	0	0	0	0	0	0	0	0

第二個字又是“a”，我們發現Y陣列中已有“a”，就將Z陣列的對應值加1，結果如下：

Y	=	a	0	0	0	0	0	0	0	0	0
Z	=	2	0	0	0	0	0	0	0	0	0

第三個字是“c”，我們發現Y陣列中沒有“c”，就將“c”存入Y陣列，而將Z陣列的對應值加1，結果如下：

Y	=	a	c	0	0	0	0	0	0	0	0
Z	=	2	1	0	0	0	0	0	0	0	0

有了以上的觀念以後，我們可以畫出以下的流程圖：

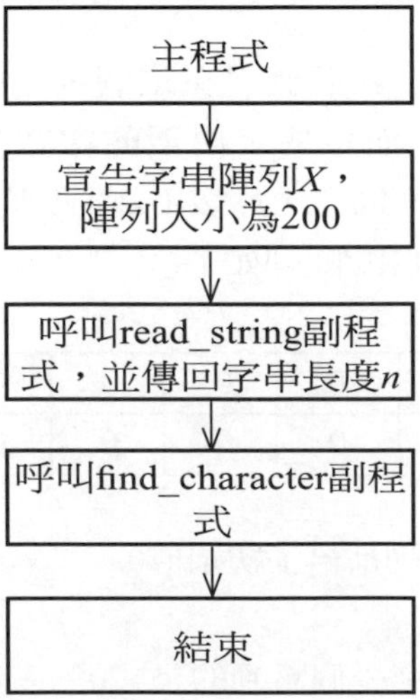

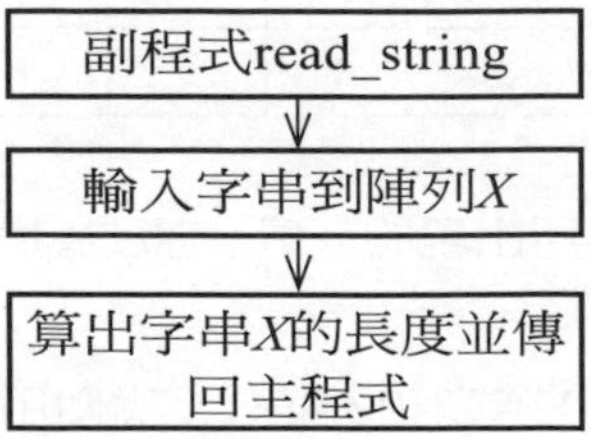

在find character副程式中，我們最重要的工作是要判斷X中某一個字有沒有出現在Y陣列中，我們將這一工作用副程式S1來表示。

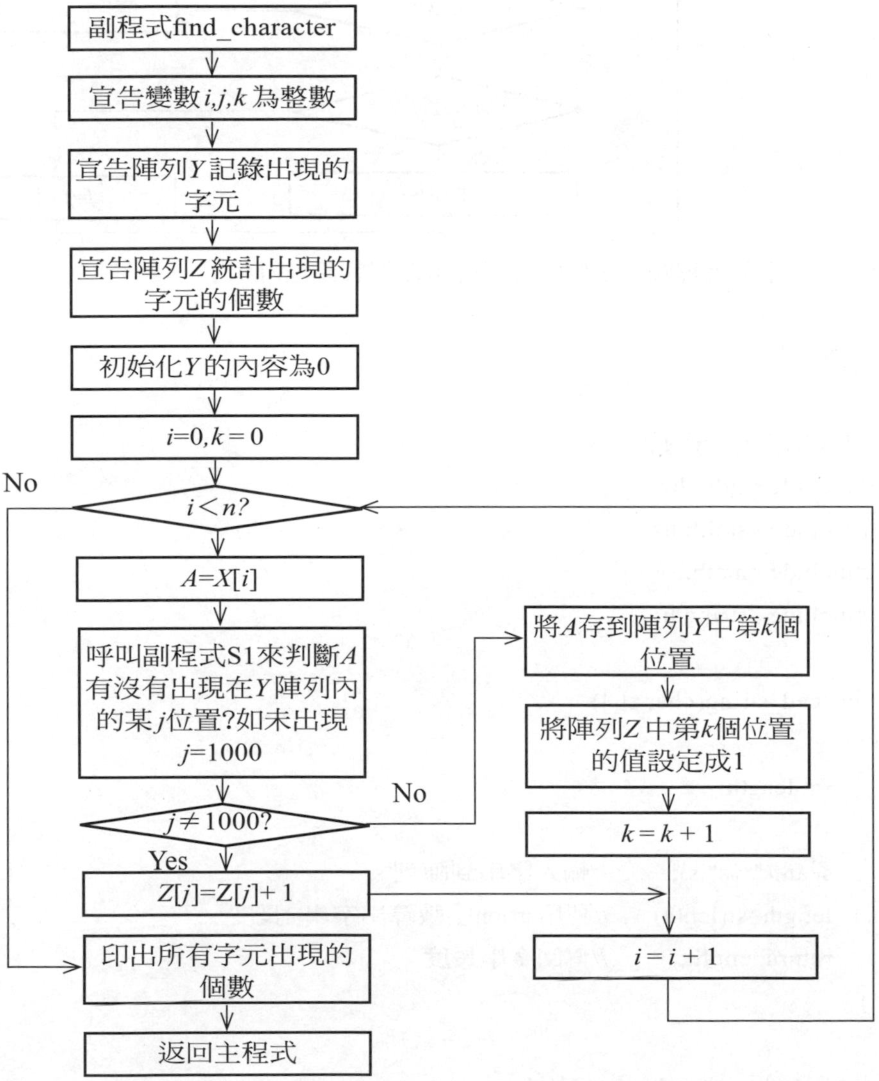

S1的流程圖如下:

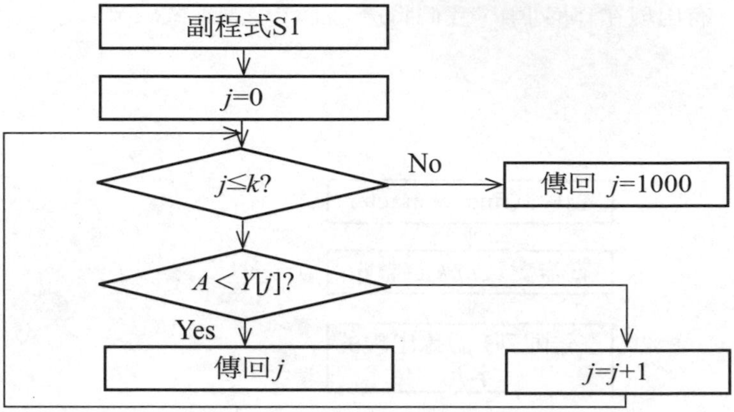

有了以上的流程圖，我們的程式就可以很容易地得到了。

程式碼

```
/*找出字元的個數*/
#include <stdio.h>
#include <stdlib.h>
#include <math.h>
#include <string.h>

int read_string(char s[ ])
{
    int length;

    scanf("%s",s);         //輸入字串到陣列 s
    length=strlen(s);      //利用strlen函數算出字串 s長度
    return length;         //傳回字串長度
}

int S1(int k, char A, char *Y){
```

```
    int j;

    for(j=0;j<=k;j++)
    {
      if(A==Y[j])   //判斷A是否出現在Y[j] 中，如果有則直接傳回j
      {
          return j;
      }
    }
    j=1000;          //A沒有出現在Y[j] 中
    return j;

}


void find_character(char *X, int n){

    int i,j,k;
    int Z[200];
    char Y[200]={0};         //宣告字元陣列Y，並將內容設為0
    char A;
    k=0;
    for(i=0;i<n;i++)
    {
      A=X[i];            //將X[i]的值傳給A

//利用副程式S1判斷A有沒有在陣列Y裡面，如果有則傳回出現的位置到
j，沒有則傳回j=1000
      j=S1(k, A, Y);

      if (j!=1000){        //判斷j的值
```

```
            Z[j]=Z[j]+1;      //A出現在Y[j]中，則相對應的Z[j]加1
          }else{
            // A沒有出現在陣列Y中，表示A為新的字元，將A 加到陣列 Y[k]中
            Y[k]=A;
            Z[k]=1;
            k++;
          }
       }

       for(i=0;i<k;i++)
       {
          printf("%c=%d \n",Y[i],Z[i]);
       }

}

int main(void)
{
   char X[200];
   int n;

   printf("Please enter a string:");

   //呼叫副程式 read_string 輸入字串到陣列X並傳回字串長度 n
   n=read_string(X);

   //呼叫副程式 find_character
   find_character(X,n);

   system("PAUSE");
   return 0;
}
```

執行結果

Please enter a string:aasahjahuiiihh
a=4
s=1
h=4
j=1
u=1
i=3
請按任意鍵繼續．．．

例題15.2　最長字尾字串出現問題

假設我們有一個字串*T=accgtct*，以下是這個子串的全部子尾（suffix）:

t
ct
tct
gtct
cgtct
ccgtct
accgtct

假設我們又有一個子串*P=acttac*，則我們發現*T*有兩個字尾*t*和*ct*出現在*P*中，其中*ct*是最長的。

假設我們又有一個子串*P=agtcttac*，則我們發現*T*有*t,ct,tct*和*gtct*出現在*P*中，其中*gtct*是最長的。

假設我們又有一個子串*P=gcagac*，我們就說*T*沒有一個字尾出現在*P*中。

我們再舉一個例子，假設我們有一個字串*T=ttgttca*，以下是這個子串的全部子尾（suffix）:

a

ca

tca

ttca

gttca

tgttca

ttgttca

假設我們又有一個子串*P=gcttcacc*，則我們發現*T*有字尾*ttca*出現在*P*中，而且是最長的。

假設我們又有一個子串*P=ttgttca*，則我們發現*T*有字尾*ttgttca*出現在*P*中，而且是最長的。

假設我們又有一個子串*P=acttgtt*，我們就說*T*沒有一個字尾出現在*P*中。

我們的問題是：假設我們有兩個字串：*X*和*Y*，我們要找出*X*中出現在*Y*中的最長字尾。

怎麼解決這個問題呢？我們要用一個Z陣列，在以下，我們利用例子來解釋我們的做法。假設我們輸入的*X*和*Y*如下:

X	=	*a*	*a*	*g*	*t*	*c*	*g*	*t*	*a*	*t*	*c*	*c*	*g*	*a*
Y	=	*g*	*a*	*c*	*g*	*a*	*t*							

我們從*X*的最右邊開始檢查，發現最右邊的字是"*a*"，就搜尋 ，發現"*a*"出現在*Y*(2)和*Y*(5)，於是就令Z(2)及Z(5)=1，我們也令一個變數*b*成為1，因為我們已經知道在*X*中有一個長度為1的字尾出現在*Y*中。

		1	2	3	4	5	6	7	8	9	10	11	12	13
X	=	*a*	*a*	*g*	*t*	*c*	*g*	*t*	*a*	*t*	*c*	*c*	*g*	*a*
Y	=	*g*	*a*	*c*	*g*	*a*	*t*							
Z	=	0	1	0	0	1	0							

$b = 1$

下一步，我們看從右邊數過來的第二個字"*g*"，我們不再盲目地看"*g*" 有沒有在*Y*中出現，我們要知道*ga*有沒有在*Y*中出現，因為我們已經知道"*a*" 出現在*Y*(2)和*Y*(5)，我們只要檢查是否*Y*(1)=*g*以及是否*Y*(4)=*g*.在我們這個例子中，兩者都為真，因此我們令*Z*(1)=1和*Z*(4)=1，同時我們令*Z*(1)=0,*Z*(5)=0和*b*=*b*+1=2，這表示我們知道*ga*出現在*Y*(1)和*Y*(4)。

		1	2	3	4	5	6	7	8	9	10	11	12	13
X	=	*a*	*a*	*g*	*t*	*c*	*g*	*t*	*a*	*t*	*c*	*c*	*g*	*a*
Y	=	*g*	*a*	*c*	*g*	*a*	*t*							
Z	=	1	0	0	1	0	0							

b = 2

下一步，我們看從右邊數過來的第三個字 "*c*"，我們要知道*cga*有沒有在*Y*中出現，我們此次將不理會*Y*(1)的左邊，因為*Y*(1)已是盡頭，但我們在*Z*陣列中知道*Z*(4)=1，因此我們要檢查是否*Y*(3)=*c*，因為*Y*(3)=*c*，我們的*Z*陣列更改如下:

		1	2	3	4	5	6	7	8	9	10	11	12	13
X	=	*a*	*a*	*g*	*t*	*c*	*g*	*t*	*a*	*t*	*c*	*c*	*g*	*a*
Y	=	*g*	*a*	*c*	*g*	*a*	*t*							
Z	=	0	0	1	0	0	0							

b = 3

最後一步，我們看從右邊數過來的第四個字 "*c*" ，我們檢查是否*Y*(3)=*c*，因為*Y*(3)≠*c*，我們就停止了。我們的結論是*b*=3以及*Z*(3)=1，這表示*X*有一個長度為3的字尾出現在*Y*(3)的地方。

我們的主程式流程圖如下:

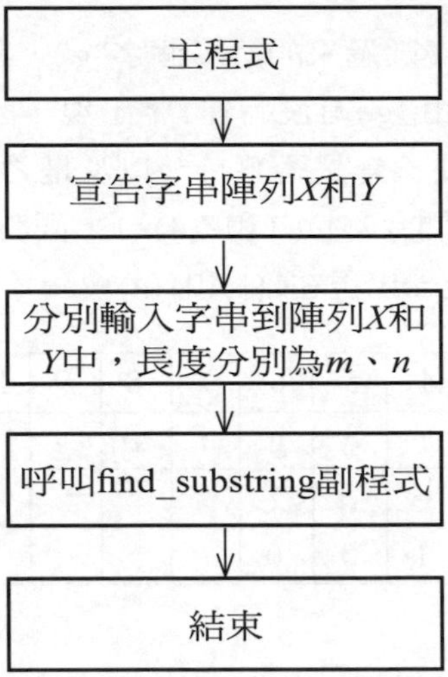

副程式find string 的流程圖如下:

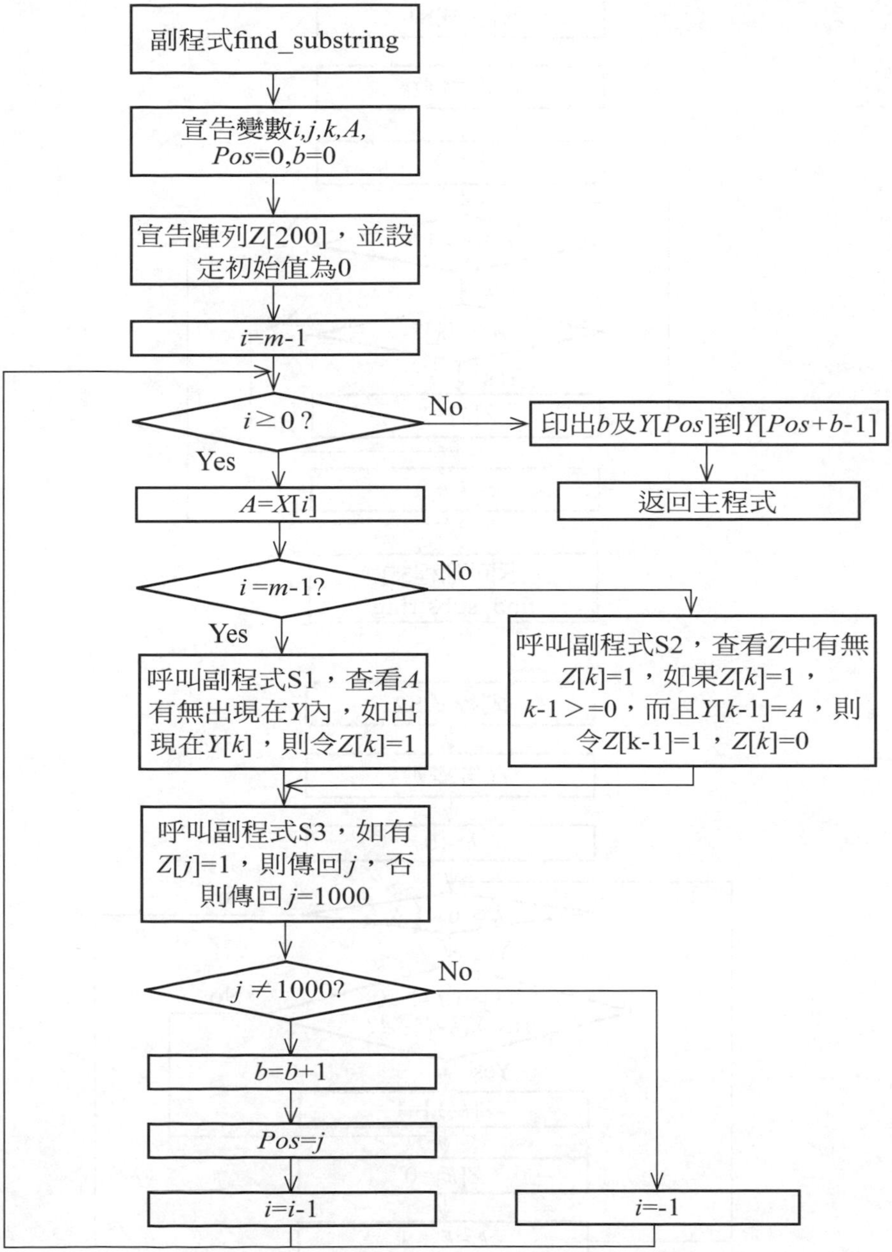

我們可以再畫出S1, S2 和S3 如下：

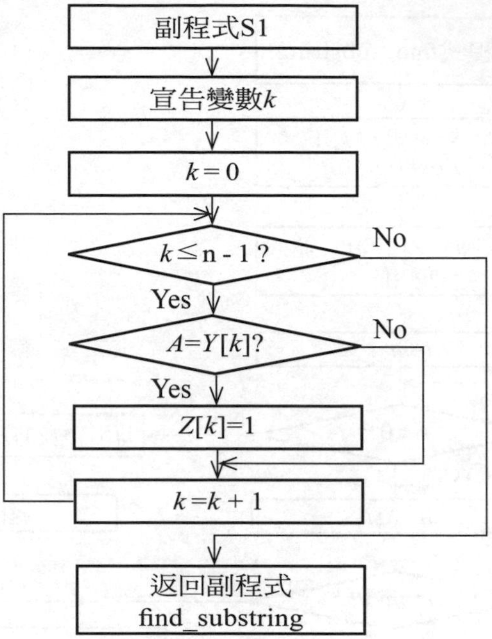
副程式S1
宣告變數k
k = 0
k≦n - 1 ?
No
Yes
A=Y[k]?
No
Yes
Z[k]=1
k =k + 1
返回副程式
find_substring

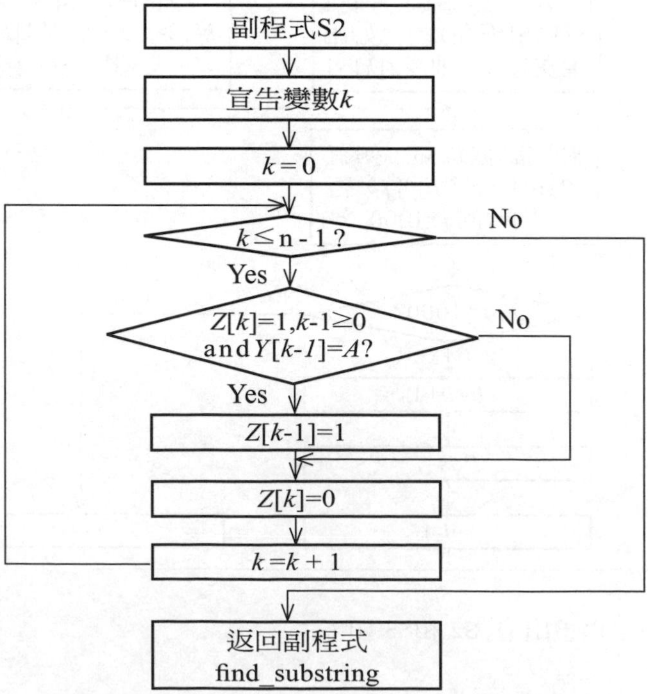
副程式S2
宣告變數k
k = 0
k≦n - 1 ?
No
Yes
Z[k]=1,k-1≥0
and Y[k-1]=A?
No
Yes
Z[k-1]=1
Z[k]=0
k =k + 1
返回副程式
find_substring

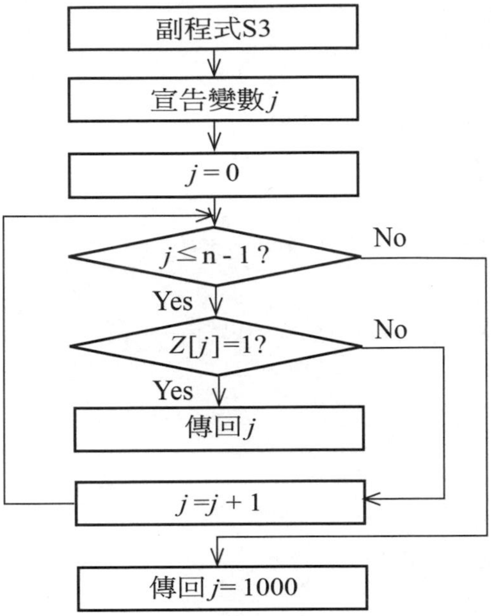

程式碼

```
/*搜尋最長字元的子字串*/
#include <stdio.h>
#include <stdlib.h>
#include <math.h>
#include <string.h>

void S1(char A, char *Y, int *Z, int n){
  int k;

  for(k=0;k<=n-1;k++)  //查看A有無出現在Y內，如出現在Y[k]，則令Z[k]=1
  {
    if(A==Y[k])
    {
      Z[k]=1;
    }
  }
```

```
}

void S2(char A, char *Y, int *Z, int n){
    int k;

    for (k=0;k<=n-1;k++)      //尋找Z中是否出現 1
    {
      if ((Z[k]==1)&&((k-1)>=0)&&(Y[k-1]==A))
      {
        Z[k-1]=1;
      }
      Z[k]=0;
    }
}

int S3(int *Z, int n){
    int j;
    for(j=0;j<=n-1;j++)
    {
      if(Z[j]==1)
      {
        return j;
      }
    }
    j=1000;
    return j;
}

void find_substring(char *X, char *Y, int m, int n){
    int i,j,k,b,Z[200];              //宣告變數
    char A;
```

```
int Pos;                    //宣告變數 Pos為子字串的起始位置

b=0;
Pos=0;

for (i=0; i<n; i++)            //初始化陣列 Z
    Z[i]=0;

for(i=m-1;i>=0;i--)
{
   A=X[i];
   if(i==(m-1))      //判斷目前讀入的字元是否為字串X的最後一個字
   {
//呼叫副程式S1，查看A有無出現在Y內，如出現在Y[k]，則令Z[k]=1
       S1(A, Y, Z, n);
   }else{
//呼叫副程式S2，查看Z中有無Z[k]=1，如果Z[k]=1，k-1>=0，而且Y[k-1]=A，則令Z[k-1]=1，Z[k]=0
       S2(A, Y, Z, n);
   }
//呼叫副程式S3，如有Z[j]=1，則傳回 j，否則傳回 j=1000
   j=S3(Z, n);

   if (j!=1000)
   {
      b=b+1;     //找到子字串
      Pos=j;     //將子字串的起始位置存到Pos
   }else{
      i=-1;      //已找不到更長的子字串
   }
}
```

```
    printf("B=%d\n",b);   //印出子字串長度

    printf("Substring=");  //印出子字串內容
    for (i=Pos;i<=(Pos+b-1);i++)
       printf("%c",Y[i]);

    printf("\n");
}

int main(void)
{
   char X[100];                    //宣告字串陣列 X, Y
   char Y[100];
   int m;
   int n;

   printf("Please enter a string X:");      //輸入字串到X
   scanf("%s",X);
   m=strlen(X);                    //算出X的長度

   printf("Please enter a string Y:");
   scanf("%s",Y);                  //輸入字串到Y
   n=strlen(Y);                    //算出Y的長度

   find_substring(X, Y, m, n);          //呼叫副程式 find_substring

   system("PAUSE");
   return 0;
}
```

執行結果

Please enter a string X:fds
Please enter a string Y:jdkwjfdslk
B=3
Substring=fds

Please enter a string X:wqwiojdios
Please enter a string Y:wioqueiiwo
B=0
Substring=

Please enter a string X:kljkjwjabc
Please enter a string Y:jwdwjabcjk
B=5
Substring=wjabc

Please enter a string X:abcdef
Please enter a string Y:abcdef
B=6
Substring=abcdef

例題15.3 字串比較問題的Horspool演算法

我們用一個例子來解釋何謂字串比對問題，假設我們有兩個子串：*T=accgtagttag*，*P=agtta*。我們要問，*P*有沒有出現在*T*內，答案是肯定的，如下圖所示：

T	=	*a*	*c*	*c*	*g*	*t*	*a*	*g*	*t*	*t*	*a*	*g*
					P	=	*a*	*g*	*t*	*t*	*a*	

如果$P=agtta$，答案就是否定的。

要解決這個問題，我們可以看一個視窗（window），window的長度和P的長度相同，以$T=accgtagttag$和$P=agtta$為例，第一個視窗和P對比如下:

		1	2	3	4	5					
T	=	*a*	*c*	*c*	*g*	*t*	*a*	*g*	*t*	*t*	*a*	*g*
P	=	*a*	*g*	*t*	*t*	*a*					

我們開始比對這個視窗和P，我們發現$W(5)=t \neq P(5)=a$，因此我們結論這個視窗絕不可能和P完全吻合，我們就要移動P一格，如下圖所示:

			1	2	3	4	5					
T	=	*a*	*c*	*c*	*g*	*t*	*a*	*g*	*t*	*t*	*a*	*g*
	P	=	*a*	*g*	*t*	*t*	*a*					

這一次，我們仍然從右邊看起，我們發現$W(5)=P(5)=a$，而且$W(4)=P(4)=t$，但是$W(3)=g \neq P(3)=t$，所以我們又將P向右移一格，如下圖所示:

				1	2	3	4	5				
T	=	*a*	*c*	*c*	*g*	*t*	*a*	*g*	*t*	*t*	*a*	*g*
		P	=	*a*	*g*	*t*	*t*	*a*				

因為$W(5)=g \neq P(5)=a$，我們又將P向右移一格如下；

					1	2	3	4	5			
T	=	*a*	*c*	*c*	*g*	*t*	*a*	*g*	*t*	*t*	*a*	*g*
			P	=	*a*	*g*	*t*	*t*	*a*			

根據以上的想法，我們又將P向右移一格如下:

						1	2	3	4	5		
T	=	*a*	*c*	*c*	*g*	*t*	*a*	*g*	*t*	*t*	*a*	*g*
				P	=	*a*	*g*	*t*	*t*	*a*		

我們仍需再將*P*向右移一格如下:

							1	2	3	4	5	
T	=	*a*	*c*	*c*	*g*	*t*	*a*	*g*	*t*	*t*	*a*	*g*
					P	=	*a*	*g*	*t*	*t*	*a*	

這一次，我們發現*W*=*P*，因此我們宣告*P*出現在*T*中。

以上的做法非常不夠有效率，因為我們每一次只移一格，其實我們可以更有效率的，請看以下的情形:

			1	2	3	4	5					
T	=	*a*	*c*	*c*	*g*	*t*	*a*	*g*	*t*	*t*	*a*	*g*
	P	=	*a*	*g*	*t*	*t*	*a*					

因為*W*≠*P*，我們必需將*P*右移，過去我們只移一格，現在我們要移得更遠一點，我們盯準*W*中的最後一個字，也就是*W*(5)=*a*我們知道如果我們要移動 *P*，*P*內的a，必需和*W*(5)=*a*相吻合*W*(5)=*a*，我們不要理會*P*(5)，我們發現*P*(1)=*a*，如下圖:

			1	2	3	4	5					
T	=	*a*	*c*	*c*	*g*	*t*	*a*	*g*	*t*	*t*	*a*	*g*

	P	=	*a*	*g*	*t*	*t*	*a*					

有了以上的資訊，我們就可以將*P*一口氣移4格，如下圖:

							1	2	3	4	5	
T	=	*a*	*c*	*c*	*g*	*t*	*a*	*g*	*t*	*t*	*a*	*g*

					P	=	*a*	*g*	*t*	*t*	*a*	

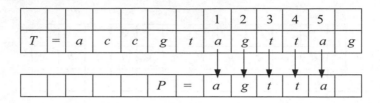

一般說來，假如視窗最右邊的字是x，而在P中，第一個x（如x出現在P的最右邊，則不算）出現在從右邊數過來第i個位置，我們就移動向右（i-1）格，如下圖所示：

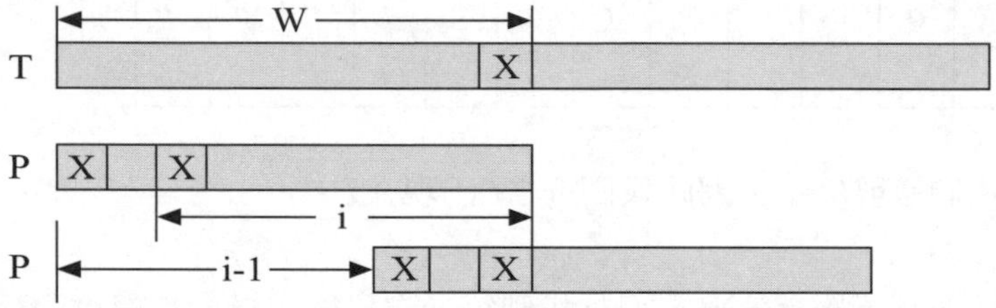

如果P中根本沒有x（如x出現在P的最右邊，仍不算出現），我們就跳過整個視窗，如下圖：

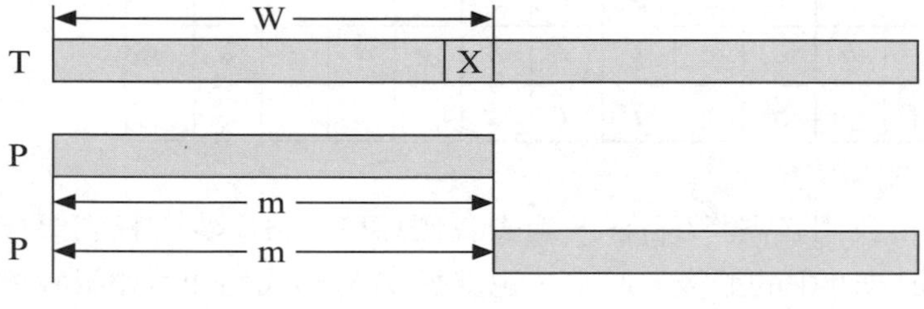

現在我們要解釋為什麼我們要不理會P的最後一個字。令Window $W=w_1w_2...w_m$，$P=p_1p_2...p_m$，假設$w_m \neq p_m$，當然忽略與不忽略都無所謂。可是如果$w_m = p_m$，而我們不忽略它的話，這時i=1，我們的P移動了i-1＝0。這當然是錯誤的。所以，我們必須不理會P的最後一個字，也就是p_m。

我們現在以一個例子來解釋Horspool Algorithm。假設T=*accgtgaccttacta*，P=*ttacta*。

		1	2	3	4	5	6												
T	=	*a*	*c*	*c*	*g*	*t*	*g*	*a*	*c*	*c*	*t*	*t*	*a*	*c*	*t*	*a*			
P	=	*t*	*t*	*a*	*c*	*t*	*a*												

第一個視窗中，$W(6) \neq P(6)$，我們要右移*P*，移多少格呢？我們發現$W(6)=g$根本不出現在*P*中，因此我們可以一口氣移動6格，如下圖：

								1	2	3	4	5	6						
T	=	*a*	*c*	*c*	*g*	*t*	*g*	*a*	*c*	*c*	*t*	*t*	*a*	*c*	*t*	*a*			
						P	=	*t*	*t*	*a*	*c*	*t*	*a*						

現在我們發現$W(6)=a$出現在*P*中，而且最右邊的*a*出現在從右邊數過來的第4個位置，所以我們向右將*P*移動4-1=3個位置，如下圖：

											1	2	3	4	5	6			
T	=	*a*	*c*	*c*	*g*	*t*	*g*	*a*	*c*	*c*	*t*	*t*	*a*	*c*	*t*	*a*			
									P	=	*t*	*t*	*a*	*c*	*t*	*a*			

這次我們可以說*P*的確出現在*T*中。

我們再舉一個例子，假設$T=accgtgaccttacta$，$P=acgta$。

以下是Horspool 演算法的整個過程：

		1	2	3	4	5													
T	=	*a*	*c*	*c*	*g*	*t*	*g*	*a*	*c*	*c*	*t*	*t*	*a*	*c*	*t*	*a*			
P	=	*a*	*c*	*g*	*t*	*a*													

			1	2	3	4	5												
T	=	*a*	*c*	*c*	*g*	*t*	*g*	*a*	*c*	*c*	*t*	*t*	*a*	*c*	*t*	*a*			
	P	=	*a*	*c*	*g*	*t*	*a*												

					1	2	3	4	5										
T	=	*a*	*c*	*c*	*g*	*t*	*g*	*a*	*c*	*c*	*t*	*t*	*a*	*c*	*t*	*a*			
			P	=	*a*	*c*	*g*	*t*	*a*										

								1	2	3	4	5							
T	=	*a*	*c*	*c*	*g*	*t*	*g*	*a*	*c*	*c*	*t*	*t*	*a*	*c*	*t*	*a*			
						P	=	*a*	*c*	*g*	*t*	*a*							

									1	2	3	4	5						
T	=	*a*	*c*	*c*	*g*	*t*	*g*	*a*	*c*	*c*	*t*	*t*	*a*	*c*	*t*	*a*			
							P	=	*a*	*c*	*g*	*t*	*a*						

													1	2	3	4	5		
T	=	*a*	*c*	*c*	*g*	*t*	*g*	*a*	*c*	*c*	*t*	*t*	*a*	*c*	*t*	*a*			
											P	=	*a*	*c*	*g*	*t*	*a*		

結束了，我們報告*P*不存在*T*中。

在執行Horspool 演算法的中間，為了讓程式更有效率，我們必需要知道一個字出現在*P*中的位置（*P*的最右位置不算），令$B(x)$為x在*P*中從右邊算起的位置（*P*的最右位置不算），舉例來說，假設*P*的情形如下：

		8	7	6	5	4	3	2	1
p	=	*a*	*c*	*c*	*g*	*t*	*t*	*a*	*c*

我們就得到

$B(c)=6$

$B(a)=2$

$B(t)=3$

$B(g)=5$

為了使這個程式執行起來有效率，我們會利用兩個陣列來記錄這個資訊，以上題為例，我們的兩個陣列如下：

		1	2	3	4									
B1	=	c	a	t	g									
B2	=	6	2	3	5									

我們的主程式流程圖如下:

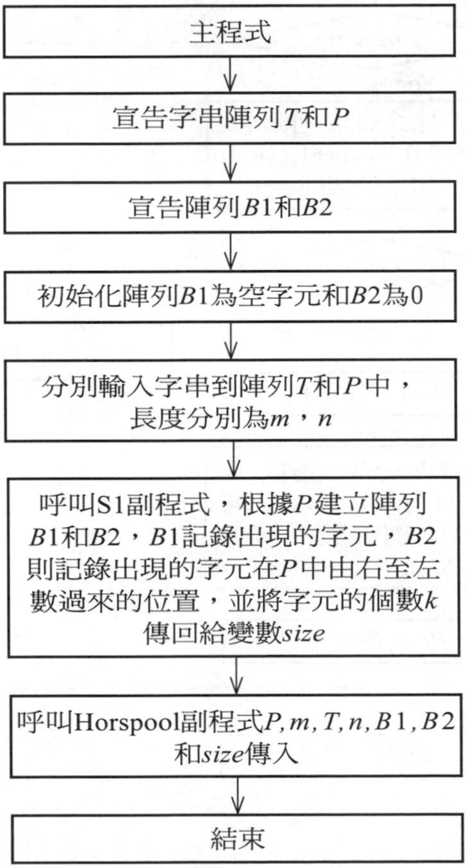

副程式Horspool 的流程圖如下:

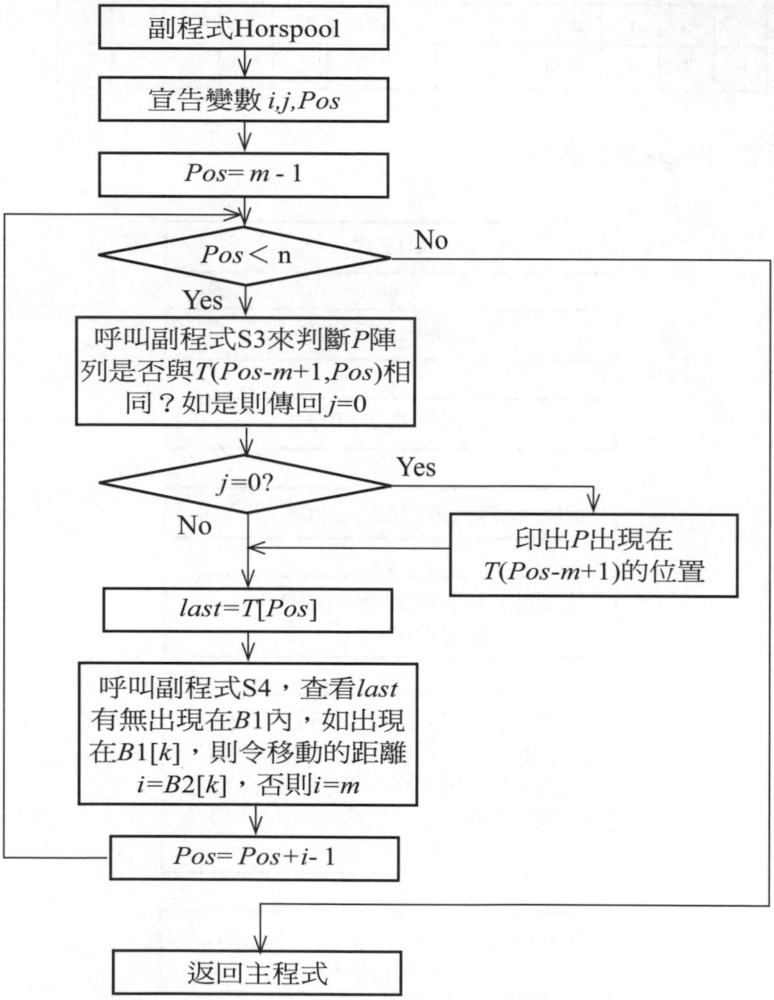

我們可以再畫出S1, S2, S3和S4如下:

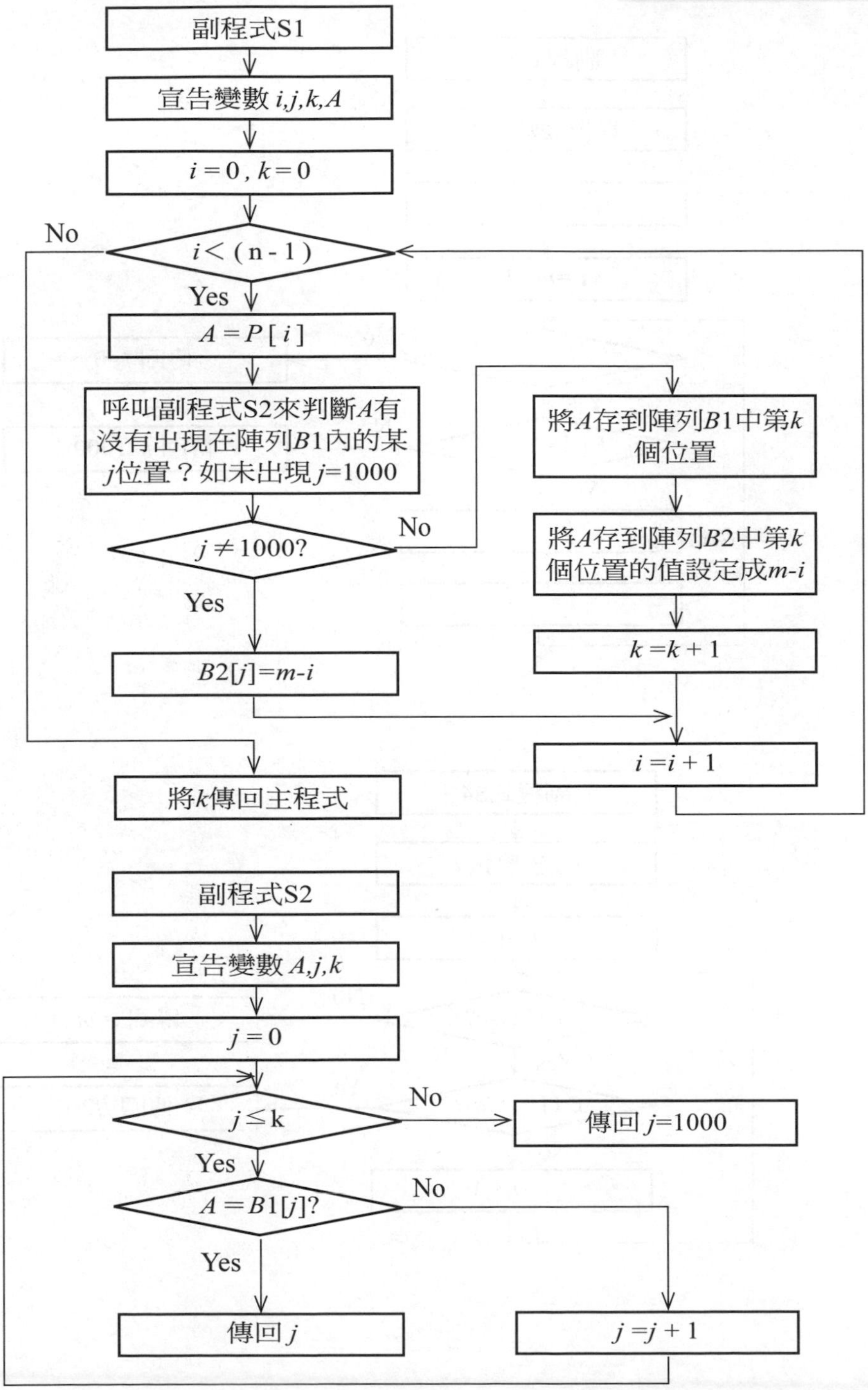
副程式S1
宣告變數 i,j,k,A
i = 0 , k = 0
No
i < (n - 1)
Yes
A = P [i]
呼叫副程式S2來判斷A有沒有出現在陣列B1內的某j位置？如未出現j=1000
No
j ≠ 1000?
Yes
B2[j]=m-i
將A存到陣列B1中第k個位置
將A存到陣列B2中第k個位置的值設定成m-i
k =k + 1
i =i + 1
將k傳回主程式
副程式S2
宣告變數 A,j,k
j = 0
j ≤ k
No
傳回 j=1000
Yes
A = B1[j]?
No
Yes
傳回 j
j =j + 1

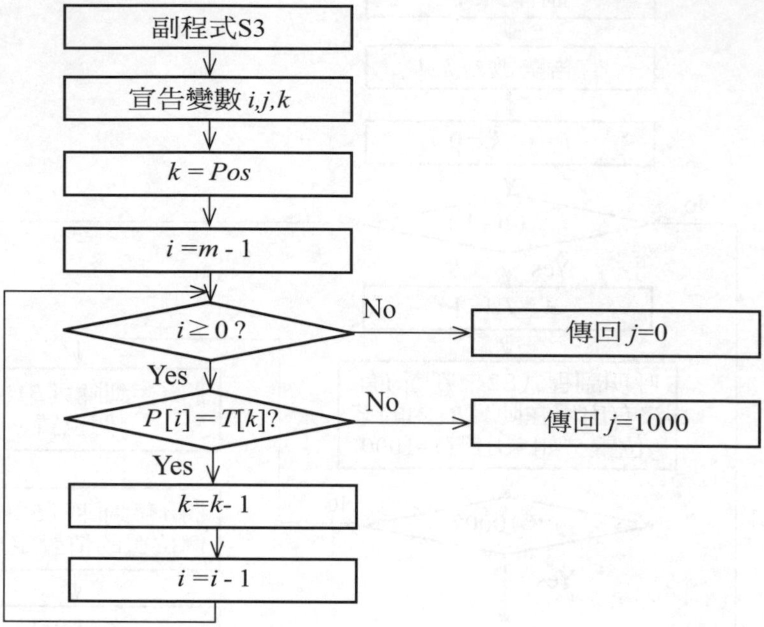

副程式S3
宣告變數 i,j,k
k = Pos
i =m - 1
i≥0 ?
No
傳回 j=0
Yes
P[i] = T[k]?
No
傳回 j=1000
Yes
k=k- 1
i =i - 1

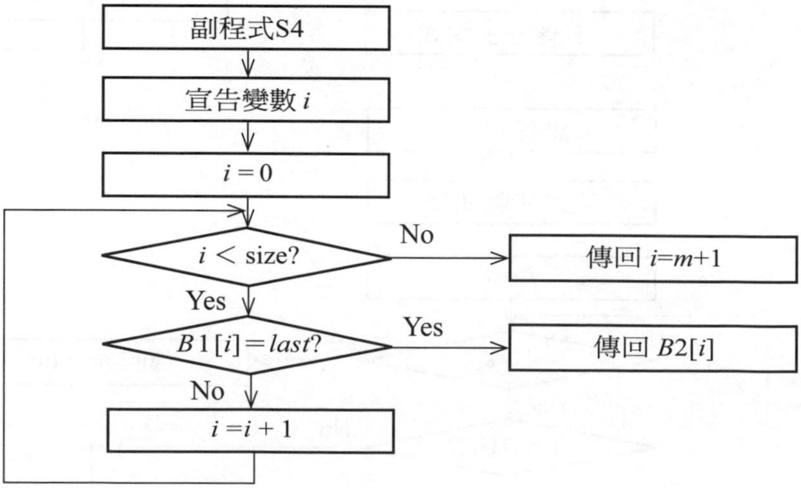

副程式S4
宣告變數 i
i = 0
i < size?
No
傳回 i=m+1
Yes
B1[i] = last?
Yes
傳回 B2[i]
No
i =i + 1

程式碼

```
#include <stdio.h>
#include <stdlib.h>
#include <math.h>
#include <string.h>

int S2(int k, char A, char *B1){
    int j;

    for(j=0;j<=k;j++)              //尋找陣列B1中是否有出現字元A
    {
        if(A==B1[j])
        {
            return j;              //A出現在B1[j]，傳回j
        }
    }
    j=1000;
    return j;                      //A沒有出現在B1中，傳回j=1000
}

int S1(char *P, int m, char *B1, int *B2){
    int i,j,k;
    char A;

    k=0;
    for(i=0;i<(m-1);i++)           //讀入 P(1,m-1)
    {
        A=P[i];

//呼叫副程式S2來判斷 A 有沒有出現在陣列 B1 內的某j位置？如未出現
```

```
j=1000
          j=S2(k, A, B1);

          if (j!=1000){                // P[i] 已經在B1[j]出現過
            B2[j]=m-i;                 //更新B2[j]的值
          }else{                       //P[i] 沒有出現在陣列B1中
            B1[k]=A;                   //新增P[i]到B1[k]中
            B2[k]=m-i;                 //更新B2[k]的值
            k++;
          }
        }
        return k;
    }

    int S3(char *P, int m, char *T, int Pos){
        int i, j, k;

        k=Pos;
        for (i=m-1;i >= 0;i--){
          if (P[i]!=T[k]){                 //判斷P與T(Pos-m+1,Pos)是否相同?
                  j=1000;                  // P與T(Pos-m+1,Pos)不同, j=1000
                  return j;
          }
          k=k-1;
        }
        j=0;                           // P與T(Pos-m+1,Pos)相同, j=0
        return j;
    }

    int S4(char *B1, int *B2, char last, int size, int m){
          int i;
```

```
    for (i=0; i< size; i++){
       if (B1[i]==last)
                return B2[i];
    }
    i=m+1;
    return i;
}

void Horspool(char *P,int m,char *T, int n, char *B1,int *B2, int size){

    int Pos, i, j;              //宣告變數
    char last;

    Pos=m-1;

    while (Pos < n){             //判斷Pos 是否超過T的最後一個位置

//呼叫副程式 S3 來判斷P 陣列是否與 T(Pos-m+1,Pos)相同?如是則傳回 j=0
       j=S3(P, m, T, Pos);

      if (j==0)
              printf("Found a match at T(%d)\n",Pos-(m-1)+1);

      last=T[Pos];

   //呼叫副程式S4，查看last有無出現在B1內，如出現在B1[k]，則令移動的
距離i=B2[k]，否則i=m
      i=S4(B1, B2, last, size, m);

      Pos=Pos+i-1;
```

```
    }
}

int main(void)
{
    char T[200], P[200], B1[200]={0};       //宣告字串陣列 T, P, B1
    int B2[200]={0};                         //宣告整數陣列 B2
    int i, n, m, size;

    printf("Please enter a Text:");
    scanf("%s",T);                           //輸入字串到T
    n=strlen(T);                             //算出T的長度

    printf("Please enter a Pattern:");
    scanf("%s",P);                           //輸入字串到P
    m=strlen(P);                             //算出P的長度

    //呼叫S1副程式，根據P建立陣列B1 和 B2，B1記錄出現的字元，B2則記錄出現的字元在P中由右至左數過來的位置，並將字元的個數k傳回給變數size
    size=S1(P, m, B1, B2);

    //呼叫Horspool副程式，將P, m, T, n, B1, B2 和 size 傳入
    Horspool(P, m, T, n, B1, B2, size);

    printf("Searching Complete!\n");

    system("PAUSE");
    return 0;
}
```

執行結果

```
Please enter a Text:abcdefabcdajd
Please enter a Pattern:defa
Found a match at T(4)
Searching Complete!

Please enter a Text:ababcdababcda
Please enter a Pattern:cd
Found a match at T(5)
Found a match at T(11)
Searching Complete!
```

練習題解答 01

1. 寫一程式，計算 $\frac{(x+y)}{(u+v)}$。先畫出流程圖。

流程圖：

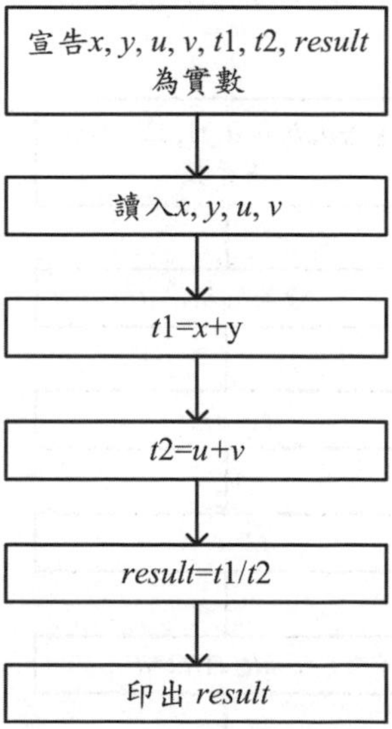

宣告x, y, u, v, t1, t2, result
為實數
讀入x, y, u, v
t1=x+y
t2=u+v
result=t1/t2
印出 result

程式：

```
#include <stdio.h>

int main(void){

    float x,y,u,v,t1,t2,result;                /* 宣告變數 */
```

```
    printf("Please enter x:");                      /* 讀取輸入之實數 */
    scanf("%f", &x);
    printf("Please enter y:");
    scanf("%f", &y);
    printf("Please enter u:");
    scanf("%f", &u);
    printf("Please enter v:");
    scanf("%f", &v);

    t1=x+y;
    t2=u+v;
    result=t1/t2;

    printf("result=%f",result);                     /* 將運算結果輸出 */
}
```

2. 寫一程式，計算 $\dfrac{(a+b)}{(c-d)}\times d$ 。先畫出流程圖。

流程圖：

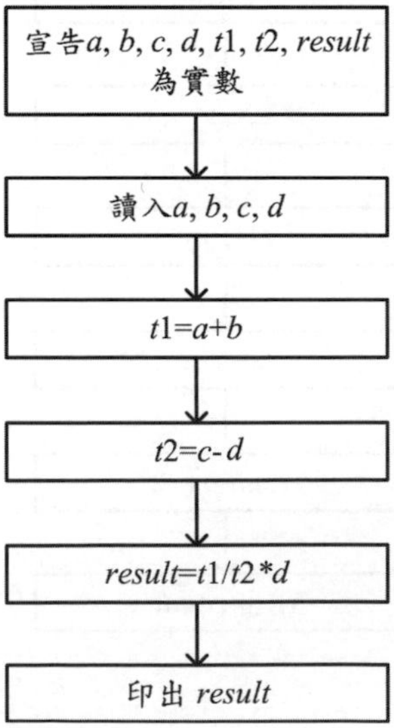

宣告a, b, c, d, t1, t2, result
為實數
讀入a, b, c, d
t1=a+b
t2=c-d
result=t1/t2*d
印出 result

程式：

```
#include <stdio.h>

int main(void){
```

```
    float a,b,c,d,t1,t2,result;                    /* 宣告變數 */

    printf("Please enter a:");                     /* 讀取輸入之實數 */
    scanf("%f", &a);
    printf("Please enter b:");
    scanf("%f", &b);
    printf("Please enter c:");
    scanf("%f", &c);
    printf("Please enter d:");
    scanf("%f", &d);

    t1=a+b;
    t2=c-d;
    result=t1/t2*d;

    printf("result=%f",result);                    /* 將運算結果輸出 */
}
```

3. 寫一程式，計算 $a^2 + 2ab + b^2$ 。先畫出流程圖。

流程圖：

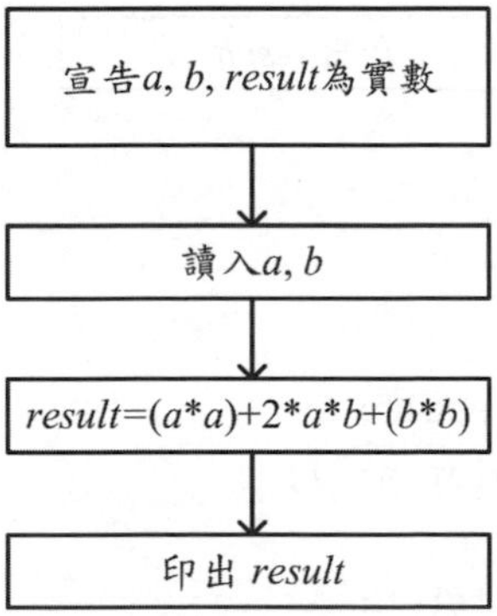

程式：

```
#include <stdio.h>

int main(void){
    float a,b,result;
    printf("Please enter a:");
    scanf("%f", &a);
```

```
    printf("Please enter b:");
    scanf("%f", &b);
    result=a*a+2*a*b+b*b;
    printf("result=%f",result);
}
```

4. 寫一程式，計算 a^2 - b^2。

流程圖：

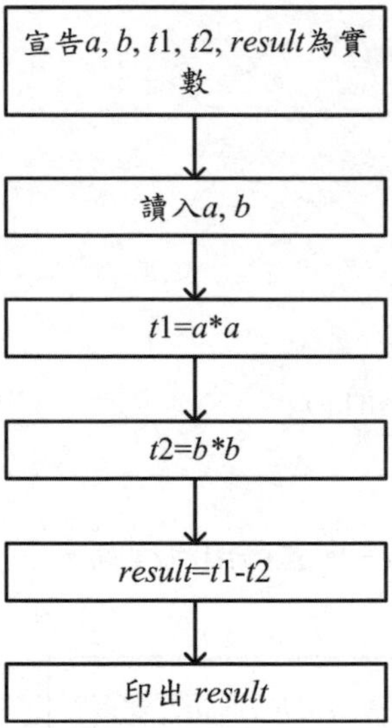
宣告a, b, t1, t2, result為實數
讀入a, b
t1=a*a
t2=b*b
result=t1-t2
印出 result

程式：

```
#include <stdio.h>

int main(void){
       float a,b,t1,t2,result;
       printf("Please enter a:");
       scanf("%f", &a);
       printf("Please enter b:");
       scanf("%f", &b);

       t1=a*a;
       t2=b*b;
       result=t1-t2;
```

```
    printf("result=%f",result);
  }
```

5. 假設有一組二元一次方程式如下:

$a_1x + b_1y = c_1$

$a_2x + b_2y = c_2$

此組方程式的解如下:

$$x = \frac{(c_1b_2 - c_2b_1)}{(a_1b_2 - a_2b_1)} \qquad y = \frac{(c_1a_2 - c_2a_1)}{(b_1a_2 - a_1b_2)}$$

寫一方程式，輸入此方程式變數之係數，計算此組方程式的解。先畫出流程圖。

流程圖：

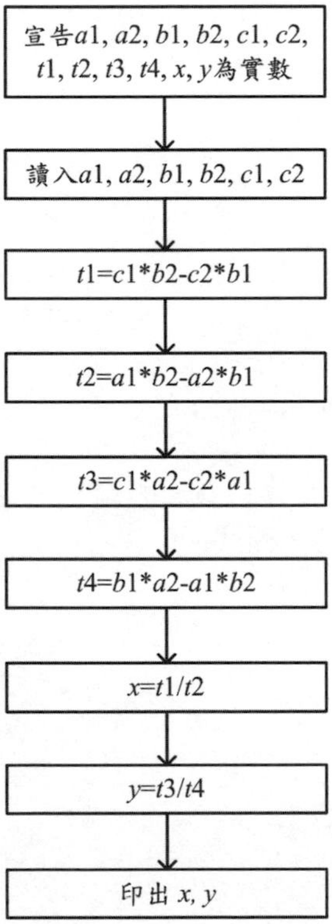

程式：

```
#include <stdio.h>

int main(void){
```

```
    float a1,a2,b1,b2,c1,c2,t1,t2,t3,t4,x,y;
    printf("Please enter a1:");
    scanf("%f", &a1);
    printf("Please enter a2:");
    scanf("%f", &a2);
    printf("Please enter b1:");
    scanf("%f", &b1);
    printf("Please enter b2:");
    scanf("%f", &b2);
    printf("Please enter c1:");
    scanf("%f", &c1);
    printf("Please enter c2:");
    scanf("%f", &c2);

    t1=c1*b2-c2*b1;
    t2=a1*b2-a2*b1;
    t3=c1*a2-c2*a1;
    t4=b1*a2-a1*b2;

    x=t1/t2;
    y=t3/t4;
    printf("x=%f  y=%f",x,y);
}
```

6. 依照以下的流程圖，寫一程式。

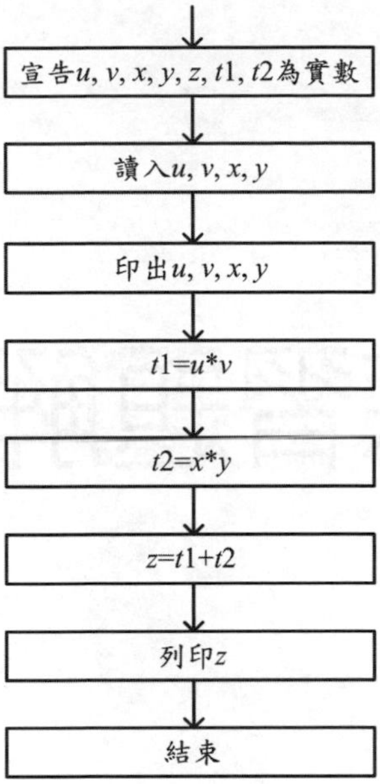
宣告u, v, x, y, z, t1, t2為實數
讀入u, v, x, y
印出u, v, x, y
t1=u*v
t2=x*y
z=t1+t2
列印z
結束

程式：

```
#include <stdio.h>

int main(void){
    float u,v,x,y,z,t1,t2;
    printf("Please enter u:");
    scanf("%f", &u);
    printf("Please enter v:");
    scanf("%f", &v);
    printf("Please enter x:");
    scanf("%f", &x);
    printf("Please enter y:");
    scanf("%f", &y);
    printf("u=%f\n",u);
    printf("v=%f\n",v);
    printf("x=%f\n",x);
    printf("y=%f\n",y);

    t1=u*v;
    t2=x*y;
    z=t1+t2;

    printf("z=%f",z);
}
```

練習題解答 02

以下練習題，都需畫流程圖。

1. 寫一程式，輸入x和y，如果$x \geq y$，則列印x，否則，列印y。先畫出流程圖。

流程圖：

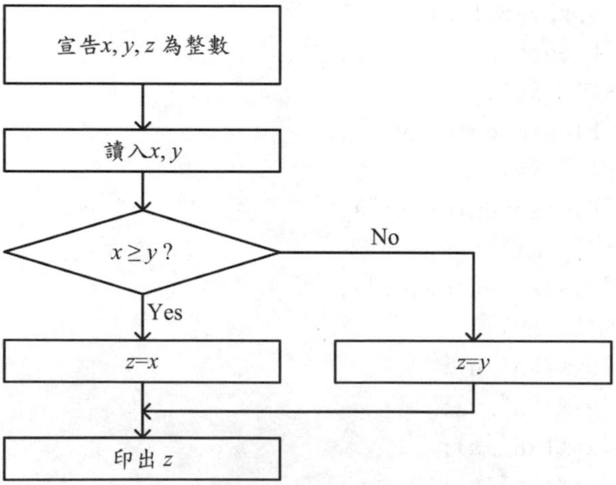

程式：

```
#include <stdio.h>
#include <stdlib.h>
#include <math.h>

int main(void)
{
```

```
    int x, y, z;                          /* 宣告變數 */
    printf("x:");
    scanf("%d",&x);                       /* 讀取輸入之整數 */
    printf("y:");
    scanf("%d",&y);

    if(x>=y)                              /* 判斷x是否大於y */
    {
            z=x;
    }else{
            z=y;
    }

    printf("z= %d \n" , z);               /* 將運算結果輸出 */

    system("PAUSE");
    return 0;
}
```

2. 寫一程式，輸入x和y，如果x和y都是正數，令z=1，如兩者均為負數，令z=0，否則，令 z=0 。

流程圖：

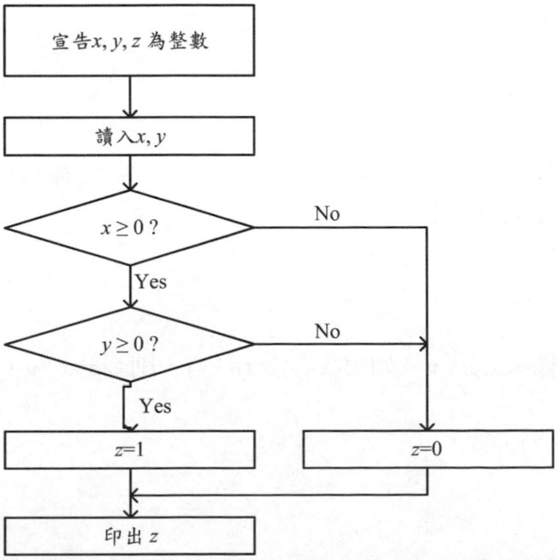

程式：

```
#include <stdio.h>
#include <stdlib.h>
#include <math.h>
int main(void)
{
    int x, y, z;                              /* 宣告變數 */
    printf("x:");
    scanf("%d",&x);                           /* 讀取輸入之整數 */
    printf("y:");
    scanf("%d",&y);

    if(x>=0)                                  /* 判斷x和y是否為正數 */
    {
          if(y>=0)
          {
              z=1;
          }else{
              z=0;
          }

    }else{
        z=0;

    }

    printf("z= %d \n", z);                    /* 將運算結果輸出 */
    system("PAUSE");
    return 0;
}
```

3. 寫一程式，輸入x,y,u,v。如果$(x+y)>(u+v)$，則令$z=x+y$，否則令$z=u+v$。

流程圖:

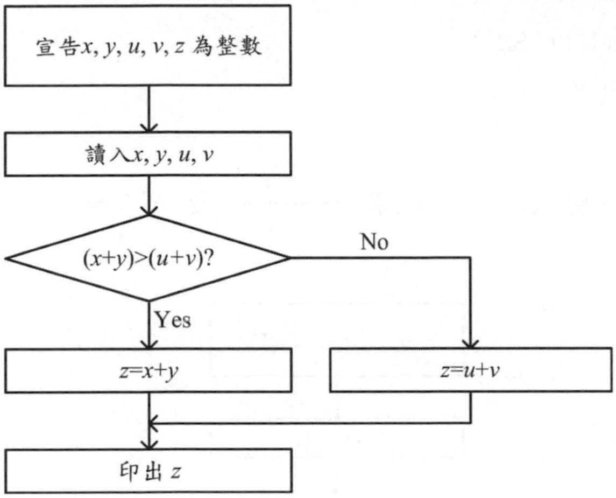
宣告x, y, u, v, z 為整數
讀入x, y, u, v
(x+y)>(u+v)?
No
Yes
z=x+y
z=u+v
印出 z

程式：

```
#include <stdio.h>
#include <stdlib.h>
#include <math.h>
int main(void)
{
     int x, y, u, v, z;                              /* 宣告變數 */

     printf("x:");
     scanf("%d",&x);                                 /* 讀取輸入之整數 */
     printf("y:");
     scanf("%d",&y);
     printf("u:");
     scanf("%d",&u);
     printf("v:");
     scanf("%d",&v);

     if((x+y)>(u+v))
     {
             z=x+y;
     }else{
             z=u+v;
     }
     printf("z= %d \n" , z);                   /* 將運算結果輸出 */
```

```
    system("PAUSE");
    return 0;
}
```

4. 寫一程式，輸入x,y,u,v。如果 $\dfrac{x+y}{u-v} \geq 2$ ，令$z=x-y$，否則令$z=u-v$。

流程圖:

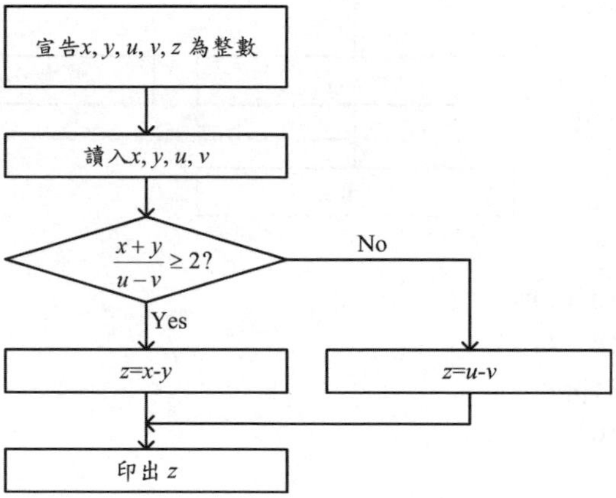
宣告x, y, u, v, z 為整數
讀入x, y, u, v
x+y / u−v ≥ 2?
No
Yes
z=x-y
z=u-v
印出 z

程式：

```
#include <stdio.h>
#include <stdlib.h>
#include <math.h>
int main(void)
{
    int x, y, u, v, z;                          /* 宣告變數 */

    printf("x=");
    scanf("%d", &x);                            /* 讀取輸入之整數 */
    printf("y=");
    scanf("%d", &y);
    printf("u=");
    scanf("%d", &u);
    printf("v=");
    scanf("%d", &v);

   if((x+y)/(u-v)>=2)
```

```
    {
        z=x-y;

    }
      else{
        z=u-v;
    }
    printf("z= %d \n" , z);              /* 將運算結果輸出 */

    system("PAUSE");
    return 0;
}
```

5. 寫一程式，輸入x和y。如果 $x \geq y$，令 $z=x^2$，否則令 $z=y^2$。

流程圖:

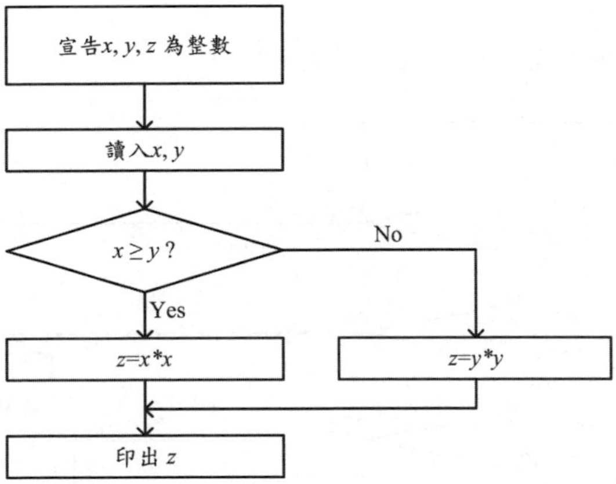

程式：

```
#include <stdio.h>
#include <stdlib.h>
#include <math.h>
int main(void)
{
    int x, y, z;                              /* 宣告變數 */

    printf("x:");
    scanf("%d",&x);                           /* 讀取輸入之整數 */
```

```
    printf("y:");
    scanf("%d",&y);

    if(x>=y)
    {
            z=x*x;

    }else{
            z=y*y;
    }

    printf("z= %d \n" , z);                    /* 將運算結果輸出 */

    system("PAUSE");
    return 0;
}
```

6. 依照以下的流程圖，寫一程式。

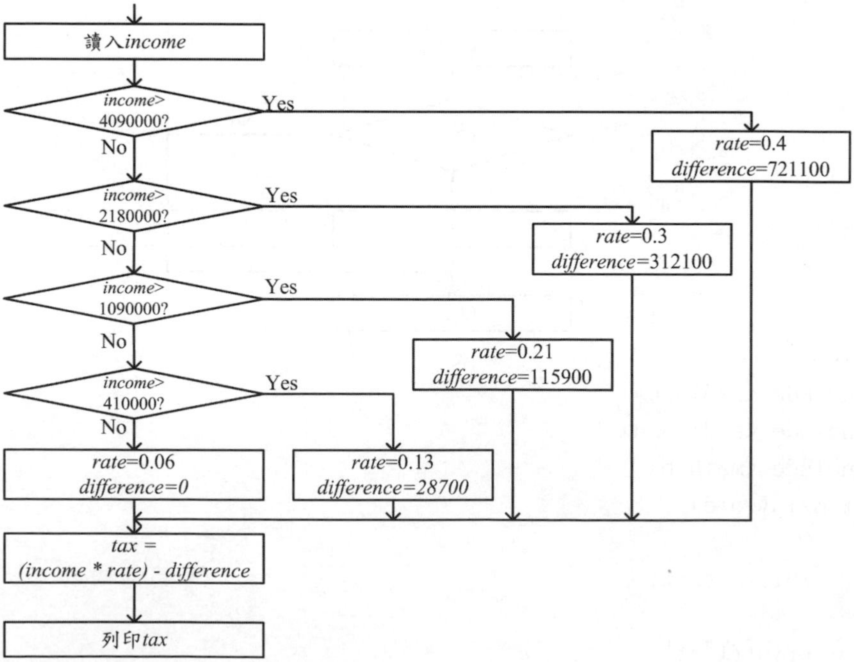

程式：

```
#include <stdio.h>
int main(void){
 float income, difference, rate,tax;

 printf("income=");
 scanf("%f",&income);

 if (income>4090000){
       rate=0.4;
       difference=721100;
 }else{
       if (income>2180000){
             rate=0.3;
             difference=312100;
       }else{
             if (income>1090000){
                   rate=0.21;
                   difference=115900;
             }else{
                   if (income>410000){
                         rate=0.13;
                         difference=28700;
                   }else{
                         rate=0.06;
                         difference=0;
                   }
             }
       }
}
tax=(income*rate)-difference;
printf("tex=%.3f\n",tax);
}
```

7. 將以下程式的流程圖畫出來。

```
#include <stdio.h>
#include <math.h>
```

```
int main(void)
{
    float x, y;                                         /*宣告變數*/
    printf( "Enter x: ");                     /*在螢幕上顯示字串*/
    scanf(" %f", &x);                                /*由鍵盤輸入數值*/
    printf( "Enter y: ");                     /*在螢幕上顯示字串*/
    scanf(" %f", &y);                                /*由鍵盤輸入數值*/

    if(x > 0)
    {
        if (y > 0)
        {
            printf("1st quadrant\n");
        }
        else if (y == 0)
        {
            printf("X-axis\n");
        }
        else if (y < 0)
        {
            printf("4th quadrant\n");
        }
    }
    else if (x == 0)
    {
        if (y == 0)
        {
            printf("Origin\n");
        }
        else
        {
            printf("Y-axis\n");
        }
    }
    else if (x < 0)
    {
        if (y > 0)
```

```
        {
            printf("2nd quadrant\n");
        }
        else if (y == 0)
        {
            printf("X-axis\n");
        }
        else if (y < 0)
        {
            printf("3rd quadrant\n");
        }
    }
}
```

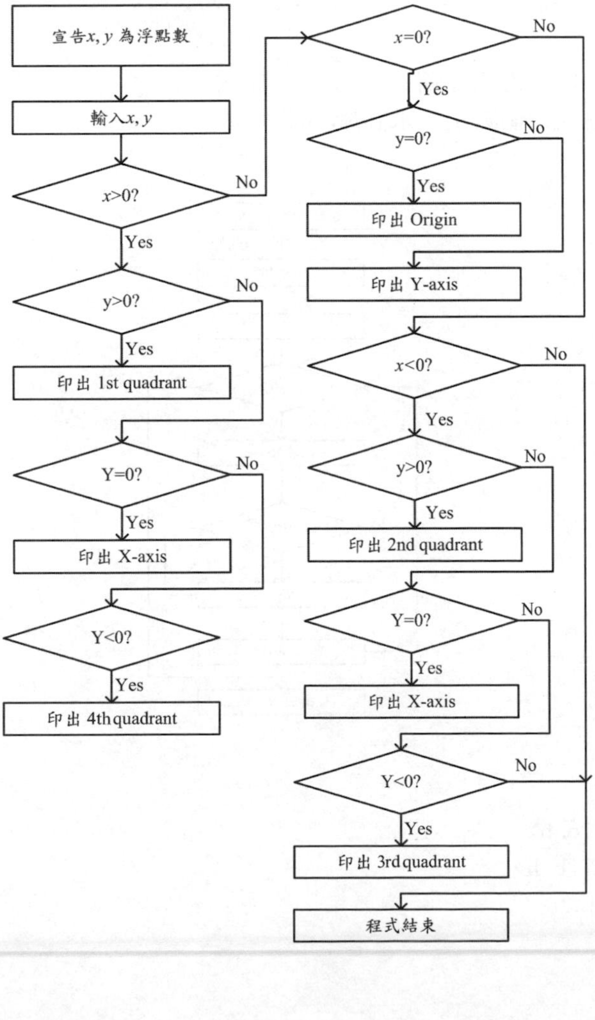

練習題解答 03

以下的練習題，均需畫流程圖：

1. 寫一程式，輸入10個數字，求其最小值。

流程圖：

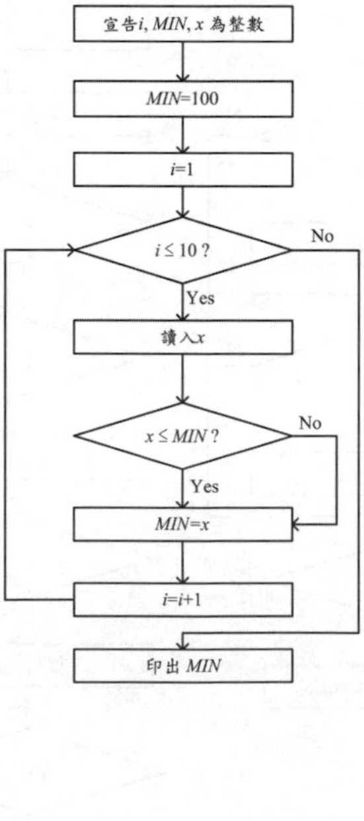

程式：

```
#include <stdio.h>
#include <stdlib.h>
#include <math.h>
```

```
int main(void)
{
    int i, MIN, x;                          /* 宣告變數 */
    MIN=100;

    for(i=1; i<=10; i=i+1)                  /*輸入10個數字並找最小值*/
    {
            printf("x=");
            scanf("%d",&x);
            if(x<=MIN)
            {
                    MIN=x;
            }
    }
    printf("MIN=%d \n", MIN);               /*印出結果*/
    system("PAUSE");
    return 0;
}
```

2. 寫一程式，輸入N個數字，求其最小值。

流程圖：

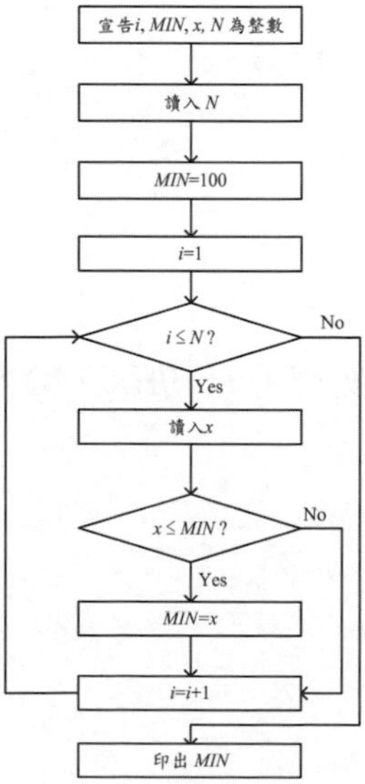

程式：

```
#include <stdio.h>
#include <stdlib.h>
#include <math.h>
int main(void)
{
    int i, MIN, x, N;                    /* 宣告變數 */
    MIN=100;
    printf("N=");
    scanf("%d",&N);                      /*輸入數字N*/

    for(i=1; i<=N; i=i+1)                /*讀取資料*/
    {
        printf("x=");
        scanf("%d",&x);
        if(x<=MIN)
        {
            MIN=x;
        }

    }
    printf("MIN=%d \n", MIN);            /*印出結果*/

    system("PAUSE");
    return 0;
}
```

3. 寫一程式，先輸入班級數，對每一班級，輸入該班之學生數及學生之體重，求每一班級的平均體重。

流程圖：

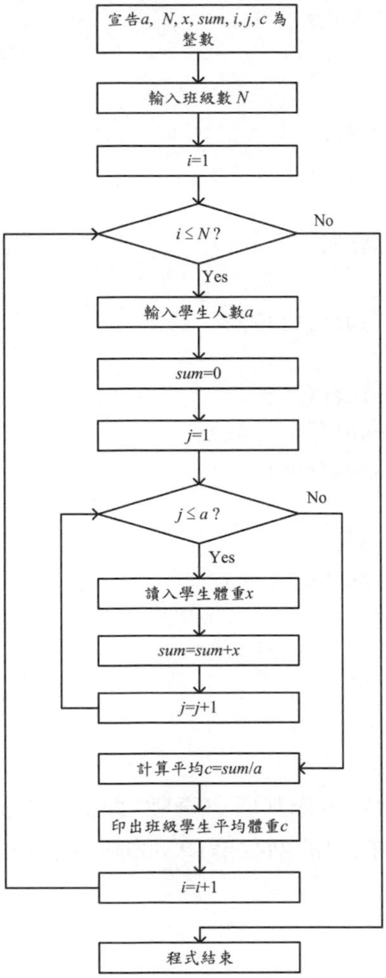

程式：

```
#include <stdio.h>
#include <stdlib.h>
#include <math.h>
int main(void)
{
    int a, N, x, sum, i, j, c;                    /* 宣告變數 */
```

```
    printf("N:");
    scanf("%d",&N);                               /* 輸入班級數 */

    for(i=1; i<=N; i=i+1)
    {
    printf("a:");
        scanf("%d",&a);                           /*輸入班級人數*/
        sum=0;
        for(j=1; j<=a; j=j+1)
        {
              printf("x:");
              scanf("%d",&x);                     /*輸入學生體重*/
              sum=x+sum;
        }
        c=sum/a;                                  /*計算全班體重平均*/
        printf("c= %d \n" , c);
    }
    system("PAUSE");
    return 0;
}
```

4. 寫一程式，輸入*N*個數字，求其所有奇數(偶數)之階乘的加總。例如:輸入1、2、3、4、5五個數字，1的階乘是1，3的階乘是6，5的階乘是120，加總為1+6+120=127。

流程圖：

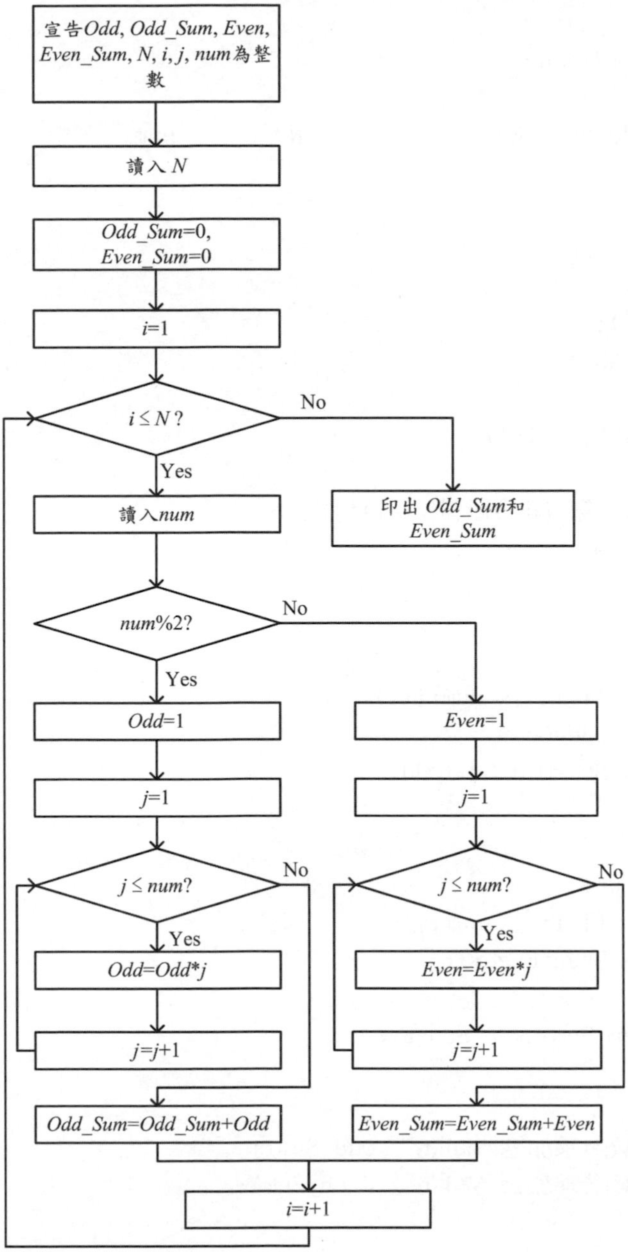
宣告Odd, Odd_Sum, Even, Even_Sum, N, i, j, num為整數
讀入N
Odd_Sum=0, Even_Sum=0
i=1
i ≤ N ?
No
Yes
讀入num
印出Odd_Sum和Even_Sum
num%2?
No
Yes
Odd=1
Even=1
j=1
j=1
j ≤ num?
No
Yes
j ≤ num?
No
Yes
Odd=Odd*j
Even=Even*j
j=j+1
j=j+1
Odd_Sum=Odd_Sum+Odd
Even_Sum=Even_Sum+Even
i=i+1

程式：

```
#include <stdio.h>
int main(void){
int Odd, Odd_Sum, Even, Even_Sum, N, i, j, num;

Odd_Sum=0;
Even_Sum=0;

printf("N=");
scanf("%d",&N);                                     /*輸入數字N*/

for(i=1; i<=N; i=i+1)
{
      printf("第 %d 個數字:",i);
      scanf("%d",&num);
      if(num%2)                                     /*奇數*/
      {
          Odd=1;
          for (j=1; j<=num;j++)
               Odd=Odd*j;
          Odd_Sum=Odd_Sum+Odd;
      }else                                         /*偶數*/
      {
          Even=1;
          for (j=1; j<=num;j++)
               Even=Even*j;

          Even_Sum=Even_Sum+Even;
      }
}
printf("奇數階乘加總為%d\n", Odd_Sum);
printf("偶數階乘加總為%d\n", Even_Sum);
}
```

5. 寫一程式，輸入*N*個數字，求其所有正數(負數)之平方的加總。例如：輸入1、-2、3、-4、5五個數字，1的平方是1，3的平方是9，5的平方是25，加總為1+9+25=35。

流程圖：

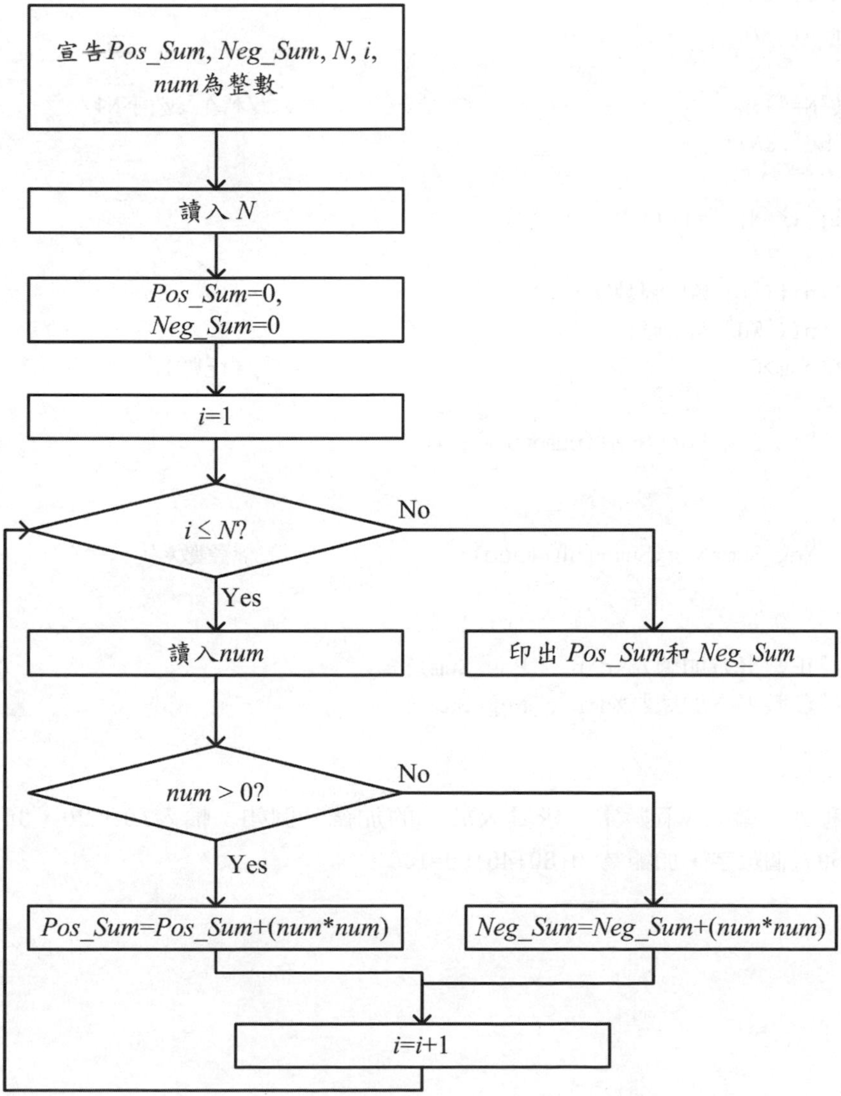

程式：

```
#include <stdio.h>
int main(void){
int Pos_Sum,Neg_Sum, N, i, num;

Pos_Sum=0;
Neg_Sum=0;

printf("N=");                                      /*輸入數字N*/
scanf("%d",&N);

for(i=1; i<=N; i=i+1)
{
      printf("第 %d 個數字:",i);
      scanf("%d",&num);
      if(num>0)                                    /*正數*/
      {
         Pos_Sum=Pos_Sum+(num*num);
      }else
      {
         Neg_Sum=Neg_Sum+(num*num);                /*負數*/
      }
}
printf("正數平方加總為%d\n", Pos_Sum);
printf("負數平方加總為%d\n", Neg_Sum);
}
```

6. 寫一程式，輸入*N*個數字，求其大於13的加總。例如：輸入10、20、30、40、50五個數字，加總為20+30+40+50=140。

流程圖：

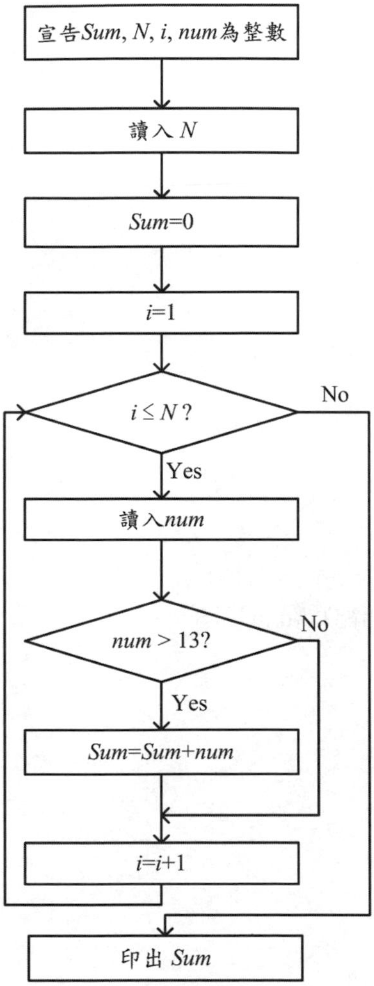
宣告Sum, N, i, num為整數
讀入N
Sum=0
i=1
i ≤ N ?
No
Yes
讀入num
num > 13?
No
Yes
Sum=Sum+num
i=i+1
印出 Sum

程式：

```
#include <stdio.h>
int main(void){
int Sum, N, i, num;
Sum=0;

printf("N=");
scanf("%d",&N);                                    /*輸入數字N*/

for(i=1; i<=N; i=i+1)
{
      printf("第 %d 個數字:",i);
      scanf("%d",&num);
      if(num>13)
      {
          Sum=Sum+num;
      }
}
printf("數字大於13的加總為%d\n", Sum);
}
```

練習題解答 04

以下程式，均需畫流程圖：

1. 利用do while寫一程式求N個數字的最大值。

流程圖：

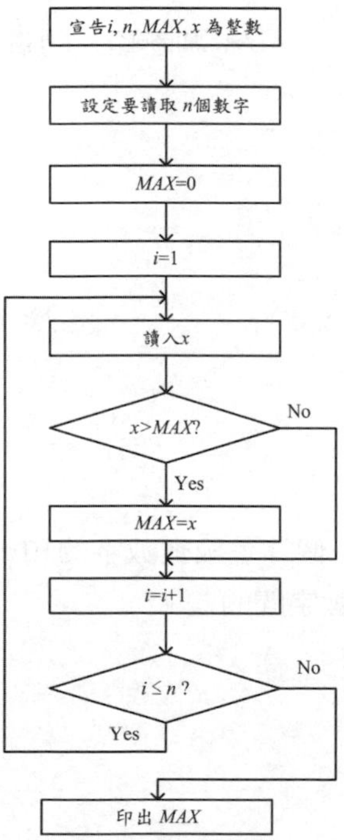

程式：

```
/*找N個數字的最大值 */
#include <stdio.h>
#include <stdlib.h>
#include <math.h>
int main(void)
{
    int i,n,x,MAX;                              /* 宣告變數 */
    printf("n:");
    scanf("%d",&n);
    i=1;                                        /*設定初始值 */
    MAX=0;
    do
    {
            printf("x:");
            scanf("%d",&x);            /* 輸入資料 */

            if (x>MAX)      /* 判斷輸入的資料是否大於Max */
            MAX=x;
            i=i+1;
    }
    while (i<=n);

    printf("MAX=%d \n", MAX);          /* 印出結果 */
    system("PAUSE");
    return 0;
}
```

2. 利用do while寫一程式求一個等差級數數字的和，一共有*N*個數字，程式應該先輸入最小的起始值以及數字間的差。

流程圖：

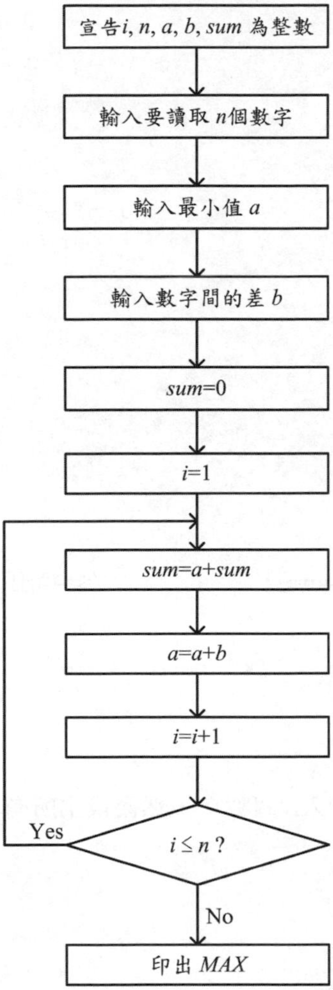

程式：

```
/*等差級數的和 一共有N個數 */
#include <stdio.h>
#include <stdlib.h>
#include <math.h>
int main(void)
{
    int i,n,a,b,sum;                                    /* 宣告變數 */

    printf("n:");                     /* 輸入n個數字，初始值為a，差為b */
```

```
    scanf("%d",&n);
    printf("a:");
    scanf("%d",&a);
    printf("b:");
    scanf("%d",&b);
    i=1;
    sum=0;
    do
    {
        sum=a+sum;
        a=a+b;
        i=i+1;
    }
    while (i<=n);

    printf("sum=%d \n", sum);            /* 輸出結果 */

    system("PAUSE");
    return 0;
}
```

3. 利用do while寫一程式，讀入N個數字，然後找出所有小於13的數字。再求這些數字的和。

流程圖：

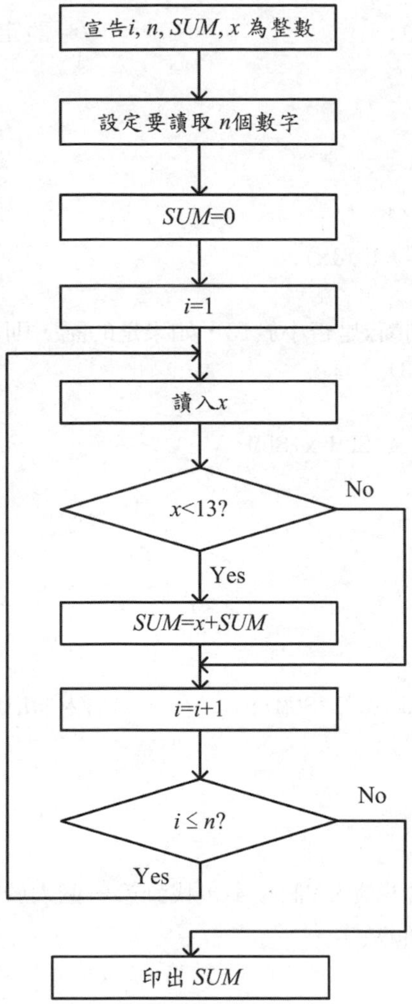

程式：

```
#include <stdio.h>
#include <stdlib.h>
#include <math.h>
int main(void)
{
    int i, n, x, SUM;                                   /* 宣告變數 */


    printf("n:");
```

```
    scanf("%d",&n);                         /* 設定輸入的數字n */
    i=1;
    SUM=0;
    do
    {
            printf("x:");
            scanf("%d",&x);                         /* 輸入數字x */

              /* 判斷x是否小於13，如果是的話，則加到變數SUM */
            if(x<13)
            {
                    SUM=x+SUM;
            }

            i=i+1;
    }
    while (i<=n);

    printf("SUM=%d \n", SUM);               /* 印出結果 */
    system("PAUSE");
    return 0;
}
```

4. 利用while寫一程式，讀入*N*個數字，找到第一個大於7而小於10的數字，就停止，而且列印出這個數字。

流程圖：

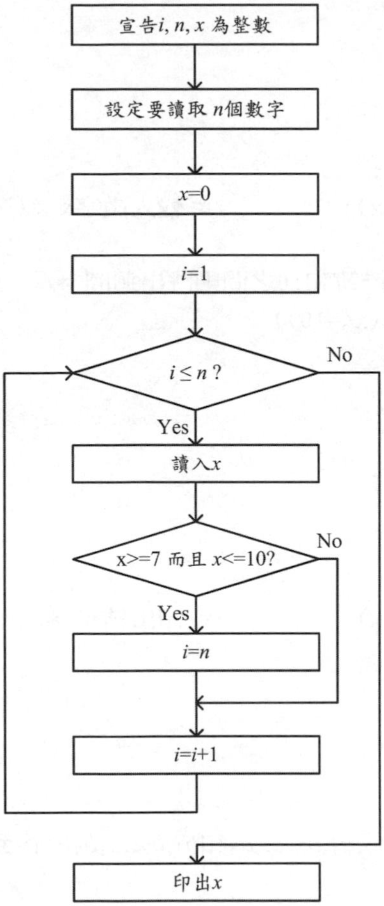

程式：

```
/*讀N個數字 找第一個大於7小於10的數字 */
#include <stdio.h>
#include <stdlib.h>
#include <math.h>
int main(void)
{
    int i,n,x;                                  /* 宣告變數 */

    printf("n:");
    scanf("%d",&n);                             /* 設定輸入的數字n */
```

```
    i=1;
    x=0;
    while (i<=n)
    {
          printf("x:");
          scanf("%d",&x);          /* 輸入數字x */

             /* 如果x介於7和10之間則跳出迴圈 */
          if ((x>=7)&&(x<=10))
          {
             i=n;
          }

          i=i+1;
    }

    printf("x=%d \n", x);          /* 印出結果 */
    system("PAUSE");
    return 0;
}
```

5. 利用while寫一程式，讀入$a_1,a_2,\ldots,a_5$和$b_1,b_2,\ldots,b_5$。找到第一個$a_i > b_i$，即停止，並列印出a_i及b_i。

流程圖：

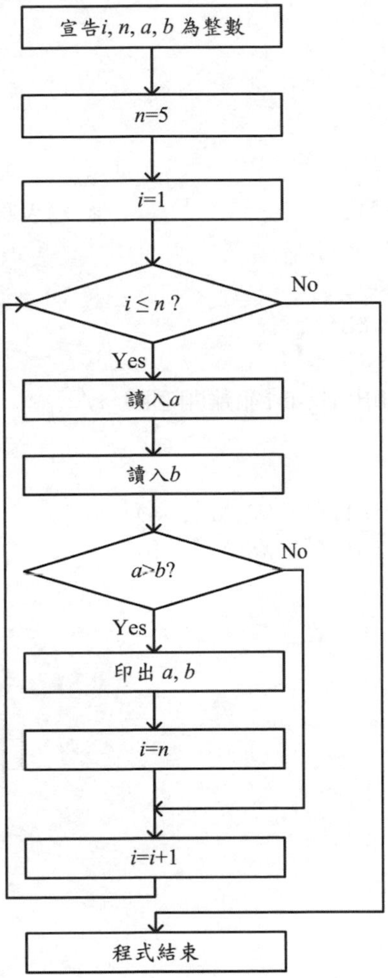

程式：

```
/*輸入a、b，找到第一個a>b即停止*/
#include <stdio.h>
#include <stdlib.h>
#include <math.h>
int main(void)
{
```

```
    int i,n,a,b;                              /* 設定輸入的數字n */
    i=1;
    n=5;
    while (i<=n)
    {

        printf("a:");                         /* 輸入數字ai與bi */
        scanf("%d",&a);
        printf("b:");
        scanf("%d",&b);

      /* 如果ai>bi則印出ai和bi並離開迴圈 */
        if (a>b)
        {
                printf("a=%d \n", a);
                printf("b=%d \n", b);
                i=n;
        }
        i=i+1;
    }

    system("PAUSE");
    return 0;
}
```

練習題解答 05

以下的程式均需有流程圖：

1. 寫一程式，將10個數字讀入A陣列。然後逐一檢查此陣列，如$A[i]>5$，則令$A[i]=A[i]-5$，否則，$A[i]=A[i]+5$。

流程圖：

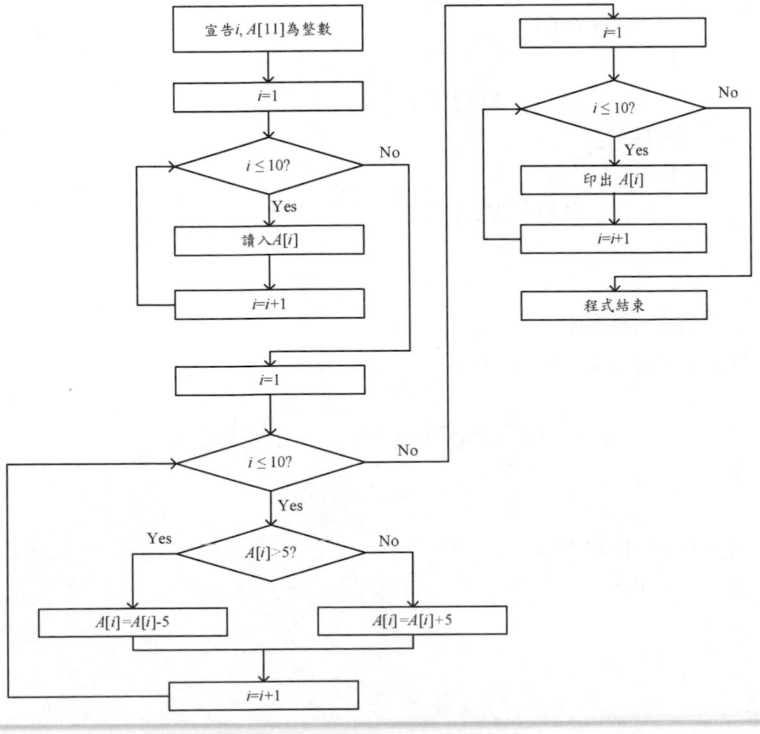

程式：

```
#include <stdio.h>
#include <stdlib.h>
#include <math.h>
int main(void)
{
     /* 宣告變數 */
     int  i, A[11];

    /*讀入資料到a陣列*/
    for(i=1; i<=10; i=i+1)
     {
            printf("A[%d]=", i);
            scanf("%d",&A[i]);
     }
     for(i=1; i<=10; i=i+1)
     {
       /*判斷A[i]是否大於5*/
         if (A[i]>5)
         {
              A[i]=A[i]-5;
         }else
         {
              A[i]=A[i]+5;
         }
     }
       /*輸出結果*/
     for(i=1; i<=10; i=i+1)
     {
            printf("A[%d]=%d \n", i , A[i]);
     }

     system("PAUSE");
     return 0;
}
```

2. 寫一程式，將10個數字讀入A陣列。對每一數字，令$A[i]=A[i]+i$。

流程圖：

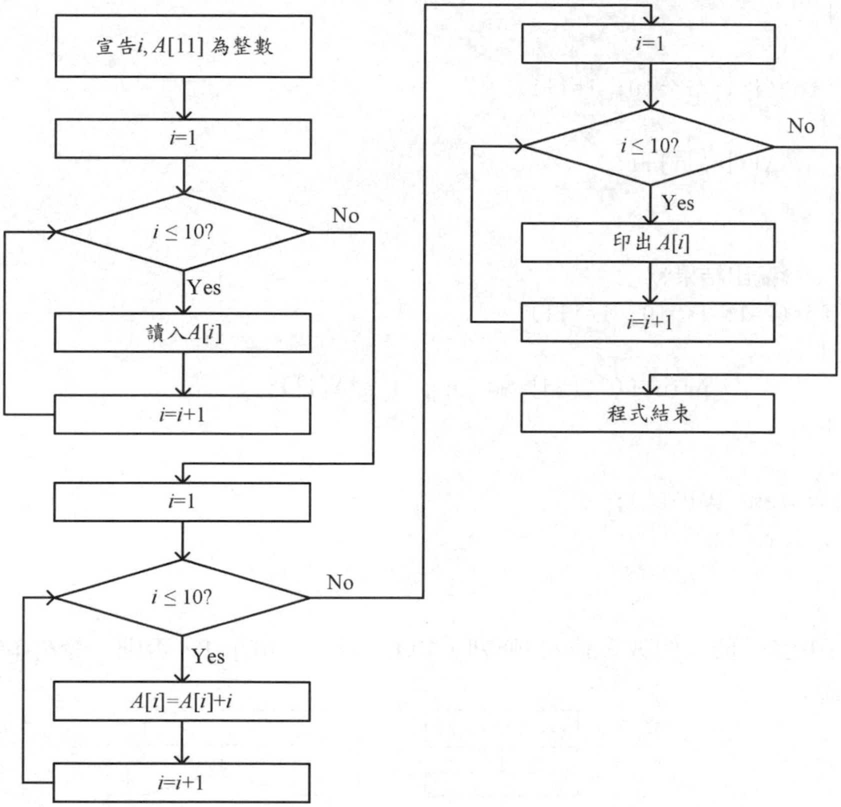

程式：

```
#include <stdio.h>
#include <stdlib.h>
#include <math.h>
int main(void)
{
    /* 宣告變數 */
    int  i, A[11];

    /*讀入資料到a陣列*/
    for(i=1; i<=10; i=i+1)
    {
```

```
            printf("A[%d]=", i);
            scanf("%d",&A[i]);
    }

     for(i=1; i<=10; i=i+1)
    {
        A[i]=A[i]+i;
    }

      /*輸出結果*/
    for(i=1; i<=10; i=i+1)
    {
            printf("A[%d]=%d \n", i , A[i]);
    }

    system("PAUSE");
    return 0;
}
```

3. 寫一程式，將10個數字讀入A陣列，如$A[i]\geq 0$，令$B[i]=1$，否則，令$B[i]=0$。

流程圖：

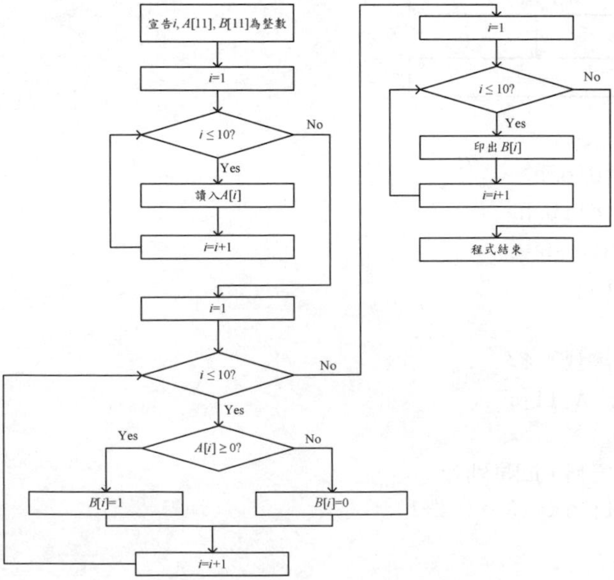

程式：

```
#include <stdio.h>
#include <stdlib.h>
#include <math.h>
int main(void)
{
       /* 宣告變數 */
int  i, A[11],B[11];

/*讀入資料到a陣列*/
     for(i=1; i<=10; i=i+1)
     {
              printf("A[%d]=", i);
              scanf("%d",&A[i]);

     }

     for(i=1; i<=10; i=i+1)
     {
       /*判斷A[i]是否大於等於0*/
         if(A[i]>=0)
                 B[i]=1;
else
                 B[i]=0;
     }

       /*輸出結果*/
     for(i=1; i<=10; i=i+1)
     {
              printf("B[%d]=%d \n", i , B[i]);
     }

     system("PAUSE");
     return 0;
}
```

4. 寫一程式，將15數字存入3×5的二維陣列*A*[1][1]至*A*[3][5]。求每一行及每一列數字的和。

流程圖：

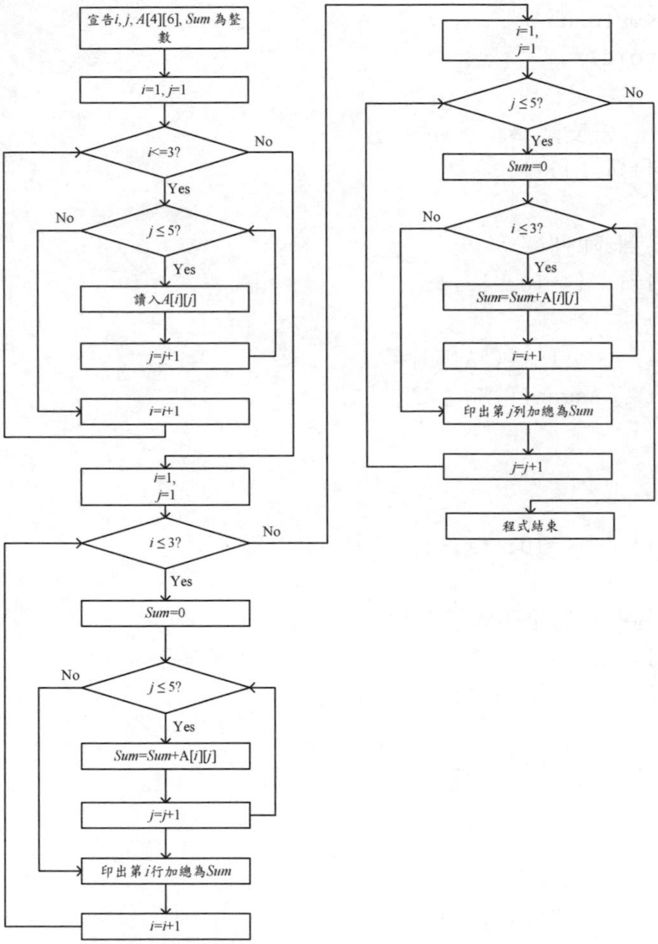

程式：

```
#include <stdio.h>
#include <stdlib.h>
#include <math.h>
int main(void)
{
     /* 宣告變數 */
     int  i,j,A[4][6], Sum;
```

```
    /*讀入資料到a陣列*/
    for(i=1; i<=3; i=i+1)
    {
        for (j=1; j<=5; j=j+1)
        {
            printf("A[%d,%d]=", i, j);
            scanf("%d",&A[i][j]);
        }
    }
/*以行為主的加總*/
    for(i=1; i<=3; i=i+1)
    {
        Sum=0;
        for (j=1; j<=5; j=j+1)
        {
            Sum=Sum+A[i][j];
        }
        printf("第%d行加總為%d\n", i, Sum);
    }
/*以列為主的加總*/
    for(j=1; j<=5; j=j+1)
    {
        Sum=0;
         for (i=1; i<=3; i=i+1)
        {
            Sum=Sum+A[i][j];
        }
        printf("第%d列加總為%d\n", j, Sum);
     }

    system("PAUSE");
    return 0;
}
```

5. 寫一程式，將15數字存入3×5的二維陣列A[1][1]至A[3][5]。求每一行及每一列數字的最小值。

流程圖：

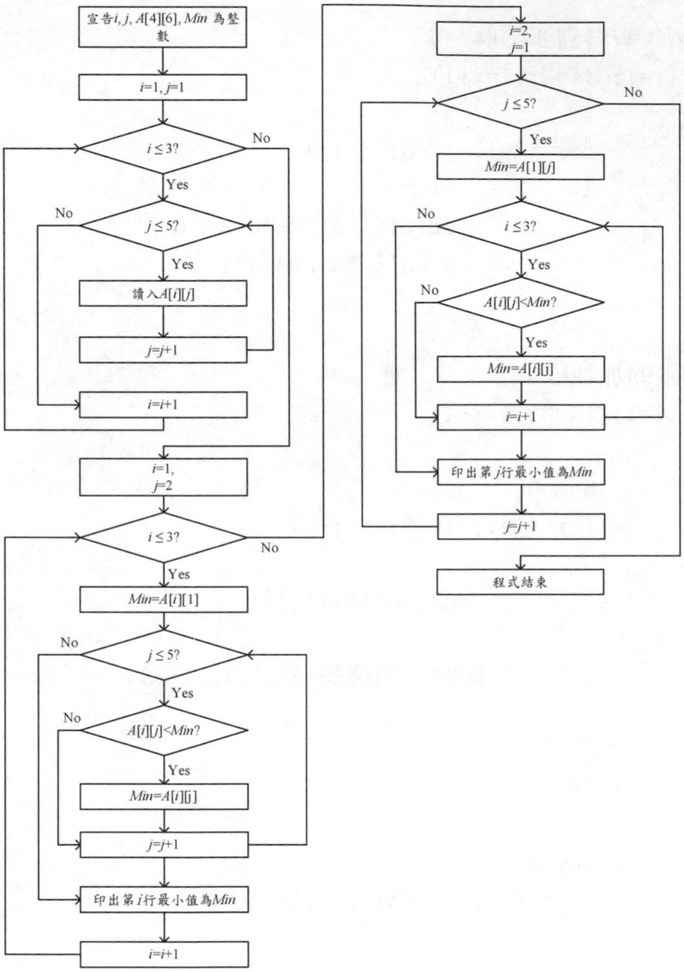

程式：

```
#include <stdio.h>
#include <stdlib.h>
#include <math.h>
int main(void)
{
        /* 宣告變數 */
      int  i,j,A[4][6], Min;
/*讀入資料到a陣列*/
```

```
    for(i=1; i<=3; i=i+1)
    {
        for (j=1; j<=5; j=j+1)
        {
            printf("A[%d,%d]=",i,j);
            scanf("%d",&A[i][j]);
        }
    }

/*找出每一行最小值*/
    for(i=1; i<=3; i=i+1)
    {
        Min=A[i][1];
        for (j=2; j<=5; j=j+1)
        {
            if (A[i][j]<Min)
              Min=A[i][j];
        }
        printf("第%d行最小值為%d\n",i, Min);
    }

/*找出每一列最小值*/
    for(j=1; j<=5; j=j+1)
    {
        Min=A[1][j];
         for (i=1; i<=3; i=i+1)
        {
            if (A[i][j]<Min)
              Min=A[i][j];
        }
        printf("第%d列最小值為%d\n",j, Min);
     }

    system("PAUSE");
    return 0;
}
```

6. 寫一程式，輸入兩組數字：$a_1,a_2,\ldots,a_5$和$b_1,b_2,\ldots,b_5$。求$a_{i+}b_i$，i=1到i=5。

流程圖：

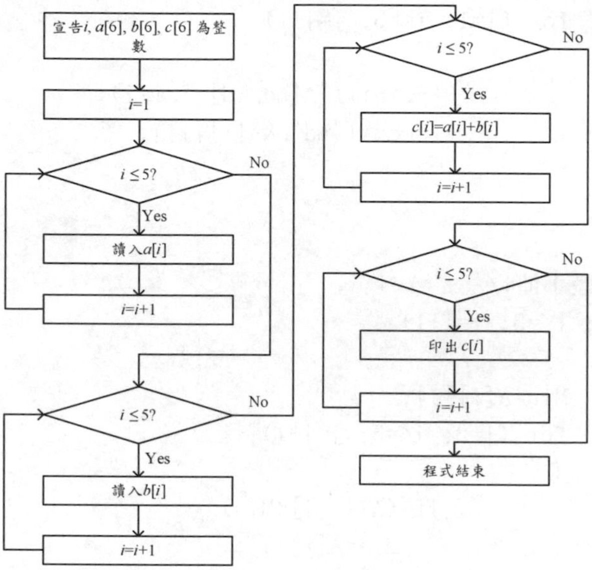

程式：

```
#include <stdio.h>
#include <stdlib.h>
#include <math.h>
int main(void)
{
     /* 宣告變數 */
    int i;
    int a[6],b[6],c[6];
   /*輸入兩組數字到a, b陣列*/
    for ( i=1; i<=5 ; i=i+1 )
    {
           printf("a[%d]: ", i);
           scanf("%d",&a[i]);
    }
    for ( i=1; i<=5 ; i=i+1 )
    {
           printf("b[%d]: ", i);
           scanf("%d",&b[i]);
```

```
    }
      /*陣列加總*/
    for ( i=1; i<=5 ; i=i+1 )
    {
           c[i]=a[i]+b[i];
    }
      /*輸出結果*/
     for ( i=1; i<=5 ; i=i+1 )
    {
         printf("c[%d]:%d \n", i ,c[i]);
    }

    system("PAUSE");
    return 0;
}
```

7. 寫一程式，輸入兩組數字：$a_1,a_2,\ldots,a_5$和$b_1,b_2,\ldots,b_5$。求a_i及b_i的最大值，再求此兩最大值中較小者。

流程圖：

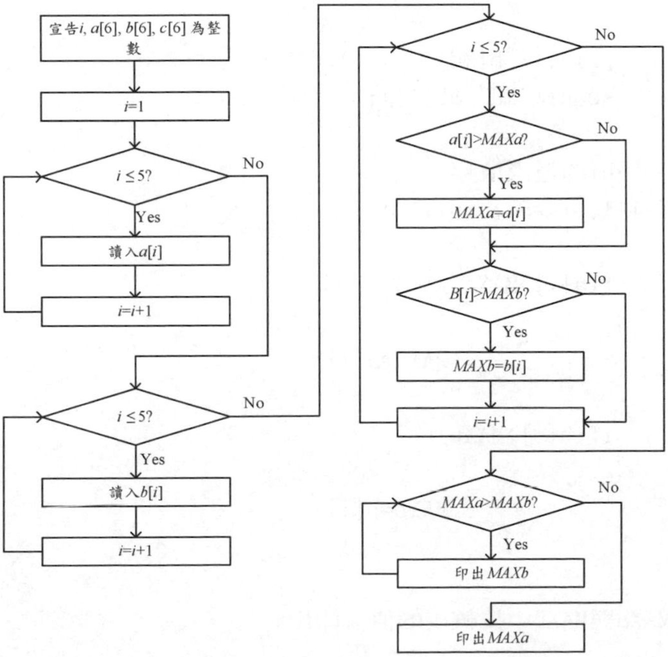

程式：

```
#include <stdio.h>
#include <stdlib.h>
#include <math.h>
int main(void)
{
      /* 宣告變數 */
    int i,MAXa,MAXb;
    int a[6],b[6],c[6];
    MAXa=0;
    MAXb=0;
      /*讀入資料到a陣列*/
    for ( i=1; i<=5 ; i=i+1 )
    {
            printf("a[%d]: ", i);
            scanf("%d",&a[i]);
    }
      /*讀入資料到b陣列*/
    for ( i=1; i<=5 ; i=i+1 )
    {
            printf("b[%d]: ", i);
            scanf("%d",&b[i]);
    }
    /*求ai與bi的最大值*/
    for ( i=1; i<=5 ; i=i+1 )
    {
           if(a[i]>MAXa)
           {
                       MAXa=a[i];
           }
            if(b[i]>MAXb)
           {
                       MAXb=b[i];
           }
    }
    /*從MAXa與MAXb中找較小的值並印出*/
```

```
    if(MAXa>MAXb)
    {
        printf("MAXb %d \n", MAXb);
    }
    else if (MAXb>MAXa)
    {
        printf("MAXa %d \n", MAXa);
    }
    system("PAUSE");
    return 0;
}
```

練習題解答 06

1. 在主程式中接受使用者輸入梯形之上底、下底與高的值，並呼叫一副程式，將上底、下底與高的值傳入該副程式後，在副程式中計算並印出梯形面積的值。

流程圖：

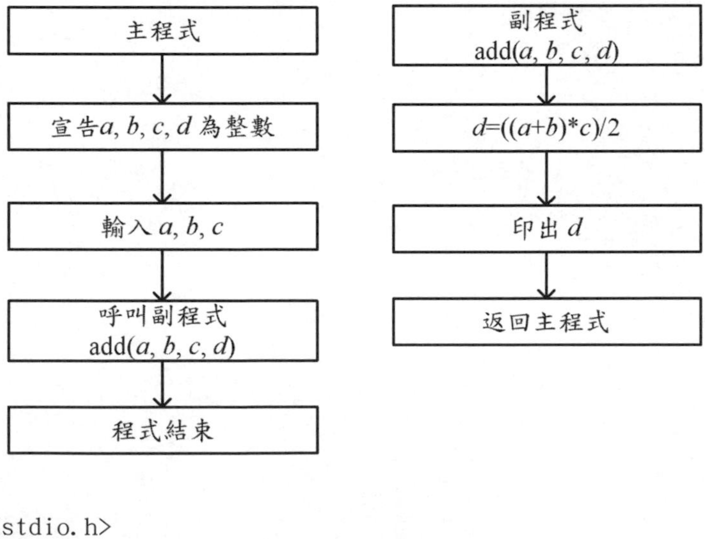

程式：

```
#include <stdio.h>
#include <stdlib.h>
#include <math.h>
void add(int a, int b, int c, int d);
int main(void)
{
```

```
 /* 宣告變數上底 a, 下底 b, 高 c, 結果 d */
int a, b, c, d;
 /*輸入資料*/
printf("a=");
     scanf("%d",&a);
     printf("b=");
     scanf("%d",&b);
     printf("c=");
     scanf("%d",&c);
/*呼叫add副程式*/
add(a,b,c,d);

     system("PAUSE");
     return 0;
}

void add(int a,int b,int c,int d)
{
    d=((a+b)*c)/2;
/*輸出結果*/
    printf("d=%d \n", d);
}
```

2. 寫一副程式，接受主程式傳進的陣列與陣列大小，分別計算陣列上第奇數個元素與第偶數個元素之平均值並印出。

流程圖：

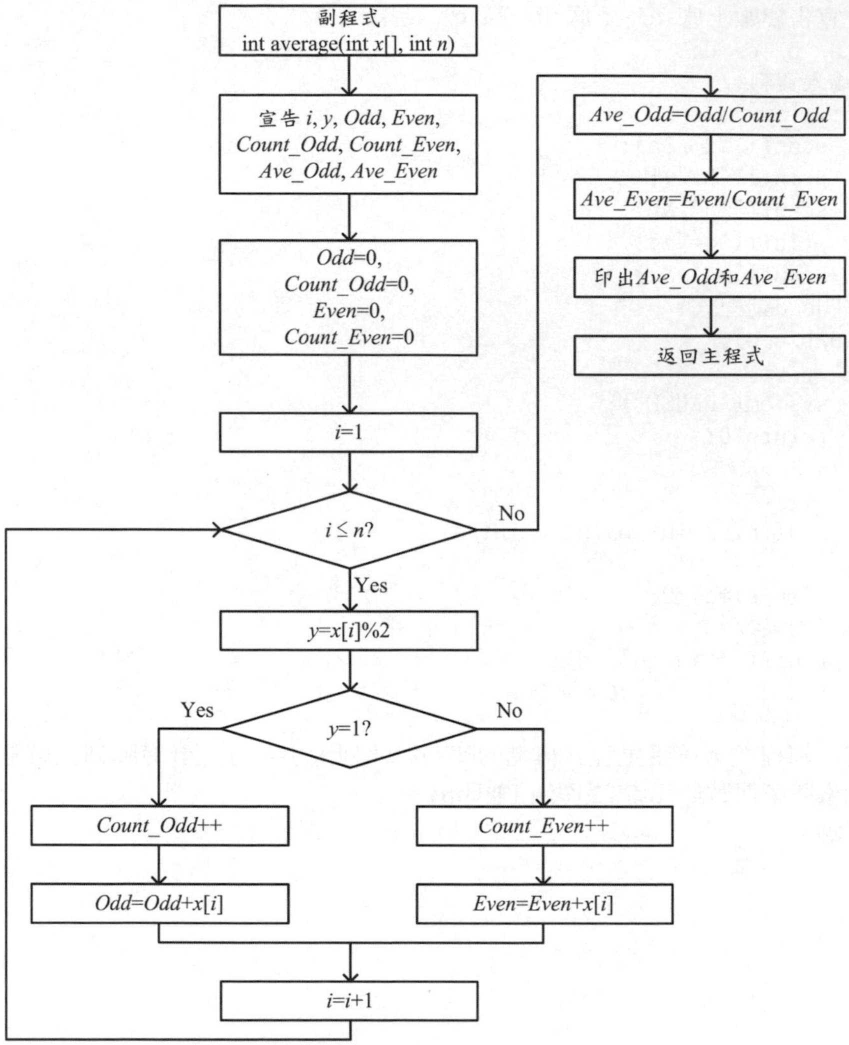

程式：

```
int average(int x[ ], int n)
{
    /* 宣告變數*/
    int i, y, Odd, Even, Count_Odd, Count_Even, Ave_Odd, Ave_Even;
    Odd=0;
       Count_Odd=0;
```

```
    Even=0;
    Count_Even=0;
  for (i=1; i<=n; i=i+1)
  {
        /* 判斷陣列位置是奇數還是偶數*/
        y=i%2;
        if (y==1){
            /* 陣列位置為奇數 */
                    Count_Odd++;
                    Odd=x[i]+Odd;
            }else{
            /* 陣列位置為偶數 */
                    Count_Even++;
                    Even=x[i]+Even;
            }
  }
        /* 計算奇偶數平均 */
            Ave_Odd=Odd/Count_Odd;
            Ave_Even=Even/Count_Even;
            Printf("奇數平均為%d\n", Ave_Odd);
            Printf("偶數平均為%d\n", Ave_Even);
}
```

3. 在主程式中接受使用者輸入A、B、C的值並呼叫一副程式，將A、B、C的值傳入副程式中，在副程式中判斷$|A|$、$|B|$、$|C|$之大小順序，回傳絕對值最大者，並在主程式中印出$|A|$、$|B|$、$|C|$之最大值。

流程圖：

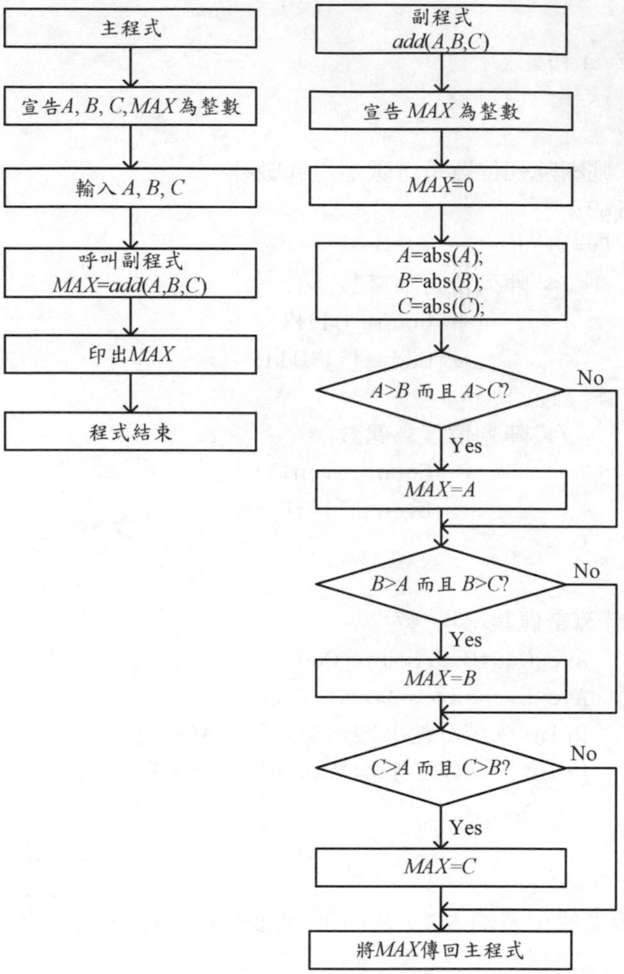

程式：

```
#include <stdio.h>
#include <stdlib.h>
#include <math.h>
int add(int A ,int B ,int C );
int main(void)
{
     /* 宣告變數*/
    int A,B,C,MAX;
    printf("A=");
```

```
    scanf("%d",&A);
    printf("B=");
    scanf("%d",&B);
    printf("C=");
    scanf("%d",&C);
     /* 呼叫add 副程式*/
    MAX=add(A,B,C);
     /* 輸出結果*/
    printf("MAX=%d \n ",MAX);

    system("PAUSE");
    return 0;
}

int add(int A, int B, int C)
{
    int MAX;
    MAX=0;
    A=abs(A);
    B=abs(B);
    C=abs(C);
    if(A>=B&A>=C)
    {
           MAX=A;
    }
    if(B>=A&B>=C)
    {
           MAX=B;
    }
    if(C>=A&C>=B)
    {
           MAX=C;
    }
    return MAX;

}
```

4. 在主程式中接受使用者輸入首項a_1、公比r與項數n，呼叫一副程式並將a_1、r、n的值傳入，在副程式中計算等比級數第n項的值並回傳，在主程式中印出該值。

流程圖：

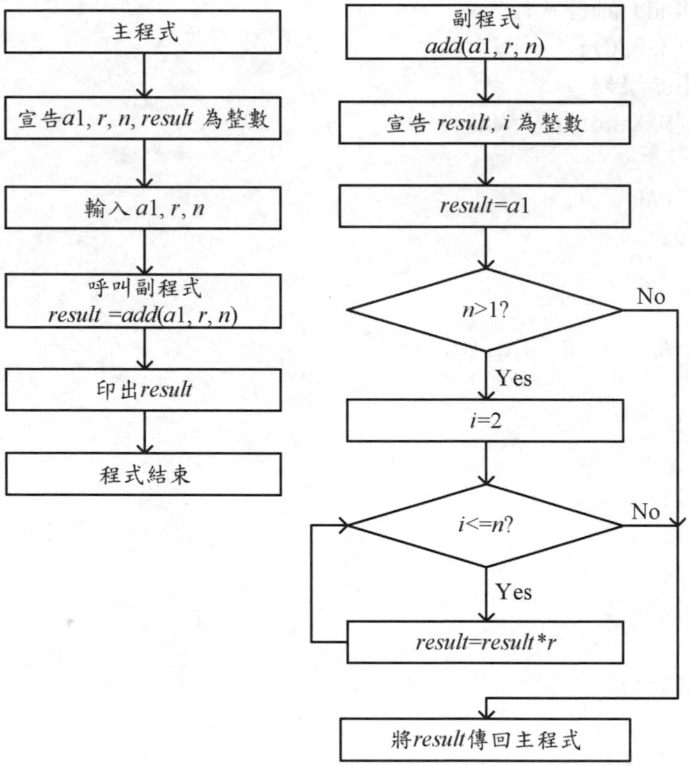

程式：

```
#include <stdio.h>
#include <stdlib.h>
#include <math.h>
int add(int a1, int r, int n);
int main(void)
{
    /* 宣告變數，首項 a1, 公比 r, 項數 n, 結果 result*/
    int a1,r,n,result;
```

```
    printf("a1=");
    scanf("%d",&a1);
    printf("r=");
    scanf("%d",&r);
    printf("n=");
    scanf("%d",&n);
     /* 呼叫add副程式*/
    result=add(a1,r,n);
     /* 輸出結果 */
    printf("Result=%d \n ",result);

    system("PAUSE");
    return 0;
}

int add(int a1, int r, int n)
{
    int result,i;
       result=a1;
       if (n>1){
              for (i=2;i<=n;i++)
              result=result*r;
    }
return result;

}
```

5. 在主程式中接受使用者輸入一個陣列的值，將陣列的值與陣列大小傳入一副程式中，此副程式將會計算該陣列之中位數並回傳。主程式在收到此副程式的回傳值之後印出。

流程圖：

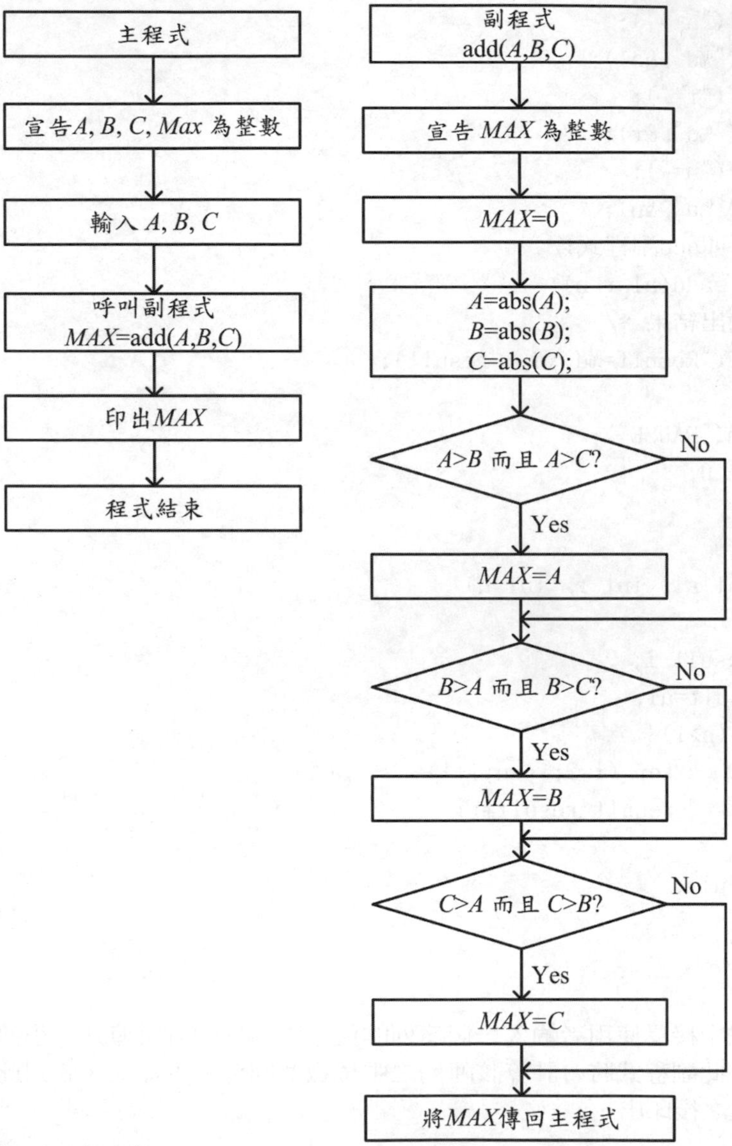

程式：

```
#include <stdio.h>
#include <stdlib.h>
#include <math.h>
void read(int x[ ],int n);
int sorting(int x[ ],int n);
int main(void)
```

```
{
      /* 宣告變數 */
     int n, A[256], result;
     printf("n=");
     scanf("%d",&n);
  /* 呼叫 read 副程式讀取資料 */
     read(A,n);
      /* 呼叫sorting 副程式尋找中位數 */
     result=sorting(A,n);
      /* 輸出結果 */
     printf("median=%d\n",result);
     system("PAUSE");
     return 0;
}
void read(int x[ ],int n)
{
    int i;
    for(i=1; i<=n; i=i+1)
    {
          printf("x[%d]=",i);
          scanf("%d",&x[i]);
    }
}
int sorting(int x[ ],int n)
{
    int i, j, min, c, temp;
    for(i=1; i<=n; i=i+1)
    {
        min=x[i];
        c=i;
        for(j=i; j<=n; j=j+1)
        {
                if(x[j]<min)
                {
                       min=x[j];
```

```
                        c=j;
                  }
            }
                temp=x[i];
                x[i]=x[c];
                x[c]=temp;
            if(i==(n/2+1))
            {
                        return min;
                          break;
            }
        }
    }
```

練習題解答 07

以下的程式，都要用檔案，也都要列印結果。

1. 寫一程式，從檔案中讀入n及$a_1,a_2,\ldots,a_n$。計算出$a_1^2,a_2^2,\ldots,a_n^2$。再將a_i ,a_i^2,i =1到$i = n$寫到另一檔案上去。

流程圖：

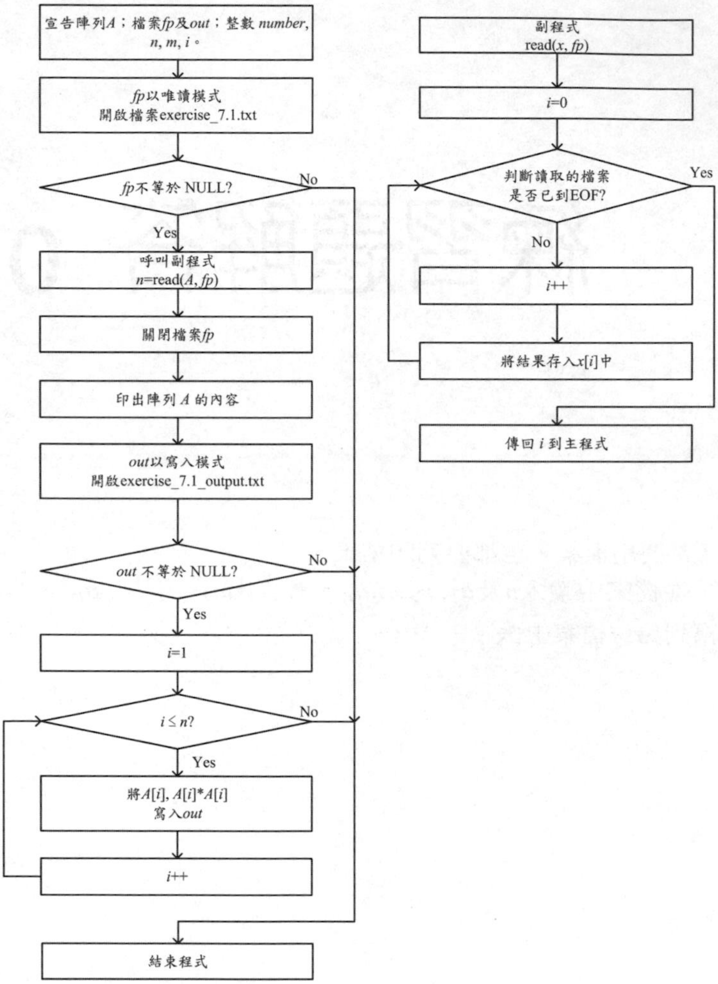

程式：

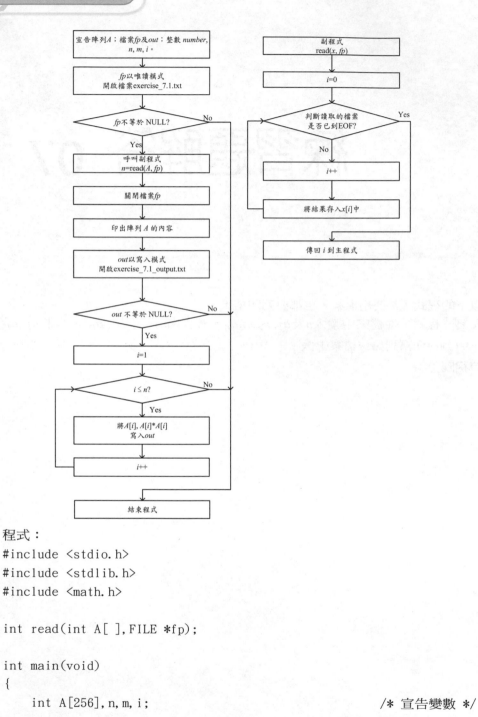

```
#include <stdio.h>
#include <stdlib.h>
#include <math.h>

int read(int A[ ],FILE *fp);

int main(void)
{
    int A[256],n,m,i;                                    /* 宣告變數 */
```

```
    FILE *fp;
    FILE *out;

    fp=fopen("exercise_7.1.txt ","r");          /* 開啟檔案，寫入模式 */
    if(fp !=NULL)
    {
         n=read(A,fp);                      /* 讀取檔案內容，並傳回個數 */
    }
    fclose(fp);                                          /* 關閉檔案 */
    for(i=1;i<=n;i=i+1)                              /* 輸出陣列內容 */
    {
         printf("A[%d]=%d \n",i,A[i]);
    }
    /* 開啟檔案，寫入模式 */
    out=fopen("exercise_7.1_output.txt", "w");
    if(out !=NULL)
    {
for(i=1;i<=n;i=i+1)                        /* 計算A[i]^2並將資料寫入檔案 */
       {
                   fprintf(out, "A[%d]=%d\tA[%d]^2=%d \n", i, A[i],
i,(A[i]*A[i]));
       }
    }
    fclose(out);                                         /* 關閉檔案 */
    system("PAUSE");
    return 0;
}

int read(int x[ ], FILE *fp)
{
     int i;
     i=0;
     while(feof(fp)==0)
     {
          i=i+1;
          fscanf(fp, "%d", &x[i]);
     }
```

```
    return i;

}
```

2. 寫一程式，從檔案中讀入n及$a_1, a_2, \ldots, a_n$ ，$0 \le i \le 100$。計算出$b_i = \sqrt{a_i} \times 10$，然後將$a_i, b_i, i = 1$到$i = n$寫入另一檔案。

流程圖：

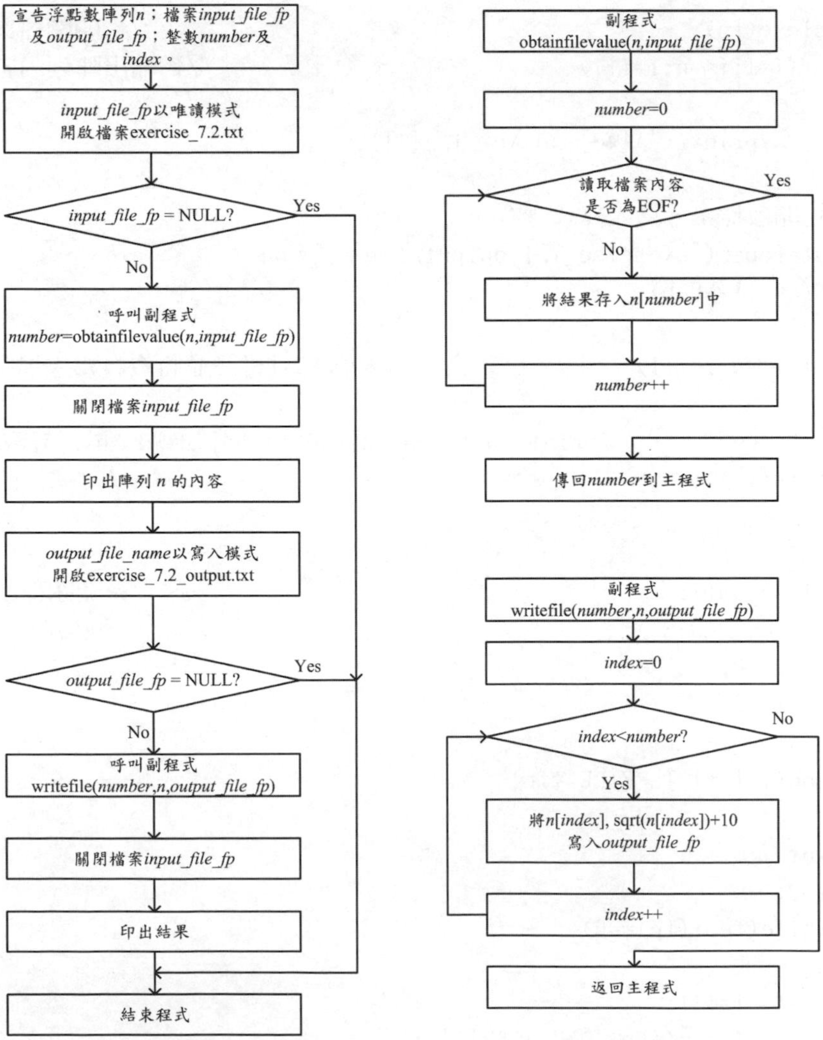

程式：

```
#include <stdio.h>
#include <math.h>
#define INPUT_FILE_NAME "exercise_7.2.txt"
#define OUTPUT_FILE_NAME "exercise_7.2_output.txt"
#define MAX_ARRAY_SIZE 1024

int obtainfilevalue ( float n[ ], FILE* input_file_fp );
void writefile ( int number, float n[ ], FILE* output_file_fp );


int main (void)
{

    float n[MAX_ARRAY_SIZE];                    /* 宣告變數 */
    FILE *input_file_fp;
    FILE *output_file_fp;
    int number;
    int index;

    /* 開啟檔案，唯讀模式 */
    input_file_fp = fopen ( INPUT_FILE_NAME, "r" );
    if ( input_file_fp != NULL )
    {
        printf ( "Input file is opened.\n" );
        /* 讀取檔案內容，並傳回個數 */
        number = obtainfilevalue ( n, input_file_fp );
        fclose ( input_file_fp );               /* 關閉檔案 */
    }
    printf ( "Inputted numbers are: \n" );      /* 輸出陣列內容 */
    for ( index = 0; index < number; index++ )
        printf ( "%.3f\n", n[index] );
    /* 開啟檔案，寫入模式 */
    output_file_fp = fopen ( OUTPUT_FILE_NAME, "w" );
    if ( output_file_fp != NULL )
    {
```

```
        printf ( "The Output file was opened.\n" );
       writefile ( number, n, output_file_fp ); /* 將資料寫入檔案 */
        fclose ( output_file_fp );              /* 關閉檔案 */
    }
}

int obtainfilevalue ( float n[ ], FILE* input_file_fp )
{
    int number;
    /* 宣告變數 */

    number = 0;
    /* 將檔案內的資料存入n陣列中 */
    while ( fscanf ( input_file_fp, "%f", n+number ) != EOF )
        number = number + 1;
    return number;
/* 將陣列大小回傳 */
}

void writefile ( int number, float n[ ], FILE* output_file_fp ) {
    int index;

    /* 將資料寫入OUTPUT_FILE_NAME中 */
    for ( index = 0; index < number; index++ )
           fprintf ( output_file_fp, "%.3f, %.3f\n", n[index], (
sqrt(n[index])+10 ) );
      printf ( "The output data had been written into %s\n",
OUTPUT_FILE_NAME );
}
```

3. 寫一程式，從檔案中讀入一個3×5的矩陣，求此矩陣的transpose，然後將此結果寫到另一檔案。

流程圖：

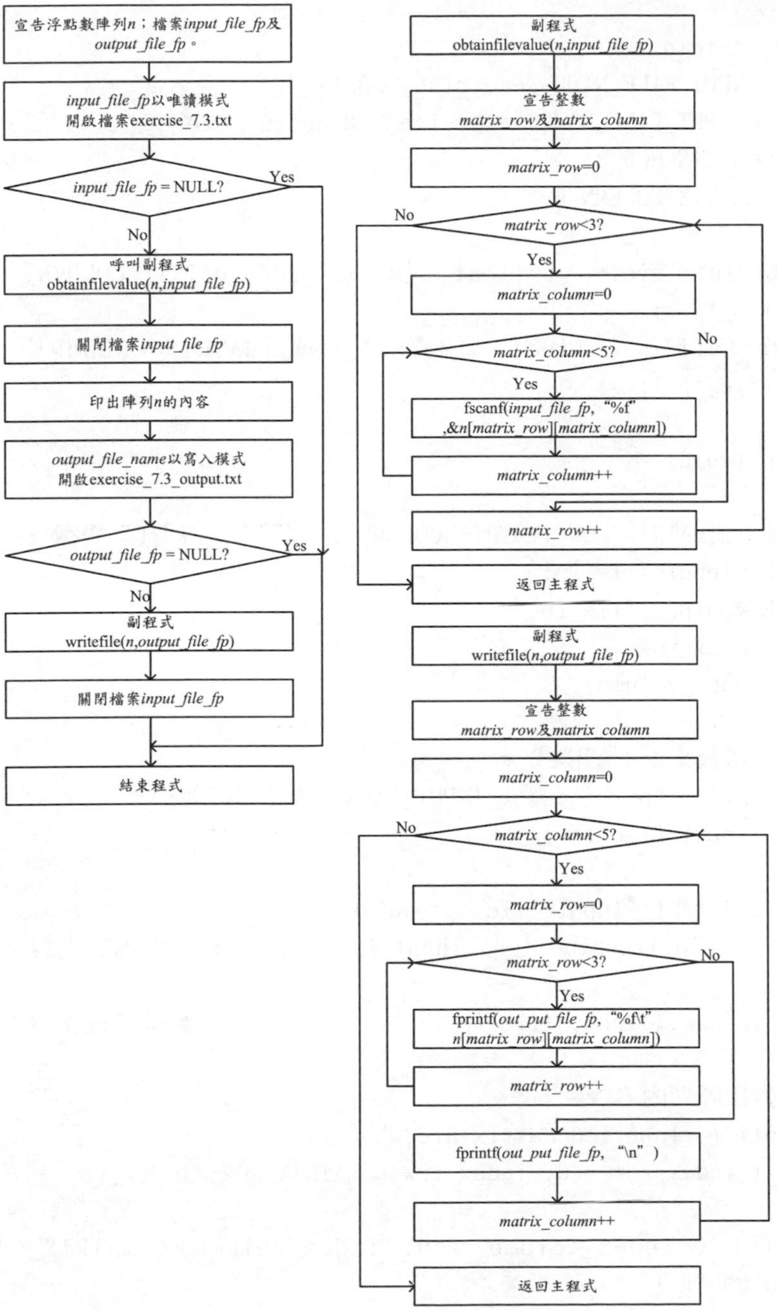
宣告浮點數陣列n；檔案input_file_fp及output_file_fp。
input_file_fp以唯讀模式開啟檔案exercise_7.3.txt
input_file_fp = NULL?
Yes
No
呼叫副程式 obtainfilevalue(n,input_file_fp)
關閉檔案input_file_fp
印出陣列n的內容
output_file_name以寫入模式開啟exercise_7.3_output.txt
output_file_fp = NULL?
Yes
No
副程式 writefile(n,output_file_fp)
關閉檔案input_file_fp
結束程式
副程式 obtainfilevalue(n,input_file_fp)
宣告整數 matrix_row及matrix_column
matrix_row=0
matrix_row<3?
No
Yes
matrix_column=0
matrix_column<5?
No
Yes
fscanf(input_file_fp, "%f" ,&n[matrix_row][matrix_column])
matrix_column++
matrix_row++
返回主程式
副程式 writefile(n,output_file_fp)
宣告整數 matrix_row及matrix_column
matrix_column=0
matrix_column<5?
No
Yes
matrix_row=0
matrix_row<3?
No
Yes
fprintf(out_put_file_fp, "%f\t" n[matrix_row][matrix_column])
matrix_row++
fprintf(out_put_file_fp, "\n")
matrix_column++
返回主程式

程式：

```
#include <stdio.h>
#define INPUT_FILE_NAME "exercise_7.3.txt"
#define OUTPUT_FILE_NAME "exercise_7.3_output.txt"
#define MATRIX_ROW 3
#define MATRIX_COLUMN 5

void obtainfilevalue ( float n[MATRIX_ROW][MATRIX_COLUMN], FILE*
input_file_fp );
void writefile ( float n[MATRIX_ROW][MATRIX_COLUMN], FILE*
output_file_fp );

int main (void)
{
    float n[MATRIX_ROW][MATRIX_COLUMN];          /* 宣告變數 */
    FILE *input_file_fp;
    FILE *output_file_fp;
    int index_row;
    int index_column;

    /* 開啟檔案，唯讀模式 */
    input_file_fp = fopen ( INPUT_FILE_NAME, "r" );
    if ( input_file_fp != NULL )
    {
        printf ( "Input file opened.\n" );
        obtainfilevalue ( n, input_file_fp );/* 讀取檔案內容，並傳回
個數 */
        fclose ( input_file_fp );                /* 關閉檔案 */
    }
    /* 輸出陣列內容 */
    printf ( "Inputted matrix are: \n" );
    for ( index_row = 0; index_row < MATRIX_ROW; index_row++ )
    {
        for ( index_column = 0; index_column < MATRIX_COLUMN;
index_column++ )
        printf ( "%.3f\t", n[index_row][index_column]);
```

```
        printf  ( "\n" );
    }

    /* 開啟檔案，寫入模式 */
    output_file_fp = fopen ( OUTPUT_FILE_NAME, "w" );
    if ( output_file_fp != NULL )
    {
        printf ( "Outputted file opcned.\n" );
        writefile ( n, output_file_fp );          /* 將資料寫入檔案 */
        fclose ( output_file_fp );                /* 關閉檔案 */
    }
}

void obtainfilevalue ( float n[MATRIX_ROW][MATRIX_COLUMN], FILE*
input_file_fp ) {
    int index_row;
    int index_column;

        /* 取得matrix內容，第一層for做row，第二層for做column */
    for ( index_row = 0; index_row < MATRIX_ROW; index_row++ )
            for ( index_column = 0; index_column < MATRIX_COLUMN;
index_column++ ){
              fscanf ( input_file_fp, "%f", &(n[index_row][index_colum
n]) );
             printf ( "%.3f\n", n[index_row][index_column] );
        }
}

void writefile ( float n[MATRIX_ROW][MATRIX_COLUMN], FILE*
output_file_fp ) {
    int index_row;
    int index_column;

      /* 將資料寫入OUTPUT_FILE_NAME中，第一層for做column，第二層for做
row，順序不同，形成transpose */
      for ( index_column = 0; index_column < MATRIX_COLUMN;
```

```
index_column++ )
    {
        for ( index_row = 0; index_row < MATRIX_ROW; index_row++ )
            fprintf ( output_file_fp, "%.3f\t", n[index_row][index_c
olumn] );
        fprintf ( output_file_fp, "\n" );
    }
}
```

4. 寫一程式，從一檔案中，讀入一組一元二次方程式$ax^2+bx+c=0$的係數a,b,c其中$(b^2-4ac)\geq 0$。解此組方程式，並將中間過程及最後答案讀入另一檔案。

流程圖：

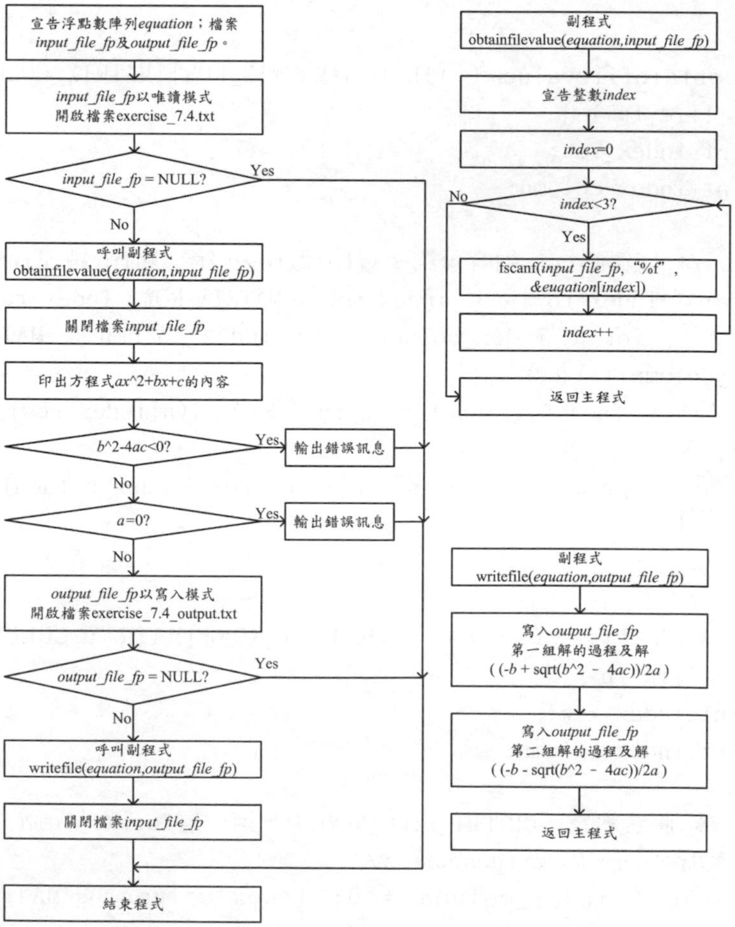

程式：

```
#include <stdio.h>
#define INPUT_FILE_NAME "exercise_7.4.txt"
#define OUTPUT_FILE_NAME "exercise_7.4_output.txt"

void obtainfilevalue ( float equation[3], FILE* input_file_fp );
void writefile ( float equation[3], FILE* output_file_fp );

int main (void)
{
    FILE *input_file_fp;                              /* 宣告變數 */
    FILE *output_file_fp;
    float equation[3];

    /* 開啟檔案，唯讀模式 */
    input_file_fp = fopen ( INPUT_FILE_NAME, "r" );
    if ( input_file_fp != NULL )
    {
        printf ( "Input file opened.\n" );
        /* 讀取檔案內容，並傳回個數 */
        obtainfilevalue ( equation, input_file_fp );
        fclose ( input_file_fp );          /* 關閉檔案 */
    }
    /* 輸出陣列內容 */
    printf ( "Inputted equation are: %.3fx^2 + %.3fx + %.3f = 0\n",
equation[0], equation[1], equation[2] );
    /* 檢查輸入是否正確(b^2 - 4ac >= 0?) */
    if ( ( equation[1]*equation[1] - 4*equation[0]*equation[2] ) < 0
)
    {
        printf ( "b^2 - 4ac < 0 (Inputted coefficients error!)\n" );
        exit (0);
    }
    if ( equation[0] == 0 )                           /* 檢查a是否為0 */
    {
        printf ( "a cannot be 0 ! (a is the denominator of (-b +-
```

```
sqrt(b^2 - 4ac))/2a)\n" );
        exit (0);
    }
    /* 開啟檔案，寫入模式 */
    output_file_fp = fopen ( OUTPUT_FILE_NAME, "w" );
    if ( output_file_fp != NULL )
    {
        printf ( "Outputted file opened.\n" );
        /* 將資料寫入檔案 */
        writefile ( equation, output_file_fp );
        fclose ( output_file_fp );                /* 關閉檔案 */
    }
}

void obtainfilevalue ( float equation[3], FILE* input_file_fp ) {
    int index;

    for ( index = 0; index < 3; index++ )
        fscanf ( input_file_fp, "%f", &(equation[index]) );
}

void writefile ( float equation[3], FILE* output_file_fp ) {
       /* 輸出第一組解 */
    fprintf ( output_file_fp, "The first solution is:\n" );
       /* 將步驟全部列出 */
    fprintf ( output_file_fp, "(-b + sqrt(b^2 - 4ac)/2a\n");
     fprintf  (  output_file_fp,  "=(-(%.3f)  +  sqrt((%.3f)^2  -
4*(%.3f)*(%.3f)))/2*(%.3f)\n", equation[1], equation[1], equation[0],
equation[2], equation[0] );
     fprintf  (  output_file_fp,  "=((%.3f)  +  sqrt((%.3f)  -  (%.3f)))/
2*(%.3f)\n", 0-equation[1], equation[1]*equation[1], 4*equation[0]*e
quation[2], equation[0] );
     fprintf  (  output_file_fp,  "=((%.3f)  +  (%.3f))/2*(%.3f)\n",
0-equation[1], sqrt(equation[1]*equation[1] - 4*equation[0]*equation
[2]), equation[0]);
     fprintf ( output_file_fp, "=(%.3f)/2*(%.3f)\n", (0-equation[1])
```

```
+ sqrt(equation[1]*equation[1] - 4*equation[0]*equation[2]),
equation[0] );
        /* 最後列出第一組解 */
    fprintf ( output_file_fp, "=%.3f\n", ((0-equation[1])+sqrt(equat
ion[1]*equation[1] - 4*equation[0]*equation[2]))/(2*equation[0]));

        /* 輸出第二組解 */
    fprintf ( output_file_fp, "\n\nThe second solution is:\n" );
        /* 將步驟全部列出 */
    fprintf ( output_file_fp, "(-b + sqrt(b^2 - 4ac)/2a\n");
     fprintf ( output_file_fp, "=(-(%.3f) - sqrt((%.3f)^2 -
4*(%.3f)*(%.3f)))/2*(%.3f)\n", equation[1], equation[1], equation[0],
equation[2], equation[0] );
     fprintf ( output_file_fp, "=((%.3f) - sqrt((%.3f) - (%.3f)))/
2*(%.3f)\n", 0-equation[1], equation[1]*equation[1], 4*equation[0]*e
quation[2], equation[0] );
     fprintf ( output_file_fp, "=((%.3f) - (%.3f))/2*(%.3f)\n",
0-equation[1], sqrt(equation[1]*equation[1] - 4*equation[0]*equation
[2]), equation[0]);
     fprintf ( output_file_fp, "=(%.3f)/2*(%.3f)\n", (0-equation[1])
- sqrt(equation[1]*equation[1] - 4*equation[0]*equation[2]),
equation[0] );
        /* 最後列出第二組解 */
     fprintf ( output_file_fp, "=%.3f\n", ((0-equation[1])-
sqrt(equation[1]*equation[1] - 4*equation[0]*equation[2]))/
(2*equation[0]));
}
```

5. 寫一程式，從檔案中讀入n及$a_1,a_2,\ldots,a_n$，將$a_n,a_{n-1},\ldots,a_1$寫到另一檔案上去。

流程圖：

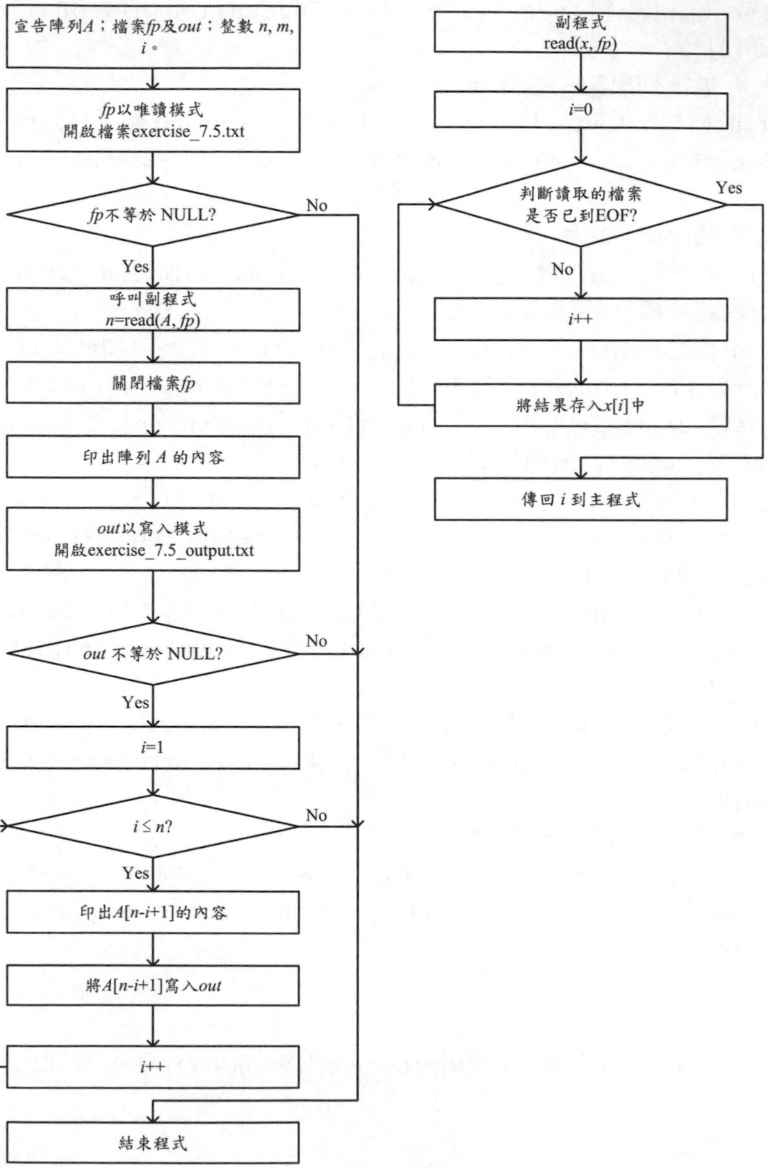

程式：

```
#include <stdio.h>
#include <stdlib.h>
#include <math.h>
```

```
int read(int x[ ],FILE *fp);

int main(void)
{
    int A[256],n,m,i,Z[256];                         /* 宣告變數 */
    FILE *fp, *out;

    fp=fopen("exercise_7.5.txt","r"); /* 開啟檔案，寫入模式 */
    if(fp !=NULL)
    {
        n=read(A,fp);                  /* 讀取檔案內容，並傳回個數 */
    }
    fclose(fp);                                      /* 關閉檔案 */
    for(i=1;i<=n;i=i+1)                              /* 輸出陣列內容 */
    {
        printf("A[%d]=%d \n",i,A[i]);
    }
    /* 開啟檔案，寫入模式 */
out=fopen("exercise_7.5_output.txt", "w");
    for(i=1;i<=n;i=i+1)                              /* 將資料寫入檔案 */
    {
        printf("A’ [%d]=%d \n",i, A[n-i+1]);
fprintf(out, "A’ [%d]=%d \n",i,A[n-i+1]);
    }
    fclose(out);                                     /* 關閉檔案 */
    system("PAUSE");
    return 0;
}

int read(int x[ ], FILE *fp)
{
     int i;
     i=0;
     while(feof(fp)==0)
     {
```

```
            i=i+1;
            fscanf(fp, "%d", &x[i]);

        }
        return i;
}
```

練習題解答 08

1. 求$1+b+b^2+\ldots+b^n$。

流程圖：

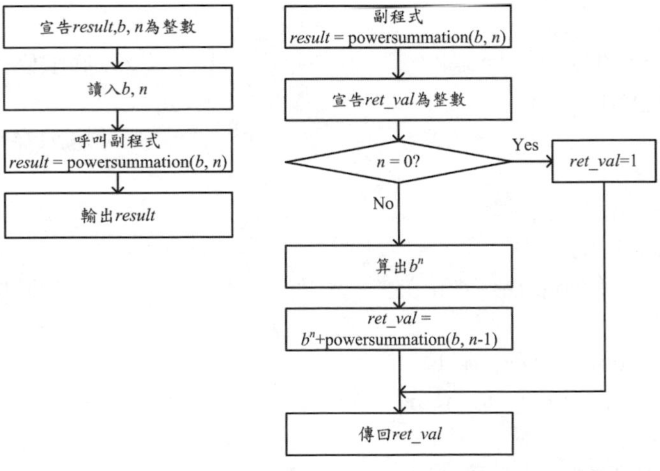

程式：

```
#include <stdio.h>

int powersummation ( int b, int n );

int main (void)
{
    int n;                                         /* 宣告變數 */
```

```
    int b;
    int result;

    printf ( "Please input an integer (b):" );
    scanf ( "%d", &b );                                    /* 讀取輸入之整數 */
    printf ( "Please input an integer for the power(n) of b:" );
    scanf ( "%d", &n );                                    /* 讀取輸入之整數 */
    result = powersummation(b, n); /     *計算1+b+b^2+...+b^n總和 */
    /* 將運算結果輸出 */
    printf ( "The result of 1+b+b^2+...+b^%d is %d\n", n, result );
}

int powersummation ( int b, int n ) {
    int ret_val;
    int counter;
    int temp;

    if ( n == 0 )                                          /* 底限條件成立時 */
        ret_val = 1;
    else                                                   /* 非底限條件成立時 */
    {
        counter = 1;
        temp = b;
        while ( counter < n )                              /* 將b累乘n次 */
        {
            temp = temp * b;
            counter = counter + 1;
        }
        /* 以遞迴方式計算1+b+b^2+...+b^n */
        ret_val = temp + powersummation(b, n-1);
    }
    return ret_val;                                        /* 將計算結果回傳 */
}
```

2. Fibonacci 函數的定義如下:

$$F(n)=\begin{cases}1 & \text{if} \quad n=0\\ 1 & \text{if} \quad n=1\\ F(n-1)+F(n-2) & \text{if} \quad n>1\end{cases}$$

求 $F(n)$ 。

流程圖：

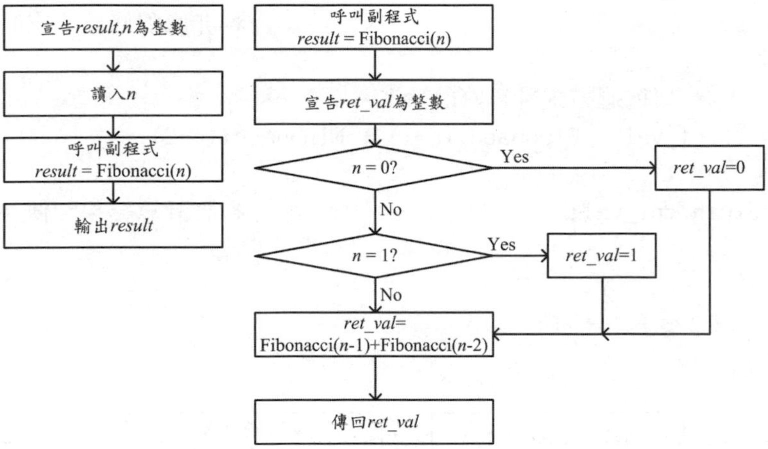

程式：

```
#include <stdio.h>

int Fibonacci ( int n );

int main (void)
{
    int n;                                          /* 宣告變數 */
    int result;

    printf ( "Please input an integer for calculating the Fibonacci
fuction:" );
    scanf ( "%d", &n );                       /* 讀取輸入之整數 */
    result = Fibonacci(n);                          /* 計算F(n) */
    /* 將運算結果輸出 */
    printf ( "The result of F(%d) is %d\n", n, result );
}

int Fibonacci ( int n ) {
    int ret_val;
```

```
    if ( n == 0 )                                /* 底限條件成立時 */
        ret_val = 0;
    else if ( n == 1 )
        ret_val = 1;
    else                                         /* 非底限條件成立時 */
    {
        /* 以遞迴方式計算F(n) */
        ret_val = Fibonacci(n-1) + Fibonacci(n-2);
    }
    return ret_val;                              /* 將計算結果回傳 */
}
```

3. 求1×2＋2×3＋...＋$n(n+1)$。

流程圖：

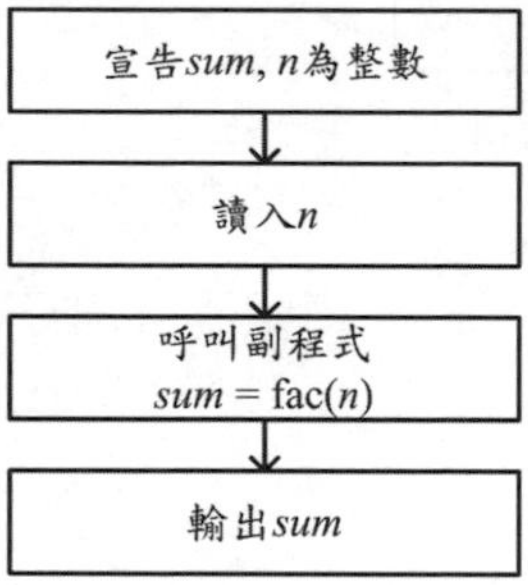

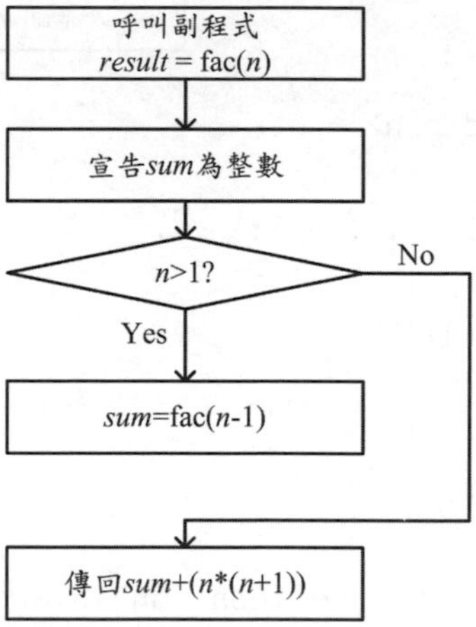

程式：

```
#include <stdio.h>
#include <stdlib.h>
#include <math.h>

int fac(int n);

int main(void)
{
    int n, sum;                                  /* 宣告變數 */
```

```
    printf("n=");
    scanf("%d",&n);                    /* 讀取輸入之整數 */
    sum=fac(n);                        /* 計算fac(n) */
    printf("sum=%d \n",sum);           /* 將運算結果輸出 */
    system("PAUSE");
    return 0;
}

int fac(int n)
{
    int sum;
    sum=0;
    if (n>1)
    {
            sum=fac(n-1);
    }
    return sum+(n*(n+1));
}
```

4. 假設n=2^k，以分而治之求1×2＋2×3＋...＋n(n＋1)。

流程圖：

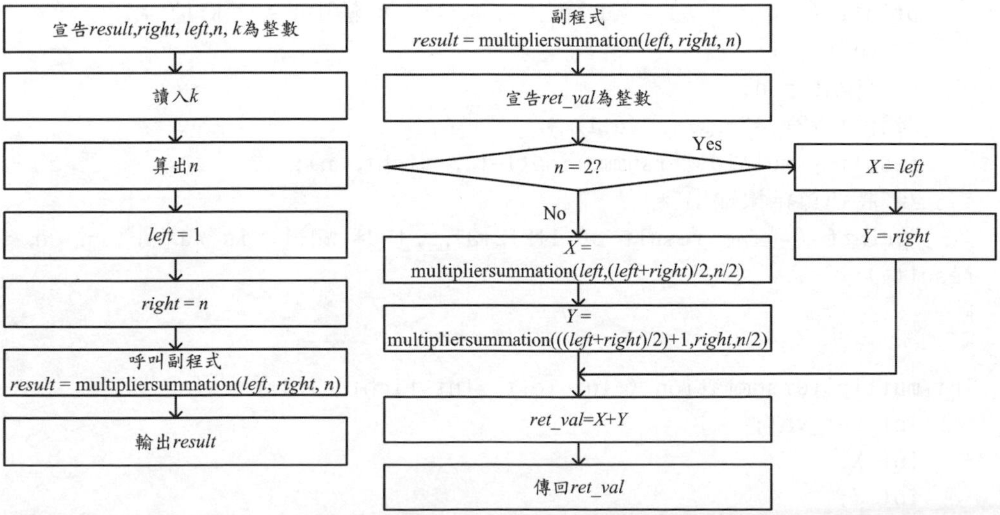

程式：

```
#include <stdio.h>

int multipliersummation ( int left, int right, int n );

int main (void)
{
    int n;                                           /* 宣告變數 */
    int k;
    int result;
      int left;
      int right;
    int counter;

    printf ( "Please input an integer(k):" );
    scanf ( "%d", &k );                              /* 讀取輸入之整數 */
    counter = 1;                                     /* 計算出n */
    n = 2;
    while ( counter < k )
    {
        n = n * 2;
        counter = counter + 1;
    }
    printf ( "n = 2^%d = %d.\n", k, n ); /* 輸出n = 2^k 值 */
      left = 1;
      right = n;
    /*計算1*2+2*3+...+n*(n+1) */
    result = multipliersummation(left, right, n);
    /* 將運算結果輸出 */
     printf ( "The result of 1*2+2*3+...+%d*(%d+1) is %d.\n", n, n,
result );
}

int multipliersummation ( int left, int right, int n ) {
    int ret_val;
    int X;
    int Y;
```

```
    if ( n == 2 )                                    /* 底限條件成立時 */
    {
        X = left * ( left + 1);
        Y = right * ( right + 1);
    }
    else
/* 非底限條件成立時 */
    {
        /* 以遞迴方式計算1*2+2*3+...+n*(n+1) */
        X = multipliersummation ( left, ( left + right )/2, n/2 );
          Y = multipliersummation ( ( ( left + right ) /2 ) + 1,
right, n/2 );
    }
    ret_val = X + Y;
    printf ( "X = %d, Y = %d.\n", X, Y );
    printf ( "ret_val = %d.\n", ret_val );
    return ret_val;                                  /* 將計算結果回傳 */
}
```

5. 假設$n=2^k$，以分而治之求n個數字中小於10的最大數。舉例來說，n=8，8個數字是1,19,16,8,5,20,7,17，則答案是8。

流程圖：

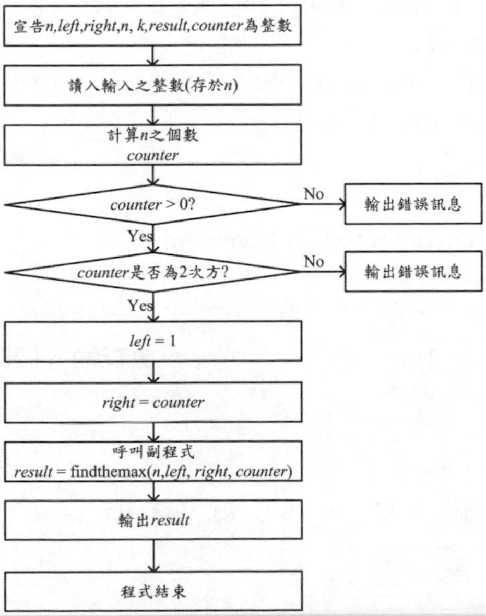

程式：

```
#include <stdio.h>
#define MAX_ARRAY_SIZE 1024

int findthemax ( int n[ ], int left, int right, int num );

int main (void)
{
    int n[MAX_ARRAY_SIZE];                           /* 宣告變數 */
    int left;
    int right;
    int result;
    int index;
    int counter;
    int flag;
    int temp;

    n[0] = 0;
    counter = 0;
    do {
        counter = counter + 1;
         printf ( "Please input the %d's integer - (enter 0 to stop
the input):", counter);
        scanf ( "%d", n+counter );                    /* 讀取輸入之整數 */
    } while ( n[counter] != 0 );
    if ( counter == 1 )                              /* 檢查是否有輸入值 */
    {
        printf ( "No inputted integer.\n" );
        exit (0);
    }
    temp = counter - 1;                    /* 檢查輸入個數是否為2的次方 */
    flag = 1;
    while ( flag == 1 )
    {
        if ( ( ( temp % 2 ) != 0 ) && ( temp != 1 ) )
        {
```

```
            printf ( "The number of your inputted integers is %d(not
a power of 2).\n", counter-1 );
            exit (0);
        }
        if ( flag == 1 )
            temp = temp / 2;
        if ( temp == 1 )
            flag = 0;
    }
    /* 輸出所有輸入的整數 */
    printf ( "Your input inputted number is:" );
    for ( index = 1; index < counter; index++ )
        printf ( " %d", n[index] );
    printf ( "\n" );
    left = 1;
    right = counter - 1;
    /* 計算F(n) */
    result = findthemax(n, left, right, (counter-1));

    if ( result == -1 )                              /* 將運算結果輸出 */
         printf ( "No result of those number which is your inputted
integers.\n" );
    else
         printf ( "The result max number of your inputted integers
which is small than 10 is %d.\n", result );
}

int findthemax (int n[ ], int left, int right, int num ) {
    int ret_val;
    int X;
    int Y;

    if ( num == 2 )                                  /* 底限條件成立時 */
    {
        if ( n[left] > 10 )                          /* 測試是否小於10 */
            X = -1;
```

```
        else
            X = n[left];
        if ( n[right] > 10 )                                /* 測試是否小於10 */
            Y = -1;
        else
            Y = n[right];
    }
    else
/* 非底限條件成立時 */
    {
        /* 以遞迴方式計算max value */
        X = findthemax ( n, left, ( left + right )/2, num/2 );
          Y = findthemax ( n, ( ( left + right ) /2 ) + 1, right,
num/2 );
    }
    ret_val = X > Y ? X : Y;
    printf ( "X = %d, Y = %d.\n", n[left], n[right] );
    printf ( "ret_val = max(X,Y) = %d.\n", ret_val );
    return ret_val;                                         /* 將計算結果回傳 */
}
```

練習題解答 10

1. 假設我們有一種有關貨物的資料，每一項貨物有一號碼以及價格。寫一程式，從某檔案中輸入十筆貨物資料。再將此資料按號碼排列。

流程圖：

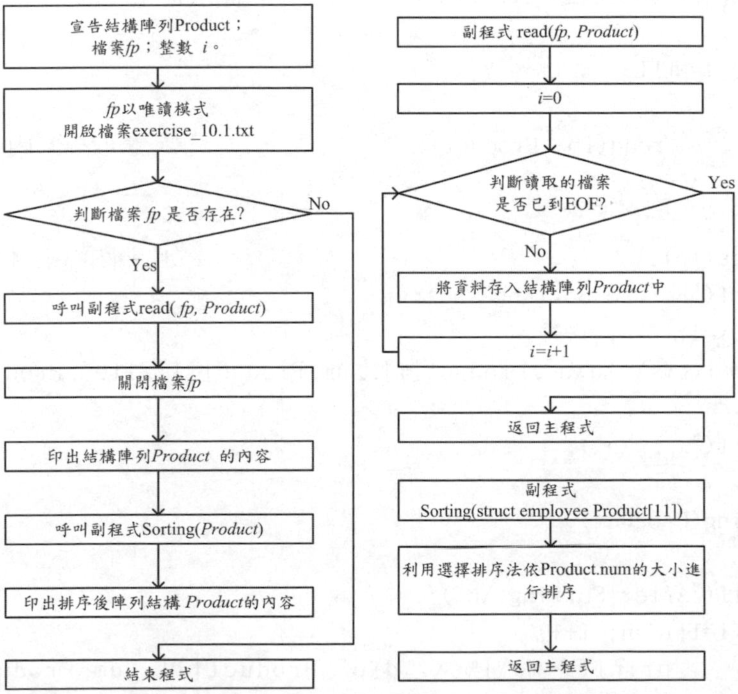

程式：

```
#include <stdio.h>
#include <string.h>
#define n 10
struct employee{
        int Num;
        char Item[100];
        int Price;
};
void read(FILE *fp, struct employee Product[n+1]);
void Sorting(struct employee Product[n+1]);
int main(void){
     struct employee Product[11];
     FILE *fp;
     int i;


     fp=fopen("exercise_10.1.txt ","r");  /* 開啟檔案，寫入模式 */

     if(fp !=NULL)
     {
            read(fp, Product);                    /* 讀取檔案內容 */
     }

     fclose(fp);                                  /* 關閉檔案 */
     printf("Before Sorting \n");
     for (i=1;i<=n; i++)
printf("%d\t%s\t%d\n",Product[i].Num,Product[i].Item,Product[i].
Price);
     printf("....\n");

     Sorting(Product);

     printf("After Sorting \n");
     for (i=1;i<=n; i++)
            printf("%d\t%s\t%d\n",Product[i].Num,Product[i].
```

```
Item,Product[i].Price);
    printf("....\n");
}

void read(FILE *fp, struct employee Product[n+1]){
     int i;
     for (i=1; i<=n; i++){

        if( !feof(fp) )                   /* 貨物尚未讀取完畢 */
        {
           /* 將一筆貨物資料從檔案讀至陣列內 */
            fscanf(fp,"%d %s %d", &Product[i].Num, Product[i].Item,
&Product[i].Price);
        }
     }
}
void Sorting(struct cmployee Product[n+1]){
     int i, j, k, Min, Position, Length;
     struct employee temp;


     for (i=1; i<=n; i++){

         Min=Product[i].Num;
         Position=i;
         for (j=i;j<=n;j++){
             if ((i!=j)&&(Min>Product[j].Num)){
                Position=j;
                Min=Product[j].Num;
             }
         }

         if (i!=Position){
             temp.Num=Product[Position].Num;
             Length=strlen(Product[Position].Item);
             for (k=0;k<Length;k++){
```

```
                temp.Item[k]=Product[Position].Item[k];
                Product[Position].Item[k]='\0';/*將陣列清為0*/
            }
            temp.Item[k]='\0';
            temp.Price=Product[Position].Price;



            Product[Position].Num=Product[i].Num;
            Length=strlen(Product[i].Item);
            for (k=0;k<Length;k++){
                Product[Position].Item[k]=Product[i].Item[k];
                Product[i].Item[k]='\0';
            }
            Product[Position].Price=Product[i].Price;

            Product[i].Num=temp.Num;
            Length=strlen(temp.Item);
            for (k=0;k<Length;k++){
                Product[i].Item[k]=temp.Item[k];
                temp.Item[k]='\0';
            Product[i].Price=temp.Price;
            }
        }
    }
}
```

2. 假設資料已有按號碼排列，寫一程式，輸入一號碼，作一搜尋，如此號碼存在，列印此筆資料。否則，列印找不到資料。

流程圖：

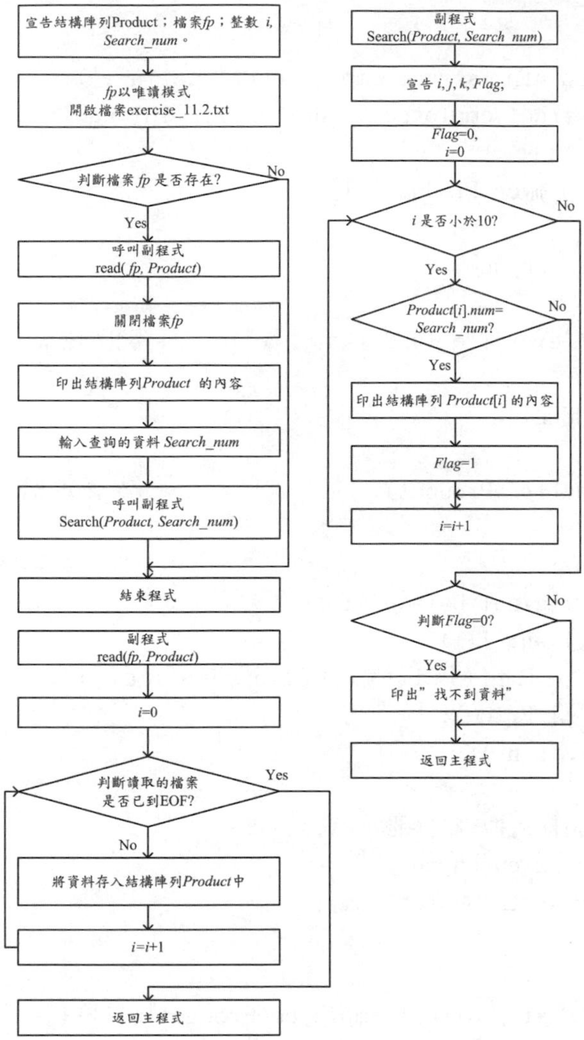

程式：

```
#include <stdio.h>
#include <string.h>
#define n 10
struct employee{
        int Num;
        char Item[100];
        int Price;
```

```
};
void read(FILE *fp, struct employee Product[n+1]);
void Search(struct employee Product[n+1], int num);
int main(void){
    struct employee Product[11];
    FILE *fp;
    int i, Search_num;

    fp=fopen("exercise_10.2.txt ","r");  /* 開啟檔案，寫入模式 */

    if(fp !=NULL)
    {
          read(fp, Product);                /* 讀取檔案內容 */
    }
    fclose(fp);                              /* 關閉檔案 */
    printf("Original Data\n");
    for (i=1;i<=n; i++)
            printf("%d\t%s\t%d\n",Product[i].Num,Product[i].
Item,Product[i].Price);
    printf("....\n");

    printf("請輸入搜尋的編號:");
    scanf("%d",&Search_num);
    Search(Product, Search_num);
}

void read(FILE *fp, struct employee Product[n+1]){
     int i;
     for (i=1; i<=n; i++){
        if( !feof(fp) )                  /* 貨物尚未讀取完畢 */
        {
           /* 將一筆貨物資料從檔案讀至陣列內 */
            fscanf(fp,"%d %s %d", &Product[i].Num, Product[i].Item,
&Product[i].Price);
        }
     }
```

```
}
void Search(struct employee Product[n+1], int num){
      int i, j, k, Flag=0;

      for (i=1; i<=n; i++){
           if (num==Product[i].Num){
              Flag=1;
                    printf("%d\t%s\t%d\n",Product[i].Num,Product[i].
Item,Product[i].Price);
           }
      }
      if (Flag==0)
         printf("找不到資料!!\n");
}
```

3. 寫一程式，輸入一數字，將所有價格大於或等於*x*的貨物聯結起來，也將價格小於*x*的貨物聯結起來。

流程圖：

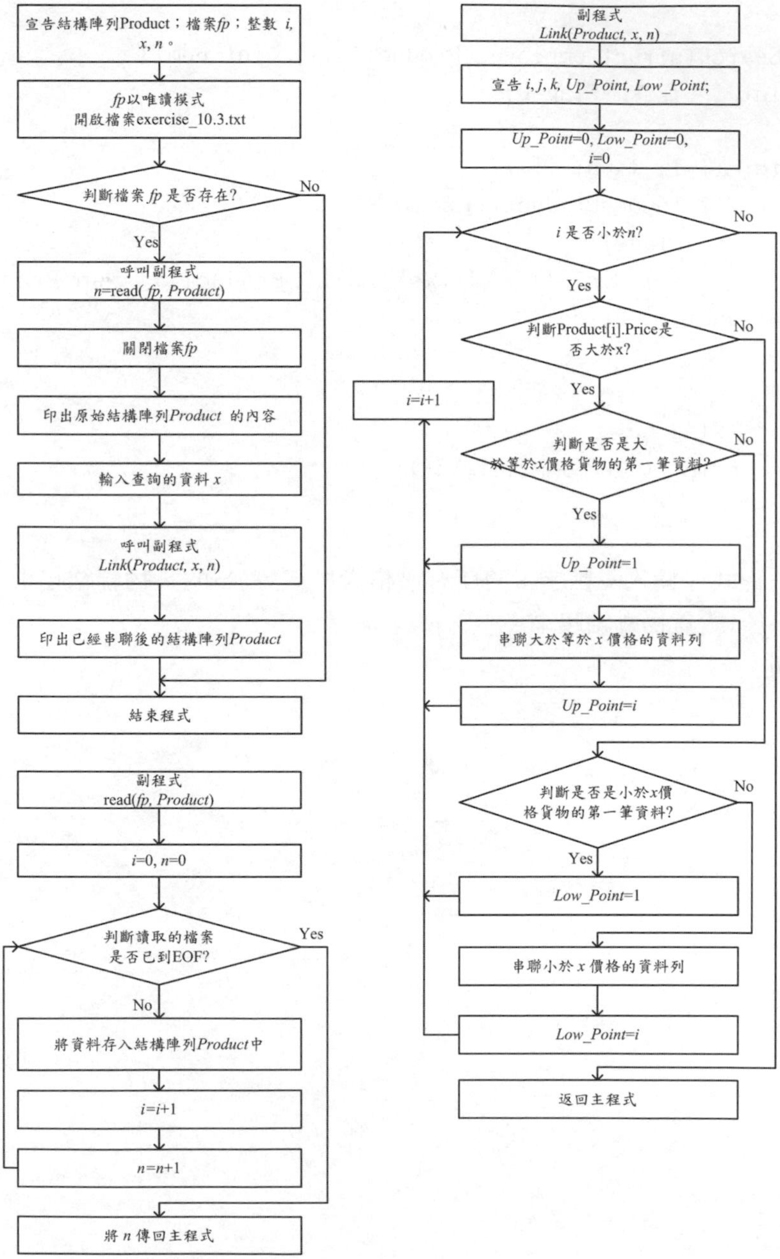

程式：

```
#include <stdio.h>
#include <string.h>
```

```
#define MAX_ARRAY_SIZE 256
struct employee{
        int Num;
        char Item[100];
        int Price;
        int Reference;
};
int read(FILE *fp, struct employee Product[MAX_ARRAY_SIZE]);
void Link(struct employee Product[MAX_ARRAY_SIZE], int x, int n);
int main(void){
    struct employee Product[MAX_ARRAY_SIZE];
    FILE *fp;
    int i, n, x;

    fp=fopen("exercise_10.3.txt ","r");  /* 開啟檔案，寫入模式 */

    if(fp !=NULL)
    {
        n=read(fp, Product);                    /* 讀取檔案內容 */
    }
    fclose(fp);
/* 關閉檔案 */
    printf("原始資料\n");
    printf("Position.\t NO.\t Item\t Price\n");
    for (i=1;i<=n; i++)
printf("%d\t%d\t%s\t%d\n",i,Product[i].Num,Product[i].
Item,Product[i].Price);
    printf("....\n");

    printf("請輸入x:");
    scanf("%d",&x);
    Link(Product, x, n);
    printf("串聯資料\n");
    printf("Position.\t NO.\t Item\t Price\t Reference\n");
    for (i=1;i<=n; i++){
        if (Product[i].Reference==0)
```

```
            printf("%d\t%d\t%s\t%d\n",i,Product[i].Num,Product[i].
Item,Product[i].Price);
        else
                printf("%d\t%d\t%s\t%d\t%d\n",i,Product[i].
Num,Product[i].Item,Product[i].Price,Product[i].Reference);
    printf("....\n");
  }
}

int read(FILE *fp, struct employee Product[MAX_ARRAY_SIZE]){
    int i=1;
    while(i < MAX_ARRAY_SIZE){
        if( !feof(fp) )              /* 貨物尚未讀取完畢 */
        {
          /* 將一筆貨物資料從檔案讀至陣列內 */
            fscanf(fp,"%d %s %d", &Product[i].Num, Product[i].Item,
&Product[i].Price);
            if(Product[i].Num!=0)
            {
                i++;
            }
        }else{

            return (i-1);            /* 回傳總共讀取的資料筆數 */
        }
    }
}
void Link(struct employee Product[MAX_ARRAY_SIZE], int x, int n){
    int i, j, k, Up_Point=0, Low_Point=0;

    for (i=1; i<=n; i++){
        if (Product[i].Price>=x){
            if (Up_Point==0)
                Up_Point=i;          /*大於 x 的第一筆資料*/
            else{
            /*串聯大於x的資料列*/
```

```
                Product[Up_Point].Reference=i;
                Up_Point=i;
            }
        }else{
            if (Low_Point==0)
                Low_Point=i; /*小於 x 的第一筆資料*/
            else{
                /*串聯小於x的資料列*/
                Product[Low_Point].Reference=i;
                Low_Point=i;
            }
        }
    }
}
```

4. 假設已將聯結完成，寫一程式，輸入一數字1或2。數字1代表要印出所有價格大於或等於x的貨物，數字2代表要印出所有價格小於x的貨物。

流程圖：

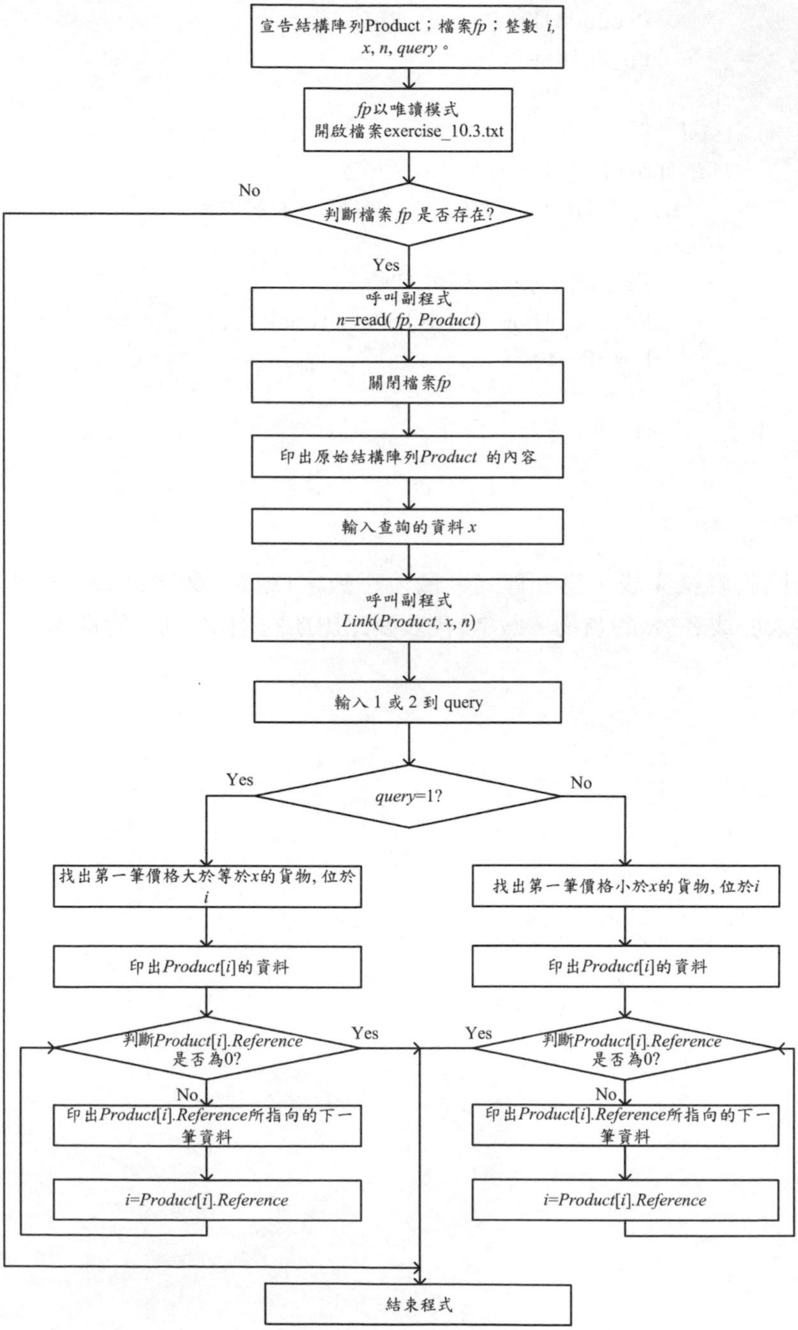
宣告結構陣列Product；檔案fp；整數 i, x, n, query。
fp以唯讀模式
開啟檔案exercise_10.3.txt
No
判斷檔案 fp 是否存在?
Yes
呼叫副程式
n=read(fp, Product)
關閉檔案fp
印出原始結構陣列Product 的內容
輸入查詢的資料 x
呼叫副程式
Link(Product, x, n)
輸入 1 或 2 到 query
Yes
query=1?
No
找出第一筆價格大於等於x的貨物, 位於i
找出第一筆價格小於x的貨物, 位於i
印出Product[i]的資料
印出Product[i]的資料
判斷Product[i].Reference 是否為0?
Yes
Yes
判斷Product[i].Reference 是否為0?
No
印出Product[i].Reference所指向的下一筆資料
No
印出Product[i].Reference所指向的下一筆資料
i=Product[i].Reference
i=Product[i].Reference
結束程式

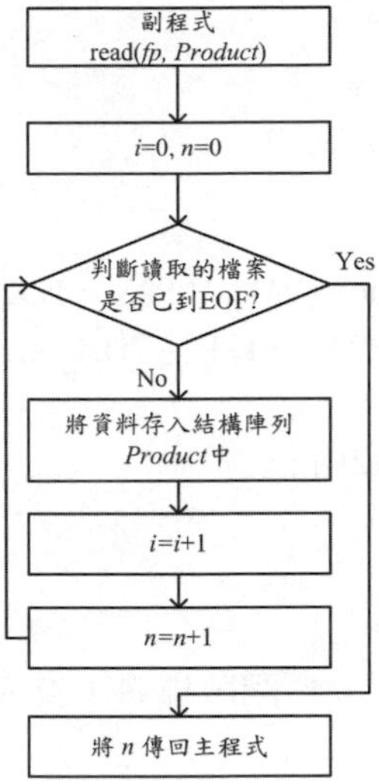

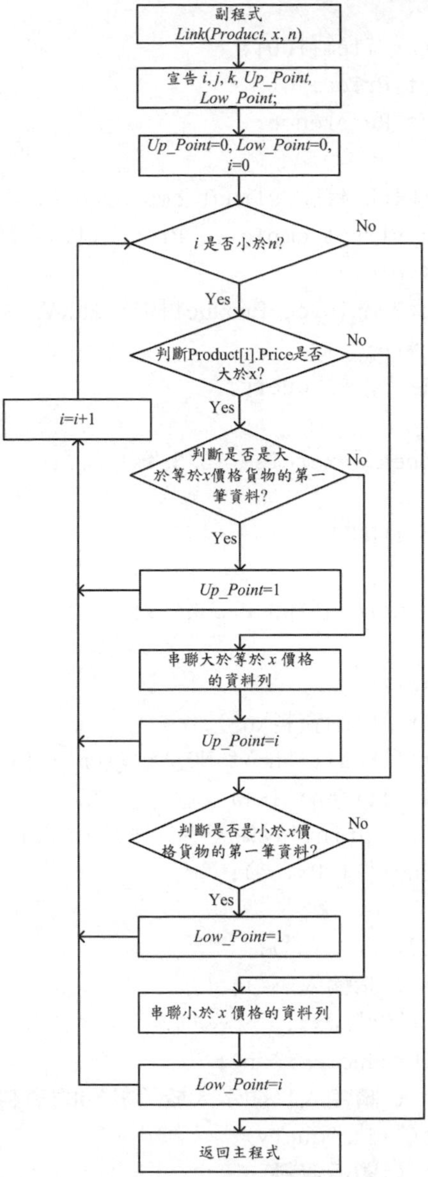

程式：

```
#include <stdio.h>
#include <string.h>
#define MAX_ARRAY_SIZE 256
struct employee{
        int Num;
```

```
        char Item[100];
        int Price;
        int Reference;
};
int read(FILE *fp, struct employee Product[MAX_ARRAY_SIZE]);
void Link(struct employee Product[MAX_ARRAY_SIZE], int x, int n);
int main(void){
    struct employee Product[MAX_ARRAY_SIZE];
    FILE *fp;
    int i, n, x, query;

    fp=fopen("exercise_10.3.txt ","r");  /* 開啟檔案，寫入模式 */

    if(fp !=NULL)
    {
         n=read(fp, Product);             /* 讀取檔案內容 */
    }
    fclose(fp);                           /* 關閉檔案 */
    printf("原始資料\n");
    printf("Position.\t NO.\t Item\t Price\n");
    for (i=1;i<=n; i++)
           printf("%d\t%d\t%s\t%d\n",i,Product[i].Num,Product[i].
Item,Product[i].Price);

    printf("....\n");
    printf("請輸入x:");
    scanf("%d",&x);
    Link(Product, x, n);
    printf("請輸入1(顯示大於等於%d的資料)或2(顯示小於%d的資料):",x,x);
    scanf("%d",&query);
    printf("顯示資料\n");
    printf("Position.\t NO.\t Item\t Price\n");
    if (query==1){                   /*搜尋第一筆符合查詢的資料位置*/
        for (i=1;i<=n; i++){
            if (Product[i].Price>=x)
                break;
```

```
        }
    }else{
        for (i=1;i<=n; i++){
            if (Product[i].Price<x)
                break;
        }
    }
      printf("%d\t%d\t%s\t%d\n",i,Product[i].Num,Product[i].
Item,Product[i].Price);
    while (Product[i].Reference!=0){
       i=Product[i].Reference;
        printf("%d\t%d\t%s\t%d\n",i,Product[i].Num,Product[i].
Item,Product[i].Price);
    }
    printf("....\n");

}

int read(FILE *fp, struct employee Product[MAX_ARRAY_SIZE]){
     int i=1;
     while(i < MAX_ARRAY_SIZE){
        if( !feof(fp) )                    /* 貨物尚未讀取完畢 */
        {
            /* 將一筆貨物資料從檔案讀至陣列內 */
             fscanf(fp,"%d %s %d", &Product[i].Num, Product[i].Item,
&Product[i].Price);
            if(Product[i].Num!=0)
            {
                i++;
            }
        }else{
            return (i-1);          /* 回傳總共讀取的資料筆數 */
        }
     }
}
void Link(struct employee Product[MAX_ARRAY_SIZE], int x, int n){
```

```
    int i, j, k, Up_Point=0, Low_Point=0;

    for (i=1; i<=n; i++){
        if (Product[i].Price>=x){
            if (Up_Point==0)
                Up_Point=i;                    /*大於 x 的第一筆資料*/
            else{
            /*串聯大於x的資料列*/
                Product[Up_Point].Reference=i;
                Up_Point=i;
            }
        }else{
            if (Low_Point==0)
                Low_Point=i;           /*小於 x 的第一筆資料*/
            else{
                /*串聯小於x的資料列*/
                Product[Low_Point].Reference=i;
                Low_Point=i;
            }
        }
    }
}
```

練習題解答 11

1. 假設我們有一檔案，檔案之中存了二行資料。請寫一程式讀取此檔案並比較二行資料是否相同。

流程圖：

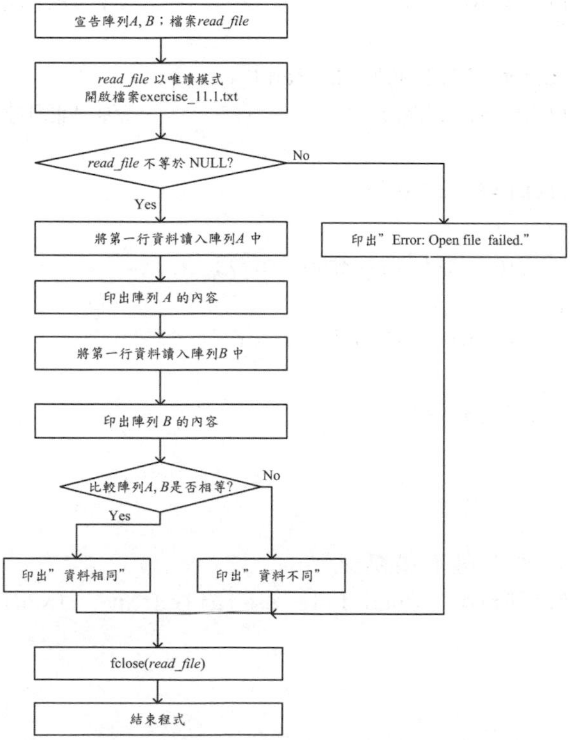

宣告陣列A, B；檔案read_file
read_file 以唯讀模式
開啟檔案exercise_11.1.txt
read_file 不等於 NULL?
No
Yes
將第一行資料讀入陣列A 中
印出”Error: Open file failed.”
印出陣列 A 的內容
將第一行資料讀入陣列B 中
印出陣列 B 的內容
比較陣列A, B是否相等?
No
Yes
印出”資料相同”
印出”資料不同”
fclose(read_file)
結束程式

程式：

```
#include <stdio.h>
#define INPUT_FILE_NAME " exercise_11.1.txt.txt"
#define MAXFILELENGTH 100*1024

int main(void)
{
    FILE *read_file;                              /* 宣告變數 */
    char A[MAXFILELENGTH]={0};
    char B[MAXFILELENGTH]={0};

    read_file = fopen(INPUT_FILE_NAME, "r");     /* 打開檔案以讀取 */

    if(read_file != NULL)                    /* 檢查打開檔案是否成功 */
    {
fgets(A, MAXFILELENGTH, read_file);          /* 讀取檔案內容未到結尾 */
        printf("A: %s", A);                     /* 列印檔案讀出的內容 */

        fgets(B, MAXFILELENGTH, read_file);
        printf("B: %s", B);                     /* 列印檔案讀出的內容 */

        if (strcmp(A, B)==0)
        {
                printf("資料相同!\n");
        }else{
                printf("資料不同!!\n");
        }
           fclose(read_file);
    }
    else
    {
        /* 顯示檔案讀取錯誤 */
        printf("Error: Open file %s failed.\n", INPUT_FILE_NAME);
    }
}
```

2. 請寫一個程式由鍵盤讀取一字串和一個在字串長度內的位置，完成後將字串從指定的位置分成兩個子字串並且交換。以下是一個例子，A=programming，指定位置=3，程式執行完後，A的內容會變成grammingpro。

流程圖：

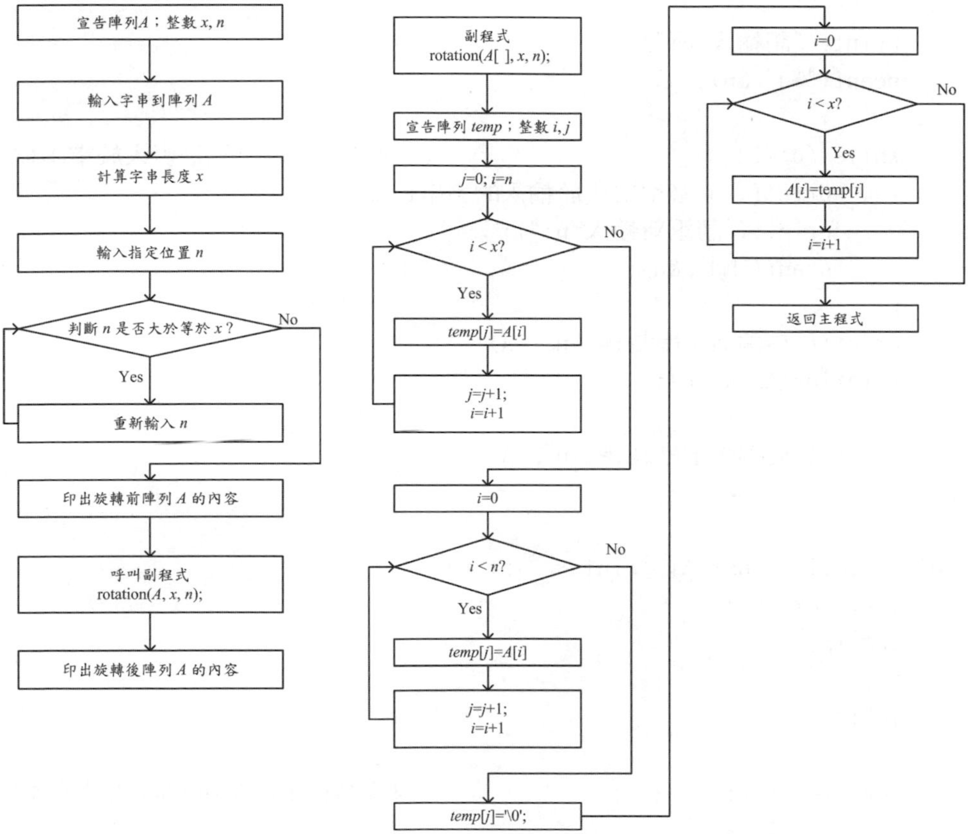

程式：

```
#include <stdio.h>
#include <string.h>

void rotation(char A[ ], int x, int n);
int main(void)
{
    char A[100]={0};                    /* 宣告字串並將內容預設為空字串 */
```

```
    int x,n;

    printf("請輸入長度小於100的字串:");            /* 提示輸入字串 */
    scanf("%s",&A);
    x=strlen(A);                                   /*  算出字串A的長度 */

    printf("請輸入 n:");
    scanf("%d",&n);

    while (n>x){                                   /*判斷指定位置是否大於字串*/
        printf("n 必須要小於輸入的字串長度%d\n",x);
        printf("請重新輸入 n:");
        scanf("%d",&n);
    }
    printf("旋轉前字串為:%s\n", A);
    rotation(A, x, n);

    printf("旋轉後字串為:%s\n", A);
}

void rotation(char A[ ],int x, int n){
    char temp[n];
    int i,j;

    j=0;

    for (i=n;i<x;i++){                             /*複製後半段字串到陣列 Temp*/
        temp[j]=A[i];
        j++;
 }
    for (i=0;i<n;i++){                             /*複製前半段字串到陣列 Temp*/
        temp[j]=A[i];
        j++;
    }
    temp[j]='\0';
```

```
    for (i=0; i<x; i++)                  /*將反轉後的結果存回陣列A*/
        A[i]=temp[i];
}
```

3. 在上個例題中，請在子字串交換前，先將子字串做反轉。以上面的例子而言，在程式執行完後，A的內容會變成gnimmargorp。

流程圖：

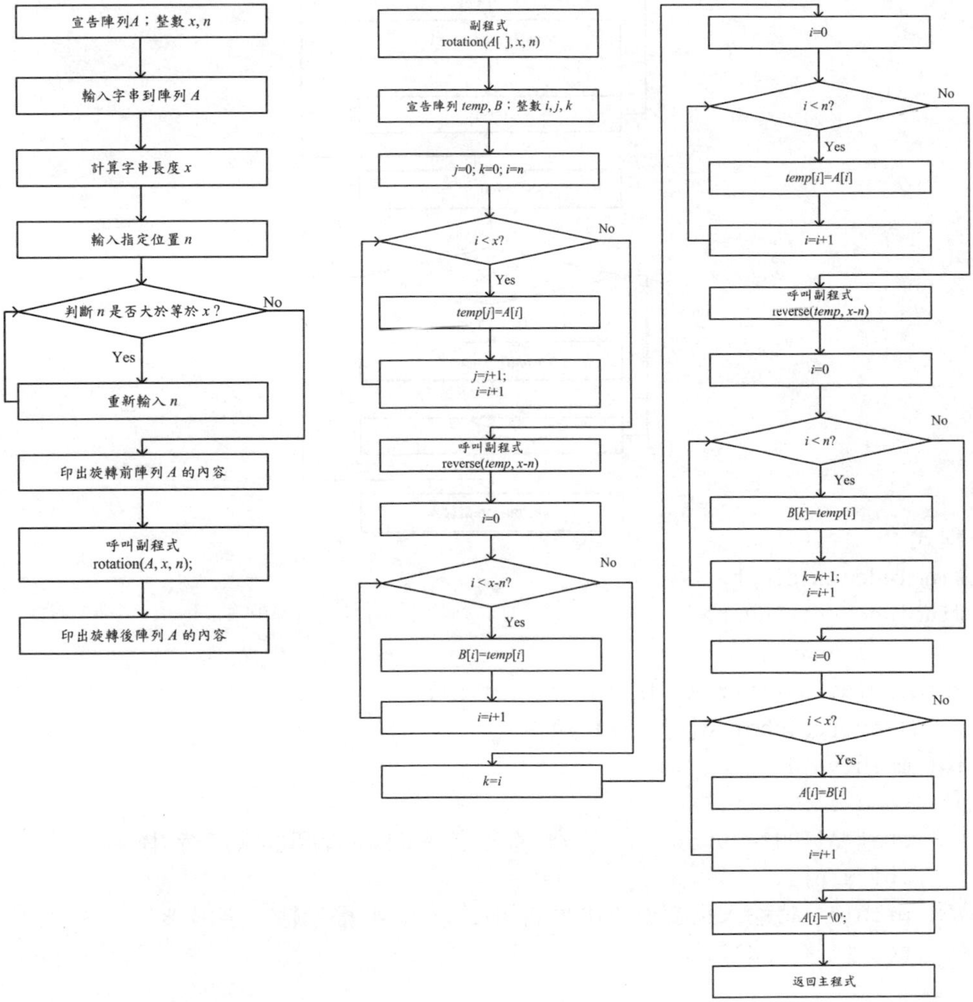

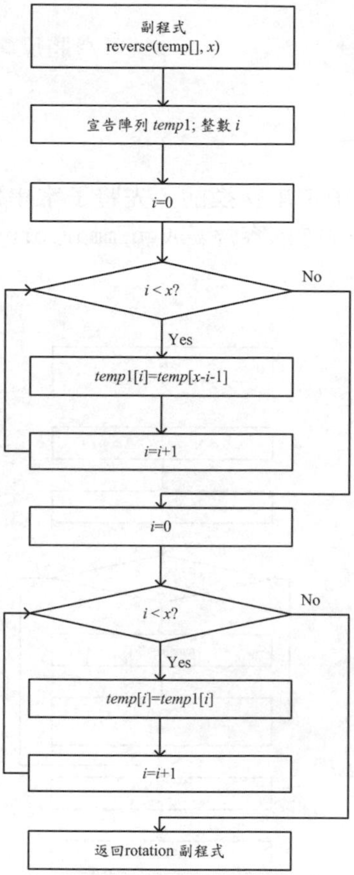

程式：

```
#include <stdio.h>
#include <string.h>

void rotation(char A[ ], int x, int n);
void reverse(char B[ ], int x);
int main(void)
{
    char A[100]={0};           /* 宣告字串並將內容預設為空字串 */
    int x,n;
    printf("請輸入長度小於100的字串:");  /* 提示輸入字串 */
    scanf("%s",&A);

    x=strlen(A);                          /*  算出字串A的長度 */
```

```
    printf("請輸入 n:");
    scanf("%d",&n);

    while (n>x){                          /*判斷指定位置是否大於字串*/
         printf("n 必須要小於輸入的字串長度%d\n",x);
         printf("請重新輸入 n:");
         scanf("%d",&n);
    }
    printf("旋轉前字串為:%s\n", A);
    rotation(A, x, n);

    printf("旋轉後字串為:%s\n", A);
}

void rotation(char A[ ],int x, int n){
        char temp[n], B[n];
        int i,j,k;

        j=0;
        k=0;

        for (i=n;i<x;i++){                /*複製後半段字串到陣列 Temp*/
                temp[j]=A[i];
                j++;
        }

        reverse(temp,x-n);            /*呼叫reverse 副程式來反轉字串*/

        for (i=0;i<x-n;i++)              /*將結果存到陣列B*/
                B[i]=temp[i];

        k=i;
        for (i=0;i<n;i++){               /*複製前半段字串到陣列 Temp*/
                temp[i]=A[i];
        }
```

```
        reverse(temp, n);                 /*呼叫reverse 副程式來反轉字串*/
        for (i=0;i<n;i++){                  /*將結果存到陣列B*/
                B[k]=temp[i];
                k++;
        }
        for (i=0;i<x;i++)
                A[i]=B[i];

        A[i]='\0';
}

void reverse (char temp[ ], int x){
        int i;
        char temp1[x];

        for (i=0;i<x;i++)
                temp1[i]=temp[x-i-1];

        for (i=0;i<x;i++)
                temp[i]=temp1[i];
}
```

4. 請寫一個程式可以刪除字串內容中指定的某個部分，所有的資料都由鍵盤輸入。以下是一個例子，字串內容是programming，我們要刪除其中gra的部分，刪除完成後，字串內容將變成promming。

流程圖：

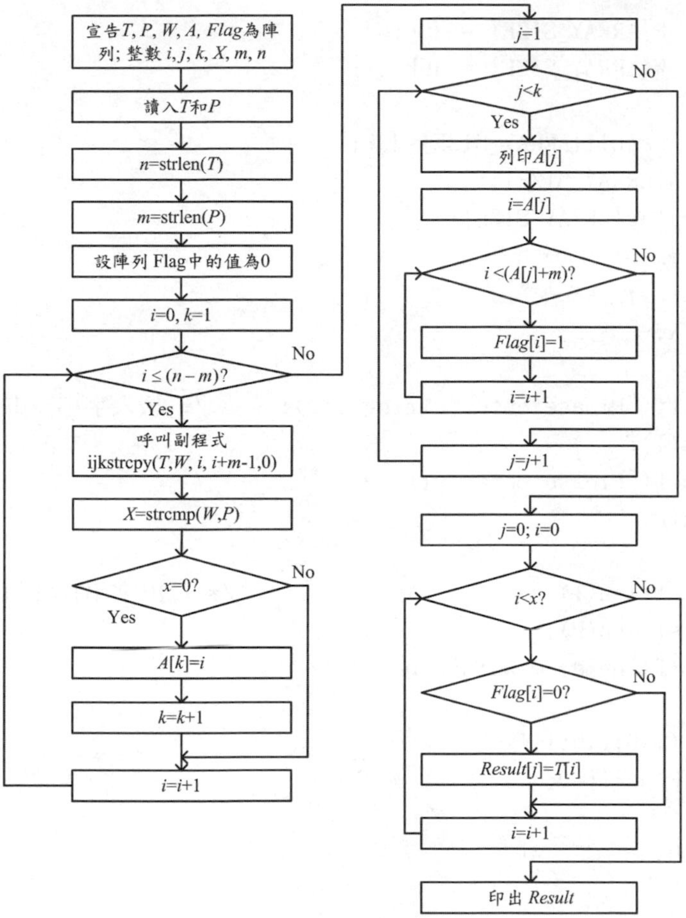

程式：

```
#include <stdio.h>
#include <string.h>
#define ARRAY_SIZE 32

int Testempty(char X[ ], int p, int N);
void ijkstrcpy(char src_str[ ], char dest_str[ ],int
src_start_pos,int src_end_pos, int dest_start_pos);

int main(void)
{
    char T[ARRAY_SIZE] = {0};
```

```
char P[ARRAY_SIZE] = {0};
char W[ARRAY_SIZE] = {0};

char Result[ARRAY_SIZE]={0};
int A[ARRAY_SIZE];
int Flag[ARRAY_SIZE];
int m, n;
int i, j, k;
int X;

printf("Please enter string T:");      /* 讀入字串T和P */
gets(T);
printf("Please enter string P:");
gets(P);

n = strlen(T);                         /* 算出字串T與P個別的長度 */
m = strlen(P);
printf("n=%d; m=%d\n", n, m);

for (i=0;i<n;i++)
    Flag[i]=0;

i = 0;
k = 1;

while( i <= (n-m) )
{
ijkstrcpy(T, W, i, i+m-1, 0);/*用滑動視窗，抓出要比較的子字串*/
    X = strcmp(W, P);              /*  檢查字串內容是否相同 */

    if(0 == X)
    {
        A[k] = i;                      /* 記錄字串相同的位置 */
        k = k + 1;
    }
```

```
        i = i + 1;
    }

    j = 1;                                  /* 顯示內容相同子字串的位置 */

    while (j < k)
    {
        printf("A[%d] = %d.\n", j, A[j]);

      for (i=A[j];i<(A[j]+m);i++)/*將所有P出現在T的位置全部註記為1*/
            Flag[i]=1;

        j = j + 1;
    }

    j=0;
    for (i=0;i<n;i++){  /*從頭搜尋T中Flag不是1的字元存入陣列Result*/
        if (Flag[i]==0){
            Result[j]=T[i];
            j++;
        }
    }
    Result[j]='\0';
    printf("Result=%s\n",Result);        /*印出結果*/

}

void ijkstrcpy(char src_str[ ], char dest_str[ ],int
src_start_pos,int src_end_pos, int dest_start_pos)
{
    int i1, i2;

      /* 將字串src_str位置src_start_pos到src_end_pos的文字複製到字串
dest_str位置dest_start_pos的地方 */
    i1 = src_start_pos;
    i2 = dest_start_pos;
```

```
    while(i1 <= src_end_pos)
    {
        dest_str[i2] = src_str[i1];
        i1= i1 + 1;
        i2= i2 + 1;
    }

    /* 檢查字串dest_str是否有結束字元 */
     if ( 1 != Testempty(dest_str, dest_start_pos + src_end_pos -
src_start_pos + 1, ARRAY_SIZE) )
    {
        /* 將結束字元填入目的地字串的內容結尾位置 */
         dest_str[dest_start_pos + src_end_pos - src_start_pos +1] =
'\0';
    }
}

int Testempty(char X[ ], int p, int N)
{
    int i;

    /* 檢查字串X中，位置p到N-1之中有沒有結束字元 */
    i = p;
    while(i < N)
    {
        if( X[i] == '\0')
        {
            return 1;
        }

        i = i + 1;
    }

    return 0;
}
```

5. 假設我們有二個檔案，一個檔案存的是Text的內容，只有一行的資料，另一個檔案是Pattern的內容，我們有*n*個Pattern的資料，因此這個檔案有*n*行資料。請寫一程式讀取這兩個檔案，並搜尋每一個Pattern出現在Text的那些位置。

流程圖：

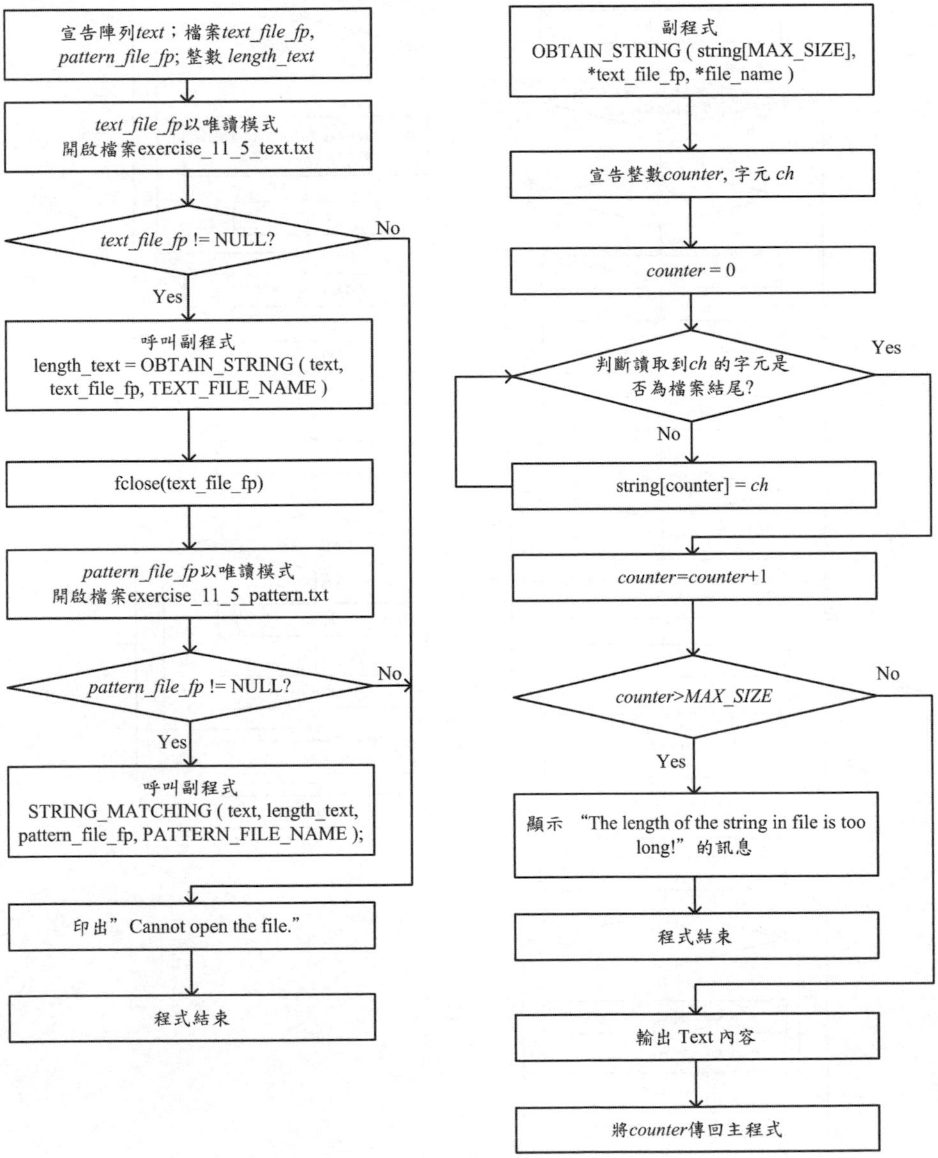

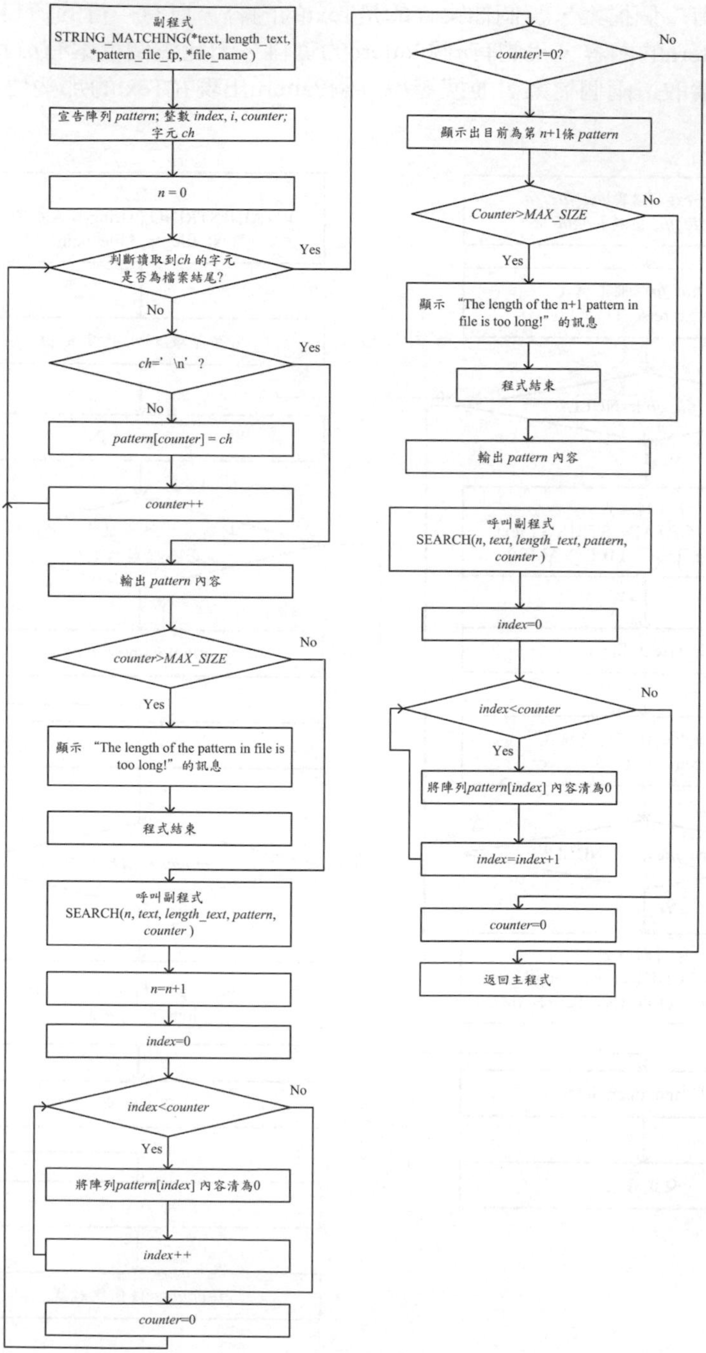
副程式
STRING_MATCHING(*text, length_text, *pattern_file_fp, *file_name)
宣告陣列 pattern; 整數 index, i, counter; 字元 ch
n = 0
判斷讀取到ch 的字元是否為檔案結尾?
Yes
No
ch='\n' ?
Yes
No
pattern[counter] = ch
counter++
輸出 pattern 內容
counter>MAX_SIZE
No
Yes
顯示 "The length of the pattern in file is too long!" 的訊息
程式結束
呼叫副程式
SEARCH(n, text, length_text, pattern, counter)
n=n+1
index=0
index<counter
No
Yes
將陣列pattern[index] 內容清為0
index++
counter=0
counter!=0?
No
顯示出目前為第 n+1條 pattern
Counter>MAX_SIZE
No
Yes
顯示 "The length of the n+1 pattern in file is too long!" 的訊息
程式結束
輸出 pattern 內容
呼叫副程式
SEARCH(n, text, length_text, pattern, counter)
index=0
index<counter
No
Yes
將陣列pattern[index] 內容清為0
index=index+1
counter=0
返回主程式

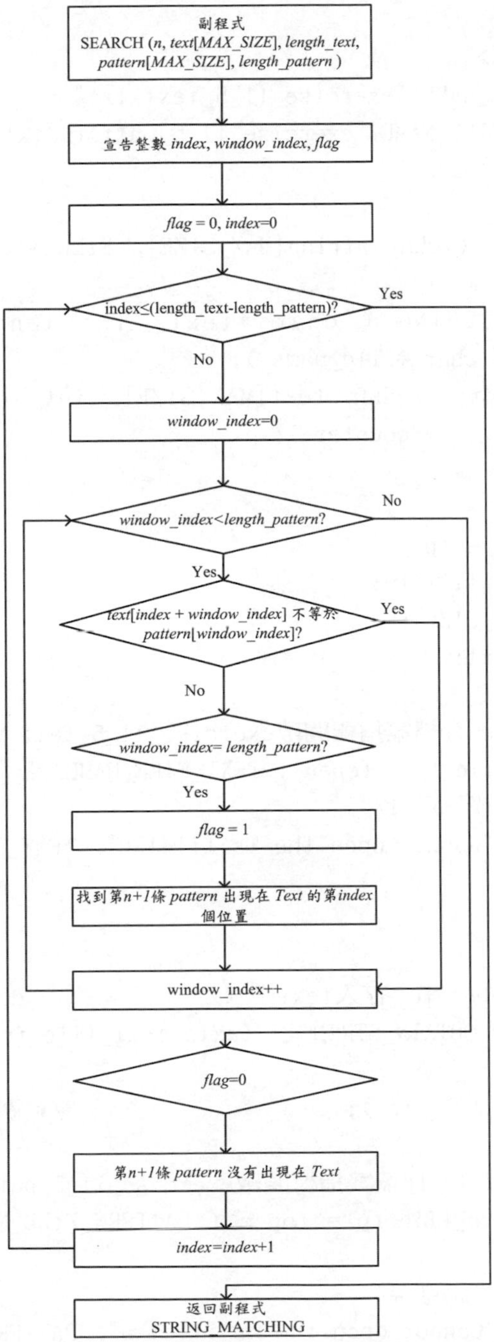
副程式
SEARCH (n, text[MAX_SIZE], length_text, pattern[MAX_SIZE], length_pattern)
宣告整數 index, window_index, flag
flag = 0, index=0
index≤(length_text-length_pattern)?
Yes
No
window_index=0
window_index<length_pattern?
No
Yes
text[index + window_index] 不等於 pattern[window_index]?
Yes
No
window_index= length_pattern?
Yes
flag = 1
找到第n+1條 pattern 出現在 Text 的第index 個位置
window_index++
flag=0
第n+1條 pattern 沒有出現在 Text
index=index+1
返回副程式
STRING_MATCHING

程式：

```
#include <stdio.h>
#define TEXT_FILE_NAME "exercise_11_5_text.txt"
#define PATTERN_FILE_NAME "exercise_11_5_pattern.txt"
#define MAX_SIZE 1024

int OBTAIN_STRING ( char string[MAX_SIZE], FILE *text_file_fp, char
*file_name );
void STRING_MATCHING ( char *text, int length_text, FILE
*pattern_file_fp, char *file_name );
void SEARCH ( int n, char text[MAX_SIZE], int length_text, char
pattern[MAX_SIZE], int counter );

int main ( void ) {
    FILE *text_file_fp;
    FILE *pattern_file_fp;
    char text[MAX_SIZE];
    int length_text;

    /* 用text_file_fp檔案指標開啟exercise_11_5_text.txt. */
    if ( ( text_file_fp = fopen ( TEXT_FILE_NAME, "r" ) ) == NULL ) {
        /* 輸出錯誤訊息 */
        printf ( "Cannot open the %s file!\n", TEXT_FILE_NAME );
        exit (0);                               /* 離開程式 */
    }

    /* 取得檔案中的字串，存入text中 */
    length_text = OBTAIN_STRING ( text, text_file_fp, TEXT_FILE_NAME
);
    fclose ( text_file_fp );                    /* 關閉檔案 */

    /* 用pattern_file_fp檔案指標開啟exercise_11_5_pattern.txt */
    if ( ( pattern_file_fp = fopen ( PATTERN_FILE_NAME, "r" ) ) ==
NULL ) {
        /* 輸出錯誤訊息 */
        printf ( "Cannot open the %s file!\n", PATTERN_FILE_NAME );
```

```
        exit (0);                          /* 離開程式 */
    }

    STRING_MATCHING ( text, length_text, pattern_file_fp,
PATTERN_FILE_NAME );
}

int OBTAIN_STRING ( char string[MAX_SIZE], FILE *text_file_fp, char
*file_name ) {
    int counter;
    char ch;

    counter = 0;                    /* 將計算字串長度之計數器歸0 */

    /* 判斷檔案是否結尾 */
    while ( ( ch = fgetc ( text_file_fp ) ) != EOF ) {
        string[counter] = ch;          /* 將取得字元存入string */
        counter++;                         /* 計數器累加1 */
    }

    if ( counter > MAX_SIZE ) {          /* 若字串長度超過最大長度 */
        printf ( "The length of the string in %s file is too long! (
> %d )\n", file_name, MAX_SIZE );
        exit (0);                          /* 離開程式 */
    }
    printf ( "The text is : \"%s\"\n", string );/* 顯示出text訊息 */
    printf ( "The length of text is : %d\n", counter );

    return counter;
}

void STRING_MATCHING( char *text, int length_text, FILE
*pattern_file_fp, char *file_name ) {
    int n;
    int counter;
    char ch;
```

```
    char pattern[MAX_SIZE];
    int index;

    n = 0;                                          /* pattern初始值為0組 */
    counter = 0;                                    /* pattern初始長度為0 */

    /* 若取得字元不為EOF就做迴圈 */
    while ( ( ch = fgetc ( pattern_file_fp ) ) != EOF ) {
        if ( ch == '\n' ) {                             /* 遇到換行，代表取得一
組pattern */
            /* 顯示出此組pattern訊息 */
            printf ( "The %dth pattern is \"%s\"\n", n+1, pattern );
            if ( counter > MAX_SIZE ) {   /* 若pattern 長度超過，則
跳出程式 */
                printf ( "The %dth pattern in %s file is too long! (
> %d )\n", n+1, file_name, MAX_SIZE );
                exit ( 0 );
            }
            /* 做exact string matching動作 */
            SEARCH ( n, text, length_text, pattern, counter );
            n = n+1;                                /* pattern計數器+1 */

          for ( index = 0; index < counter; index++ )/* 清空字串 */
                pattern[index] = '\0';

            /* 將pattern 長度設為0，以便讀取下一組pattern */
            counter = 0;
        }
        else {
            pattern[counter] = ch;          /* 將取得字元存入pattern */
            counter++;                              /* 計數器+1 */
        }
    }
    if ( counter != 0 ) {                       /* 若還有pattern未處理 */
        printf ( "The %dth pattern is \"%s\"\n", n+1, pattern );
```

```
    if ( counter > MAX_SIZE ) { /* 若pattern 長度超過，則跳出程式 */
            printf ( "The %dth pattern in %s file is too long! ( >
%d )\n", n+1, file_name, MAX_SIZE );
            exit ( 0 );
        }

        SEARCH ( n, text, length_text, pattern, counter );
        n = n+1;
        for ( index = 0; index < counter; index++ )   /* 清空字串 */
            pattern[index] = '\0';

        counter = 0;
    }
}

void SEARCH ( int n, char text[MAX_SIZE], int length_text, char
pattern[MAX_SIZE], int length_pattern ) {
    int index;
    int window_index;
    int flag;

 /* flag 若為0，代表pattern不存在text中；若為1，代表pattern存在text
中 */

   flag = 0;

     for ( index = 0; index <= ( length_text - length_pattern );
index++ ) {
            for ( window_index = 0; window_index < length_pattern;
window_index++ )
              if ( text[index + window_index] != pattern[window_index]
)
                 break;
            /* 若比對長度與pattern長度相同，代表找到一個match。 */
            if ( window_index == length_pattern ) {
                flag = 1;
```

```
                printf ( "The %dth pattern occurs in location %d of
text.\n", n+1, index );
            }
        }
        if ( flag == 0 )                    /* pattern 不存在text中 */
            printf ( "The %dth pattern does not occur in text.\n", n+1);
}
```

閱讀・學習

人人都能學會寫程式：李家同教你用邏輯思考學程式設計

2011年6月初版　　定價：新臺幣480元

2016年5月初版第四刷

著者	李家同
總編輯	胡金倫
總經理	羅國俊
發行人	林載爵

出版者	聯經出版事業股份有限公司
地址	台北市基隆路一段180號4樓
編輯部地址	台北市基隆路一段180號4樓
叢書主編電話	(02)87876242轉213、216
台北聯經書房	台北市新生南路三段94號
電話	(02)23620308
台中分公司	台中市北區崇德路一段198號
暨門市電話	(04)22312023
郵政劃撥帳戶	第0100559-3號
郵撥電話	(02)23620308
印刷者	世和印製企業有限公司
總經銷	聯合發行股份有限公司
發行所	新北市新店區寶橋路235巷6弄6號2F
電話	(02)29178022

叢書主編	黃惠鈴
編輯	王盈婷
校對	趙蓓芬
整體設計	陳巧玲

行政院新聞局出版事業登記證局版臺業字第0130號

本書如有缺頁，破損，倒裝請寄回台北聯經書房更換。

ISBN 978-957-08-3775-9 (平裝)

聯經網址 http://www.linkingbooks.com.tw

電子信箱 e-mail:linking@udngroup.com

國家圖書館出版品預行編目資料

人人都能學會寫程式：李家同教你用邏輯思考學程式設計/李家同著．初版．
臺北市．聯經．2011年6月（民100年）．
648面．17×23公分（閱讀・學習）
ISBN 978-957-08-3775-9（平裝）
[2016年5月初版第四刷]

1.電腦程式設計

312.2